21世纪高等学校规划教材·电子信息

# 数字逻辑与数字电子技术

王晓华　徐　健　编著

清华大学出版社
北　京

## 内 容 简 介

全书共分 8 章，内容包括数字逻辑基础、数字集成门电路、组合逻辑电路及应用、触发器、时序逻辑电路及应用、脉冲波形的产生和整形、半导体存储器与可编程逻辑器件、模/数和数/模转换。

本书可作为高等学校通信工程、电子信息工程、自动化、测控工程及仪器、电气工程、电子信息科学与技术、信息与计算科学、微电子、过程控制、机械工程及其自动化等有关专业本、专科生的教材和教学参考书，也可作为广大工程技术人员的参考书。



**图书在版编目（CIP）数据**

数字逻辑与数字电子技术/王晓华，徐健编著. —北京：清华大学出版社，2013（2020.1 重印）
21 世纪高等学校规划教材·电子信息
ISBN 978-7-302-32151-4

Ⅰ. ①数…　Ⅱ. ①王…　②徐…　Ⅲ. ①数字逻辑—高等学校—教材　②数字电路—电子技术—高等学校—教材　Ⅳ. ①TP302.2　②TN79

中国版本图书馆 CIP 数据核字(2013)第 083123 号

**责任编辑**：郑寅堃　赵晓宁
**封面设计**：傅瑞学
**责任校对**：李建庄
**责任印制**：沈　露

**出版发行**：清华大学出版社
　**网　　址**：http://www.tup.com.cn，http://www.wqbook.com
　**地　　址**：北京清华大学学研大厦 A 座　　**邮　　编**：100084
　**社 总 机**：010-62770175　　**邮　　购**：010-62786544
　**投稿与读者服务**：010-62776969，c-service@tup.tsinghua.edu.cn
　**质量反馈**：010-62772015，zhiliang@tup.tsinghua.edu.cn
　**课件下载**：http://www.tup.com.cn，010-83470236
**印 装 者**：北京虎彩文化传播有限公司
**经　　销**：全国新华书店
**开　　本**：185mm×260mm　　**印　张**：17.25　　**字　　数**：423 千字
**版　　次**：2013 年 7 月第 1 版　　**印　　次**：2020 年 1 月第 6 次印刷
**印　　数**：4501～5000
**定　　价**：29.00 元

---

产品编号：050756-01

# 出版说明

随着我国改革开放的进一步深化，高等教育也得到了快速发展，各地高校紧密结合地方经济建设发展需要，科学运用市场调节机制，加大了使用信息科学等现代科学技术提升、改造传统学科专业的投入力度，通过教育改革合理调整和配置了教育资源，优化了传统学科专业，积极为地方经济建设输送人才，为我国经济社会的快速、健康和可持续发展以及高等教育自身的改革发展做出了巨大贡献。但是，高等教育质量还需要进一步提高以适应经济社会发展的需要，不少高校的专业设置和结构不尽合理，教师队伍整体素质亟待提高，人才培养模式、教学内容和方法需要进一步转变，学生的实践能力和创新精神亟待加强。

教育部一直十分重视高等教育质量工作。2007 年 1 月，教育部下发了《关于实施高等学校本科教学质量与教学改革工程的意见》，计划实施"高等学校本科教学质量与教学改革工程"（简称"质量工程"），通过专业结构调整、课程教材建设、实践教学改革、教学团队建设等多项内容，进一步深化高等学校教学改革，提高人才培养的能力和水平，更好地满足经济社会发展对高素质人才的需要。在贯彻和落实教育部"质量工程"的过程中，各地高校发挥师资力量强、办学经验丰富、教学资源充裕等优势，对其特色专业及特色课程（群）加以规划、整理和总结，更新教学内容、改革课程体系，建设了一大批内容新、体系新、方法新、手段新的特色课程。在此基础上，经教育部相关教学指导委员会专家的指导和建议，清华大学出版社在多个领域精选各高校的特色课程，分别规划出版系列教材，以配合"质量工程"的实施，满足各高校教学质量和教学改革的需要。

为了深入贯彻落实教育部《关于加强高等学校本科教学工作，提高教学质量的若干意见》精神，紧密配合教育部已经启动的"高等学校教学质量与教学改革工程精品课程建设工作"，在有关专家、教授的倡议和有关部门的大力支持下，我们组织并成立了"清华大学出版社教材编审委员会"（以下简称"编委会"），旨在配合教育部制定精品课程教材的出版规划，讨论并实施精品课程教材的编写与出版工作。"编委会"成员皆来自全国各类高等学校教学与科研第一线的骨干教师，其中许多教师为各校相关院、系主管教学的院长或系主任。

按照教育部的要求，"编委会"一致认为，精品课程的建设工作从开始就要坚持高标准、严要求，处于一个比较高的起点上。精品课程教材应该能够反映各高校教学改革与课程建设的需要，要有特色风格、有创新性（新体系、新内容、新手段、新思路，教材的内容体系有较高的科学创新、技术创新和理念创新的含量）、先进性（对原有的学科体系有实质性的改革和发展，顺应并符合 21 世纪教学发展的规律，代表并引领课程发展的趋势和方向）、示范性（教材所体现的课程体系具有较广泛的辐射性和示范性）和一定的前瞻性。教材由个人申报或各校推荐（通过所在高校的"编委会"成员推荐），经"编委会"认真评审，最后由清华大学出版社审定出版。

目前，针对计算机类和电子信息类相关专业成立了两个“编委会”，即“清华大学出版社计算机教材编审委员会”和“清华大学出版社电子信息教材编审委员会”。推出的特色精品教材包括：

(1) 21世纪高等学校规划教材·计算机应用——高等学校各类专业，特别是非计算机专业的计算机应用类教材。

(2) 21世纪高等学校规划教材·计算机科学与技术——高等学校计算机相关专业的教材。

(3) 21世纪高等学校规划教材·电子信息——高等学校电子信息相关专业的教材。

(4) 21世纪高等学校规划教材·软件工程——高等学校软件工程相关专业的教材。

(5) 21世纪高等学校规划教材·信息管理与信息系统。

(6) 21世纪高等学校规划教材·财经管理与应用。

(7) 21世纪高等学校规划教材·电子商务。

(8) 21世纪高等学校规划教材·物联网。

清华大学出版社经过三十多年的努力，在教材尤其是计算机和电子信息类专业教材出版方面树立了权威品牌，为我国的高等教育事业做出了重要贡献。清华版教材形成了技术准确、内容严谨的独特风格，这种风格将延续并反映在特色精品教材的建设中。

清华大学出版社教材编审委员会
联系人：魏江江
E-mail:weijj@tup.tsinghua.edu.cn

数字电子技术是当前发展最快的学科之一。从数字逻辑的概念出发，伴随着集成电路工艺的发展，数字集成器件已经历了从小规模集成电路、中规模集成电路到大规模集成电路、超大规模集成电路的发展过程。数字电路和数字系统的设计方法及设计手段也在不断演变和发展，这对"数字电子技术与数字逻辑"课程的教学内容、教学方法及其教材都提出了新的要求。

本书在编写过程中，在保证基本理论、基本概念的前提下，力求反映当前数字电子技术的新发展，介绍了目前已普遍应用的新器件和已趋于成熟的新技术、新方法；为了便于和工程实际相结合，编者结合多年从事科学研究实践的体会，选择了较多器件的应用实例，以便帮助读者提高解决问题的能力。

全书共分8章，内容包括数字逻辑基础、数字集成门电路、组合逻辑电路及应用、触发器、时序逻辑电路及应用、脉冲波形的产生和整形、半导体存储器与可编程逻辑器件、模/数和数/模转换。

第1章是数字逻辑基础。内容包括数制与码制、逻辑代数及门的概念电路，主要介绍数字信号与数字电路的特点、二进制及其他各种进位计数制之间的相互转换、各种编码、逻辑代数的基本概念和逻辑函数的化简等。

第2章是数字集成门电路，在介绍分立元件构成的门电路的基础上，详细介绍集成门电路，重点介绍常见的各种集成门电路的应用特性。

第3章是组合逻辑电路及应用，介绍常用的中规模集成组合逻辑器件及其应用，组合逻辑电路的分析方法和设计方法。

第4章是触发器，主要介绍各种类型触发器的构成和动作特点。

第5章是时序逻辑电路，介绍同步时序电路、异步时序电路的分析方法和设计方法，还介绍了各种常见的时序集成电路，重点介绍常用时序逻辑芯片的逻辑功能、外特性、主要参数及典型应用。

第6章是脉冲波形的产生和整形，主要介绍门电路及555定时器组成的施密特触发器、单稳态触发器及多谐振荡器，介绍了组成这些电路的相应集成电路的逻辑功能及典型应用。

第7章是半导体存储器与可编程逻辑器件。介绍了半导体存储器的结构、原理和常用可编程逻辑器件的电路结构特点、基本工作原理及开发过程，力求能够使读者学习后具有实际应用的能力。

第8章是模/数和数/模转换，主要介绍模/数和数/模转换器的结构、常用电路形式和工作原理，还介绍了集成转换器的功能及典型应用。

本书由王晓华与徐健编写。王晓华编写第1～第3和第5章，徐健编写第4、第6～第8章。在本书的编写过程中，房晔教授提出了指导性的意见，感谢她为本书所做的工作。

限于编者的水平和经验，教材中可能存在缺点和不足，恳请广大读者批评指正。

编　者

2013年5月

# 目 录

# 第1章 数字逻辑基础

随着计算机科学与技术突飞猛进的发展，用数字电路进行信号处理的优势也更加突出。为了充分发挥和利用数字电路在信号处理上的强大功能，可以先将模拟信号按比例转换成数字信号，然后送到数字电路进行处理，最后再将处理结果根据需要转换为相应的模拟信号输出。自20世纪70年代开始，这种用数字电路处理模拟信号的"数字化"浪潮几乎席卷了电子技术所有的应用领域。

本章介绍数字信号与数字电路、数制和编码、逻辑代数基础、逻辑函数及其表示方法以及逻辑函数的化简。本章的重点是逻辑代数的基本公式、定理，逻辑函数表示法，逻辑函数的公式化简法和卡诺图化简法，它们是数字电路的理论基础知识。

## 1.1 数字信号与数字电路

### 1.1.1 连续量和离散量

连续量通常称为模拟量，其变化在时间上和数量上是连续的物理量，如温度计用水银长度来表示温度高低。其特点是数值由连续量表示，其运算过程也是连续的。温度变化的连续量曲线如图1.1所示。

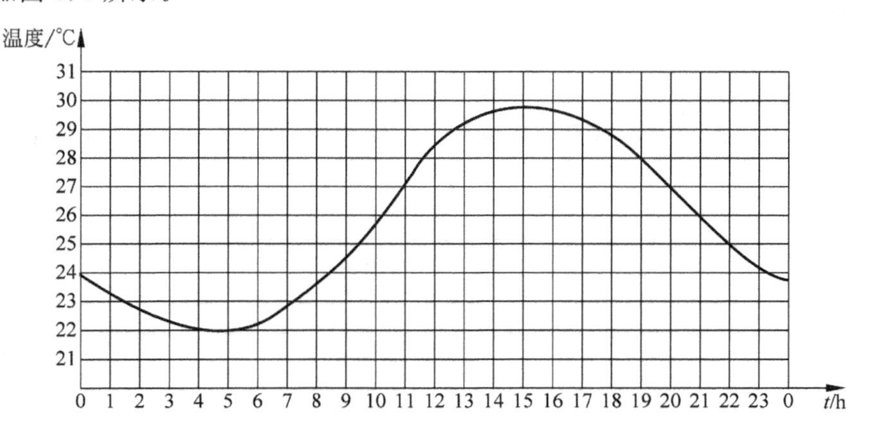


图1.1 温度变化的连续量曲线

离散量又称为数字量，它是将模拟量离散化之后得到的物理量。即任何仪器设备对于模拟量都不可能有完全、精确的表示，因为它们都有一个采样周期，在该采样周期内，其物理量的数值都是不变的，而实际上的模拟量则是变化的。这样就将模拟量离散化，成为离散量。如一天中以每小时为单位测量一次温度的值，则得到 24 小时内离散的时间点上的温度值，如图 1.2 所示。

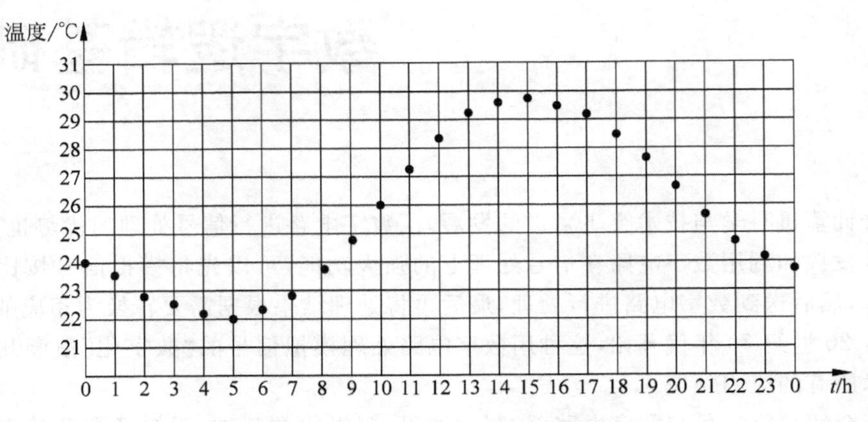


图 1.2 温度变化的离散量曲线

### 1.1.2 开关量

“开”和“关”是电器最基本、最典型的功能。开关量是指非连续信号的采集和输出，包括遥信采集和遥控输出。它有 1 和 0 两种状态，这是数字电路中的开关性质，而电力上是指电路的开和关，或者说是触点的接通和断开。

一般开关量装置通过内部继电器实现开关量的输出。对模拟信号 DIY 开关量的简单方法是在输出端加装使用相应控制电压的继电器，反映模拟信号的“有”和“无”，实现开关量转化。

### 1.1.3 数字波形

数字波形是逻辑电平对时间的图形表示。通常将只有两个离散值的波形称为脉冲波形，在这一点上脉冲波形与数字波形是一致的，只不过数字波形用逻辑电平表示，而脉冲波形用电压值表示而已。

与模拟波形的定义相同，数字波形也有周期性和非周期性之分。图 1.3 表示了这两类数字波形。

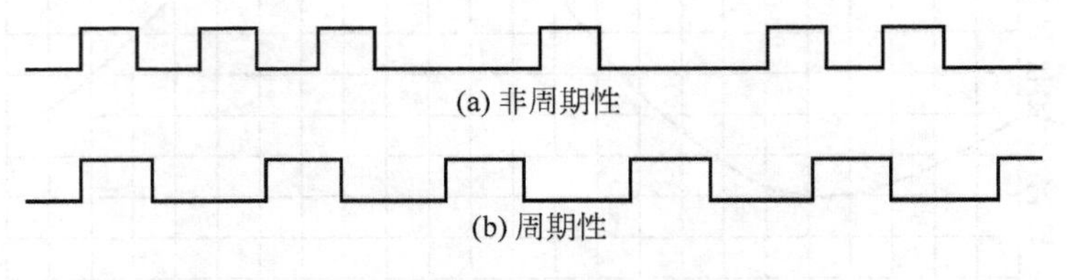


图 1.3 数字波形

周期性数字波形同样用周期 $T$ 或频率 $f$ 来描述，而脉冲波形的频率常称为脉冲重复率。

脉冲波形的参数如下：

脉冲宽度 $t_w$，表示脉冲作用的时间。

占空比 $q$,脉冲宽度 $t_w$ 占整个周期 $T$ 的百分数,其表达式为 $q(\%)=\frac{t_w}{T}\times100\%$。

图 1.4 表示两种数字波形及其周期、频率、脉冲宽度和占空比。

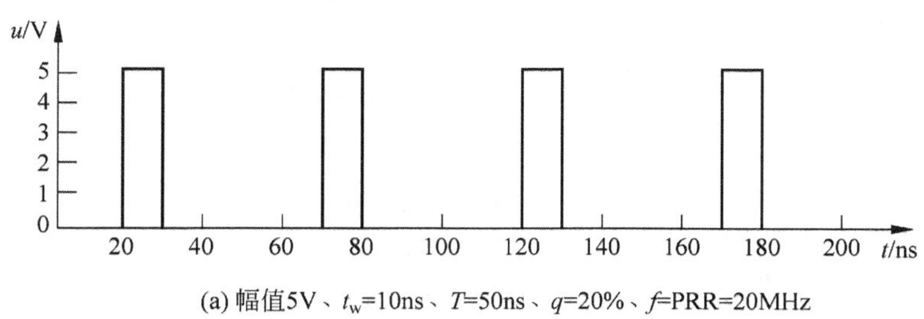


(a) 幅值5V、$t_w$=10ns、$T$=50ns、$q$=20%、$f$=PRR=20MHz

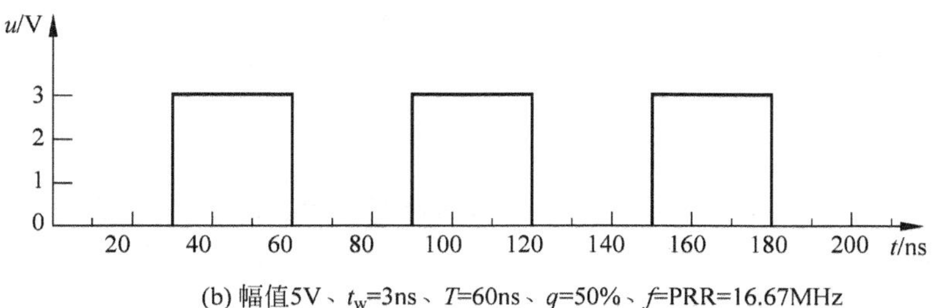


(b) 幅值5V、$t_w$=3ns、$T$=60ns、$q$=50%、$f$=PRR=16.67MHz

图 1.4　周期性数字波形

**例 1.1**　如图 1.5 所示,设周期性数字波形的高电平持续 6ms,低电平持续 10ms,求占空比 $q$。

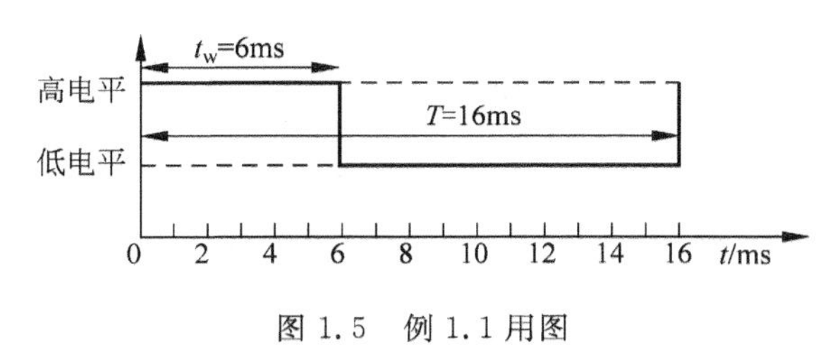


图 1.5　例 1.1 用图

**【解】**　根据给定的高电平持续时间有 $t_w=6\text{ms}$,而高电平与低电平持续时间之和即为周期 $T$。

所以有 $T=6\text{ms}+10\text{ms}=16\text{ms}$。

$$q(\%)=\frac{t_w}{T}\times100\%=\frac{6\text{ms}}{16\text{ms}}\times100\%=37.5\%$$

在实际数字系统中,数字波形不能立即上升或下降,而要经历一段时间,因此,有必要定义上升时间 $t_r$ 和下降时间 $t_f$。图 1.4 所示的数字波形是理想的,认为它的 $t_r$ 和 $t_f$ 均为 0。实际的数字波形是非理想的,它的 $t_r$ 和 $t_f$ 均为有限值,如图 1.6 所示。

脉冲波形上升时间的定义是:从脉冲波形幅值的 10%上升到 90%所经历的时间。脉冲波形的下降时间则相反,即从脉冲幅值的 90%下降到 10%所经历的时间。$t_r$ 和 $t_f$ 的典型值约为几个纳秒(ns),视不同类型的器件和电路而异。脉冲宽度的定义是脉冲幅值为 50%时前后两个时间点所跨越的时间。

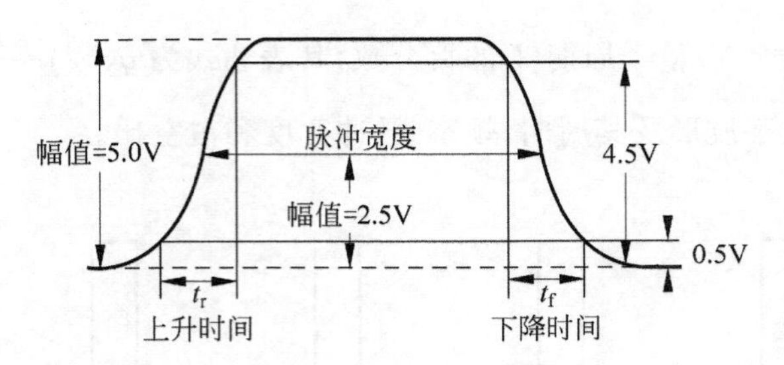


图 1.6 非理想脉冲波形

本书所用的数字波形大多数是画成理想波形。实际上,每一波形均有上升时间和下降时间,不必在每一波形上表现出来。画波形的目的只是为了知道高、低电平所经历的时间。实际中碰到的波形,从示波器上来看,不管其上升沿和下降沿多么直,$t_r$和 $t_f$都不可能为零,在数字电路中,只需关注逻辑电平的高低,因此在画波形时只需画出高、低电平所经历的时间即可,无需画出上升沿和下降沿。

图 1.7 表示高、低电平或逻辑 1 和 0 表示的数字波形。图 1.7(a)所示为一对称方波,0 和 1 交替地出现。图 1.7(b)表示一二值位形图,其中 1 或 0 占用的最小时间称为位时间,即 1 位数据占用的时间,每秒钟所传输数据的位数称为数据率或比特率。

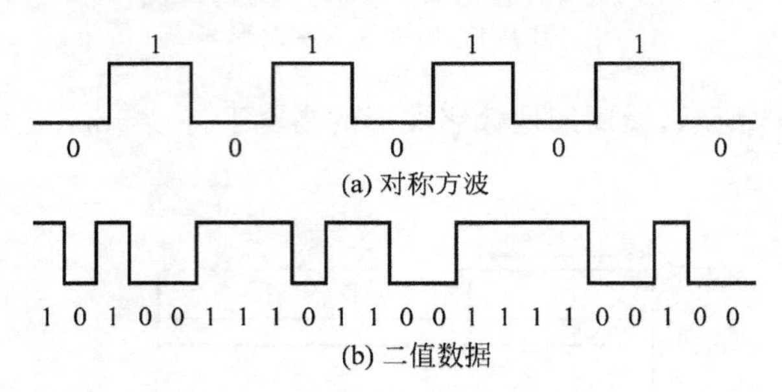


图 1.7 用逻辑 1 和 0 表示的二值位形图

**例 1.2** 某通信系统每秒钟传输 2.593Mb 数据,求每位数据的传输时间。

**【解】** 根据题意,每位数据的传输时间为

$$\left[\frac{2.593\times10^6}{1\text{s}}\right]^{-1}=385.65\times10^{-9}\text{s}\approx386\text{ns}$$

## 1.1.4 数字电路

数字电路是用数字信号完成对数字量进行算术运算和逻辑运算的电路,又称为数字系统。由于它具有逻辑运算和逻辑处理功能,所以又称为数字逻辑电路。现代的数字电路由半导体工艺制成的若干数字集成器件构造而成。逻辑门是数字逻辑电路的基本单元。存储器是用来存储二值数据的数字电路。从整体上看,数字电路可以分为组合逻辑电路和时序逻辑电路两大类。

### 1. 数字电路的发展

数字电路的发展与模拟电路一样,经历了由电子管、半导体分立器件到集成电路等几个

时代，但其比模拟电路发展得更快。从20世纪60年代开始，数字集成器件以双极型工艺制成了小规模逻辑器件，随后发展到中规模逻辑器件；20世纪70年代末，微处理器的出现使数字集成电路的性能产生质的飞跃。数字集成器件所用的材料以硅材料为主，在高速电路中也使用化合物半导体材料，如砷化镓等。

逻辑门是数字电路中一种重要的逻辑单元电路。TTL逻辑门电路问世较早，其工艺经过不断改进，至今仍为主要的基本逻辑器件之一。随着CMOS工艺的发展，TTL的主导地位受到了威胁，有被CMOS器件所取代的趋势。

近年来，可编程逻辑器件（PLD）特别是现场可编程门阵列（FPGA）的飞速进步，使数字电子技术开创了新局面，其不仅规模大，而且将硬件与软件相结合，使器件的功能更完善、使用更灵活。

### 2. 数字电路的分类

数字电路按功能可分为组合逻辑电路和时序逻辑电路两大类。逻辑电路在任何时刻的输出，仅取决于电路此刻的输入状态，而与电路过去的状态无关，它们不具有记忆功能。常用的组合逻辑器件有加法器、译码器、数据选择器等。时序电路在任何时候的输出，不仅取决于电路此刻的输入状态，而且与电路过去的状态有关，它们具有记忆功能。按结构可分为分立元件电路和集成电路。分立元件电路是将独立的晶体管、电阻等元器件用导线连接起来的电路。集成电路是将元器件及导线制作在半导体硅片上，封装在一个壳体内，并焊出引线的电路。集成电路的集成度是不同的。

### 3. 数字电路的特点

（1）电路结构简单，稳定可靠。数字电路只要能区分高电平和低电平即可，对元件的精度要求不高，因此有利于实现数字电路集成化。

（2）数字信号在传递时采用高、低电平两个值，因此数字电路抗干扰能力强，不易受外界干扰的影响。

（3）数字电路不仅能完成数值运算，还可以进行逻辑运算和判断，因此数字电路又称为数字逻辑电路与逻辑设计。

（4）数字电路中元件处于开关状态，功耗较小。

由于数字电路具有上述特点，故发展十分迅速，在计算机、数字通信、自动控制、数字仪器及家用电器等技术领域得到广泛的应用。

## 1.2 数制和码制

### 1.2.1 进位记数制

数字电路经常遇到技术问题。人们在日常生活中，习惯于用十进制数，而在数字系统中，如数字计算机中，多采用二进制数，有时也采用八进制或十六进制数。在讲述数制之前，必须先说明几个概念。

- 基数：在某种数制中，允许使用的数字符号的个数，称为这种数制的基数。

• 系数：任一种 $N$ 进制中，第 $i$ 位的数字符号 $K_i$，称为第 $i$ 位的系数。

• 权：任一种 $N$ 进制中，$N^i$ 称为第 $i$ 位的权。

**1. 几种常用数制**

1）十进制

在十进制中，每一位有 0～9 这 10 个数码，基数是 10。超过 9 的数必须用多位数表示，其中低位和相邻高位之间的关系是"逢十进一"，故称为十进制。

十进制数的位权展开式：任意一个十进制数都可以表示为各个数位上的数码与其对应的权的乘积之和，称为位权展开式。

$$[M]_{10} = K_{n-1} \times 10^{n-1} + K_{n-2} \times 10^{n-2} + \cdots + K_1 \times 10^1 + K_0 \times 10^0$$
$$= \sum_{i=0}^{n-1} K_i \times 10^i \tag{1.1}$$

例如，$[3574]_{10} = 3\times10^3 + 5\times10^2 + 7\times10^1 + 4\times10^0$

又如，$[125.04]_{10} = 1\times10^2 + 2\times10^1 + 5\times10^0 + 0\times10^{-1} + 4\times10^{-2}$

从计数电路的角度来看，采用十进制是不方便的。因为构成计数电路的基本思路是把电路的状态与数码对应起来，而十进制的 10 个数码，必须由 10 个不同的而且能严格区分的电路状态与之对应，这样将在技术上带来许多困难，而且也不经济，因此在技术电路中一般不直接采用十进制。

2）二进制

二进制在目前数字电路中应用最广泛。在二进制中，每一位仅有 0 和 1 两个数码，计数的基数是 2。低位和相邻高位之间的关系是"逢二进一"，故称为二进制。

二进制数的位权展开式为

$$[M]_2 = K_{n-1} \times 2^{n-1} + K_{n-2} \times 2^{n-2} + \cdots + K_1 \times 2^1 + K_0 \times 2^0$$
$$= \sum_{i=0}^{n-1} K_i \times 2^i \tag{1.2}$$

**例 1.3** 试将二进制数 $(101.11)_2$ 转换为十进制数。

**【解】** $(101.11)_2 = 1\times2^2 + 0\times2^1 + 1\times2^0 + 1\times2^{-1} + 1\times2^{-2} = (5.75)_{10}$

式(1.2)中分别用下脚注 2 和 10 表示括号里的数是二进制数和十进制数。有时也用 B (Binary)和 D(Decimal)代替 2 和 10 这两个脚注。

3）八进制和十六进制

在八进制中，每一位有 0～7 这 8 个不同的数码，计数的基数是 8。低位和相邻高位之间的关系是"逢八进一"。

八进制数的位权展开式为

$$[M]_8 = K_{n-1} \times 8^{n-1} + K_{n-2} \times 8^{n-2} + \cdots + K_1 \times 8^1 + K_0 \times 8^0$$
$$= \sum_{i=0}^{n-1} K_i \times 8^i \tag{1.3}$$

任意一个八进制数可以利用式(1.3)计算出与之等效的十进制数值。

例如，$(37.5)_8 = 3\times8^1 + 7\times8^0 + 5\times8^{-1} = (31.625)_{10}$

十六进制数的每一位有 16 个不同的数码，分别用 0 ～9、A(10)、B(11)、C(12)、D(13)、

E(14)、F(15)表示。十六进制数的权展开式为

$$[M]_{16}=K_{n-1}\times 16^{n-1}+K_{n-2}\times 16^{n-2}+\cdots+K_1\times 16^1+K_0\times 16^0$$
$$=\sum_{i=0}^{n-1}K_i\times 16^i \tag{1.4}$$

由此式可以计算出它所表示的十进制数值。

例如，$(2A.7F)_{16}=2\times 16^1+10\times 16^0+7\times 16^{-1}+15\times 16^{-2}=(42.496\,093\,7)_{10}$

式中下脚注 16 表示括号里的数是十六进制数，有时也可以用 H(Hexadecimal)代替这个注脚。

### 2. 几种进制间的对应关系

十进制、二进制、八进制、十六进制间的对应关系如表 1.1 所示。

**表 1.1　几种进制间的对应关系**

| 十进制 | 二进制 | 八进制 | 十六进制 | 十进制 | 二进制 | 八进制 | 十六进制 |
|---|---|---|---|---|---|---|---|
| 0 | 0000 | 0 | 0 | 8 | 1000 | 10 | 8 |
| 1 | 0001 | 1 | 1 | 9 | 1001 | 11 | 9 |
| 2 | 0010 | 2 | 2 | 10 | 1010 | 12 | A |
| 3 | 0011 | 3 | 3 | 11 | 1011 | 13 | B |
| 4 | 0100 | 4 | 4 | 12 | 1100 | 14 | C |
| 5 | 0101 | 5 | 5 | 13 | 1101 | 15 | D |
| 6 | 0110 | 6 | 6 | 14 | 1110 | 16 | E |
| 7 | 0111 | 7 | 7 | 15 | 1111 | 17 | F |

## 1.2.2　数值之间的转换

### 1. 非十进制转化为十进制

方法是：把各个非十进制数按位权展开求和即可。

**例 1.4**　分别将$(1011)_2$、$(136)_8$、$(32C)_{16}$转化为十进制数。

**【解】**　$(1011)_2=1\times 2^3+0\times 2^2+1\times 2^1+1\times 2^0=(11)_{10}$

$(136)_8=1\times 8^2+3\times 8^1+6\times 8^0=(94)_{10}$

$(32C)_{16}=3\times 16^2+2\times 16^1+12\times 16^0=(632)_{10}$

### 2. 十进制数转化为其他进制数

十进制数转化为其他进制的数，分为整数和小数部分。

(1) 整数部分转换采用除基取余法。即把十进制整数 $D$ 转换成 $N$ 进制数的步骤如下：

① 将 $D$ 除以新进位制基数 $N$，记下所得的商和余数。

② 将上一步所得的商再除以 $N$，记下所得商和余数。

③ 重复做②，直到商为 0。

④ 将各个余数转换成 $N$ 进制的数码，并按照和运算过程相反的顺序把各个余数排列

起来，即为 $N$ 进制的数。

(2) 小数部分转换采用乘基取整法。即把十进制的纯小数 $D$ 转换成 $N$ 进制数的步骤如下：

① 将 $D$ 乘以新进位制基数 $N$，记下整数部分。

② 将上一步乘积中的小数部分再乘以 $N$，记下整数部分。

③ 重复做②，直到小数部分为 0 或者满足精度要求为止。

④ 将各步求得的整数转换成 $N$ 进制的数码，并按照和运算过程相同的顺序排列起来，即为所求的 $N$ 进制数。

**例 1.5** 将十进制数 $(342.6875)_{10}$ 分别转化为二进制数、八进制数、十六进制数。

**【解】** (1) 先进行整数部分的转化：

```
2 | 342             8 | 342           16 | 342
2 | 171 … 0         8 |  42 … 6       16 |  21 … 6
2 |  85 … 1         8 |   5 … 2       16 |   1 … 5
2 |  42 … 1               0 … 5               0 … 1
2 |  21 … 0
2 |  10 … 1
2 |   5 … 0
2 |   2 … 1
2 |   1 … 0
      0 … 1
```

故整数部分的转化结果为 $(342)_{10}=(101010110)_2=(526)_8=(156)_{16}$

(2) 再进行小数部分的转化：

```
  0.6875              0.6875             0.6875
×      2            ×      8           ×     16
  1.3750 … 1          5.5000 … 5        11.0000 … 11

  0.3750              0.5000
×      2            ×      8
  0.7500 … 0          4.0000 … 4        (11)10=(B)16
×      2
  1.5000 … 1

  0.5000
×      2
  1.0000 … 1
```

故小数部分的转化结果为 $(0.6875)_{10}=(0.1011)_2=(0.54)_8=(0.B)_{16}$

所以 $(342.6875)_{10}=(101010110.1011)_2=(526.54)_8=(156.B)_{16}$

又如 $(0.39)_{10}=(0.0110001111\cdots)_2$，可见此例中不能用有限位数实现准确的转化，转化后的小数究竟取多少位合适？

常用方法：

(1) 指定转化位数。如指定转换到 8 位。

(2) 根据转化精度确定位数。如要求转化精度优于 0.1%，即引入一个小于 $1/2^{10}=1/1024$ 的舍入误差，则转化到第 10 位时转化结束。

### 3. 二进制与八进制之间的转化

二进制与八进制之间由于正好满足 $2^3$ 关系，故转化十分方便。

1）二进制转化成八进制

方法：根据它们在数位上的对应关系，将二进制数分别转化成八进制数。每 3 位一组构成一位八进制数。从最右边开始，每 3 位二进制一组，当最后一组不够 3 位时，应在左侧添加 0，凑足 3 位。

**例 1.6**　将二进制数$(110111.111011001)_2$转化为八进制数。

**【解】**　$(110\ 111.111\ 011\ 001)_2=(67.731)_8$

2）将八进制数转化为二进制数

方法：将一位八进制数用 3 位二进制数表示即可。

**例 1.7**　将八进制数$(375.236)_8$转化为二进制数。

**【解】**　$(375.236)_8=(001\ 111\ 101.010\ 011\ 110)_2$

**4. 二进制与十六进制之间的转化**

1）二进制转化为十六进制

方法：根据它们在数位上的对应关系，将二进制数分别转化成十六进制，每 4 位一组构成一位十六进制数。从最右边开始，每 4 位二进制一组，当最后一位不够 4 位时，应在左侧添加 0，凑足 4 位。

**例 1.8**　将二进制数$(1111101.01001111)_2$转化为十六进制数。

**【解】**　$(111\ 1101.0100\ 1111)_2=(7D.4F)_{16}$

2）十六进制转化为二进制数

方法：将一位十六进制数用 4 位二进制数表示即可。

## 1.2.3　二进制编码

人们习惯使用十进制，而计算机硬件是基于二进制的，因此需要用二进制编码表示十进制的 0～9 这 10 个码元，即 BCD (Binary Coded Decimal) 码。至少要用 4 位二进制数才能表示 0～9，因为 4 位二进制有 16 种组合。现在的问题是要在 16 种组合中挑出 10 个，分别表示 0～9，不同的挑法构成了不同的 BCD 码，如表 1.2 所示。

**表 1.2　BCD 码**

| 编码种类 / 十进制数 | 有权码 | | | 无权码 | |
|---|---|---|---|---|---|
| | 8421 码 | 5421 码 | 2421 码 | 余 3 码 | BCD 格雷码 |
| 0 | 0000 | 0000 | 0000 | 0011 | 0000 |
| 1 | 0001 | 0001 | 0001 | 0100 | 0001 |
| 2 | 0010 | 0010 | 0010 | 0101 | 0011 |
| 3 | 0011 | 0011 | 0011 | 0110 | 0010 |
| 4 | 0100 | 0100 | 0100 | 0111 | 0110 |
| 5 | 0101 | 1000 | 1011 | 1000 | 0111 |
| 6 | 0110 | 1001 | 1100 | 1001 | 0101 |
| 7 | 0111 | 1010 | 1101 | 1010 | 0100 |
| 8 | 1000 | 1011 | 1110 | 1011 | 1100 |
| 9 | 1001 | 1100 | 1111 | 1100 | 1101 |

用4位自然二进制码中的前10个码字来表示十进制数码，因各位的权值依次为8、4、2、1，故称8421 BCD码。2421码的权值依次为2、4、2、1；余3码由8421码加0011得到；格雷码是一种循环码，其特点是任何相邻的两个码字，仅有一位代码不同，其他位相同。

# 1.3 逻辑代数基础

## 1.3.1 逻辑的相关概念

### 1. 逻辑和逻辑值

逻辑是指事物的前因和后果所遵循的规律。当两个二进制数码表示不同的逻辑状态时，它们之间可以按照指定的某种因果关系进行推理运算。通常将这种运算称为逻辑运算。

正逻辑就是用1表示条件满足或事件发生；用0表示条件不满足或事件没有发生。负逻辑就是用0表示条件满足或事件发生；用1表示条件不满足或事件没有发生。通常，本书采用正逻辑，逻辑值1和0与二进制数字1和0是完全不同的概念，它们不表示数量的大小，而是表示不同的逻辑状态。

### 2. 逻辑代数

逻辑代数是按一定的逻辑关系进行运算的代数，是分析和设计数字电路的数学工具。逻辑代数是一种二值代数系统，任何逻辑变量的取值范围仅是0和1两个值。

### 3. 逻辑变量和逻辑函数

逻辑变量：如果一个事物的发生与否具有排中性，即只有完全对立的两种可能性，则可将其定义为一个逻辑变量。

逻辑函数：若一个逻辑问题的条件和结果均具有逻辑特性，则可分别用条件逻辑变量和结果逻辑变量表示，通常称结果逻辑变量为条件逻辑变量的函数。

## 1.3.2 逻辑代数中的基本运算

在逻辑代数中有与、或、非3种基本逻辑运算。运算是一种函数关系，可以用语句描述，也可以用语句描述，也可以用逻辑表达式描述，还可以用表格或图形来描述。描述逻辑关系的表格为真值表。下面分别讨论3种基本的逻辑运算。

### 1. 或运算——逻辑加

有一个事件，当决定该事件的诸变量中只要有一个存在，该事件就会发生，这样的因果关系称为“或”逻辑关系，也称为逻辑加，或者称为或运算。

例如，在图1.8(a)所示的电路中，灯 $F$ 亮这个事件由两个条件决定，只有开关 $A$ 与 $B$ 中有一个闭合时，灯 $F$ 就亮。因此，灯 $F$ 与开关 $A$ 与 $B$ 满足或逻辑关系，表示为

$$F = A + B \tag{1.5}$$

读成“$F$ 等于 $A$ 或 $B$”，或“$F$ 等于 $A$ 加 $B$”。

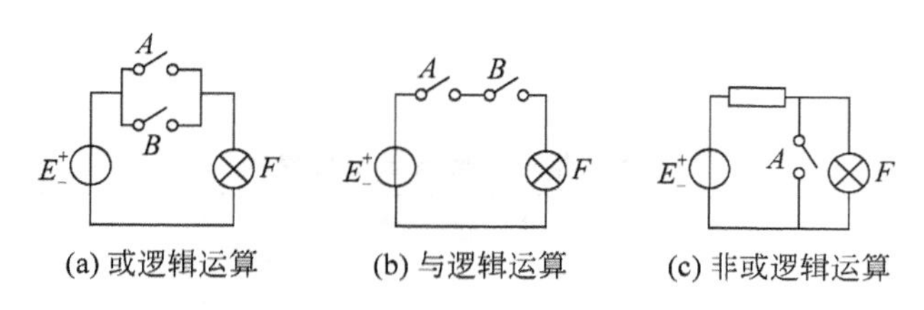


图 1.8　3 种基本逻辑运算的开关模拟电路

若以 $A$、$B$ 表示开关的状态，1 表示开关闭合，0 表示开关断开；以 $F$ 表示灯的状态，1 表示灯亮，0 表示灯灭，则得表 1.3，该表称为真值表。真值表是反映逻辑变量($A$、$B$)与函数($F$)因果关系的数学表达形式。

**表 1.3　或逻辑真值表及运算规则**

| 变　量 | | 或　逻　辑 | 或逻辑运算规则 |
|---|---|---|---|
| **A** | **B** | **A+B** | |
| 0 | 0 | 0 | 0+0=0 |
| 0 | 1 | 1 | 0+1=1 |
| 1 | 0 | 1 | 1+0=1 |
| 1 | 1 | 1 | 1+1=1 |

这里必须注意的是 1+1=1。

### 2. 与运算——逻辑乘

有一个事件，当决定该事件的诸变量中必须全部存在，该事件才会发生，这样的因果关系称为“与”逻辑关系。例如，在图 1.8(b)所示电路中，开关 $A$ 与 $B$ 都闭合时，灯 $F$ 才亮，因此它们之间满足与逻辑关系。与逻辑也称为逻辑乘，其真值表如表 1.4 所示，逻辑表达式为

$$F = A \cdot B \tag{1.6}$$

读成“$F$ 等于 $A$ 与 $B$”，或“$A$ 乘 $B$”。“与”逻辑和“或”逻辑的输入变量不一定只有两个，可以有多个。

**表 1.4　与逻辑真值表及运算规则**

| 变　量 | | 逻　辑 | 与逻辑运算规则 |
|---|---|---|---|
| **A** | **B** | **AB** | |
| 0 | 0 | 0 | 0·0=0 |
| 0 | 1 | 0 | 0·1=0 |
| 1 | 0 | 0 | 1·0=0 |
| 1 | 1 | 1 | 1·1=1 |

### 3. 非运算——非逻辑关系

当一事件的条件满足时，该事件不会发生，而条件不满足时，该事件才会发生，这样的因果关系称为“非”逻辑关系。例如，在图 1.8(c)所示电路中，当开关 $A$ 断开时，灯 $F$ 才亮，因此它们之间满足非逻辑关系。真值表如表 1.5 所示。逻辑表达式为

$$F = \overline{A} \tag{1.7}$$

读成“$F$ 等于 $A$ 非”。

**表 1.5 非逻辑真值表及运算规则**

| 变 量 | 非 逻 辑 | 非逻辑运算规则 |
|---|---|---|
| $A$ | $\overline{A}$ | |
| 0 | 1 | $\overline{0}=1$ |
| 1 | 0 | $\overline{1}=0$ |

在实际应用中，与、或、非逻辑运算的实现有与之对应的基本单元电路来完成，通常把它称为与门、或门和非门，可以用相应的逻辑符号来表示，如图 1.9 所示。

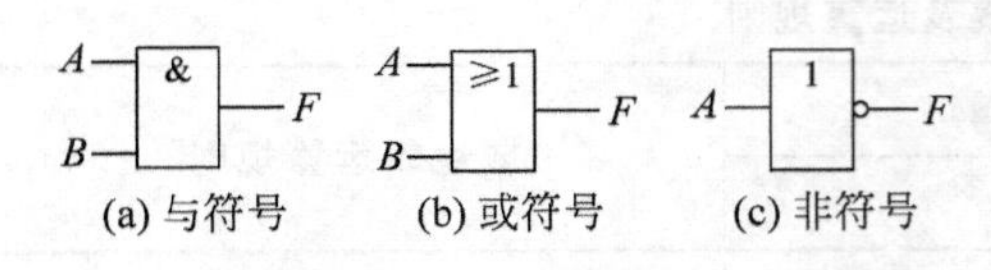


图 1.9 与、或、非的逻辑符号

前面已经学习了 3 种最基本的逻辑运算，即逻辑与、逻辑或和逻辑非，利用这 3 种基本逻辑运算，可以解决所有的逻辑运算问题，因此它们构成了逻辑运算的“完备逻辑集”。即任何一个逻辑问题都可以用与、或、非运算的组合来实现。

在处理复杂的逻辑问题时，通常可以用与、或、非之间的不同组合构成复合逻辑运算，也就出现了相应的复合门电路。常见的复合门电路有与非门、或非门、与或非门、异或门和同或门电路等。

**4. 与非门电路**

与非门电路相当于一个与门和一个非门的组合，可完成以下逻辑表达式的运算，即

$$F = \overline{A \cdot B} \tag{1.8}$$

与非门电路用图 1.10 所示的逻辑符号表示，通过对与非门所完成的运算分析可知，与非门的逻辑功能是，只有当所有的输入端都是高电平时，输出端才是低电平。而输入端只要有低电平，输出必为高电平。

**5. 或非门电路**

或非门电路相当于一个或门和一个非门的组合，可完成以下逻辑表达式的运算，即

$$F = \overline{A + B} \tag{1.9}$$

或非门电路用图 1.11 所示的逻辑符号表示。通过对或非门所完成的运算分析可知，或非门的逻辑功能是，只有当所有的输入端都是低电平时，输出端才是高电平。而输入端只要有高电平，输出必为低电平。

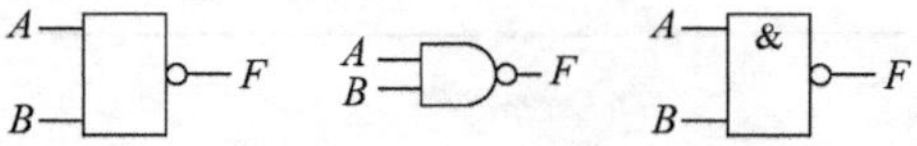

(a) 旧符号 (b) 新符号

图 1.10 与非门的逻辑符号

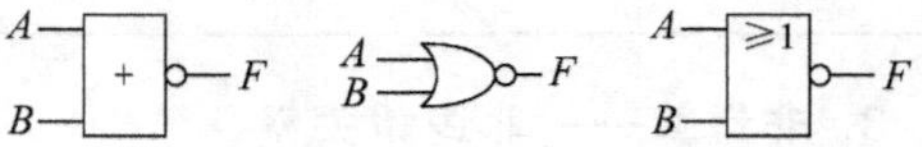

(a) 旧符号 (b) 新符号

图 1.11 或非门的逻辑符号

### 6. 与或非门电路

与或非门电路相当于两个与门、一个或门和一个非门的组合，可完成以下逻辑表达式的运算，即

$$F = \overline{AB + CD} \tag{1.10}$$

与或非门电路用图 1.12 所示的逻辑符号表示。通过对与或非门所完成的运算分析可知，与或非门的逻辑功能是，由于 $A$、$B$ 之间以及 $C$、$D$ 之间都是与运算关系，故只要 $A$、$B$ 或 $C$、$D$ 任何一组同时为 1，输出 $F$ 就是 0。只有当每一组输入都不全是 1 时，输出 $F$ 才是 1。与或非门电路也可以由多个与门和一个或门、一个非门组合而成，从而具有更强的逻辑运算功能。

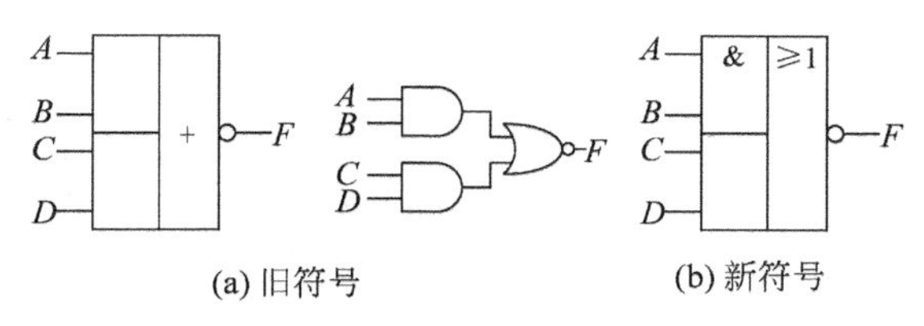


(a) 旧符号　　(b) 新符号

图 1.12　与或非门的逻辑符号

### 7. 异或门电路

异或门电路可以完成逻辑异或运算，运算符号用⊕表示。异或运算的逻辑表达式为

$$F = A \oplus B \tag{1.11}$$

异或运算的规则为

$$0 \oplus 0 = 0 \qquad 0 \oplus 1 = 1$$

$$1 \oplus 0 = 1 \qquad 1 \oplus 1 = 0$$

由对异或运算的规则分析可得出结论：当两个变量取值相同时，运算结果为 0；当两个变量取值不同时，运算结果为 1。如推广到多个变量异或时，当变量中 1 的个数为偶数时，运算结果为 0；1 的个数为奇数时，运算结果为 1。

异或门电路用图 1.13 所示的逻辑符号表示，表 1.6 说明逻辑表达式：$F=A\overline{B}+\overline{A}B$ 也可完成异或运算。需要指出的是，异或运算也可以用与、或、非运算的组合完成。

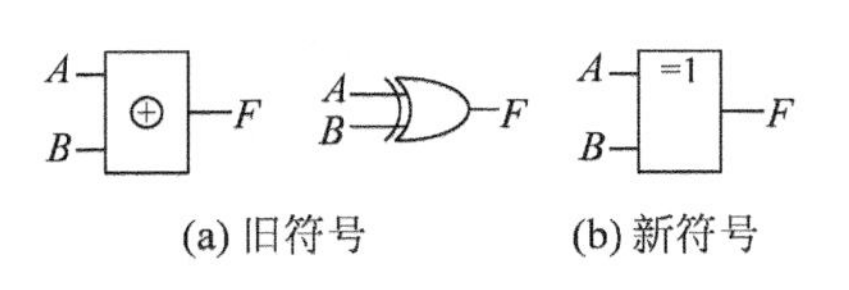


(a) 旧符号　　(b) 新符号

图 1.13　异或门的逻辑符号

表 1.6　异或运算真值表

| A | B | $F=A\oplus B$ | $F=A\overline{B}+\overline{A}B$ |
|---|---|---|---|
| 0 | 0 | 0 | 0 |
| 0 | 1 | 1 | 1 |
| 1 | 0 | 1 | 1 |
| 1 | 1 | 0 | 0 |

### 8. 同或门电路

同或门电路可以完成逻辑同或运算，运算符号用⊙表示。同或运算的逻辑表达式为

$$F = A \odot B \tag{1.12}$$

同或运算的规则正好和异或运算相反,同或门电路用图 1.14 所示的逻辑符号表示。

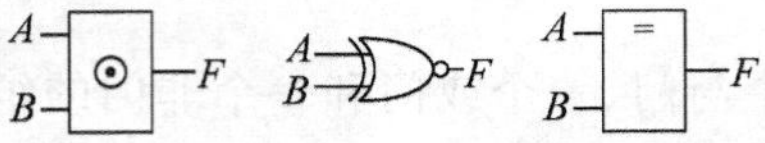

(a) 旧符号　　(b) 新符号

图 1.14　同或门的逻辑符号

## 1.3.3 逻辑代数的基本公式和常用公式

### 1. 基本公式

表 1.7 给出了逻辑代数的基本公式。这些公式也称为布尔恒等式。

表 1.7　逻辑代数的基本公式

| | | | |
|---|---|---|---|
| 或运算:$A+0=A$ | $A+1=1$ | $A+A=A$ | $A+\overline{A}=1$ |
| 与运算:$A\cdot 0=0$ | $A\cdot 1=A$ | $A\cdot A=A$ | $A\cdot\overline{A}=0$ |
| 还原律:$\overline{\overline{A}}=A$ | | | |
| 交换律:$A+B=B+A$　$A\cdot B=B\cdot A$ | | | |
| 结合律:$(A+B)+C=A+(B+C)$ | | $(A\cdot B)\cdot C=A\cdot(B\cdot C)$ | |
| 分配律:$A\cdot(B+C)=A\cdot B+A\cdot C$ | | $A+B\cdot C=(A+B)(A+C)$ | |
| 反演律(德·摩根定律):$\overline{A+B}=\overline{A}\cdot\overline{B}$ | | $\overline{A\cdot B}=\overline{A}+\overline{B}$ | |

反演律公式可以推广到多个变量:

$$\overline{A+B+C\cdots}=\overline{A}\cdot\overline{B}\cdot\overline{C}\cdots$$

$$\overline{A\cdot B\cdot C\cdots}=\overline{A}+\overline{B}+\overline{C}+\cdots$$

这些基本定律可以直接利用真值表证明,如果等式两边的真值表相同,则等式成立。

### 2. 若干常用公式

1) $A+AB=A$

**证明**:$A+AB=A\cdot(1+B)=A\cdot 1=A$

2) $AB+A\overline{B}=A$

**证明**:$A\cdot B+A\cdot\overline{B}=A\cdot(B+\overline{B})=A\cdot 1=A$

3) $A\cdot(A+B)=A$

**证明**:$A\cdot(A+B)=A\cdot A+A\cdot B=A+A\cdot B=A$

4) $A+\overline{A}B=A+B$

**证明**:$A+\overline{A}B=(A+\overline{A})(A+B)=1\cdot(A+B)=A+B$

5) $AB+\overline{A}C+BC=AB+\overline{A}C$

**证明**:$AB+\overline{A}C+BC=AB+\overline{A}C+(A+\overline{A})BC=AB+\overline{A}C+ABC+\overline{A}BC$

$$=AB(1+C)+\overline{A}C(1+B)=AB+\overline{A}C$$

6) $\overline{A\overline{B}+\overline{A}B}=AB+\overline{A}\overline{B}$

**证明**:

$\overline{A\overline{B}+\overline{A}B}=\overline{A\overline{B}}\cdot\overline{\overline{A}B}=(\overline{A}+B)(A+\overline{B})=A\overline{A}+\overline{A}\overline{B}+AB+B\overline{B}=AB+\overline{A}\overline{B}$

7) $A\cdot\overline{AB}=A\bar{B}$；$\bar{A}\cdot\overline{AB}=\bar{A}$

**证明**：$A\cdot\overline{AB}=A\cdot(\bar{A}+\bar{B})=A\cdot\bar{A}+A\cdot\bar{B}=A\bar{B}$；

$\bar{A}\cdot\overline{AB}=\bar{A}\cdot(\bar{A}+\bar{B})=\bar{A}\cdot\bar{A}+\bar{A}\cdot\bar{B}=\bar{A}(1+\bar{B})=\bar{A}$

### 1.3.4　逻辑代数的3个基本定理

#### 1. 代入定理

任何一个含有变量 $A$ 的等式，如果将所有出现 $A$ 的位置都用同一个逻辑函数代替，则等式仍然成立，这个规则称为代入定理。

例如，在 $B\cdot(A+C)=BA+BC$ 中，将所有出现 $A$ 的地方都代以函数 $A+D$，则等式仍成立，即得

$$B\cdot[(A+D)+C]=B(A+D)+BC=BA+BD+BC$$

#### 2. 反演定理

对于任何一个逻辑表达式 $F$，如果将表达式中的所有“·”换成+，+换成“·”，0换成1，1换成0，原变量换成反变量，反变量换成原变量，那么所得到的表达式就是函数 $F$ 的反函数 $\bar{F}$（或称补函数）。这个规则称为反演定理。

在使用反演定理时，还需注意遵守以下两个规则：

(1) 仍需遵守“先括号、然后乘、最后加”的运算优先次序。

(2) 不属于单个变量上的反号应该保留不变。

**例 1.9**　已知 $F=\bar{A}\cdot\bar{B}+CD$，求 $\bar{F}$。

**【解】**　根据反演定律可写出

$$\bar{F}=\overline{\bar{A}\bar{B}+CD}=(A+B)(\bar{C}+\bar{D})$$

#### 3. 对偶定理

对偶概念为：在一个逻辑函数式 $F$ 中，实行加乘互换，“0”和“1”互换，得到的新的逻辑式记为 $\bar{F}$，则称 $\bar{F}$ 为 $F$ 的对偶式（注意原反不能互换）。

对偶规则为：对于一逻辑等式，将等号两边实行对偶变换，所得到的新的逻辑式仍然相等。

显然，对对偶式 $\bar{F}$ 再求对偶，应该得到原函数 $F$，即

$$\bar{\bar{F}}=F \tag{1.13}$$

用对偶规则去观察基本公式，发现“与”和“或”；“与或型”和“或与型”的公式存在对偶关系。这样在记忆基本公式时，只需记住基本公式的一半，而另一半按对偶规则即可求出。

## 1.4　逻辑函数及其表示方法

### 1.4.1　逻辑函数

如果以逻辑变量作为输入，以运算结果作为输出，当输入变量的取值确定之后，输出的

取值便随之而定。输出与输入之间的函数关系称为逻辑函数,写作

$$F = f(A,B,C,\cdots)$$

由于变量和输出(函数)的取值只有 0 和 1 两种状态,所以这里所讨论的都是二值逻辑函数。

任何一个具体的因果关系都可以用一个逻辑函数来描述。例如,图 1.15 所示的一个举重裁判电路,可以用一个逻辑函数描述它的逻辑功能。比赛规定在一名主裁判和两名副裁判中,必须有两人以上(而且必须包括主裁判)认定运动员的动作合格,试举才算成功。开关 $A$ 由主裁判控制,开关 $B$ 和 $C$ 分别由两名副裁判控制。运动员举起杠铃后,裁判认为动作合格就合上开关;否则不合开关。显然,指示灯 $F$ 的状态(亮与暗)是开关 $A$、$B$、$C$ 状态(合上与断开)的函数。

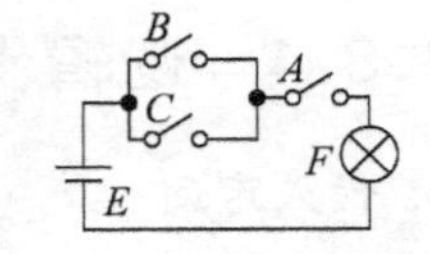

图 1.15　举重裁判电路

若以 1 表示开关闭合,0 表示开关断开;以 1 表示灯亮,0 表示灯暗,则指示灯 $F$ 是开关 $A$、$B$、$C$ 的二值逻辑函数,即

$$F = f(A,B,C,\cdots)$$

## 1.4.2　逻辑函数的表示方法

逻辑函数除用文字描述以外,还有 5 种描述形式,即真值表、逻辑函数式、卡诺图、逻辑图和波形图。在此首先介绍真值表、逻辑函数式、逻辑图和波形图,卡诺图将放在 1.5 节中介绍。

### 1. 真值表

真值表:将输入变量各种可能的取值组合及其对应的输出函数值,排列在一起而组成的表格。

例如,用真值表表示一个举重裁判电路的逻辑关系(设有 3 个裁判 $A$、$B$、$C$)。分析:输入变量 $A$、$B$、$C$ 对应 3 个裁判,各人认为通过,取值为 1,否则为 0;输出变量 $F$ 对应举重结果,结果通过,取值为 1;否则为 0。则可列出所有可能的情况,得到真值表 1.8。

**表 1.8　举重裁判电路的真值表**

| A | B | C | F | A | B | C | F |
|---|---|---|---|---|---|---|---|
| 0 | 0 | 0 | 0 | 1 | 0 | 0 | 0 |
| 0 | 0 | 1 | 0 | 1 | 0 | 1 | 0 |
| 0 | 1 | 0 | 1 | 1 | 1 | 0 | 0 |
| 0 | 1 | 1 | 1 | 1 | 1 | 1 | 1 |

优点:直观明了,便于将实际逻辑问题抽象成数学表达式。

缺点:难以用公式和定理进行运算和变换;变量较多时,列函数真值表较繁琐。

### 2. 逻辑函数式

将输出与输入之间的逻辑关系写成与、或、非等运算的组合式,就得到所需的逻辑函数式。

对于每一个逻辑函数式都对应一种逻辑电路。而同一个逻辑函数式又有多种不同的表达形式。

例如，$F=AC+\overline{A}B=AC+BC+\overline{A}A+\overline{A}B$（冗余定理、互补律）

$=(A+B)(\overline{A}+C)$

$=\overline{AC\cdot\overline{\overline{A}C}}\leftarrow\overline{\overline{AC+\overline{A}B}}$（还原律、摩根定律）

$=\overline{\overline{A+B}+\overline{\overline{A}+C}}\longleftarrow\overline{\overline{(A+B)(\overline{A}+C)}}$

$=\overline{\overline{AC+\overline{A}B}}=\overline{\overline{A}\overline{B}+A\overline{C}}\longleftarrow(A+B)(\overline{A}+C)$

$=ABC+A\overline{B}C+\overline{A}BC+\overline{A}B\overline{C}\longleftarrow AC+AB=AC(B+\overline{B})+\overline{A}B(C+\overline{C})$

（用互补律配项）

### 3．逻辑图

逻辑图是用基本逻辑单元和逻辑部件的逻辑符号构成的变量流程图。

例如，要画出表达式 $F=AB+BC+AC$ 对应的逻辑电路图，只有用逻辑运算的图形符号代替表达式中的代数运算符号便可得到图 1.16 所示的逻辑电路。

优点：最接近实际电路。

缺点：不能直接进行运算和变换；所表示的逻辑关系不直观。

### 4．波形图

如果将逻辑函数输入变量的每一种可能出现的取值与对应的输出值按时间顺序依次排列起来，就得到表示该函数的波形。例如，已知 $A$、$B$ 的波形，画出 $F=AB$ 的波形，如图 1.17 所示。

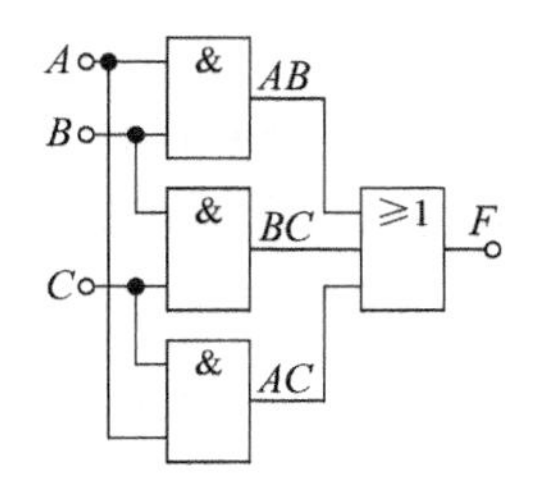


图 1.16　$F=AB+BC+AC$ 的逻辑电路

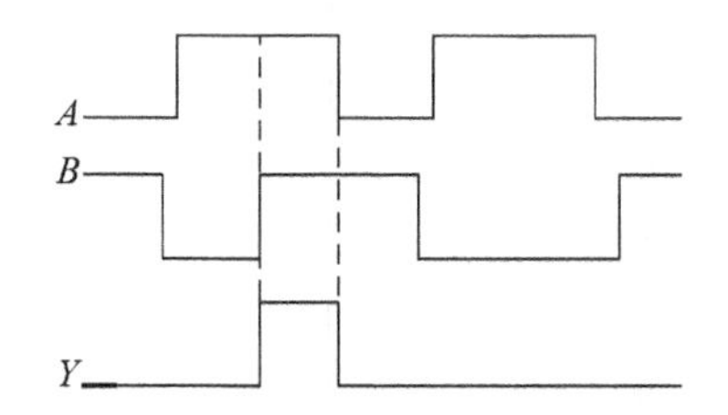


图 1.17　表达式 $F=AB$ 的波形

优点：形象、直观地表示了变量取值与函数值在时间上的对应关系。

缺点：难以直接用公式和定理进行运算和变换；当变量个数增多时，画图比较麻烦。

### 5．各种表示方法间的相互转换

既然同一个逻辑函数可以用不同的方法来描述，那么各方法之间必然能相互转换。

1）真值表与逻辑函数式的相互转换

首先讨论从真值表得到逻辑函数式的方法。为便于理解转换的原理，首先来讨论一个具体的例子。

**例 1.10** 已知逻辑函数 $F$ 的真值表如表 1.9 所示，试写出它的逻辑函数式。

**表 1.9 例 1.10 的真值表**

| A | B | C | F | A | B | C | F |
|---|---|---|---|---|---|---|---|
| 0 | 0 | 0 | 0 | 1 | 0 | 0 | 0 |
| 0 | 0 | 1 | 0 | 1 | 0 | 1 | 0 |
| 0 | 1 | 0 | 1 | 1 | 1 | 0 | 0 |
| 0 | 1 | 1 | 1 | 1 | 1 | 1 | 1 |

**【解】** 由真值表可见，当输入变量 $A$、$B$、$C$ 的取值为以下 3 种情况时，$F$ 将等于 1。

$$A=0、B=1、C=0$$

$$A=0、B=1、C=1$$

$$A=1、B=1、C=1$$

而当 $A=0$、$B=1$、$C=0$ 时，必然使乘积项 $\overline{A}B\overline{C}=1$；当 $A=0$、$B=1$、$C=1$ 时，必然使乘积项 $\overline{A}BC=1$；当 $A=1$、$B=1$、$C=1$ 时，必然使乘积项 $ABC=1$，因此 $F$ 的逻辑函数应当等于这 3 个乘积项之和，即 $F=\overline{A}B\overline{C}+\overline{A}BC+ABC$。

通过例 1.10 可以总结出由真值表写出逻辑函数式的一般方法，这就是：

(1) 找出真值表中使逻辑函数 $F=1$ 的那些输入变量取值的组合。

(2) 每组输入变量取值的组合对应一个乘积项，其中取值为 1 的写入原变量，取值为 0 的写入反变量。

(3) 将这些乘积项相加，即得 $F$ 的逻辑函数式。

由逻辑函数式列出真值表只需把输入变量取值的所有组合状态逐个代入逻辑式中求出函数值，列表即可得到真值表。

2) 逻辑函数式与逻辑图的相互转换

从给定的逻辑函数式转换为相应的逻辑图时，只要用图形符号代替逻辑函数式中的逻辑运算符号，并按运算优先顺序将它们连接起来，就可以得到所求的逻辑图了。

而从给定的逻辑图转换为相应的逻辑函数式时，只要从逻辑图的输入端到输出端逐级写出每个图形符号的输出逻辑式，就可以在输出端得到所求的逻辑函数式了。

3) 波形图与真值表的相互转换

在从已知的逻辑函数波形图求对应的真值表时，首先需要从波形图上找出每个时间段里输入变量与函数输出的取值，然后将这些输入、输出取值对应列表，就得到了所求的真值表。

在将真值表转换为波形图时，只需将真值表中所有的输入变量与对应的输出变量取值依次排列画出以时间为横坐标的波形，就得到所求的波形图。

**例 1.11** 已知逻辑函数 $F$ 的波形如图 1.18 所示，试求该逻辑函数的真值表。

**【解】** 从 $F$ 的波形图上可以看出，在 $0\sim t_8$ 时间区间里输入变量 $A$、$B$、$C$ 所有可能的取值组合均已出现过，$t_8\sim t_{16}$ 区间的波形只是 $0\sim t_8$ 区间波形的重复。因此，只要将 $0\sim t_8$ 区间每个时间段里 $A$、$B$、$C$ 与 $F$ 的取值对应列表，即可得表 1.10 所示的真值表。

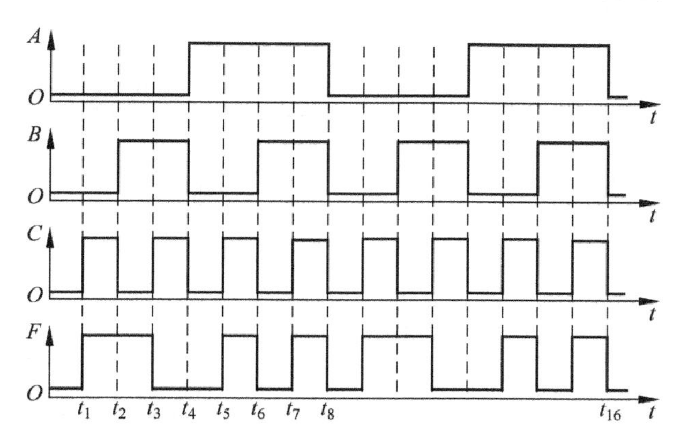


图 1.18　例 1.11 的波形

**表 1.10　例 1.11 的真值表**

| A | B | C | F | A | B | C | F |
|---|---|---|---|---|---|---|---|
| 0 | 0 | 0 | 0 | 1 | 0 | 0 | 0 |
| 0 | 0 | 1 | 1 | 1 | 0 | 1 | 1 |
| 0 | 1 | 0 | 1 | 1 | 1 | 0 | 0 |
| 0 | 1 | 1 | 0 | 1 | 1 | 1 | 1 |

## 1.4.3　逻辑函数的两种标准形式

在介绍逻辑函数的“最小项之和”和“最大项之积”这两种标准形式之前，先介绍一下最小项和最大项的概念。

### 1. 最小项与最大项

1）最小项

（1）定义。在 $n$ 变量的逻辑函数中，如果 $m$ 为包含 $n$ 个因子的乘积项，而且这 $n$ 个变量均以原变量或反变量的形式在 $m$ 中出现一次，则称 $m$ 是 $n$ 个变量的最小项。简单地说，最小项就是包含全部变量组合的与项。

例如，$\overline{A}\overline{B}\overline{C}$、$\overline{A}\overline{B}C$、$\overline{A}B\overline{C}$、$\overline{A}BC$、$A\overline{B}\overline{C}$、$A\overline{B}C$、$AB\overline{C}$、$ABC$ 就是 3 个变量的最小项组合，共 8 个(即 $2^3$ 个)。所以 $n$ 变量的最小项应该有 $2^n$ 个。

（2）性质。为了分析最小项的性质，给出了各变量的所有最小项的真值表，如表 1.11 所示。最小项的性质如下：

① 在输入变量的任何取值下必有一个最小项，而且仅有一个最小项的值等于 1。

② 任意两个不同最小项之积恒为 0。

③ 全体最小项的逻辑和恒为 1。

④ 两个逻辑相邻的最小项之和可以合并为一项，从而消去一对因子。

（3）最小项的编号。在输入变量的任何取值下必有一个最小项，而且仅有一个最小项的值等于 1。例如，在 3 个变量 $A$、$B$、$C$ 的最小项中，当 $A=B=1$、$C=0$ 时，$AB\overline{C}=1$。如果把 $AB\overline{C}$ 的取值 110 看作一个二进制数，那么它所代表的十进制数就是 6。为了使用方便，将 $AB\overline{C}$这个最小项记做 $m_6$。按照这一约定，就得到了 3 变量最小项的编号表如表 1.12 所示。

表 1.11 3 变量最小项真值表

| $A$ | $B$ | $C$ | $\bar{A}\bar{B}\bar{C}$ | $\bar{A}\bar{B}C$ | $\bar{A}B\bar{C}$ | $\bar{A}BC$ | $A\bar{B}\bar{C}$ | $A\bar{B}C$ | $AB\bar{C}$ | $ABC$ |
|---|---|---|---|---|---|---|---|---|---|---|
| 0 | 0 | 0 | 1 | 0 | 0 | 0 | 0 | 0 | 0 | 0 |
| 0 | 0 | 1 | 0 | 1 | 0 | 0 | 0 | 0 | 0 | 0 |
| 0 | 1 | 0 | 0 | 0 | 1 | 0 | 0 | 0 | 0 | 0 |
| 0 | 1 | 1 | 0 | 0 | 0 | 1 | 0 | 0 | 0 | 0 |
| 1 | 0 | 0 | 0 | 0 | 0 | 0 | 1 | 0 | 0 | 0 |
| 1 | 0 | 1 | 0 | 0 | 0 | 0 | 0 | 1 | 0 | 0 |
| 1 | 1 | 0 | 0 | 0 | 0 | 0 | 0 | 0 | 1 | 0 |
| 1 | 1 | 1 | 0 | 0 | 0 | 0 | 0 | 0 | 0 | 1 |

表 1.12 3 变量最小项的编号表

| 最 小 项 | 取值 $ABC$ | 对应十进制数 | 编 号 |
|---|---|---|---|
| $\bar{A}\bar{B}\bar{C}$ | 0 0 0 | 0 | $m_0$ |
| $\bar{A}\bar{B}C$ | 0 0 1 | 1 | $m_1$ |
| $\bar{A}B\bar{C}$ | 0 1 0 | 2 | $m_2$ |
| $\bar{A}BC$ | 0 1 1 | 3 | $m_3$ |
| $A\bar{B}\bar{C}$ | 1 0 0 | 4 | $m_4$ |
| $A\bar{B}C$ | 1 0 1 | 5 | $m_5$ |
| $AB\bar{C}$ | 1 1 0 | 6 | $m_6$ |
| $ABC$ | 1 1 1 | 7 | $m_7$ |

若两个最小项只有一个因子不同，则称这两个最小项具有逻辑相邻性。例如，$\bar{A}\bar{B}C$ 和 $\bar{A}BC$ 具有逻辑相邻性，这两个最小项相加时定能合并成一项，并将一对不同因子消去，即

$$\bar{A}\bar{B}C+\bar{A}BC=\bar{A}C(\bar{B}+B)=\bar{A}C$$

2）最大项

(1) 定义。在 $n$ 变量的逻辑函数中，若 $M$ 为 $n$ 个变量之和，而且这 $n$ 个变量均以原变量或反变量的形式在 $M$ 中出现一次，则称 $M$ 是 $n$ 个变量的最大项。

例如，$\bar{A}+\bar{B}+\bar{C}$、$\bar{A}+\bar{B}+C$、$\bar{A}+B+\bar{C}$、$\bar{A}+B+C$、$A+\bar{B}+\bar{C}$、$A+\bar{B}+C$、$A+B+\bar{C}$、$A+B+C$ 就是 3 个变量的最大项组合，共 8 个(即 $2^3$ 个)。对于 $n$ 变量的最大项应该有 $2^n$ 个。可见，$n$ 变量的最大项数目和最小项数目是相等的。

(2) 性质。

① 在输入变量的任何取值下必有一个最大项，而且仅有一个最大项的值等于 0。

② 任意两个不同最大项之和恒为 1。

③ 全体最大项的逻辑积恒为 0。

④ 只有一个变量不同的两个最大项的乘积等于各相同变量之和。

(3) 最大项的编号。

在 3 个变量 $A$、$B$、$C$ 的最大项中，当 $A=B=1$、$C=0$ 时，$\bar{A}+\bar{B}+C=0$。如果把$(\bar{A}+\bar{B}+C)$的取值 110 看作一个二进制数，那么它所代表的十进制数就是 6。为了使用方便，将$(\bar{A}+\bar{B}+C)$这个最大项记做 $M_6$。按照这一约定，就得到了 3 变量最大项的编号表如表 1.13 所示。

表 1.13　3 变量最大项的编号表

| 最 大 项 | 取值 $ABC$ | 对应十进制数 | 编　号 |
|---|---|---|---|
| $\bar{A}+\bar{B}+\bar{C}$ | 1　1　1 | 7 | $M_7$ |
| $\bar{A}+\bar{B}+C$ | 1　1　0 | 6 | $M_6$ |
| $\bar{A}+B+\bar{C}$ | 1　0　1 | 5 | $M_5$ |
| $\bar{A}+B+C$ | 1　0　0 | 4 | $M_4$ |
| $A+\bar{B}+\bar{C}$ | 0　1　1 | 3 | $M_3$ |
| $A+\bar{B}+C$ | 0　1　0 | 2 | $M_2$ |
| $A+B+\bar{C}$ | 0　0　1 | 1 | $M_1$ |
| $A+B+C$ | 0　0　0 | 0 | $M_0$ |

如果将表 1.11 和表 1.12 加以对比可以发现，最大项和最小项之间存在以下关系，即

$$M_i = \bar{m}_i \tag{1.14}$$

例如，$m_1=\bar{A}\bar{B}C$，则$\bar{m}_1=\overline{\bar{A}\bar{B}C}=A+B+\bar{C}=M_1$。

### 2. 逻辑函数的最小项之和形式

任何一个逻辑函数都可以表示成唯一的一组最小项之和，称为标准与或表达式，也称为最小项表达式。对于不是最小项表达式的与或表达式，就用该变量的原变量和反变量之和去乘这一项(即乘以 $A+\bar{A}$)，然后拆成两项，直到补齐所缺变量为止。

例如，给定逻辑函数为

$$F = \overline{AB + \bar{B}C}$$

则可以化为

$$\begin{aligned} F &= \overline{AB + \bar{B}C} = \bar{A}B + \bar{A}\bar{C} + \bar{B}\bar{C} = \bar{A}B + \bar{B}\bar{C} \\ &= \bar{A}B(C+\bar{C}) + \bar{B}\bar{C}(A+\bar{A}) \\ &= \bar{A}BC + \bar{A}B\bar{C} + A\bar{B}\bar{C} + \bar{A}\bar{B}\bar{C} \end{aligned}$$

还可以表示成

$$F = m_3 + m_2 + m_4 + m_0 \quad \text{或者写成} \quad F = \sum m(0,2,3,4)$$

**例 1.12**　将逻辑函数 $F=A\bar{B}\bar{C}D+\bar{A}CD+AC$ 展开为最小项之和的形式。

**【解】**

$$\begin{aligned} F &= A\bar{B}\bar{C}D+\bar{A}CD+AC \\ &= A\bar{B}\bar{C}D+\bar{A}(B+\bar{B})CD+A(B+\bar{B})C(D+\bar{D}) \\ &= A\bar{B}\bar{C}D+\bar{A}BCD+\bar{A}\bar{B}CD+ABC(D+\bar{D})+A\bar{B}C(D+\bar{D}) \\ &= A\bar{B}\bar{C}D+\bar{A}BCD+\bar{A}\bar{B}CD+ABCD+ABC\bar{D}+A\bar{B}CD+A\bar{B}C\bar{D} \end{aligned}$$

或写作

$$F(A,B,C,D) = \sum m(3,7,9,10,11,14,15)$$

### 3. 逻辑函数的最大项之积形式

利用逻辑代数的基本公式和定理，将逻辑函数的一般式变换成最大项之积的形式(也称或与式、“和之积”式)，若式中的某一项缺少某个变量，就用该变量的原变量和反变量之积去

加这一项(即加上 $A\cdot\overline{A}$),直到补齐所缺变量为止。

**例 1.13** 将逻辑函数 $F=\overline{A}B+AC$ 化为最大项之积的形式。

**【解】** 用基本公式 $A+BC=(A+B)(A+C)$,把一般式化为一般或与式为

$$F=\overline{A}B+AC=(\overline{A}B+A)(\overline{A}B+C)=(A+B)(\overline{A}+C)(B+C)$$

补齐所缺变量

$$\begin{aligned}F&=(A+B+C\overline{C})(\overline{A}+B\overline{B}+C)(A\overline{A}+B+C)\\&=(A+B+C)(A+B+\overline{C})(\overline{A}+B+C)(\overline{A}+\overline{B}+C)\end{aligned}$$

$F$ 还可以表示成

$$F=M_0\cdot M_1\cdot M_4\cdot M_6\quad 或者写成\quad F=\prod M(0,1,4,6)$$

另外,利用最大项和最小项之间存在的 $M_i=\overline{m}_i$ 关系,同样可以将所得到的最小项标准式直接转换成最大项标准式;反之亦然。

例如,仍然对于 $F=\overline{A}B+AC$ 的逻辑式,现将其转换成最小项之和的形式为

$$\begin{aligned}F&=\overline{A}B+AC=\overline{A}B(C+\overline{C})+AC(B+\overline{B})\\&=\overline{A}BC+\overline{A}B\overline{C}+ABC+A\overline{B}C=m_3+m_2+m_7+m_5\\&=\sum m\,(2,3,5,7)\end{aligned}$$

所以 $$F=\sum m\,(2,3,5,7)=\prod M(0,1,4,6)$$

## 1.4.4 逻辑函数标准形式的变换

逻辑函数除了可以用最大项之积和最小项之和的形式表示外,在用电子器件组成实际逻辑电路时,由于选用不同逻辑功能的器件,就必须将逻辑函数式变换成与相应器件对应的形式。一般有 5 种表达式,即与或式、与非式、或与式、或非式、与或非式。而表达式形式的确定要视所用门电路的功能类型及手头现有器件情况来定。

### 1. 最简与或式

定义:乘积项的个数最少,每个乘积项所包含的变量个数也最少的与或表达式,叫做最简与或表达式。

### 2. 最简与非式

定义:非号最少,每个非号下面相乘的变量个数也最少的与非式,叫做最简与非表达式。注意:单个变量上面的非号不算,因为已将其当成反变量。

要获得与非式,只需在最简与或表达式的基础上,两次取反,再用摩根定理去掉下面的反号,便可得到函数的最简与非表达式。

### 3. 最简或与式

定义:括号组数最少,每个括号中相加的变量个数也最少的或与式,叫做最简或与表达式。

要获得或与式,只需在反函数最简与或表达式的基础上取反,再用摩根定理去掉反号,

便可得到函数的最简或与表达式。当然，在反函数的最简与或表达式的基础上，也可用反演规则，直接写出函数的最简或与式。

**4. 最简或非式**

定义：非号最少，非号下面相加的变量个数也最少的或非式，叫做最简或非表达式。

要获得或非式，只需在最简或与式的基础上两次取反，再用摩根定理去掉下面的反号，所得到的便是函数的最简或非表达式。

**5. 最简与或非式**

定义：在非号下面相加的乘积项的个数最少，每个乘积项中包含的变量数也最少的与或非式，叫做最简与或非表达式。

要获得或非式，只需在最简或非式的基础上，用摩根定理去掉大反号下面的小反号，便可得到函数的最简与或非表达式。当然，在反函数最简与或式基础上，直接取反亦可。

例如

$$F = AB + \overline{A}C \longleftarrow \text{与或式}$$

$$F = \overline{\overline{AB + \overline{A}C}}$$

$$= \overline{\overline{AB} \cdot \overline{\overline{A}C}} \longleftarrow \text{与非式}$$

$$F = \overline{\overline{AB + \overline{A}C}}$$

$$= \overline{A\overline{B} + \overline{A}\overline{C}} \longleftarrow \text{与或非式}$$

$$F = \overline{A\overline{B} + \overline{A}\overline{C}}$$

$$= \overline{A\overline{B}} \cdot \overline{\overline{A}\overline{C}}$$

$$= (\overline{A} + B)(A + C) \longleftarrow \text{或与式}$$

$$F = \overline{\overline{(\overline{A} + B)(A + C)}}$$

$$= \overline{\overline{(\overline{A} + B)} + \overline{(A + C)}} \longleftarrow \text{或非式}$$

# 1.5 逻辑函数的化简

## 1.5.1 公式化简法

公式法化简就是应用前面介绍的基本定理消去逻辑函数表达式中多余的乘积项和多余的因子，以求得逻辑函数的最简与或式或者逻辑函数的最简或与式。

公式化简法没有固定的步骤。现将经常使用的几种方法归纳如下：

(1) 并项法。利用 $A+\overline{A}=1$，将两项合并为一项，并消去 $A$ 和 $\overline{A}$ 一对因子。

(2) 吸收法。利用 $A+AB=A$，可将 $AB$ 项消去。

(3) 消因子法。利用 $A+\overline{A}B=A+B$，可将 $\overline{A}B$ 中的 $\overline{A}$ 消去。

(4) 消项法。利用 $AB+\overline{A}C+BC=AB+\overline{A}C$，可将多余的 $BC$ 项消去。

消项法与吸收法类似，都是消去一个多余项。只是前者运用冗余定理，后者利用吸收律。

(5) 配项法。利用 $A+A=A$ 将一项变为两项，或者利用冗余定理增加冗余项，然后(配项目的)寻找新的组合关系进行化简。

由于逻辑函数的表达式通常多以与或式给出，函数的其他表达形式又可以通过转换来得到与或的形式。所以在此只针对与或式的公式化简方法，通过具体例题来说明化简方法。在化简中若遇到或与式时，可以利用对偶规则，将或与式转换为与或式。化简完成后，再利用对偶规则转回或与式(原函数的最简式)。

**例 1.14** 试用并项法化简逻辑函数 $F_1=A\overline{B}+ACD+\overline{A}\overline{B}+\overline{A}CD$。

**【解】** $F_1=A\overline{B}+ACD+\overline{A}\overline{B}+\overline{A}CD$

$=A(\overline{B}+CD)+\overline{A}(\overline{B}+CD)$

$=\overline{B}+CD$

**例 1.15** 试用吸收法化简逻辑函数 $F_2=A\overline{B}+A\overline{B}D+BC$。

**【解】** $F_2=A\overline{B}(1+D)+BC$

$=A\overline{B}+BC$

**例 1.16** 试用消项法化简逻辑函数 $F_3=ABC+\overline{A}D+\overline{C}D+BD$。

**【解】** $F_3=ABC+(\overline{A}D+\overline{C}D)+BD$

$=ABC+\overline{AC}D+BD$

$=(AC)\cdot B+\overline{(AC)}\cdot D+BD$

$=(AC)\cdot B+\overline{(AC)}\cdot D$

$=(AC)\cdot B+\overline{(AC)}\cdot D$

$=ABC+\overline{A}D+\overline{C}D$

**例 1.17** 试用消因子法化简下列逻辑函数 $F_4=AB+\overline{A}C+\overline{B}C$。

**【解】** $F_4=AB+(\overline{A}+\overline{B})C$

$=AB+\overline{AB}C$

$=AB+C$

**例 1.18** 化简逻辑函数 $F_5=\overline{A}B\overline{C}D+\overline{A}BCD+AB\overline{C}D$。

**【解】** $F_5=\overline{A}B\overline{C}D+\overline{A}BCD+\overline{A}B\overline{C}D+AB\overline{C}D$

$=\overline{A}BD+B\overline{C}D$

**例 1.19** 化简逻辑式 $F_6=B(ABC+\overline{A}B+AB\overline{C})$。

**【解】** $F_6=B(ABC+\overline{A}B+AB\overline{C})$

$=ABC+\overline{A}B+AB\overline{C}$

$=B(AC+\overline{A}+A\overline{C})$

$=B[A(C+\overline{C})+\overline{A}]$

$=B(A+\overline{A})$

$=B$

配项法与并项法相反，就是给某个与项乘上$(A+\overline{A})$，以寻找新的组合关系，使化简继续进行。

**例 1.20** 化简逻辑式 $F_7=A\overline{B}+B\overline{C}+\overline{B}C+\overline{A}B$。

**【解】** $F_7=A\overline{B}+B\overline{C}+\overline{B}C+\overline{A}B$

$=A\overline{B}(C+\overline{C})+B\overline{C}(A+\overline{A})+\overline{B}C+\overline{A}B$

$=A\overline{B}C+A\overline{B}\overline{C}+AB\overline{C}+\overline{A}B\overline{C}+\overline{B}C+\overline{A}B$

$=(A\overline{B}C+\overline{B}C)+A\overline{C}(B+\overline{B})+(\overline{A}B\overline{C}+\overline{A}B)$

$=\overline{B}C+A\overline{C}+\overline{A}B$

由例 1.20 可看出，如果不采用配项法，这个逻辑式很难再化简。就是采用了配项法，如果$(A+\overline{A})$乘的位置不对，变量符号是选$(B+\overline{B})$还是选$(C+\overline{C})$，选得不合适均不能奏效。因此公式化简法的关键是看对公式的熟练程度和灵活、交替的综合运用技巧。化简的实质就是要找出最小项之间的相邻关系，由于公式化简法不形象直观，很容易漏掉一些相邻关系，使得化简结果不能做到最简。所以下面介绍的卡诺图化简法，可以弥补公式化简法的不足。

## 1.5.2 卡诺图化简法

### 1. 卡诺图

卡诺图就是将逻辑函数的所有最小项用相应的小方格表示，并将此 $2^n$ 个小方格排列起来，使它们在几何位置上具有相邻性，在逻辑上也是相邻；反之，若逻辑相邻、几何也相邻，这样得到的图形称为卡诺图，由美国工程师卡诺(Karnaugh)首先提出。

图 1.19 给出了 2～5 变量最小项的卡诺图。2 变量卡诺图：它有 $2^2=4$ 个最小项，因此有 4 个方格，外标的 1 和 0 分别表示变量本身及其反变量。3 变量卡诺图：它有 $2^3=8$ 个最小项，如图 1.19(b)所示。4 变量、5 变量的卡诺图分别有 $2^4=16$ 和 $2^5=32$ 个最小项，如图 1.19(c)和图 1.19(d)所示。

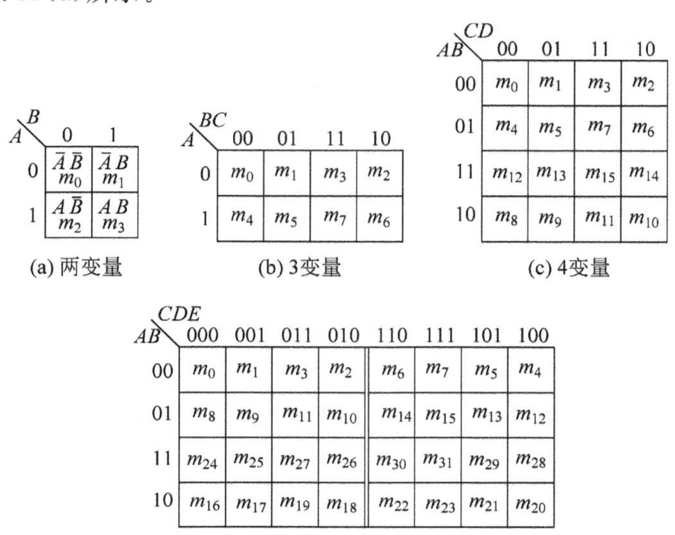


图 1.19 2～5 变量最小项的卡诺图

由图 1.19 可见卡诺图的构成特点如下：

(1) 图中小方格数为 $2^n$，其中 $n$ 为变量数。

(2) 图形两侧标注了变量取值，它们的数值大小就是相应方格所标示的最小项的编号。

(3) 变量取值顺序按格雷码排列，使具有逻辑相邻性的最小项在几何位置上也相邻。故在图中可以看到，相邻的两个最小项仅有一个变量是不同的。

(4) 处于卡诺图上下及左右两端、4 个顶角的最小项都具有相邻性。因此，从几何位置上可把卡诺图看成上下、左右封闭的图形。

(5) 在变量数不小于 5 以后已经不能直观地用平面上的几何相邻表示逻辑相邻，此时，以中轴左右对称位置上的最小项也满足逻辑相邻性。

当变量数超过 4 个以后，卡诺图将失去直观性的优点。

**2. 根据真值表画卡诺图**

卡诺图实际上是真值表的阵列图形式，它们仅仅是排列方式不同，故其对应关系十分明显。例如，3 变量逻辑函数的真值表如表 5.14 所列。其对应卡诺图如图 1.20 所示。

表 1.14　*F* 的真值表

| *A* | *B* | *C* | *Y* |
|---|---|---|---|
| 0 | 0 | 0 | 0 |
| 0 | 0 | 1 | 1 |
| 0 | 1 | 0 | 1 |
| 0 | 1 | 1 | 0 |
| 1 | 0 | 0 | 1 |
| 1 | 0 | 1 | 0 |
| 1 | 1 | 0 | 0 |
| 1 | 1 | 1 | 1 |

| A \ BC | 00 | 01 | 11 | 10 |
|---|---|---|---|---|
| 0 | 0 | 1 | 0 | 1 |
| 1 | 1 | 0 | 1 | 0 |

图 1.20　与表 1.14 对应的卡诺图

对照表 1.14 所列的 $F$ 真值表和图 1.20 所示的卡诺图可以看出，填图时，只要将真值表中 $F$ 等于 0 和 1 的值与卡诺图中相应最小项所在位置对应即可。

**3. 已知逻辑函数画卡诺图**

先将函数化为最小项之和的形式，再画出与函数的变量数对应的卡诺图，在图中找到与函数所对应的最小项方格并填入 1，其余的填入 0。也就是说，任何一个逻辑函数都等于它在卡诺图中填入 1 的那些最小项之和。

**例 1.21**　将 $F=\overline{A}\,\overline{B}\,\overline{C}D+\overline{A}B\overline{D}+ACD+A\overline{B}$ 用卡诺图表示。

**【解】**　将 $F$ 化为最小项之和的形式

$$\begin{aligned}F&=\overline{A}\,\overline{B}\,\overline{C}D+\overline{A}BC\overline{D}+\overline{A}B\overline{C}\,\overline{D}+ABCD\\&\quad+A\overline{B}CD+A\overline{B}C\overline{D}+A\overline{B}\,\overline{C}D+A\overline{B}\,\overline{C}\,\overline{D}\\&=m_1+m_4+m_6+m_8+m_9+m_{10}+m_{11}+m_{15}\end{aligned}$$

将上式用卡诺图表示出来，如图 1.21 所示。

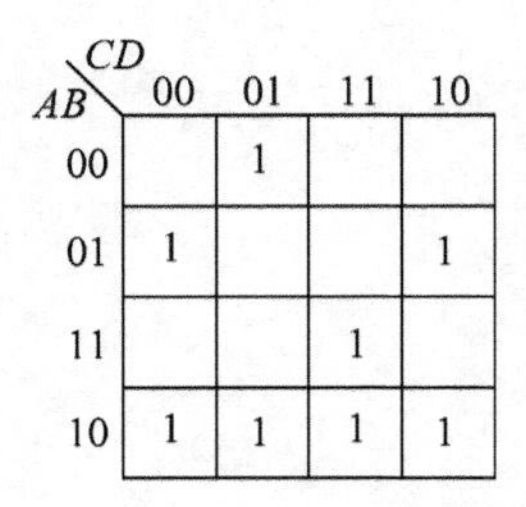


图 1.21　例 1.21 的卡诺图

#### 4. 用卡诺图化简逻辑函数

卡诺图化简逻辑函数的原则是根据具有相邻性的最小项可以合并，并消去一对不同因子得到的。而在卡诺图中，最小项的相邻关系可以从图形中直观地反映出来。

1）合并最小项的原则

两个相邻最小项可合并为一项，消去一对因子，合并结果为其中取值未变的因子。在图1.22(a)和图1.22(b)中画出了两个最小项相邻的几种可能情况。例如，图1.22(b)中$\overline{A}BC\overline{D}(m_6)$和$\overline{A}BCD(m_7)$相邻，故可合并为

$$\overline{A}BC\overline{D}+\overline{A}BCD=\overline{A}BC(\overline{D}+D)=\overline{A}BC$$

4个相邻最小项可合并为一项，并消去两个因子，合并结果为其中取值未变的因子。例如，在图1.22(d)中，$\overline{A}B\overline{C}D(m_5)$、$\overline{A}BCD(m_7)$、$AB\overline{C}D(m_{13})$、$ABCD(m_{15})$相邻，故可合并。合并后得到

$$\begin{aligned}&\overline{A}B\overline{C}D+\overline{A}BCD+AB\overline{C}D+ABCD\\=&\overline{A}BD(C+\overline{C})+ABD(C+\overline{C})\\=&BD(A+\overline{A})\\=&BD\end{aligned}$$

8个相邻最小项可合并为一项，消去3对相异因子，合并结果为其中取值未变的因子。所以，符合几何相邻的$2^i(i=1,2,3,\cdots,n)$个小方格可合并在一起构成一个“卡诺圈”，消去$i$个变量，而用含$n-i$个变量的乘积项表示该圈。

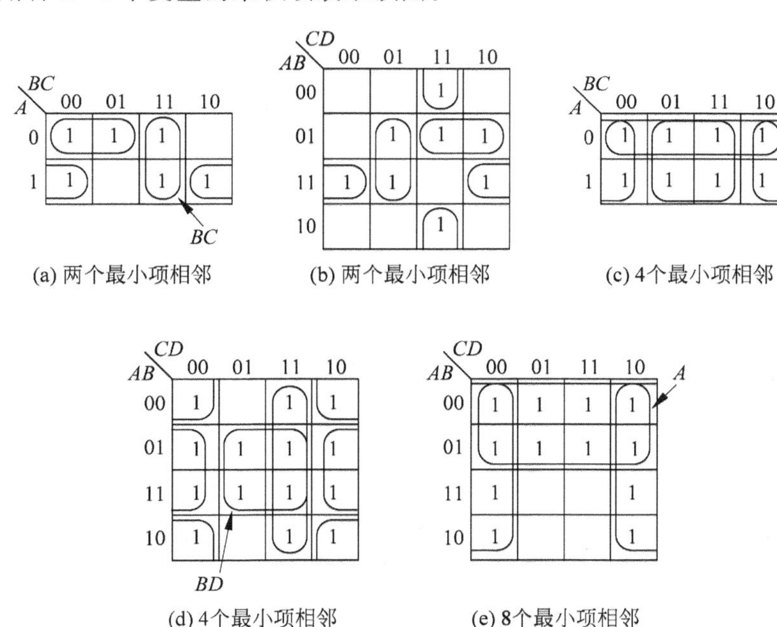


(a) 两个最小项相邻 (b) 两个最小项相邻 (c) 4个最小项相邻

(d) 4个最小项相邻 (e) 8个最小项相邻

图1.22 最小项相邻的几种情况

2）卡诺图化简函数的步骤

① 将逻辑函数化为最小项之和的形式。

② 画出表示该逻辑函数的卡诺图。

③ 按照合并规律合并最小项，画卡诺圈圈住全部“1”方格。

④ 选取化简后的乘积项，将其相或。

3）画圈的原则

① 每个圈内相邻的最小项为1的个数必须是 $2i$（$i=0,1,2,\cdots$）个。

② 每个圈内为1的最小项可以多次被圈，圈内至少有一个为1的最小项未被圈过。

③ 圈尽可能地大。

④ 所有为1的最小项必须圈完。

**例 1.22** 将 $F(A,B,C)=A\overline{C}+\overline{A}C+\overline{B}C+B\overline{C}$ 化简为最简与或式。

**【解】** 先画出卡诺图；然后找出可以合并的最小项，圈成卡诺圈。由图 1.23 可见，该函数有两种可取的合并最小项方案。

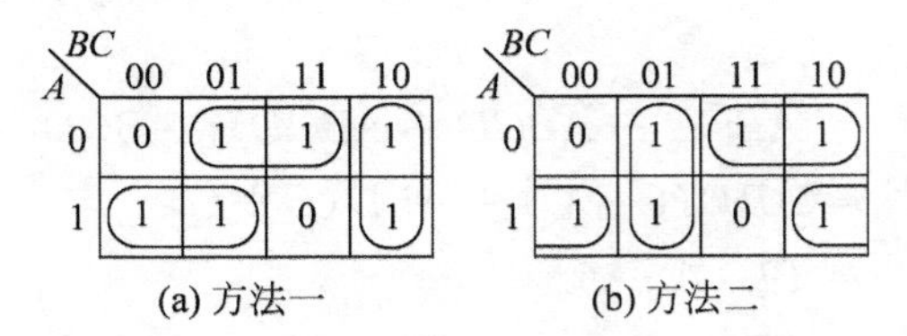


图 1.23 例 1.22 的卡诺图

如果按照图 1.23(a)合并最小项，则 $F=A\overline{B}+\overline{A}C+B\overline{C}$；如果按照图 1.23(b)合并最小项，则 $F=A\overline{C}+\overline{A}B+\overline{B}C$。两个结果均符合最简与或式的标准。此例说明，有时一个逻辑函数的化简结果不是唯一的。

**例 1.23** 将 $F=ABC+ABD+A\overline{C}D+\overline{C}\,\overline{D}+A\overline{B}C+\overline{A}C\overline{D}$ 化简为最简与或式。

**【解】** 先画出卡诺图；然后找出可以合并的最小项，圈成卡诺圈。由图 1.24 可见，两个卡诺圈所对应的 $A$ 和 $\overline{D}$ 重复包含了 $m_8$、$m_{10}$、$m_{12}$ 和 $m_{14}$ 这 4 个最小项。但根据 $A+A=A$ 可知，在合并最小项的过程中重复使用函数式中的最小项，有利于得到更简化的化简结果。

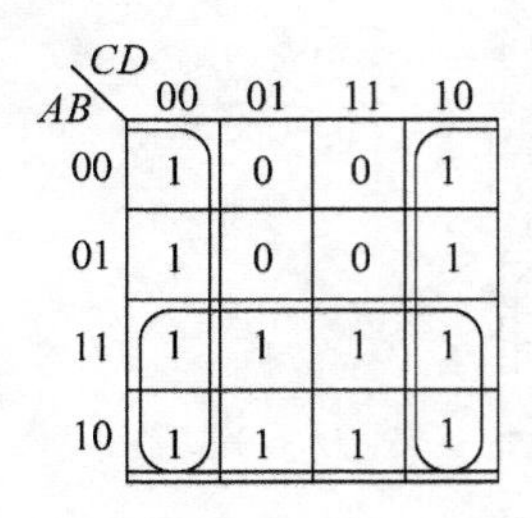


图 1.24 例 1.23 的卡诺图

需要补充说明一点，以上例题是通过合并卡诺图中的1来求得简化结果的。但有时也可以通过合并卡诺图中的0先求得 $\overline{F}$ 的简化结果，然后再将 $\overline{F}$ 求反而得到 $F$。这样一来，当卡诺图中0的数目远小于1的数目时，采用合并0的方法有时会比合并1来得简单。如在例 1.23 中，如果将0合并，则可立即写出 $\overline{F}$ 的表达式为 $\overline{F}=\overline{A}D$，那么 $F=\overline{\overline{F}}=\overline{\overline{A}D}=A+\overline{D}$，这与合并1的化简结果一致。

此外，在需要将函数化简为最简的与或非式时，采用合并0的方法最为适宜，因为所得到的结果正是与或非形式。

例如，某函数合并0以后的表达式为 $\overline{F}=BC+A\overline{B}\,\overline{C}+\overline{A}B\overline{C}$，对于 $\overline{F}$ 求反得 $F=\overline{\overline{F}}=\overline{BC+A\overline{B}\,\overline{C}+\overline{A}B\overline{C}}$，正是与或非形式。如果需要求得 $\overline{F}$ 的化简结果，则合并0就更简单了。

# 1.6 具有无关项的逻辑函数及其化简

## 1.6.1 逻辑函数中的无关项

逻辑问题一般分为完全描述和非完全描述两种。

### 1. 完全描述的逻辑函数

对应于变量的每一组取值，函数都有定义，即在每一组变量取值下，函数 $F$ 都有确定的值，不是 1 就是 0。简而言之，逻辑函数与每个最小项均有关，这类问题称为完全描述问题。

### 2. 非完全描述的逻辑函数

在实际的逻辑问题中，还会遇到变量的某些取值组合将使函数没有意义，或者是变量之间具有一定的制约关系。这类问题称为非完全描述。即逻辑函数只与部分最小项有关，而与另一些最小项无关。

与逻辑函数无关的最小项称为任意项。与逻辑函数具有制约关系的最小项称为约束项。任意项、约束项统称为逻辑函数式中的无关项。“无关”指是否把这些最小项写入逻辑式已无关紧要。

### 3. 无关项发生的情况与特点

1) 约束项的特点

由于某种条件的限制(或约束)使得输入变量的某些组合不可能出现(即约束项的值始终等于 0)，因而在这些取值下对应的函数值是“无关”紧要的，它可以为 1 也可以为 0。

在实际的数字电路系统中，会遇到输入变量的取值组合受限制的情况。例如，在 8421BCD 码中，输入变量 $ABCD$(设 $A$ 为高位)只能取 0000，0001，…，1000，1001 共 10 种码。对输入变量取值所加的限制称为约束，同时，把这一组变量称为具有约束的一组变量，并用约束条件来描述约束的具体内容。当限制输入变量的某些取值组合不能出现时，可以用这些取值组合所对应的最小项恒等于 0 来表示。例如，输入变量 $ABCD$ 的取值范围只是 8421BCD 码的数，则其约束条件为

$$\left.\begin{array}{l} A\bar{B}C\bar{D}=0, A\bar{B}CD=0, AB\bar{C}\bar{D}=0 \\ AB\bar{C}D=0, ABC\bar{D}=0, ABCD=0 \end{array}\right\} \tag{1.15}$$

或写成

$$A\bar{B}C\bar{D}+A\bar{B}CD+AB\bar{C}\bar{D}+AB\bar{C}D+ABC\bar{D}+ABCD=0 \tag{1.16}$$

也可以写成

$$\sum d(10,11,12,13,14,15)=0 \tag{1.17}$$

还可以写为

$$AB+AC=0 \tag{1.18}$$

再如，有两个逻辑变量 $A$、$B$，它们分别表示控制电机正转和反转的指令，$A=1$ 表示电

机正转状态，$B=1$ 表示电机反转状态。因为电机任何时候只能为正、反转状态中的一种，所以不允许两个变量同时为 1。故 $AB$ 的取值只可能是 00、01、10 中的某一种，而不可能是 11。因此，$A$、$B$ 是一组有约束的变量。常用约束条件来描述约束的具体内容。可写成

$$AB=0 \tag{1.19}$$

2）任意项的特点

某些输入变量取值所产生的输出并不影响电路的功能，因此可以不必考虑其输出是 0 还是 1。

例如，仍以上面电机处于正转和反转状态的控制为例。若电路设计成 $A$、$B$ 两个控制变量出现同时为 1 时，电路能自动切断工作电源，那么这时 $Y$ 等于 1 还是等于 0 已无关紧要，电机肯定不工作。因此这时 $F=1$ 还是 $F=0$ 都是允许的，故把 $AB$ 称为逻辑函数 $F$ 的任意项。

3）约束项与任意项的区别

因为使约束项的取值等于 1 的输入变量取值是不允许出现的，所以约束项的值始终为零。而任意项则不同，在函数的运行过程中，有可能出现使任意项取值为 1 的输入变量取值。

**4. 非完全描述逻辑函数表示的一般方法**

（1）在真值表或卡诺图中填∅或×，表示函数值为 0 或 1 均可。

（2）在逻辑表达式中用约束条件来表示。

## 1.6.2 含无关项的逻辑函数的化简方法

在化简具有无关项的逻辑函数时，若能合理地利用无关项，可以使函数的化简结果更简单。在逻辑函数的化简过程中，加入（或去掉）无关项，应使化简后的项数最少，每项因子最少。从卡诺图上直观地看，加入无关项的目的是为了使矩形圈最大，矩形组合数最少。

**例 1.24** 含有约束项的函数化为最简与或式：

$$\begin{cases}F(A,B,C,D)=\overline{A}C\overline{D}+\overline{A}B\overline{C}\,\overline{D}+A\overline{B}\,\overline{C}\,\overline{D}\\ \text{约束条件 } AB+AC=0\end{cases}$$

**【解】** 用观察法将 $F$ 式所含 1 项及约束条件对应的×项填入卡诺图中，如图 1.25 所示，然后分析。

若不利用约束项，则只有$(m_2,m_6)$，$(m_4,m_6)$可合并，则化简结果应写为

$$\begin{cases}F(A,B,C,D)=\overline{A}C\overline{D}+\overline{A}B\overline{D}+A\overline{B}\,\overline{C}\,\overline{D}\\ \text{约束条件 } AB+AC=0\end{cases}$$

若利用约束项，则可如图 1.25 所示圈画，结果为

$$\begin{cases}F(A,B,C,D)=C\overline{D}+B\overline{D}+A\overline{D}\\ \text{约束条件 } AB+AC=0\end{cases}$$

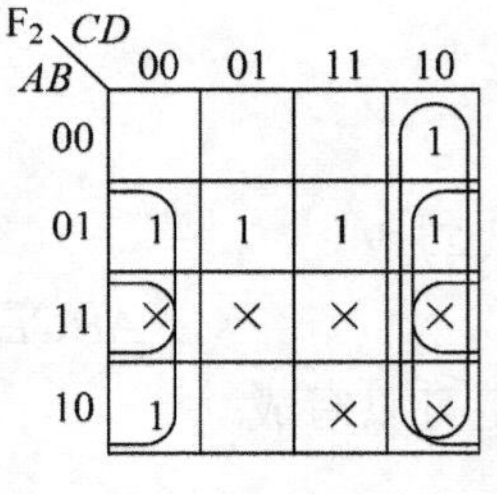

图 1.25 例 1.24 函数 $F$ 卡诺图化简

显然，利用约束项比不利用约束项来得简单，这是合理利用约束项的好处。

# 习题

1.1　将下列十进制数转换为二进制、十六进制数。

(1) $(43)_{10}$　　(2) $(127)_{10}$　　(3) $(254.25)_{10}$　　(4) $(2.718)_{10}$

1.2　将二进制转化为十进制。

(1) $(01101)_2$　　(2) $(0.101101)_2$　　(3) $(1001.0101)_2$

1.3　求下列函数的反函数。

(1) $F=AB+\overline{A}\,\overline{B}$　　(2) $F=ABC+AB\overline{C}+A\overline{B}C+A\overline{B}\,\overline{C}$

(3) $F=A\overline{B}+B\overline{C}+C(\overline{A}+D)$　　(4) $F=B(A\overline{D}+C)(C+D)(A+\overline{B})$

1.4　化简下列逻辑函数。

(1) $F=ABC+\overline{A}BC+\overline{BC}$　　(2) $F=A(BC+\overline{B}\,\overline{C})+A(B\overline{C}+\overline{B}C)$

(3) $F=A\overline{B}+B\overline{C}+\overline{B}C+\overline{A}B$

1.5　用公式将下列函数化简为最简"与或"式。

(1) $F=\overline{A}\,\overline{B}+(AB+A\overline{B}+\overline{A}B)C$

(2) $F=AB+\overline{A}C+\overline{B}\,\overline{C}$

(3) $F=AB+\overline{A}\,\overline{B}C+BC$

(4) $F=\overline{A}B+\overline{A}C+\overline{B}\,\overline{C}+AD$

(5) $F=\overline{A}\,\overline{B}+\overline{A}\,\overline{C}D+AC+B\overline{C}$

(6) $F=A(B+\overline{C})+\overline{A}(\overline{B}+C)+BCD+\overline{B}\,\overline{C}D$

1.6　已知卡诺图如题图 1.6 所示，求逻辑函数 $F$ 及其反函数 $\overline{F}$。

| AB \ CD | 00 | 01 | 11 | 10 |
|---|---|---|---|---|
| 00 | 0 | 1 | 1 | 1 |
| 01 | 0 | 1 | 1 | 1 |
| 11 | 1 | 1 | 1 | 1 |
| 10 | 1 | 1 | 1 | 1 |

图 1.26　题图 1.6 卡诺图

1.7　设计一个逻辑电路，当 3 个输入 $A$、$B$、$C$ 中至少有两个为低时，该电路输出为高。

要求：

(1) 建立真值表。

(2) 从真值表写出逻辑表达式。

(3) 如果可能，化简表达式。

(4) 画出逻辑电路图。

1.8　已知某公司有 3 位股东，$A$ 握有 50%的股票，$B$ 掌握 20%的股票，$C$ 掌握 30%的股票。3 位股东议事时每位均可以选择"赞成"或"反对"两种态度中的一种，但议案议决的情况，需按股票百分数情况自动生成并以"通过"、"否决"还是"平局"表示出来，请用真值表、函数式、逻辑图、波形图描述本逻辑问题。

1.9　用卡诺图将下列函数化为最简"与或"式。

(1) $F=\sum m^3(0,1,2,4,5,7)$　　(2) $F=\sum m^4(0,1,2,3,4,6,7,8,9,11,15)$

(3) $F=\sum m^4(3,4,5,7,9,13,14,15)$　　(4) $F=\sum m^4(2,3,6,7,8,10,12,14)$

(5) $F=\sum m^5(4,6,12,14,20,22,28,30)$

1.10　将下列具有无关项的逻辑函数化为最简"与或"式。

(1) $F_1(A,B,C)=\sum m(0,1,2,4)+\sum d(5,6)$

(2) $F_2(A,B,C)=\sum m(1,2,4,7)+\sum d(3,6)$

(3) $F_3(A,B,C,D)=\sum m(3,5,6,7,10)+\sum d(14,15)$

(4) $F_4(A,B,C,D)=\sum m(2,3,7,8,11,14)+\sum d(0,5,10,15)$

1.11　用卡诺图将下列函数化为最简"与或"式。

(1) $F=ABC+\overline{A}\,\overline{B}C+\overline{A}B\overline{C}+A\overline{B}\,\overline{C}+\overline{A}\,\overline{B}\,\overline{C}$

(2) $F=AC+ABC+A\overline{C}+\overline{A}\,\overline{B}\,\overline{C}+BC$

(3) $F=\overline{B}\,\overline{D}+ABCD+\overline{A}\,\overline{B}\,\overline{C}$

(4) $F=\overline{A}BCD+ABC+DC+D\overline{C}B+\overline{A}BC$

(5) $F=A\overline{B}+\overline{A}C+B\overline{C}\,\overline{D}+BCE+B\overline{D}E$

1.12　用最少的"与非"门画出下列多输出逻辑函数的逻辑图。

$$\begin{cases} F=\sum m^4(2,3,4,10,11,15) \\ G=\sum m^4(0,2,4,8,10,11,15) \\ H=\sum m^4(0,2,4,6,10,11,15) \end{cases}$$

# 第2章 数字集成门电路

逻辑门电路是指能够实现各种基本逻辑关系的电路，简称“门电路”或逻辑元件。最基本的门电路是与门、或门和非门。利用与、或、非门就可以构成各种逻辑门。在逻辑电路中，逻辑事件的是与否用电路电平的高、低来表示。若用1代表低电平、0代表高电平，则称为负逻辑。

集成门按内部有源器件的不同可分为两大类：一类为双极型晶体管集成电路，主要有晶体管-晶体管逻辑（TTL）、射极耦合逻辑（ECL）和集成注入逻辑（$I^2L$）等几种类型；另一类为单极型MOS集成电路，包括NMOS、PMOS和CMOS等几种类型。常用的是TTL和CMOS集成电路。

## 2.1 数字集成电路

集成电路（Integrated Circuit，IC）是一种微型电子器件或部件。采用一定的工艺，把一个电路中所需的晶体管、二极管、电阻、电容和电感等元件及布线互连在一起，制作在一小块或几小块半导体晶片或介质基片上，然后封装在一个管壳内，成为具有所需电路功能的微型结构；其中所有元件在结构上已组成一个整体，使电子元件向着微小型化、低功耗和高可靠性方面迈进了一大步。它在电路中用字母IC表示。集成电路发明者为杰克·基尔比（基于硅的集成电路）和罗伯特·诺伊思（基于锗的集成电路）。当今半导体工业大多数应用的是基于硅的集成电路。

### 2.1.1 集成电路的制造技术类型

世界上生产最多、使用最多的为半导体集成电路。半导体数字集成电路（以下简称数字集成电路）主要分为TTL、CMOS、ECL三大类。

ECL、TTL为双极型集成电路，构成的基本元器件为双极型半导体器件，其主要特点是速度快、负载能力强；但功耗较大、集成度较低。双极型集成电路主要有TTL（Transistor-Transistor Logic）电路、ECL（Emitter Coupled Logic）电路和$I^2L$（Integrated Injection Logic）电路等类型。其中，TTL电路的性能价格比最佳，故应用最广泛。

ECL，即发射极耦合逻辑电路，也称为电流开关型逻辑电路。它是利用运放原理通过晶体管射极耦合实现的门电路。在所有数字电路中，它工作速度最高，其平均延迟时间$t_{pd}$可小至1ns。这种门电路输出阻抗低，负载能力强。它的主要缺点是抗干扰能力差，电路功耗大。

MOS 电路为单极型集成电路，又称为 MOS 集成电路，它采用金属－氧化物半导体场效应管(Metal Oxide Semi-conductor Field Effect Transistor，MOSFET)制造，其主要特点是结构简单、制造方便、集成度高、功耗低，但速度较慢。MOS 集成电路又分为 PMOS(P-channel Metal Oxide Semiconductor，P 沟道金属氧化物半导体)、NMOS(N-channel Metal Oxide Semiconductor，N 沟道金属氧化物半导体)和 CMOS(Complementary Metal Oxide Semiconductor，互补金属氧化物半导体)等类型。

MOS 电路中应用最广泛的为 CMOS 电路。CMOS 数字电路中，应用最广泛的为 4000、4500 系列，它不但适用于通用逻辑电路的设计，而且综合性能也很好，它与 TTL 电路一起成为数字集成电路中两大主流产品。CMOS 数字集成电路主要分为 4000(4500 系列)系列、54HC/74HC 系列、54HCT/74HCT 系列等，实际上这三大系列之间的引脚功能、排列顺序是相同的，只是某些参数不同而已。例如，74HC4017 与 CD4017 为功能相同、引脚排列相同的电路，前者的工作速度快，工作电源电压低。4000 系列中目前最常用的是 B 系列，它采用了硅栅工艺和双缓冲输出结构。

Bi-CMOS 是双极型 CMOS(Bipolar-CMOS)电路的简称，这种门电路的特点是逻辑部分采用 CMOS 结构，输出级采用双极型三极管，因此兼有 CMOS 电路的低功耗和双极型电路输出阻抗低的优点。

## 2.1.2 集成电路的分装类型

### 1. 双列直插式封装(DIP)

DIP(Dual In-line Package)是指采用双列直插形式封装的集成电路芯片，绝大多数中、小规模集成电路(IC)均采用这种封装形式，其引脚数一般不超过 100 个。如图 2.1 所示，采用 DIP 封装的 CPU 芯片有两排引脚，需要插入到具有 DIP 结构的芯片插座上。当然，也可以直接插在有相同焊孔数和几何排列的电路板上进行焊接。DIP 封装的芯片在从芯片插座上插拔时应特别小心，以免损坏引脚。

双列直插式集成电路的识别标记多为半圆形凹口，有的用金属封装标记或凹坑标记。这类集成电路引脚排列方式也是从标记开始，沿逆时针方向依次为 1、2、3、…，如图 2.2 所示。

图 2.1 DIP 双列直插式封装

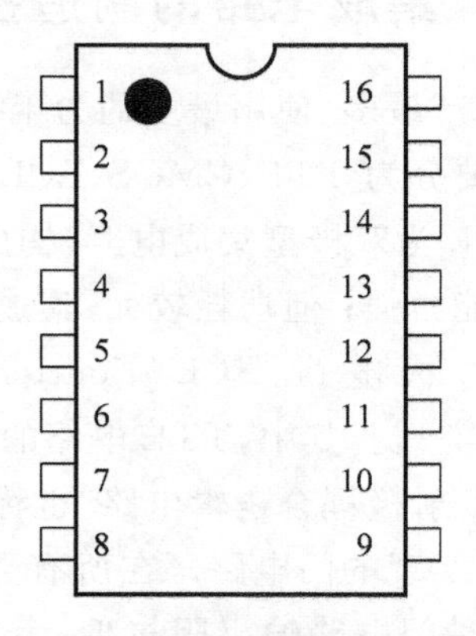


图 2.2 双列直插式集成电路的识别标记

DIP 封装具有以下特点：

(1) 适合在 PCB(印制电路板)上穿孔焊接，操作方便。

(2) 芯片面积与封装面积之间的比值较大，故体积也较大。

Intel 系列 CPU 中 8088 就采用这种封装形式，缓存(Cache)和早期的内存芯片也是这种封装形式。

### 2. 单列直插式封装(SIP)

SIP 封装并无一定形态，就芯片的排列方式而言，SIP 可为多芯片模块(Multi-Chip Module，MCM)的平面式 2D 封装，也可再利用 3D 封装的结构，以有效缩减封装面积。而其内部接合技术可以是单纯的打线接合(Wire Bonding)，亦可使用覆晶接合(Flip Chip)，但也可二者混用。除了 2D 与 3D 的封装结构外，另一种以多功能性基板整合组件的方式，也可纳入 SIP 的涵盖范围。此技术主要是将不同组件内藏于多功能基板中，亦可视为是 SIP 的概念，达到功能整合的目的。

不同的芯片排列方式，与不同的内部接合技术搭配，使 SIP 的封装形态产生多样化的组合，并可依照客户或产品的需求加以定制化或弹性生产。

单列直插式集成电路的识别标记，有的用倒角，有的用凹坑。这类集成电路引脚的排列方式也是从标记开始，从左向右依次为 1、2、3、…，如图 2.3 所示。

与在印制电路板上进行系统集成相比，SIP 能最大限度地优化系统性能，避免重复封装，缩短开发周期，降低成本，提高集成度。与 SOC 对比，SIP 具有灵活度高、集成度高、设计周期短、开发成本低、容易进入等特点。SIP 将打破目前集成电路的产业格局，改变封装仅仅是一个后道加工厂的状况。未来集成电路产业中会出现一批结合设计能力与封装工艺的实体，掌握有自己品牌的产品和利润。目前全世界封装的产值只占集成电路总值的 10%。当 SIP 技术被封装企业掌握后，产业格局就要开始调整，封装业的产值将会出现一个跳跃式的提高。

### 3. 表面焊接式封装(SOP)

SOP(Small Out-line Package，小外形封装)是一种很常见的元器件形式。图 2.4 展示了其表面贴装型封装之一，引脚从封装两侧引出呈海鸥翼状(L 形)。材料有塑料和陶瓷两种。

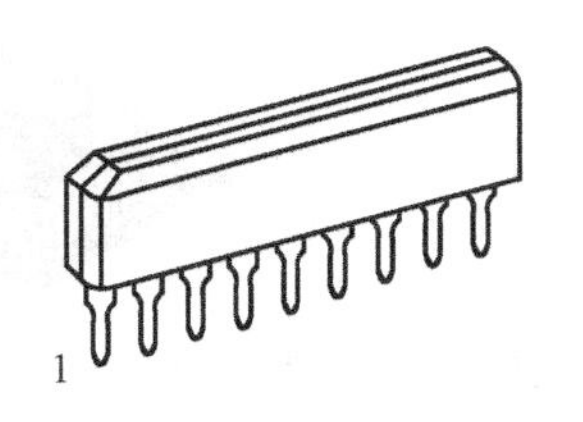


图 2.3 SIP 单列直插式封装

图 2.4 SOP 表面焊接式封装

SOP 封装的应用范围很广，而且以后逐渐派生出 SOJ(J 形引脚小外形封装)、TSOP(薄小外形封装)、VSOP(甚小外形封装)、SSOP(缩小型 SOP)、TSSOP(薄的缩小型 SOP)及 SOT(小外形晶体管)、SOIC(小外形集成电路)等，在集成电路技术的发展中起到了举足轻重的作用，如主板的频率发生器就是采用的 SOP 封装。

### 4．塑料方形扁平式封装（QFP）和塑料扁平组件式封装（PFP）

QFP（Plastic Quad Flat）封装的芯片引脚之间距离很小，管脚很细，一般大规模或超大规模集成电路都采用这种封装形式，其引脚数一般在 100 个以上。用这种形式封装的芯片必须采用 SMD（表面安装设备技术）将芯片与主板焊接起来。采用 SMD 安装的芯片不必在主板上打孔，一般在主板表面有设计好的相应管脚的焊点。将芯片各脚对准相应的焊点，即可实现与主板的焊接。用这种方法焊上去的芯片，如果不用专用工具是很难拆卸下来的。

扁平形封装的集成电路多为双列型，这种集成电路为了识别管脚，一般在端面一侧有一个类似引脚的小金属片，或者在封装表面有一色标或凹口作为标记。其引脚排列方式是：从标记开始，沿逆时针方向依次为 1、2、3、…，如图 2.5 所示。但应注意，有少量的扁平封装集成电路的引脚是顺时针排列的。

PFP（Plastic Flat Package）封装的芯片与 QFP 封装基本相同。唯一的区别是 QFP 一般为正方形，而 PFP 既可以是正方形也可以是长方形。

QFP/PFP 封装具有以下特点：

(1) 适用于 SMD 表面安装技术在 PCB 电路板上安装布线。

(2) 适合高频使用。

(3) 操作方便，可靠性高。

(4) 芯片面积与封装面积之间的比值较小。

Intel 系列 CPU 中 80286、80386 和某些 486 主板采用这种封装形式。

### 5．插针网格阵列封装（PGA）

PGA（Pin Grid Array）封装形式在芯片的内外有多个方阵形的插针，每个方阵形插针沿芯片的四周间隔一定距离排列。如图 2.6 所示，根据引脚数目的多少，可以围成 2～5 圈。安装时，将芯片插入专门的 PGA 插座。为使 CPU 能够更方便地安装和拆卸，从 486 芯片开始，出现一种名为 ZIF 的 CPU 插座，专门用来满足 PGA 封装的 CPU 在安装和拆卸上的要求。

图 2.5　QFP 塑料方形扁平式封装和 PFP 塑料扁平组件式封装

图 2.6　PGA 插针网格阵列封装

ZIF（Zero Insertion Force Socket）是指零插拔力的插座。把这种插座上的扳手轻轻抬起，CPU 就可很容易、轻松地插入插座中。然后将扳手压回原处，利用插座本身的特殊结构生成的挤压力，将 CPU 的引脚与插座牢牢地接触，绝对不存在接触不良的问题。

而拆卸 CPU 芯片只需将插座的扳手轻轻抬起，则压力解除，CPU 芯片即可轻松取出。

PGA 封装具有以下特点：

(1) 插拔操作更方便，可靠性高。

(2) 可适应更高的频率。

Intel 系列 CPU 中，80486 和 Pentium、Pentium Pro 均采用这种封装形式。

### 6. BGA 球栅阵列封装

随着集成电路技术的发展，对集成电路的封装要求更加严格。这是因为封装技术关系到产品的功能性，当集成电路的频率超过 100MHz 时，传统封装方式可能会产生“CrossTalk”现象，而且当集成电路的管脚数多于 208 引脚时，传统的封装方式有其难度。因此，除使用 QFP 封装方式外，现今大多数的高脚数芯片（如图形芯片与芯片组等）皆转而使用 BGA(Ball Grid Array)封装技术。如图 2.7 所示，BGA 一出现便成为 CPU、主板上南/北桥芯片等高密度、高性能、多引脚封装的最佳选择。

BGA 封装技术又可详分为以下五大类：

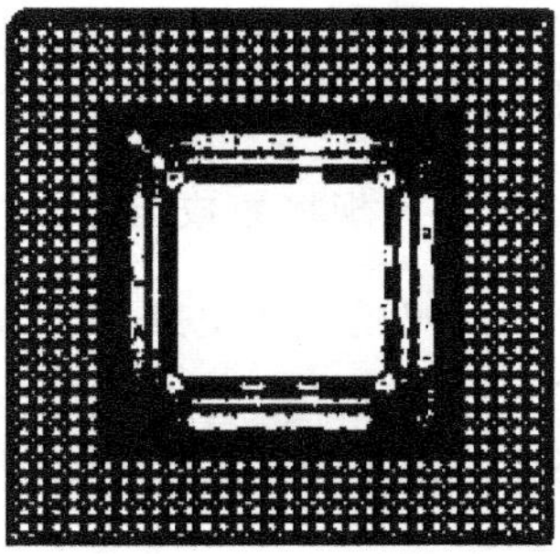

(1) PBGA(Plasric BGA)基板。一般为 2～4 层有机材料构成的多层板。Intel 系列 CPU 中，Pentium Ⅱ、Ⅲ、Ⅳ处理器均采用这种封装形式。

(2) CBGA(Ceramic BGA)基板。即陶瓷基板，芯片与基板间的电气连接通常采用倒装芯片(Flip Chip，FC)的安装方式。Intel 系列 CPU 中，Pentium Ⅰ、Ⅱ、Pentium Pro 处理器均采用过这种封装形式。

(3) FCBGA(Flip Chip BGA)基板。硬质多层基板。

图 2.7 BGA 球栅阵列封装

(4) TBGA(Tape BGA)基板。基板为带状软质的 1～2 层 PCB 电路板。

(5) CDPBGA(Carity Down PBGA)基板。它指封装中央有方形低陷的芯片区（又称空腔区）。

BGA 封装具有以下特点：

(1) I/O 引脚数虽然增多，但引脚之间的距离远大于 QFP 封装方式，提高了成品率。

(2) 虽然 BGA 的功耗增加，但由于采用的是可控塌陷芯片法焊接，从而可以改善电热性能。

(3) 信号传输延迟小，适应频率大大提高。

(4) 组装可用共面焊接，可靠性大大提高。

BGA 封装方式经过十多年的发展已经进入实用化阶段。1987 年，日本西铁城(Citizen)公司开始着手研制塑封球栅面阵列封装的芯片（即 BGA）。而后，摩托罗拉、康柏等公司也随即加入到开发 BGA 的行列。1993 年，摩托罗拉率先将 BGA 应用于移动电话。同年，康柏公司也在工作站、PC 上加以应用。直到五六年前，Intel 公司在计算机 CPU 中（即奔腾Ⅱ、奔腾Ⅲ、奔腾Ⅳ等），以及芯片组（如 i850）中开始使用 BGA，这对 BGA 应用领域扩展发挥了推波助澜的作用。目前，BGA 已成为极其热门的集成电路封装技术，其全球市场规模在 2000 年为 12 亿块，2005 年市场需求比 2000 年有 70%以上幅度的增长。

总之，由于 CPU 和其他超大型集成电路在不断发展，集成电路的封装形式也不断作出相应的调整，而封装形式的进步又反过来促进芯片技术向前发展。

### 2.1.3 集成电路的规模类型

根据集成电路规模的大小，数字集成电路通常分为小规模集成电路（SSI）、中规模集成电路（MSI）、大规模集成电路（LSI）和超大规模集成电路（VLSI）。

#### 1. 小规模集成电路

小规模集成电路（Small Scale Integration，SSI）通常指含逻辑门个数小于10门（或含元件数小于100个）的电路，实现基本逻辑门的集成。

#### 2. 中规模集成电路

中规模集成电路（Medium Scale Integration，MSI）通常指含逻辑门数为10～99门（或含元件数为100～999个）的电路。实现功能部件级集成，如数据选择器、数据分配器、译码器、编码器、加法器、乘法器、比较器、寄存器和计数器。

#### 3. 大规模集成电路

大规模集成电路（Large Scale Integration，LSI）通常指含逻辑门数为1000～9999门（或含元件数为1000～99999个）的电路，在一个芯片上集合有1000个以上电子元件的集成电路。实现子系统集成。

#### 4. 超大规模集成电路

超大规模集成电路（Very Large Scale Integration，VLSI）通常指含逻辑门数大于10 000门（或含元件数大于100 000个）的电路。实现大型存储器、大型微处理器等复杂系统的集成。

集成电路一般是在一块厚0.2～0.5mm、面积约为0.5mm$^2$的P型硅片上通过平面工艺制作而成的。这种硅片（称为集成电路的基片）上可以做出包含10个（或更多）二极管、电阻、电容和连接导线的电路，与分立元器件相比，集成电路元器件有以下特点：

（1）单个元器件的精度不高，受温度影响也较大，但在同一硅片上用相同工艺制造出来的元器件性能比较一致，对称性好，相邻元器件的温度差别小，因而同一类元器件温度特性也基本一致。

（2）集成电阻及电容的数值范围窄，数值较大的电阻、电容占用硅片面积大。集成电阻一般在几十欧至几十千欧范围内，电容一般为几十皮法。电感目前不能集成。

（3）元器件性能参数的绝对误差比较大，而同类元器件性能参数的比值比较精确。

（4）纵向NPN管$\beta$值较大，占用硅片面积小，容易制造。而横向PNP管的$\beta$值很小，但其PN结的耐压高。

它的设计特点：由于制造工艺及元器件的特点，模拟集成电路在电路设计思想上与分立元器件电路相比有很大的不同。

（1）在所用元器件方面，尽可能地多用晶体管，少用电阻、电容。

（2）在电路形式上大量选用差动放大电路与各种恒流源电路，级间耦合采用直接耦合方式。

(3) 尽可能地利用参数补偿原理把对单个元器件的高精度要求转化为对两个器件有相同参数误差的要求；尽量选择特性只受电阻或其他参数比值影响的电路。

# 2.2　二极管门电路

## 2.2.1　二极管的开关特性

一般而言，开关器件具有两种工作状态：第一种状态被称为接通，此时器件的阻抗很小，相当于短路；第二种状态是断开，此时器件的阻抗很大，相当于开路。在数字系统中，晶体管基本上工作于开关状态。对开关特性的研究，就是具体分析晶体管在导通和截止之间的转换问题。晶体管的开关速度可以很快，可达每秒百万次数量级，即开关转换在微秒甚至纳秒级的时间内完成。

逻辑器件中，一般用理想化模型来分析二极管电路，二极管的符号如图 2.8 所示。二极管的开关特性表现在正向导通与反向截止这样两种不同状态之间的转换过程。二极管从反向截止到正向导通与从正向导通到反向截止相比所需的时间很短，一般可以忽略不计，因此下面着重讨论二极管从正向导通到反向截止的转换过程。

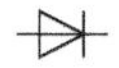

图 2.8　二极管的符号

### 1. 二极管从正向导通到截止有一个反向恢复过程

在图 2.9 所示的硅二极管电路中加入一个图 2.10 所示的输入电压。在 0～$t_1$时间内，输入为$+U_F$，二极管导通，电路中有电流流通。

在 $t_1$时，$U_1$突然从$+U_F$变为$-U_R$。在理想情况下，二极管将立刻转为截止，电路中应只有很小的反向电流。但实际情况是，二极管并不立刻截止，而是先由正向的 $I_F$变到一个很大的反向电流 $I_R=U_R/R_L$，这个电流维持一段时间 $t_s$后才开始逐渐下降，再经过 $t_t$后，下降到一个很小的数值 $0.1I_R$，这时二极管才进入反向截止状态，如图 2.11 所示。

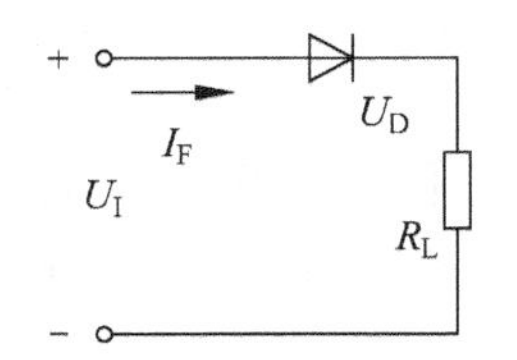

图 2.9　硅二极管电路

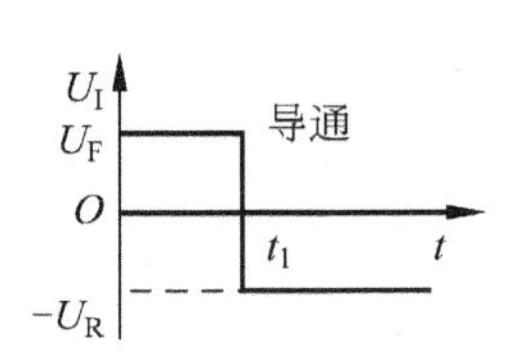

图 2.10　输入电压

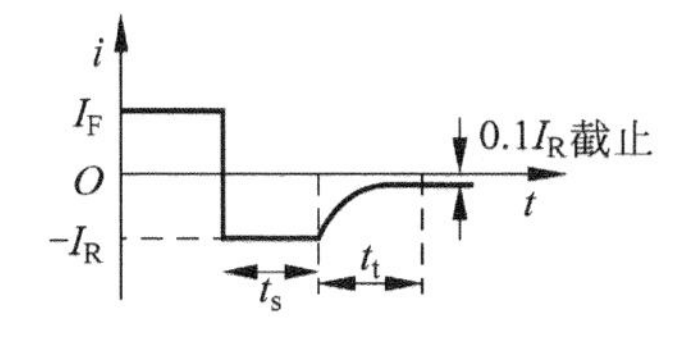

图 2.11　二极管进入反向截止状态示意图

通常把二极管从正向导通转为反向截止所经过的转换过程，称为反向恢复过程。其中$t_s$称为存储时间，$t_t$称为渡越时间，$t_{re}=t_s+t_t$称为反向恢复时间。由此可知，二极管的反向恢复时间限制了二极管的开关速度。

### 2. 产生反向恢复过程的原因——电荷存储效应

如图 2.12 所示，当外加正向电压时，P 区空穴向 N 区扩散，N 区电子向 P 区扩散；势垒区逐渐变窄，P 区存储电子，N 区存储空穴，它们都是非平衡少数载流子，这一过程称为电荷存储效应。

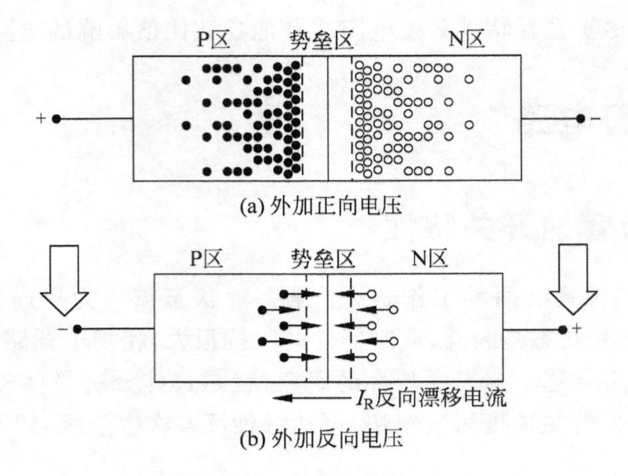


图 2.12　电荷存储效应示意图

当输入电压突然反向时，存储电荷在反向电场的作用下，P 区电子被拉回 N 区，N 区空穴被拉回 P 区，形成反向电流 $I_R$；或与多数载流子复合。在此期间 $I_R$ 基本上保持不变（$I_R = U_R/R_C$），经过 $t_s$ 后，存储电荷显著减少，势垒区逐渐变宽，经过 $t_t$ 后，二极管截止。

由上可知，二极管在开关转换过程中出现的反向恢复过程，实质上是由于电荷存储效应引起的，反向恢复时间就是存储电荷消失所需要的时间。

反向恢复时间即存储电荷消失所需要的时间，它远大于正向导通所需要的时间。这就是说，二极管的开通时间是很短的，它对开关速度的影响很小，以至可以忽略不计。

因此，影响二极管的开关时间主要是反向恢复时间，而不是开通时间。

## 2.2.2　二极管构成的门电路

### 1. 二极管与门

当门电路的输入与输出量之间能满足与逻辑关系时，则称这样的门电路为与门电路。

采用二极管开关组成的与门电路如图 2.13(a)所示。图中 3 个二极管 $VD_1$、$VD_2$、$VD_3$ 的阳极连接在一起，称为二极管共阳极，这些二极管的阳极经同一个限流电阻 $R$ 接电源 $U_{CC}$，并作为门电路的输出端 $F$，输出电压为 $U_O$。3 个输入 $A$、$B$、$C$ 分别接二极管阴极，输入电压分别为 $U_A$、$U_B$、$U_C$。在二极管共阳极结构中，二极管阴极电位最低的二极管优先导通，即 $U_A$、$U_B$、$U_C$ 中哪个电压最小，它所对应的那个二极管就导通。

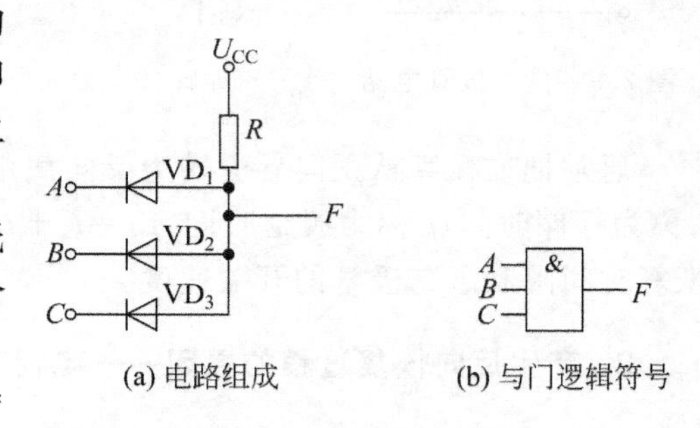


图 2.13　二极管构成的与门

设输入电压（$U_A$、$U_B$、$U_C$）高电平为 5V，低电平为 0V，电源电压（$U_{CC}$）为 5V。下面具体分析当电路的输入信号不同时的情况。

(1) 若输入端有任意一个为 0 时，如 $U_A = 0V$，而 $U_A = U_B = +5V$ 时，$VD_1$ 导通，从而导致

$F$ 点的电压 $U_F$ 被钳制在 0V。此时不管 $VD_2$、$VD_3$ 的状态如何，都会有 $U_F \approx 0V$（事实上 $VD_2$、$VD_3$ 受反向电压作用而截止）。

由此可见，与门几个输入端中，只有加低电压输入的二极管才导通，并把 $F$ 钳制在低电压（接近 0V），而加高电压输入的二极管都截止。

（2）输入端 $A$、$B$、$C$ 都处于高电压 +5V，这时，$VD_1$、$VD_2$、$VD_3$ 都截止，所以输出端 $F$ 点电压 $U_F = +U_{CC}$，即 $U_F = +5V$。

如果考虑输入端的各种取值情况，可以得到表 2.1。

**表 2.1　二极管与门电路输入端各种取值情况**

| 输入/V | | | 输出/V |
|---|---|---|---|
| $U_A$ | $U_B$ | $U_C$ | $U_F$ |
| 0 | 0 | 0 | 0 |
| 0 | 0 | +5 | 0 |
| 0 | +5 | 0 | 0 |
| 0 | +5 | +5 | 0 |
| +5 | 0 | 0 | 0 |
| +5 | 0 | +5 | 0 |
| +5 | +5 | 0 | 0 |
| +5 | +5 | +5 | +5 |

将表 2.1 中的 +5V 用 1 代替，则可得到真值表如表 2.2 所示。

**表 2.2　二极管与门真值表**

| A | B | C | F |
|---|---|---|---|
| 0 | 0 | 0 | 0 |
| 0 | 0 | 1 | 0 |
| 0 | 1 | 0 | 0 |
| 0 | 1 | 1 | 0 |
| 1 | 0 | 0 | 0 |
| 1 | 0 | 1 | 0 |
| 1 | 1 | 0 | 0 |
| 1 | 1 | 1 | 1 |

由表 2.2 中可见，该门电路满足与逻辑关系，所以这是一种与门。输入变量 $A$、$B$、$C$ 与输出变量 $F$ 之间的关系满足逻辑表达式 $F = A \cdot B \cdot C$。

### 2. 二极管或门

采用二极管开关组成的或门电路如图 2.14(a)所示，图 2.14(b)所示为或门逻辑符号。图中 3 个二极管 $VD_1$、$VD_2$、$VD_3$ 的阴极连接在一起，称为二极管共阴极，这些二极管的阴极经同一个限流电阻 $R$ 接地，公共阴极作为门电路的输出端 $F$，输出电压 $U_O$。3 个输入 $A$、$B$、

$C$ 分别接二极管阳极，输入电压分别为 $U_A$、$U_B$、$U_C$。在二极管共阴极结构中，二极管阳极电位最高的二极管优先导通，即 $U_A$、$U_B$、$U_C$ 中哪个电压最高，它所对应的那个二极管就导通。下面具体分析当电路的输入信号不同时的情况。

(1) 输入端 $A$、$B$、$C$ 都为 0V 时，$VD_1$、$VD_2$、$VD_3$ 两端的电压值均为 0V，因此都处于截止状态，从而 $U_F=0V$。

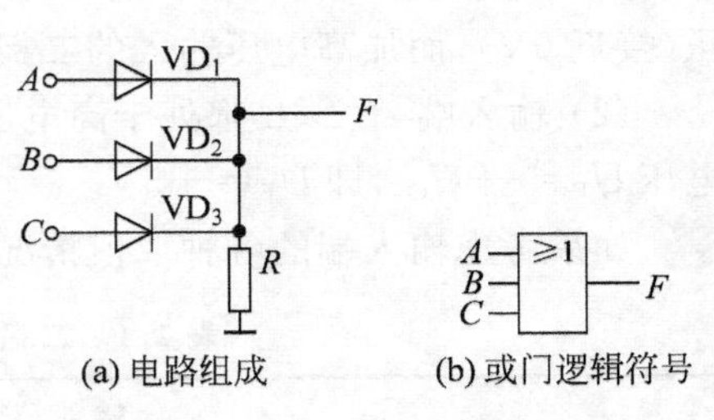


图 2.14 二极管构成的或门

(2) 若 $A$、$B$、$C$ 中有任意一个为 +5V，则 $VD_1$、$VD_2$、$VD_3$ 中有一个必定导通。注意到电路中 $F$ 点与接地点之间有一个电阻，正是该电阻的分压作用，使得 $U_F$ 处于接近 +5V 的高电压(扣除二极管的导通电压)，$VD_2$、$VD_3$ 受反向电压作用而截止，这时 $U_F \approx +5V$。用真值表将所有情况罗列如表 2.3 所示。

表 2.3 二极管或门真值表

| **A** | **B** | **C** | **F** |
|---|---|---|---|
| 0 | 0 | 0 | 0 |
| 0 | 0 | 1 | 1 |
| 0 | 1 | 0 | 1 |
| 0 | 1 | 1 | 1 |
| 1 | 0 | 0 | 1 |
| 1 | 0 | 1 | 1 |
| 1 | 1 | 0 | 1 |
| 1 | 1 | 1 | 1 |

由表 2.3 可见，$A$、$B$、$C$ 与 $F$ 之间满足或逻辑关系，即有 $F=A+B+C$。

# 2.3 TTL 门电路

## 2.3.1 双极型三极管的开关特性

三极管是最常用的电子元器件之一，除了放大作用外，还作为电子开关使用。一个理想开关应具备“双 0”特点，即开关断开时，开关中流过的电流为 0；开关闭合时，开关的端电压为 0。三极管的开关特性是指三极管交替工作于截止区与饱和区，此时的三极管相当于电子开关。

### 1. 双极型三极管

双极型三极管分为 NPN 和 PNP 两种。

(1) NPN 型的结构如图 2.15 所示。

从图 2.15 中可见，NPN 型 BJT 由两个 N 型区和一个 P 型区构成了两个 PN 结，并从 3 个区分别引出了集电极、基极和发射极。在电路图中的符号如图 2.16 所示。

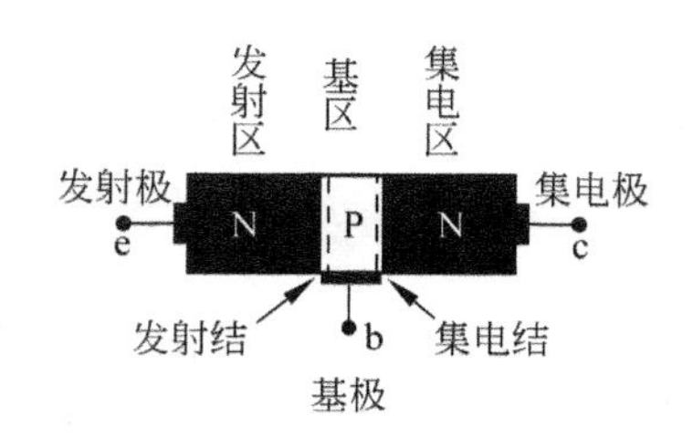

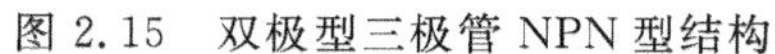

图 2.15 双极型三极管 NPN 型结构

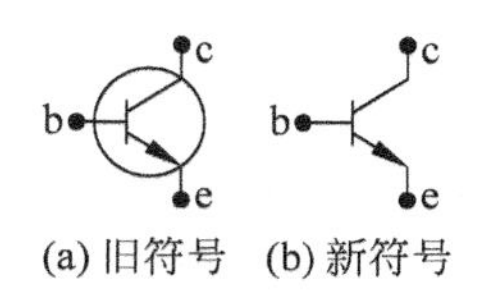


图 2.16 NPN 型电路符号

(2) PNP 型的结构如图 2.17 所示。电路图中的符号如图 2.18 所示。

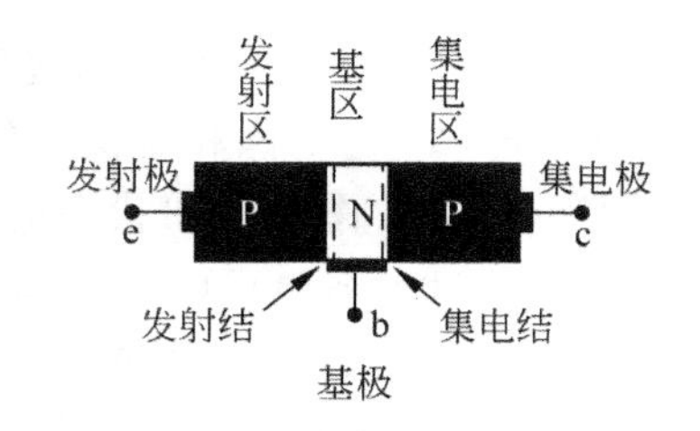


图 2.17 双极型三极管 PNP 型结构

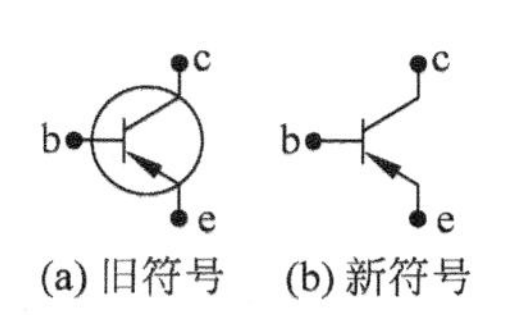


图 2.18 PNP 型电路符号

**2. 双极型三极管的开关作用**

数字逻辑电路中,三极管(BJT)一般工作在饱和导通或截止两种开关工作状态。

BJT 的开关作用对应于有触点开关的“断开”和“闭合”。图 2.19 所示电路用来说明 BJT 开关作用,图 2.19 中 BJT 为 NPN 型硅管。

当输入电压 $U_1=-U_B$时,BJT 的发射结和集电结均为反向偏置($U_{BE}<0$,$U_{BC}<0$),只有很小的反向漏电流 $I_{EBO}$和 $I_{CBO}$分别流过两个结,故 $i_B\approx 0$,$i_C\approx 0$,$U_{CE}\approx U_{CC}$,对应于图 2.20 中的 $A$ 点。这时集电极回路中的 c、e 极之间近似于开路,相当于开关断开一样。BJT 的这种工作状态称为截止。

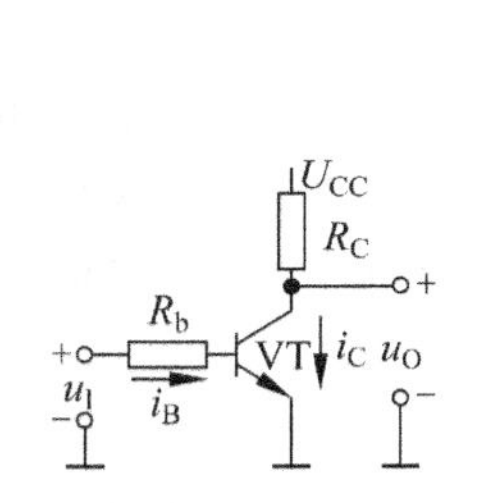


图 2.19 三极管用作开关

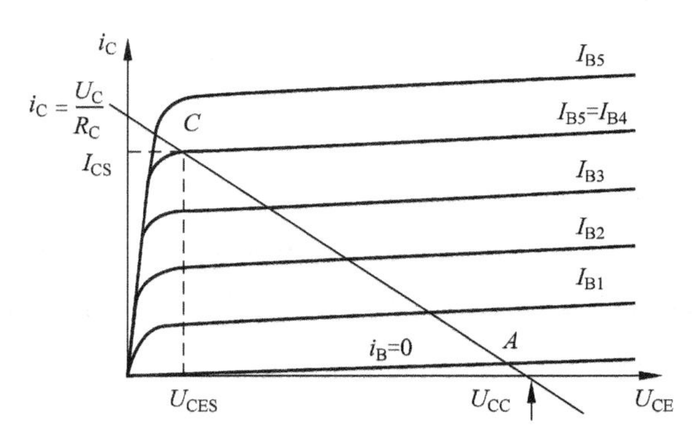


图 2.20 工作状态图解

当 $U_1=+U_{B2}$时,调节 $R_B$,使 $I_B=U_{CC}/R_C$,则 BJT 工作在图 2.20 中的 $C$ 点,集电极电流 $i_C$已接近于最大值 $U_{CC}/R_C$,由于 $i_C$受到 $R_C$的限制,它已不可能像放大区那样随着 $i_B$的增加而成比例地增加了,此时集电极电流达到饱和,对应的基极电流称为基极临界饱和电

流，有

$$I_{BS} = U_{CC}/\beta R_C \tag{2.1}$$

而集电极电流称为集电极饱和电流，有

$$I_{CS} = U_{CC}/R_C \tag{2.2}$$

此后，如果再增加基极电流，则饱和程度加深，但集电极电流基本上保持在 $I_{CS}$ 不再增加，集电极电压 $U_{CE}=U_{CC}-I_{CS}R_C=U_{CES}=2.0-0.3\text{V}$。这个电压称为 BJT 的饱和压降，它也基本上不随 $i_B$ 增加而改变。由于 $U_{CES}$ 很小，集电极回路中的 c、e 极之间近似于短路，相当于开关闭合一样。BJT 的这种工作状态称为饱和。

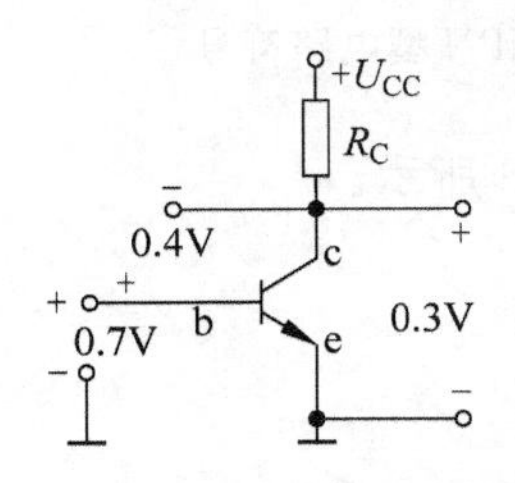


图 2.21　NPN 型 BJT 饱和时各电极电压的典型数据

由于 BJT 饱和后管压降均为 0.3V，而发射结偏压为 0.7V，因此饱和后集电结为正向偏置，即 BJT 饱和时集电结和发射结均处于正向偏置，这是判断 BJT 工作在饱和状态的重要依据。图 2.21 标出了 NPN 型 BJT 饱和时各电极电压的典型数据。

由此可见，BJT 相当于一个由基极电流所控制的无触点开关。BJT 截止时相当于开关“断开”，而饱和时相当于开关“闭合”。

### 3. BJT 的开关时间

BJT 的开关过程和二极管一样，也是内部电荷“建立”和“消散”的过程。因此 BJT 饱和与截止两种状态的相互转换也是需要一定的时间才能完成的。

如图 2.22 所示电路的输入端加入一个幅度在 $-U_{B1}\sim+U_{B2}$ 之间变化的理想方波，如图 2.23 所示，则输出电流 $I_C$ 的波形如图 2.24 所示。

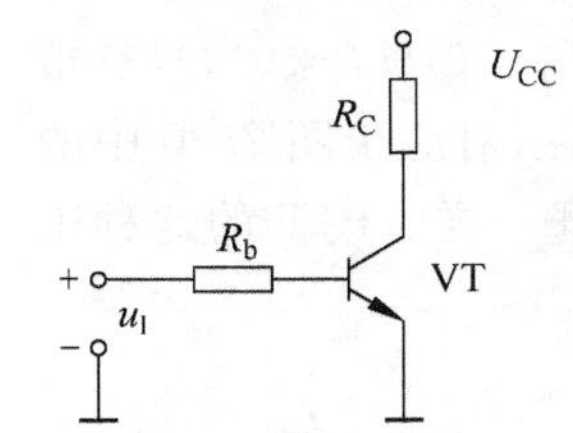


图 2.22　BJT 的开关工作状态电路

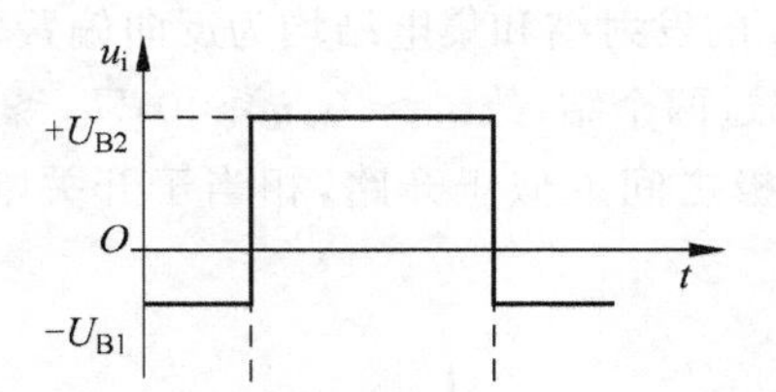


图 2.23　输入电压的理想波形

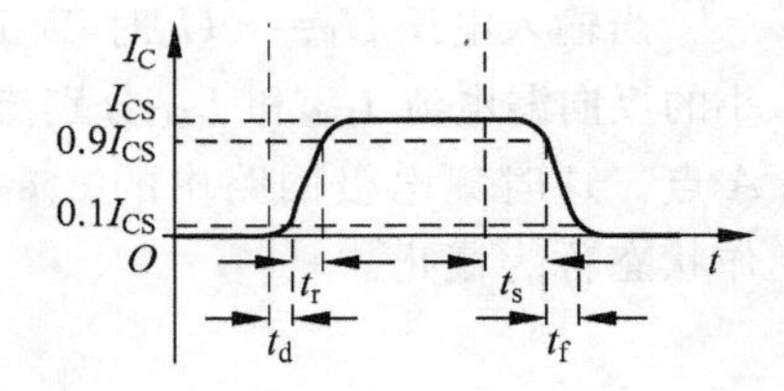


图 2.24　输出电流波形

可见 $I_C$ 的波形已不是和输入波形一样的理想方波，上升沿和下降沿都变得缓慢了。为了对 BJT 开关的瞬态过程进行定量描述，通常引入延迟时间 $t_d$、上升时间 $t_r$、存储时间 $t_s$ 和下降时间 $t_f$ 来表征。这 4 个参数称为三极管的开关时间参数，都是以集电极电流 $I_C$ 的变化为基准的。

通常把 $t_{on}=t_d+t_r$ 称为开通时间，它反映了 BJT 从截止到饱和所需的时间；把 $t_{off}=t_s+t_f$ 称为关闭时间，它反映了 BJT 从饱和到截止所需的时间。开通时间和关闭时间总称为 BJT 的开关时间，它随管子类型不同而有很大差别，一般在几十至几百纳秒的范围，可以从器件手册中查到。开通时间就是建立基区电荷的时间；关闭时间就是存储电荷消散的时间。

BJT 的开关时间限制了 BJT 开关运用的速度。开关时间越短，开关速度越高。因此，要设法减小开关时间。开通时间 $t_{on}$ 是建立基区电荷的时间，关闭时间 $t_{off}$ 是存储电荷消散的时间。

## 2.3.2　三极管构成的门电路

由三极管构成的门电路(非门)如图 2.25(a)所示。

当输入电压为高电平 $u_I = U_{IH}$时,三极管 VT 饱和导通,输出为低电平 $u_O = U_{OL} = U_{CES}$。对小功率管来说,三极管饱和压降 $U_{CES} \approx 0.3V$。而当输入电压为低电平 $u_I = U_{IL}$时,三极管 VT 截止,输出为高电平 $u_O = U_{OH} = U_{CC} = 5V$。忽略三极管开关时间,输入输出电压具有反相关系,即 $F = \overline{A}$。其工作波形如图 2.25(b)所示。图 2.25(c)所示逻辑符号中输出端的小圈就是表示反相关系的。若低电平用逻辑值"0"表示,高电平用逻辑值"1"表示,以上分析结果可用真值表 2.4 来表示。

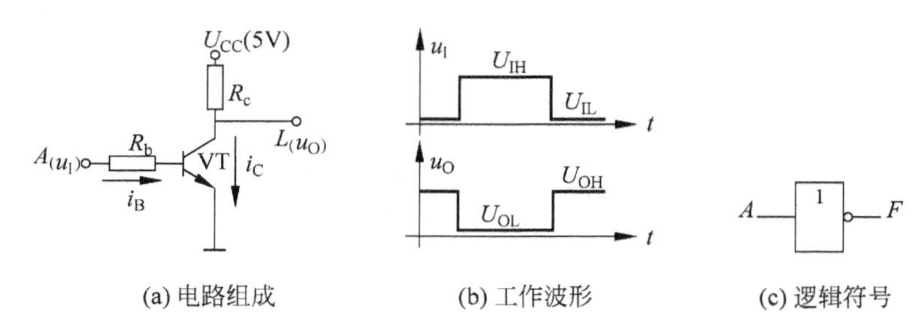


(a) 电路组成　(b) 工作波形　(c) 逻辑符号

图 2.25　三极管反相器

表 2.4　非门真值表

| A | F |
|---|---|
| 0 | 1 |
| 1 | 0 |

## 2.3.3　TTL 反相器

TTL 集成逻辑门电路的输入和输出结构均采用半导体三极管,所以称其为晶体管-晶体管逻辑门电路,简称 TTL 电路。

本小节简单了解 TTL 反相器的电路及工作原理,重点掌握其特性曲线和主要参数(应用所需知识)。

### 1. TTL 反相器分析

1) TTL 反相器的基本电路

带电阻负载的 BJT 反相器,其动态性能不理想。因而,在保持逻辑功能不变的前提下,可以另外加若干元器件以改善其动态性能,如减少由于 BJT 基区电荷存储效应和负载电容所引起的时延。这需要改变反相器输入电路和输出电路的结构,以形成 TTL 反相器的基本电路。电路组成如图 2.26 所示。

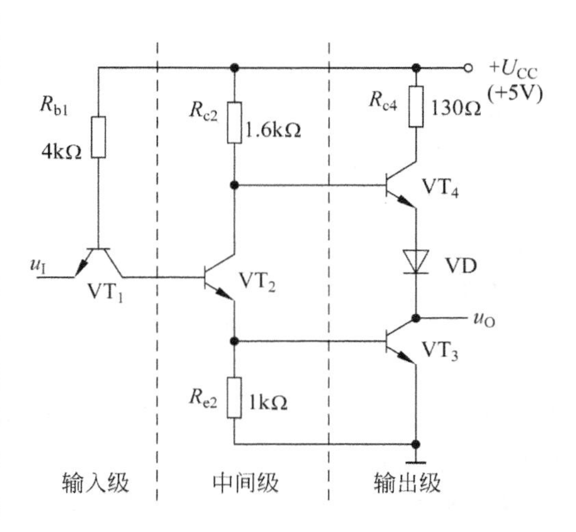


图 2.26　TTL 反相器基本电路

该电路由三部分组成：由三极管 $VT_1$ 组成电路的输入级；由 $VT_3$、$VT_4$ 和二极管 VD 组成输出级；由 $VT_2$ 组成的中间级作为输出级的驱动电路，将 $VT_2$ 的单端输入信号 $U_{I2}$ 转换为互补的双端输出信号 $U_{I3}$ 和 $U_{I4}$，以驱动 $VT_3$ 和 $VT_4$。

2）TTL 反相器的工作原理

这里主要分析 TTL 反相器的逻辑关系，并估算电路中有关各点的电压，以得到简单的定量概念。

(1) 当输入为高电平，如 $u_I=3.6V$ 时，电源 $U_{CC}$ 通过 $R_{b1}$ 和 $VT_1$ 的集电结向 $VT_2$、$VT_3$ 提供基极电流，使 $VT_2$、$VT_3$ 饱和，输出为低电平，如 $u_O=0.2V$。此时 $U_{B1}=U_{BC1}+U_{BE2}+U_{BE3}=(0.7+0.7+0.7)V=2.1V$。

$VT_1$ 的发射结处于反向偏置，而集电结处于正向偏置。所以 $VT_1$ 处于发射结和集电结倒置使用的放大状态。由于 $VT_2$ 和 $VT_3$ 饱和，输出 $U_{C3}=0.2V$，同时可估算出 $U_{C2}$ 的值：$U_{C2}=U_{CE2}+U_{B3}=(0.2+0.7)V=0.9V$。

此时，$U_{B4}=U_{C2}=0.9V$。作用于 $VT_4$ 的发射结和二极管 VD 的串联支路的电压为 $U_{C2}-U_O=(0.9-0.2)V=0.7V$，显然，$VT_4$ 和 VD 均截止，实现了反相器的逻辑关系：输入为高电平时，输出为低电平。

(2) 当输入为低电平且电压为 0.2V 时，$VT_1$ 的发射结导通，其基极电压等于输入低电压加上发射结正向压降，即 $U_{B1}=(0.2+0.7)V=0.9V$。

此时 $U_{B1}$ 作用于 $VT_1$ 的集电结和 $VT_2$、$VT_3$ 的发射结上，所以 $VT_2$、$VT_3$ 都截止，输出为高电平。

由于 $VT_2$ 截止，$U_{CC}$ 通过 $R_{C2}$ 向 $VT_4$ 提供基极电流，致使 $VT_4$ 和 VD 导通，其电流流入负载。

输出电压为 $U_O=U_{CC}-U_{BE4}-U_D=(5-0.7-0.7)V=3.6V$。

同样也实现了反相器的逻辑关系：输入为低电平时，输出为高电平。

3）采用输入级以提高工作速度

当 TTL 反相器输入电压由高(3.6V)变低(0.2V)的瞬间，$U_{B1}=(0.2+0.7)V=0.9V$。但由于 $VT_2$、$VT_3$ 原来是饱和的，它们的基区存储电荷还来不及消散，在此瞬间，$VT_2$、$VT_3$ 的发射结仍处于正向偏置，$VT_1$ 的集电极电压为 $U_{C1}=U_{BE2}+U_{BE3}=(0.7+0.7)V=1.4V$。

此时 $VT_1$ 的集电结为反向偏置，集电结电压为 $U_{B1}-U_{C1}=(1-1.4)V=-0.4V$，因输入为低电平(0.2V)时，$VT_1$ 的发射结为正向偏置，于是 $VT_1$ 工作在放大区。这时产生基极电流 $i_{B1}$，其射极电流 $\beta_1 i_{B1}$ 流入低电平的输入端。集电极电流 $i_{C1}\approx\beta_1 i_{B1}$ 的方向是从 $VT_2$ 的基极流向 $VT_1$ 的集电极，它很快地从 $VT_2$ 的基区抽走多余的存储电荷，使 $VT_2$ 迅速脱离饱和而进入截止状态。$VT_2$ 的迅速截止导致 $VT_4$ 立刻导通，相当于 $VT_3$ 的负载是个很小的电阻，使 $VT_3$ 的集电极电流加大，多余的存储电荷迅速从集电极消散而达到截止，从而加速了状态转换。

4）采用推拉式输出级以提高开关速度和带负载能力

由 $VT_3$、$VT_4$ 和二极管 VD 组成推拉式输出级。其中 $VT_4$ 组成电压跟随器，而 $VT_3$ 为共射极电路，作为 $VT_4$ 的射极负载。这种输出级的优点是，既能提高开关速度，又能提高带负载能力。根据所接负载的不同，输出级的工作情况可归纳如下：

(1) 输出为低电平时，$VT_3$ 处于深度饱和状态，反相器的输出电阻就是 $VT_3$ 的饱和电阻，这时可驱动较大的电流负载。而且由于 $VT_4$ 截止，所以负载电流就是 $VT_3$ 的集电极电流，也就是说 $VT_3$ 的集电极电流可以全部用来驱动负载。

(2) 输出为高电平时，$VT_3$ 截止，$VT_4$ 组成的电压跟随器的输出电阻很小，所以输出高电平稳定，带负载能力也较强。

(3) 输出端接有负载电容 $C_L$ 时，当输出由低电平跳变到高电平的瞬间，$VT_2$ 和 $VT_3$ 由饱和转为截止，由于 $VT_3$ 的基极电流是经 $VT_2$ 放大的电流，所以 $VT_2$ 比 $VT_3$ 更早脱离饱和，于是 $VT_2$ 的集电极电压 $U_{C2}$ 比 $VT_3$ 的集电极电压 $U_{C3}$ 上升更快。同时由于电容 $C_L$ 两端的电压不能突变，使 $C_2$ 和 $C_3$ 之间的电位差增加，因而使 $VT_4$ 在此瞬间基极电流很大，$VT_4$ 集电极与发射极之间呈现低电阻，故电源 $U_{CC}$ 经 $R_{C4}$ 和 $VT_4$ 的饱和电阻对电容 $C_L$ 迅速充电，其时间常数很小，使输出波形上升沿陡直。而当输出电压由高变低后，输出管 $VT_3$ 深度饱和，也呈现很低的电阻，已充电的 $C_L$ 通过它很快放电，迅速达到低电平，因而使输出电压波形的上升沿和下降沿都很好。

### 2. TTL 反相器的特性及参数

1) TTL 反相器的传输特性

现在来分析 TTL 反相器的传输特性。图 2.27 所示为用折线近似的 TTL 反相器的传输特性曲线。传输特性由 4 条线段即 $AB$、$BC$、$CD$ 和 $DE$ 所组成。

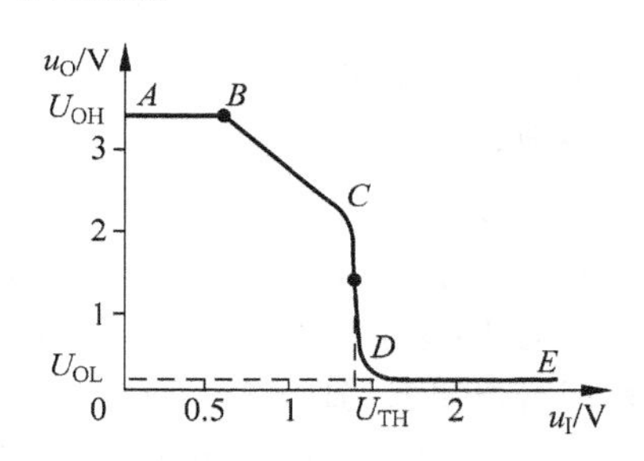


图 2.27　TTL 反相器传输特性曲线

$AB$ 段：此时输入电压 $u_I$ 很低，$VT_1$ 的发射结为正向偏置。在稳态情况下，$VT_1$ 饱和致使 $VT_2$ 和 $VT_3$ 截止，同时 $VT_4$ 导通。输出 $u_O=3.6V$ 为高电平。

当 $u_I$ 增加直至 $B$ 点，$VT_1$ 的发射结仍维持正向偏置并处于饱和状态。但 $u_{B2}=u_{C1}$ 增大导致 $VT_2$ 的发射结正向偏置。当 $VT_1$ 仍维持在饱和状态时，$u_{B2}$ 的值可表示为 $u_{B2}=u_I+U_{CES}$。为求得 $B$ 点所对应的 $u_I$，可以考虑 $u_{B2}$ 刚好使 $VT_2$ 的发射结正向偏置并开始导电。此时 $u_{B2}$ 应等于 $VT_2$、发射结的正向电压 $U_F\approx 0.6V$。但 $i_{E2}\approx 0$ 在忽略 $U_{Re2}$ 的情况下，于是由上式得

$$u_I(B)=U_F-U_{CES}=0.6V-0.2V\approx 0.4V \tag{2.3}$$

$BC$ 段：当 $u_I$ 的值大于 $B$ 点的值时，由 $VT_1$ 的集电极供给 $VT_2$ 的基极电流，但 $VT_1$ 仍保持为饱和状态，这就需要使 $VT_1$ 的发射结和集电结均为正向偏置。

在 $BC$ 段内，$VT_2$ 对 $u_I$ 的增量作线性放大，其电压增益可表示为

$$\frac{\Delta u_{C2}}{\Delta u_{E2}}\approx\frac{R_{C2}}{R_{E2}} \tag{2.4}$$

电压增量上 $\Delta u_{C2}$ 通过 $VT_4$ 的电压跟随作用而引至输出端形成输出电压的增量 $-(R_{C2}/R_{E2})\Delta u_{B2}$，且在一定范围内，有 $\Delta u_{B2}=\Delta u_I$，所以传输特性 $BC$ 段的斜率为 $du_O/du_I=-R_{C2}/R_{E2}=-1.6$。必须注意到在 $BC$ 段内，$R_{e2}$ 上所产生的电压降还不足以使 $VT_3$ 的发射结正向偏置，$VT_3$ 仍维持截止状态。

当 $R_{e2}$ 上的电压 $u_{Re2}$ 达到一定的值，能使 $VT_3$ 的发射结正偏，并有 $u_{BE3}=U_F=0.7V$ 时，则有

$$u_{BE3}=i_{E2}R_{E2}=U_F\quad 或\quad i_{E2}=\frac{U_F}{R_{E2}}=\frac{0.7V}{1k\Omega}=0.7mA \tag{2.5}$$

式中 $U_F=0.7V$,表示 $VT_3$ 已导通。由于 $i_{c2}\approx i_{E2}=0.7mA$,$C$ 点处的输出电压变为

$$u_O(C)=U_{CC}-i_{c2}R_{c2}=5V-(0.7mA)(1.6k\Omega)-2\times(0.7V)\approx 2.48V$$

根据线段 $BC$ 的斜率为 $-1.6$,对应于 $C$ 点的 $u_I$ 值可由下述关系求得,即

$$\frac{\Delta u_O}{\Delta u_I}=\frac{\Delta u_O(C)-\Delta u_O(B)}{\Delta u_I(C)-\Delta u_I(B)}=-1.6 \tag{2.6}$$

由此得

$$u_I(C)=\frac{\Delta u_O(C)-\Delta u_O(B)}{-1.6}+u_I(B)=\frac{2.48V-3.6V}{-1.6}+0.4V\approx 1.1V \tag{2.7}$$

$CD$ 段:当 $u_I$ 的值继续增加并超越 $C$ 点,使 $VT_3$ 饱和导通,输出电压迅速下降至 $u_O\approx 0.2V$。$D$ 点处的 $u_{I(D)}$ 值,可以根据 $VT_2$、$VT_3$ 两发射结电压 $U_F\approx 0.7V$ 来估算。因此有

$$u_{I(D)}=u_{BE3}+u_{BE2}-u_{CES1}=(0.7+0.7-0.2)V=1.2V \tag{2.8}$$

$DE$ 段:当 $u_I$ 的值从 $D$ 点再继续增加时,$VT_1$ 将进入倒置放大状态,保持 $u_O=0.2V$。至此,得到了 TTL 反相器的 $ABCDE$ 折线型传输特性。

2) TTL 反相器的主要参数

① 输出高电平 $U_{OH}$。典型值为 3V。

② 输出低电平 $U_{OL}$。典型值为 0.3V。

③ 开门电平 $U_{ON}$。在额定负载下,确保输出为标准低电平 $U_{SL}$ 时的输入电平称为开门电平。一般要求 $U_{ON}\leqslant 1.8V$。在保证输出为额定低电平的条件下,允许的最小输入高电平的数值。

④ 关门电平 $U_{OFF}$。关门电平是指输出电平上升到标准高电平 $U_{SH}$ 时的输入电平。一般要求 $U_{OFF}\geqslant 0.8V$。在保证输出为额定高电平的条件下,允许的最大输入低电平的数值。

⑤ 阈值电压 $U_{TH}$。电压传输特性曲线转折区中点所对应的 $u_I$ 值称为阈值电压 $U_{TH}$(又称门槛电平)。通常 $U_{TH}\approx 1.4V$。

⑥ 噪声容限($U_{NL}$ 和 $U_{NH}$)。噪声容限也称抗干扰能力,它反映门电路在多大的干扰电压下仍能正常工作。$U_{NL}$ 和 $U_{NH}$ 越大,电路的抗干扰能力越强。

3) TTL 反相器的输入、输出特性

为了正确地处理门电路与门电路之间、门电路与负载之间的连接问题,必须了解门电路输入端和输出端的伏安特性,即输入特性和输出特性。

(1) 输入特性。在图 2.26 给定的 TTL 反相器电路中,如果仅仅考虑输入信号是高电平还是低电平而不是某一个中间值的情况,将输入端的等效电路画成图 2.28 所示的形式。此时输入特性实际针对的是 $VT_1$ 管。

① 输入低电平时的情况。低电平输入($U_{IL}\leqslant 0.8V$)时的等效电路如图 2.28(a)所示。此时低电平输入电流 $I_{IL}$ 较大,当 $U_{CC}=5V$,$U_{IL}=0.2V$ 时,对应 $I_{IL}=\dfrac{U_{CC}-U_{BE1}-U_{IL}}{R_1}=\dfrac{5-0.9}{4}\approx 1(mA)$。近似分析时,常用 $I_{IS}$ 来代替。$I_{IS}$ 表示输入端短路($U_{IL}=0$)时的电流。显然,$I_{IS}$ 比 $I_{IL}$ 稍大一点儿。一般产品规定 $I_{IL}<1.6mA$。

② 输入为高电平时的情况。高电平输入($U_{IH}\geqslant 2V$)时的等效电路如图 2.28(b)所示。

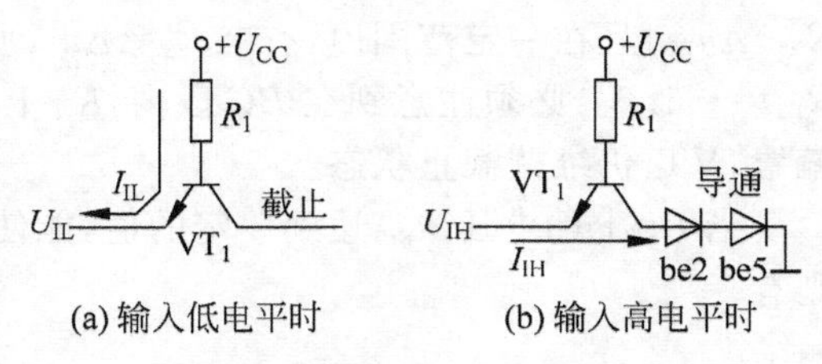

图 2.28 输入端等效电路

此时 $VT_1$ 管处于倒置工作状态，其 $\beta\approx0$，高电平输入电流 $I_{IH}$ 实际是 $VT_1$ 管发射结处于反偏时的漏电流，其值很小，为 $\mu A$ 量级。74 系列门电路的每个输入端的 $I_{IH}\leqslant40\mu A$。

(2) 输出特性。输出特性主要针对 $VT_4$、$VT_5$ 管。门电路输出端的带负载能力用扇出系数来衡量，扇出系数定义为门电路所能驱动同类门的最大数目，用 $N_O$ 表示。

① 输出为低电平($U_O=U_{OL}\leqslant0.4V$)时的情况。输出为低电平时输出端带负载的情形如图 2.29 所示，这时驱动门的 $VT_4$ 管截止，$VT_5$ 管导通。有电流从负载门的输入端灌入驱动门的 $VT_5$ 管，“灌电流”由此而得名。

灌电流的来源是负载门的低电平输入电流 $I_{IL}$，很显然，负载门的个数增加，灌电流增大，此时驱动门低电平输出电流为

$$I_{OL}=N_1\cdot I_{IL}\approx N_1\cdot I_{IS}$$

式中，$N_1$ 为低电平输出时对应负载门的数目。由于 $VT_5$ 管的导通电阻为 $R_{ON}$，所以

$$U_{OL}=I_{OL}\cdot R_{ON}$$

为了保证 $U_{OL}\leqslant0.4V$，必须限制负载门的数目 $N_1$。

$I_{OL}$ 是门电路的一个参数，产品规定 $I_{OL}=16mA$。由此可得出，输出低电平时所能驱动同类门的个数为

$$N_1=\frac{I_{OL}}{I_{IL}}\tag{2.9}$$

式中，$N_1$ 为输出低电平时的扇出系数。

② 输出为高电平($U_O=U_{OH}\geqslant2.4V$)时的情况。输出为高电平时输出端带负载的情形如图 2.30 所示，这时驱动门的 $VT_4$ 管导通，$VT_5$ 管截止。这时有电流从驱动门 $VT_4$ 流向负载门，即为“拉电流”。

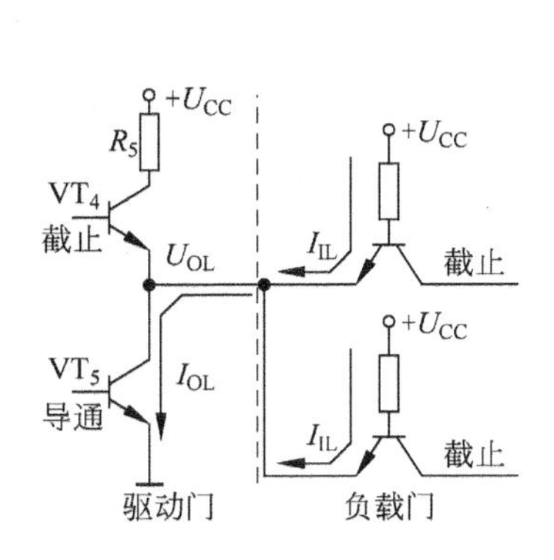


图 2.29　输出低电平时带负载的情形

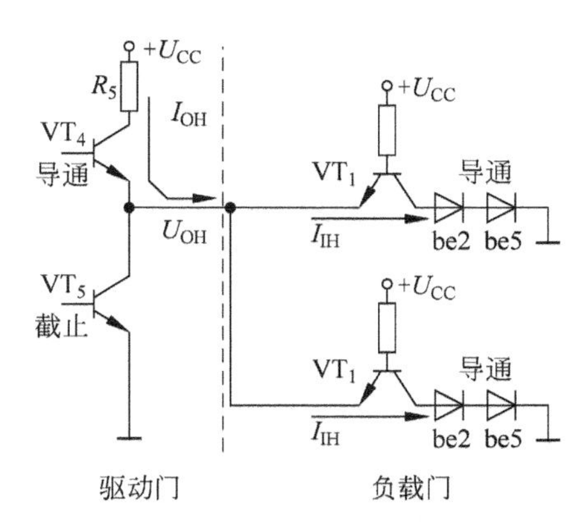


图 2.30　输出为高电平时输出端带负载的情形

拉电流与负载门的高电平输入电流 $I_{IH}$ 相关，很显然，负载门的个数增加，拉电流增大，此时高电平输出电流为

$$I_{OH}=N_2\cdot I_{IH}$$

式中，$N_2$ 为高电平输出时对应负载门的数目。由于 $VT_4$ 管的导通电阻为 $R_{ON}$，所以，有

$$U_{OH}=U_{CC}-I_{OH}\cdot(R_5+R_{ON})=U_{CC}-N_2I_{IH}\cdot(R_5+R_{ON})$$

为了保证 $U_{OH}\geqslant2.4V$，必须限制负载门的数目 $N_2$。

$I_{OH}$ 是门电路的一个参数，产品规定 $I_{OH}=0.4mA$。由此可得出，输出高电平时所能驱

动同类门的个数为

$$N_2 = \frac{I_{OH}}{I_{IH}} \tag{2.10}$$

式中，$N_2$为输出高电平时的扇出系数。

一般 $N_1 \neq N_2$，常取两者中小的值作为门电路总的扇出系数 $N_O$。

### 3. 输入端负载特性

在具体使用门电路时，有时需要在输入端与地之间或者输入端与信号的低电平之间接入电阻 $R_P$，如图 2.31 所示。

由图 2.31 可知，因为输入电流流过 $R_P$，这就必然会在 $R_P$上产生压降而形成输入端电位 $u_I$。而且 $R_P$越大 $u_I$也越高。

由图 2.32 所示的曲线给出了 $u_I$随 $R_P$变化的规律，即输入端负载特性。由图 2.32 可知

$$u_I = \frac{R_P}{R_1 + R_P}(U_{CC} - u_{BE1}) \tag{2.11}$$

式(2.11)表明，在 $R_P \ll R_1$的条件下，$u_I$几乎与 $R_P$成正比。但是当 $u_I$上升到 1.4V 以后 $VT_2$和 $VT_5$的发射结同时导通，将 $u_{B1}$ 钳位在 2.1V 左右，所以即使 $R_P$再增大，$u_I$也不会再升高了。这时 $u_I$与 $R_P$的关系也就不再遵守式(2.11)的关系，特性曲线为趋近于 $u_I$=1.4V 的一条水平线。

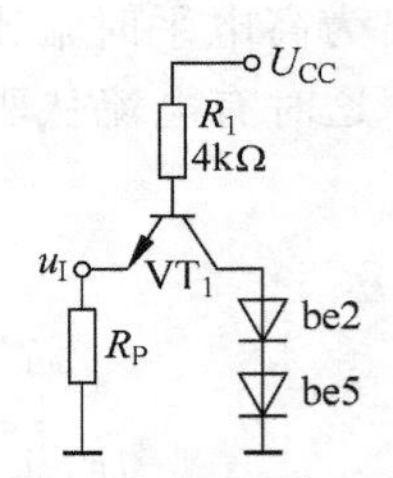


图 2.31 TTL 反相器输入端经电阻接地时的等效电路

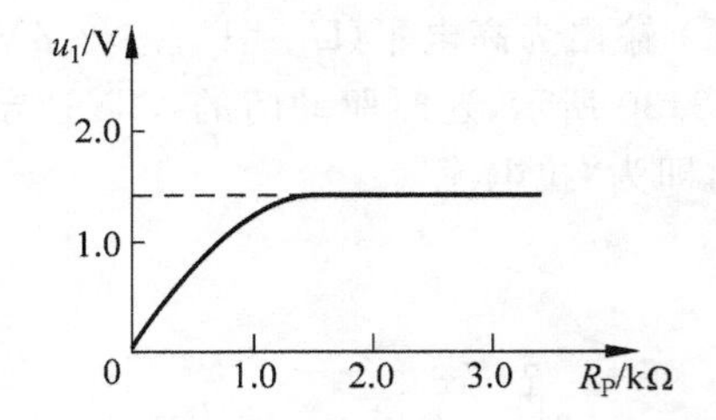


图 2.32 TTL 反相器输入端负载特性

## 2.3.4 其他逻辑功能的 TTL 门电路

### 1. 与非门

基本 TTL 反相器不难改变成为多输入端的与非门。它的主要特点是在电路的输入端采用了多发射极的 BJT，如图 2.33 所示。器件中的每一个发射极能各自独立地形成正向偏置的发射结，并可促使 BJT 进入放大区或饱和区。两个或多个发射极可以并联地构成一大面积的组合发射极。

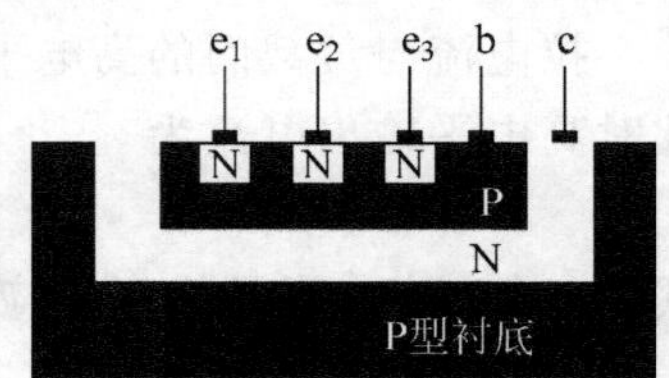


图 2.33 多发射极 BJT 的结构示意图

TTL(Transistor-Transistor-Logic)是三极管—三极管—逻辑电路的简称。TTL 与非门的电路结构如图 2.34 所示。

① 输入级。输入级由多发射极管 $VT_1$和电阻 $R_1$组成。其作用是对输入变量 $A$、$B$、$C$ 实现逻辑与，从逻辑功能上看，

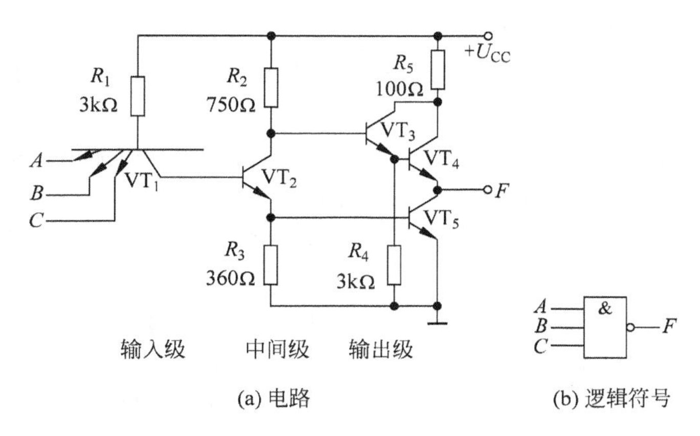

(a) 电路　　(b) 逻辑符号

图 2.34　TTL 集成与非门电路及逻辑符号

图 2.35(a)所示的多发射极三极管可以等效为图 2.35(b)所示的形式。

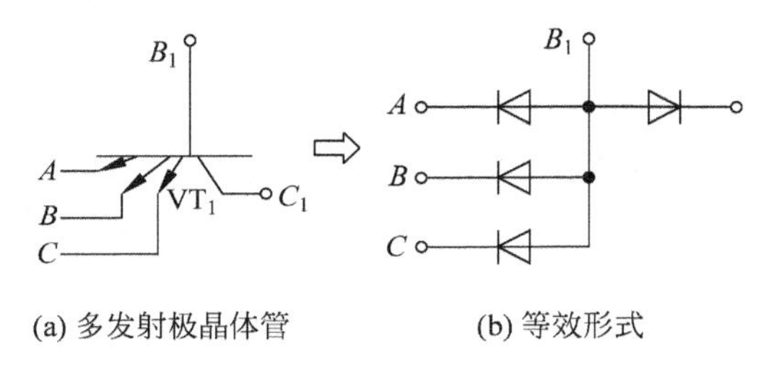

(a) 多发射极晶体管　　(b) 等效形式

图 2.35　多发射极晶体管及其等效形式

② 中间级。中间级由 $VT_2$、$R_2$和 $R_3$组成。$VT_2$的集电极和发射极输出两个相位相反的信号，作为 $VT_3$和 $VT_5$的驱动信号。

③ 输出级。输出级由 $VT_3$、$VT_4$、$VT_5$ 和 $R_4$、$R_5$ 组成，这种电路形式称为推拉式电路。

1) 工作原理

(1) 输入全部为高电平。当输入 $A$、$B$、$C$ 均为高电平，即 $U_{IH}=3.6V$ 时，$VT_1$的基极电位足以使 $VT_1$的集电结和 $VT_2$、$VT_5$的发射结导通。而 $VT_2$的集电极压降可以使 $VT_3$导通，但它不能使 $VT_4$导通。$VT_5$由 $VT_2$提供足够的基极电流而处于饱和状态。因此输出为低电平 $U_O=U_{OL}=U_{CE5}\approx 0.3V$。

(2) 输入至少有一个为低电平。当输入至少有一个($A$ 端)为低电平，即 $U_{IL}=0.3V$ 时，$VT_1$与 $A$ 端连接的发射结正向导通，从图 2.34(a)中可知，$VT_1$集电极电位 $U_{C1}$使 $VT_2$、$VT_5$均截止，而 $VT_2$的集电极电压足以使 $VT_3$，$VT_4$导通。因此输出为高电平：$U_O=U_{OH}\approx U_{CC}-U_{BE3}-U_{BE4}=5-0.7-0.7=3.6V$。

综上所述，当输入全为高电平时，输出为低电平，这时 $VT_5$饱和，电路处于开门状态；当输入端至少有一个为低电平时，输出为高电平，这时 $VT_5$截止，电路处于关门状态。即输入全为 1 时，输出为 0；输入有 0 时，输出为 1。由此可见，电路的输出与输入之间满足与非逻辑关系，即

$$F=\overline{A\cdot B\cdot C}$$

TTL 与非门的传输特性曲线的形式与非门的基本一致，不再赘述。

2）TTL与非门的参数及应用情况

(1) TTL与非门的几个重要参数。从使用的角度说，必须了解门电路主要参数的意义。

① 输出高电平$U_{OH}$。当输入端有一个(或几个)接低电平时，输出端空载时的输出电平即为输出高电平。$U_{OH}$的典型值为3.5V，标准高电平$U_{SH}=2.4V$。

② 输出低电平$U_{OL}$。输出低电平是指输入全为高电平时的输出电平，标准低电平$U_{SL}=0.4V$。

③ 输入端短路电流$I_{IS}$。当电路任一输入端接"地"，而其余端开路时，流过这个输入端的电流称为输入端短路电流$I_{IS}$。$I_{IS}$构成前级负载电流的一部分，因此希望尽量小些。

④ 扇出系数$N_O$。扇出(Fan-Out)系数是指带负载门的个数。它表示"与非"门输出端最多能与几个同类的"与非"门连接，典型电路$N>8$。

⑤ 高电平输入电流$I_{IH}$。输入端有一个接高电平，其余接"地"的反向电流称为高电平输入电流(或输入漏电流)，它构成前级"与非"门输出高电平时的负载电流的一部分，此值越小越好。

⑥ 平均传输延迟时间$t_{pd}$，如图2.36所示。

从输入波形上升沿的中点到输出波形下降沿的中点之间的时间延迟，称为导通延迟时间$t_{d(on)}$。从输入波形下降沿中点到输出波形上升沿中点之间的时间延迟，称为截止延迟时间$t_{d(off)}$。平均传输延迟时间定义为

$$t_{pd}=\frac{t_{d(on)}+t_{d(off)}}{2} \tag{2.12}$$

此值表示电路的开关速度，应越小越好。

(2) TTL与非门的带负载能力。门电路的输出端一般都要与其他门电路的输入端相连，称为带负载，如图2.37所示。一个门电路最多允许带几个同类的负载门即为扇出系数，表明了带负载能力的大小。

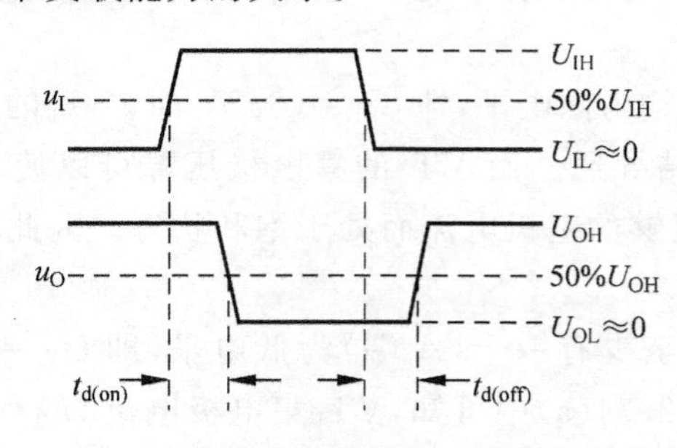


图2.36 平均传输延迟时间的定义

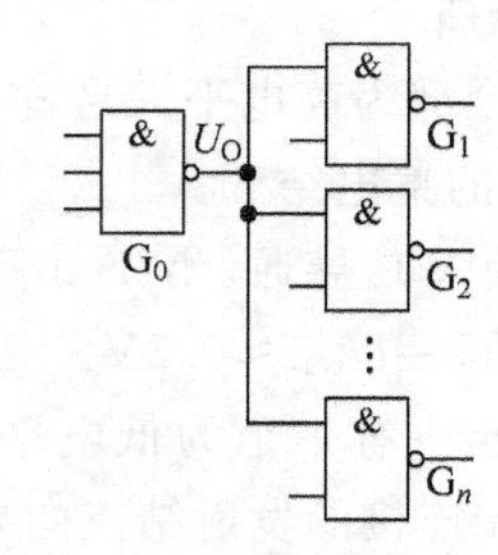


图2.37 门电路带负载的情况

① 输入低电平电流$I_{IL}$与输入高电平电流$I_{IH}$。

- $I_{IL}$是指当门电路输入端接低电平时的入端电流，其电流流向如图2.38所示，电流大小可算出$I_{IL}=\frac{U_{CC}-U_{B1}}{R_1}=\frac{5-1}{4}=1(mA)$，该电流与$VT_1$管发射结的个数无关。产品规定$I_{IL}<1.6mA$。
- $I_{IH}$是指当门电路的输入端接高电平时的入端电流，如图2.39所示。该电流的产生有两种情况。一是当与非门一个输入端(如$A$端)接高电平，其他输入端接低电平

时，如图 2.39(a)所示。二是当与非门的输入端全接高电平时，如图 2.39(b)所示，$VT_1$的发射结均反偏，集电结正偏，管子工作于倒置的放大状态。

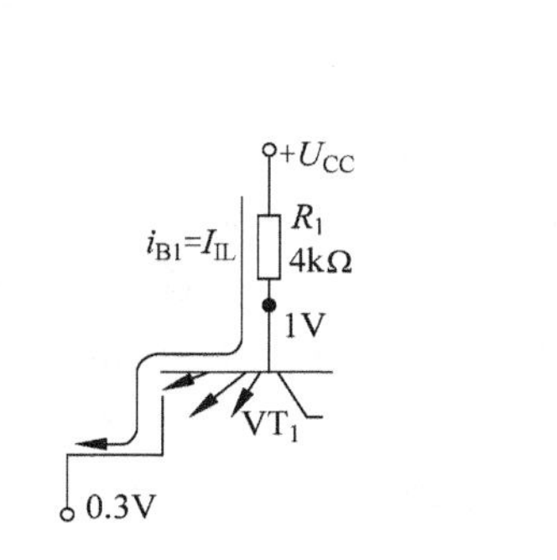


图 2.38　输入低电平电流 $I_{IL}$

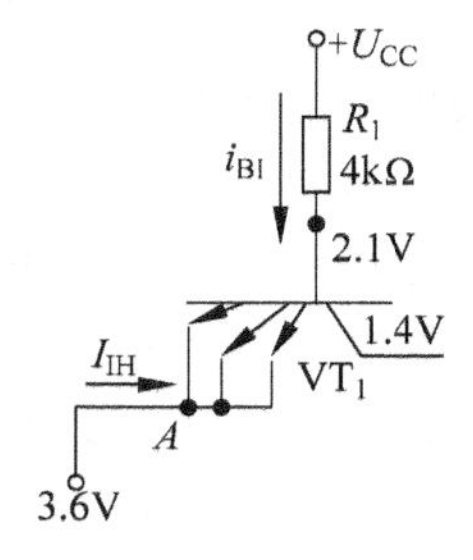


图 2.39　输入高电平电流 $I_{IH}$

② 带负载能力。

- 灌电流负载。当驱动门输出低电平时，驱动门的 $VT_4$截止，$VT_5$导通。这时有电流从负载门的输入端流出，灌入驱动门的 $VT_5$管。灌电流的来源是负载门的低电平输入电流 $I_{IL}$，可参见图 2.29。前面曾提到，输出低电平不得高于 $U_{OL(max)}=0.4V$，因此，把输出低电平时允许灌入输出端的电流定义为**输出低电平电流** $I_{OL}$，这是门电路的一个参数，产品规定 $I_{OL}=16mA$。
- 拉电流负载。当驱动门输出高电平时，驱动门的 $VT_4$ 导通，$VT_5$ 截止。这时有电流经驱动门的 $VT_4$ 流至负载门的输入端。由于拉电流是驱动门 $VT_4$ 的发射极电流 $I_{E4}$，同时又是负载门的输入高电平电流 $I_{IH}$，可参见图 2.30，所以负载门的个数增加，拉电流增大，即驱动门的 $VT_4$ 管发射极电流 $I_{E4}$增加，$R_5$ 上的压降增加。

当 $I_{E4}$增加到一定的数值时，$VT_4$进入饱和，输出高电平降低。前面提到过输出高电平不得低于 $U_{OH(min)}=2.4V$。因此，把输出高电平时允许拉出输出端的电流定义为**输出高电平电流** $I_{OH}$，这也是门电路的一个参数，产品规定 $I_{OH}=0.4mA$。

(3) TTL 与非门的抗干扰能力。TTL 门电路的输出高、低电平不是一个固定值，而是一个范围。同样，它的输入高、低电平也有一个范围，即 TTL 门电路的输入信号允许一定的容差，称为**噪声容限**。

在图 2.40 中，若门 $G_1$输出为低电平，则门 $G_2$输入也为低电平。如果由于某种干扰，使 $G_2$的输入低电平高于 $G_1$输出低电平的最大值 $U_{OL(max)}$，从图 2.40 所示的电压传输特性曲线上看，只要这个值不大于 $U_{off}$，$G_2$的输出电压仍大于 $U_{OH(min)}$，即逻辑关系仍是正确的。因此在输入低电平时，把关门电平 $U_{off}$与 $U_{OL(max)}$之差称为**低电平噪声容限**，用 $U_{NL}$来表示，即低电平噪声容限为

$$\begin{aligned} U_{NL} &= U_{off} - U_{OL(max)} \\ &= 0.8V - 0.4V \\ &= 0.4V \end{aligned} \tag{2.13}$$

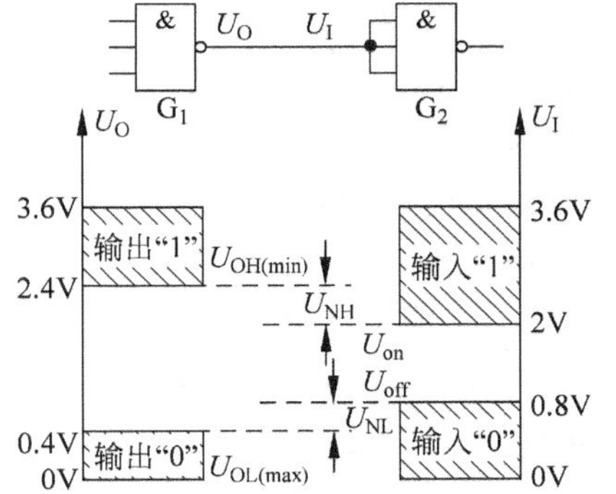


图 2.40　噪声容限图解

若门 $G_1$输出为高电平，则门 $G_2$输入也为高电平。

如果由于某种干扰，使 $G_2$ 的输入高电平低于 $G_1$ 输出高电平的最小值 $U_{OH(min)}$，从电压传输特性曲线上看，只要这个值不小于 $U_{on}$，$G_2$ 的输出电压仍小于 $U_{OL(max)}$，逻辑关系仍是正确的。因此在输入高电平时，把 $U_{OH(min)}$ 与开门电平 $U_{on}$ 之差称为**高电平噪声容限**，用 $U_{NH}$ 来表示，即高电平噪声容限为

$$U_{NH} = U_{OH(min)} - U_{on} = 2.4V - 2.0V = 0.4V \tag{2.14}$$

噪声容限是用来说明门电路抗干扰能力大小的。高电平噪声容限的大小限制了门电路输入端所允许的最大负向干扰幅度。低电平噪声容限的大小限制了门电路输入端所允许的最大正向干扰幅度。所以，噪声容限越大，电路的抗干扰能力越强。通过这一段的讨论，也可看出二值数字逻辑中的"0"和"1"都是允许有一定容差的，这也是数字电路的一个突出特点。

(4) TTL 与非门的改进电路。改进型 TTL 与非门电路系列，如图 2.41 所示。

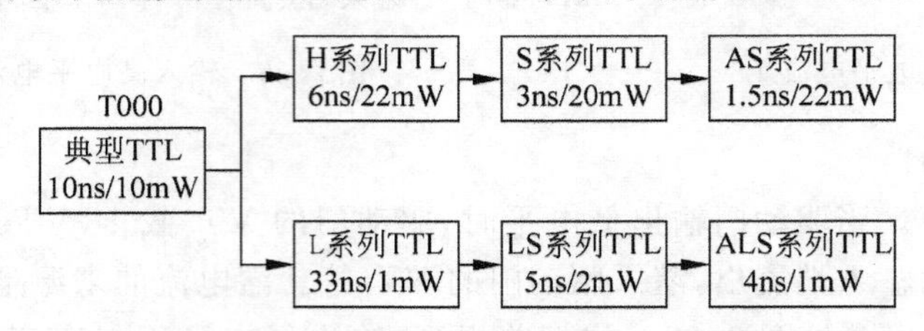


图 2.41 各种系列的 TTL 门电路

LS 系列 TTL 门 $t_{pd}<5ns$，而功耗 2mW，因而得到广泛应用。我国 TTL 集成电路目前有 CT54/74(普通)、T54/74H(高速)、CT54/74S(肖特基)和 CT54/74LS(低功耗)等 4 个系列国家标准的集成门电路。它们的主要性能指标如表 2.5 所示。在 TTL 门电路中，无论是哪一个系列，只要器件品名相同，那么器件功能就相同，只是性能不同而已。

## 2. 或非门

TTL 或非门集成电路有 74LS02、74LS27 等。

TTL 或非门电路如图 2.42 所示。$VT_1$ 和 $VT_1'$ 为输入级；$VT_2$ 和 $VT_2'$ 的两个集电极并接，两个发射极并接；$VT_4$、VD、$VT_3$ 构成推拉式输出级。

当 $A$、$B$ 两输入端都是低电平(如 0V)时，$VT_1$ 和 $VT_1'$ 的基极都被钳位在 0.7V 左右，所以 $VT_2$、$VT_2'$ 及 $VT_3$ 截止，$VT_4$、VD 导通，输出 $F$ 为高电平。

当 $A$、B 两输入端中有一个为高电平时，如 $U_{IA}=U_{OH}$，则 $VT_1$ 的基极为高电平，驱动 $VT_2$ 和 $VT_3$ 饱和导通。$VT_2$ 管集电极电平 $U_{C2}$ 大约为 1V，使 $VT_4$、VD 截止。因此输出 $F$ 为低电平。

综上所述，该电路只有在输入端全部为低电平时，才输出高电平，只要有一个或两个为高电平输入时，输出就为低电平，所以该电路实现"或非"逻辑功能，即

$$F = \overline{A + B}$$

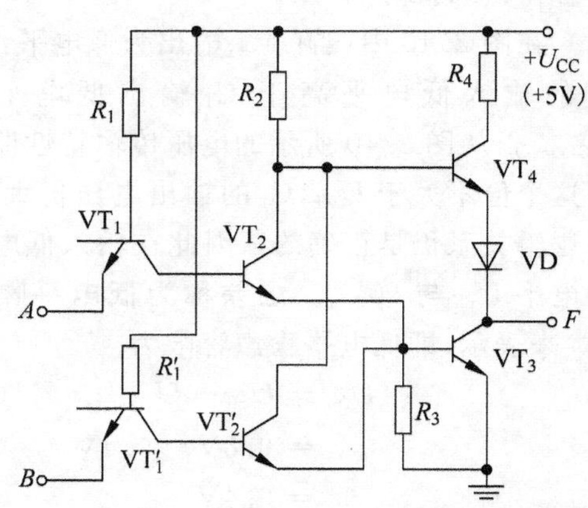


图 2.42 TTL 或非门电路

表 2.5　TTL 各系列集成门电路主要性能指标

| 参数名称 \ 电路型号 | CT74 系列 | CT74H 系列 | CT745 系列 | CT74LS 系列 |
| --- | --- | --- | --- | --- |
| 电源电压/V | 5 | 5 | 5 | 5 |
| $U_{OH(min)}$/V | 2.4 | 2.4 | 2.5 | 2.5 |
| $U_{OL(max)}$/V | 0.4 | 0.4 | 0.5 | 0.5 |
| 逻辑摆幅 | 3.3 | 3.3 | 3.4 | 3.4 |
| 每门功耗 | 10 | 22 | 19 | 2 |
| 每门传输延时 | 10 | 6 | 3 | 9.5 |
| 最高工作频率 | 35 | 50 | 125 | 45 |
| 扇出系数 | 10 | 10 | 10 | 20 |
| 抗干扰能力 | 一般 | 一般 | 好 | 好 |

### 3. 与或非门

TTL 与或非门集成电路有 74LS54、74LS55 等。

将图 2.42 所示的或非门电路中的每个输入端改用多发射极三极管，就得到图 2.43 所示的“与或非”门电路。

由图 2.43 可见，当 $A$、$B$ 都为高电平时，$VT_2$ 和 $VT_3$ 饱和导通，$VT_4$ 截止，输出 $F$ 为低电平；同理，当 $C$、$D$ 都为高电平时，$VT_2'$ 和 $VT_3$ 饱和导通，$VT_4$ 截止，也使输出 $F$ 为低电平。故当 $A$、$B$ 都为高电平或者 $C$、$D$ 都为高电平时输出 $F$ 为低电平。

只有 $A$、$B$ 不同时为高电平并且 $C$、$D$ 也不同时为高电平时，$VT_2$ 和 $VT_2'$ 同时截止，使 $VT_3$ 截止而 $VT_4$ 饱和导通，输出 $F$ 才为高电平。

因此，$F$ 和 $A$、$B$ 及 $C$、$D$ 间是“与或非”关系，即

$$F = \overline{AB + CD}$$

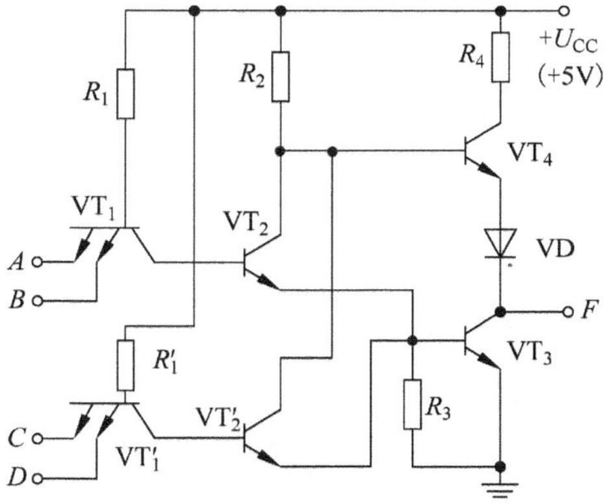

图 2.43　TTL 与或非门电路

### 4. 异或门

异或门典型的电路结构如图 2.44 所示。图中虚线以右部分和或非门的倒相级、输出级相同，只要 $VT_6$ 和 $VT_7$ 中有一个基极为高电平，都能使 $VT_8$ 截止、$VT_9$ 导通，输出为低电平。

若 $A$、$B$ 同时为高电平，则 $VT_6$、$VT_9$ 导通而 $VT_8$ 截止，输出为低电平；反之，若 $A$、$B$ 同时为低电平，则 $VT_4$ 和 $VT_5$ 同时截止，使 $VT_7$ 和 $VT_9$ 导通而 $VT_8$ 截止，输出也为低电平。

当 $A$、$B$ 不同时(即一个是高电平而另一个是低电平)，$VT_1$ 正向饱和导通、$VT_6$ 截止。同时，由于 $A$、$B$ 中必有一个是高电平，使 $VT_4$、$VT_5$ 中有一个导通，从而使 $VT_7$ 截止。$VT_6$、$VT_7$ 同时截止以后，$VT_8$ 导通、$VT_9$ 截止，故输出为高电平。因此，$F$ 和 $A$、$B$ 间为异或关系，即

$$F = A \oplus B$$

与门、或门电路是在与非门、或非门电路的基础上在电路内部增加一级反相级所构成的。因此，与门、或门的输入电路及输出电路和与非门、或非门的相同。这两种门电路的具体电路

和工作原理就不一一介绍了。

### 5. 集电极开路门(OC 门)

在工程实践中，有时需要将几个门的输出端并联使用，以实现各个门输出量之间的与逻辑运算，称为“线与”。但是，普通 TTL 门电路的输出结构决定了它不能进行线与。

如图 2.45 所示，如果将 $G_1$、$G_2$ 两个 TTL 与非门的输出端直接连接起来，当 $G_1$ 输出为高电平，$G_2$ 输出为低电平时，从 $G_1$ 的电源 $U_{CC}$ 通过 $G_1$ 的 $VT_4$ 到 $G_2$ 的 $VT_3$，形成一个低阻通路，产生很大的电流，另外，由于此时线与输出结果为低电平，负载门还将向 $G_2$ 的 $VT_3$ 灌电流，所以 $G_2$ 门很可能被烧毁。因此，普通的 TTL 门电路是不能进行线与的。

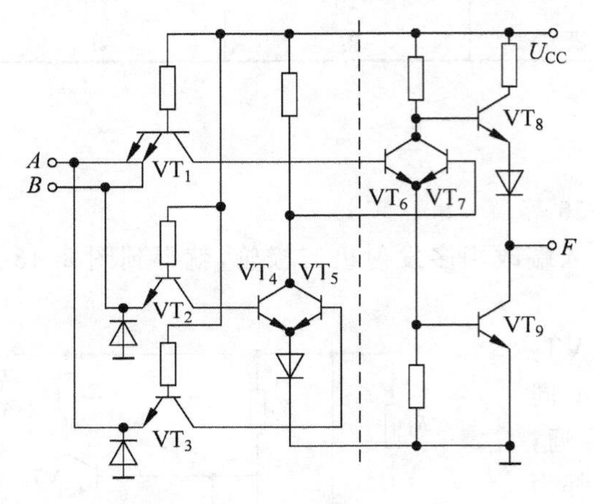


图 2.44 TTL 异或门电路

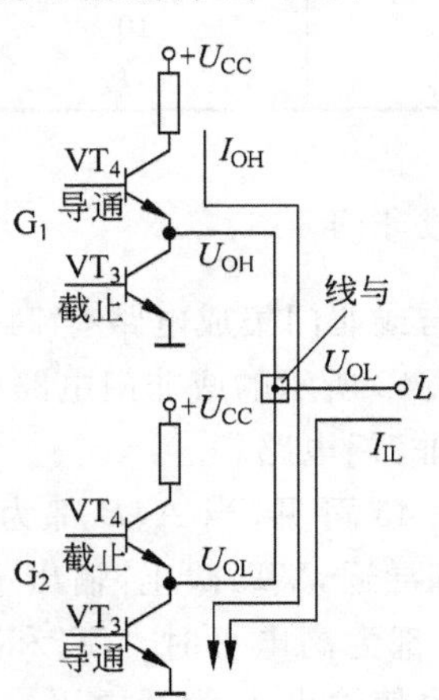


图 2.45 普通 TTL 门电路输出并联使用

为满足实际应用中实现线与的要求，专门生产了一种可以进行线与的门电路——集电极开路门，简称 OC(Open Collector)门。OC 与非门如图 2.46 所示。从图 2.46(a)可看出，OC 门与普通 TTL 门相比，就是将输出级改为集电极开路的三极管结构，即 $VT_3$ 管集电极开路。$VT_3$ 集电极开路以后，为了保证与非功能成立，使用时必须外接上拉电阻 $R_L$ 和电源。

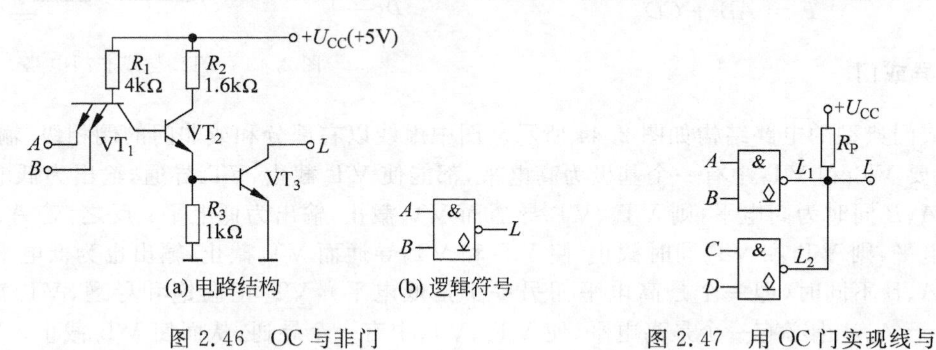


图 2.46 OC 与非门

图 2.47 用 OC 门实现线与

两个 OC 门实现线与时的电路如图 2.47 所示。此时的逻辑关系为

$$L = L_1 \cdot L_2 = \overline{AB} \cdot \overline{CD} = \overline{AB + CD}$$

即在输出线上实现了与或非运算。

在使用 OC 门进行线与时，外接上拉电阻 $R_P$ 的选择非常重要，只有 $R_P$ 选择得当，才能保

证 OC 门输出满足所要求的高电平和低电平。

假定有 $n$ 个 OC 门的输出端并联，后面接 $m$ 个普通的 TTL 与非门作为负载，如图 2.48 所示，则 $R_P$ 的选择按以下两种最坏情况考虑：

(1) 当所有的 OC 门都截止时，输出 $U_O$ 应为高电平，如图 2.48(a)所示。这时 $R_P$ 不能太大，如果 $R_P$ 太大，则其上压降太大，输出高电平就会太低。因此当 $R_P$ 为最大值时要保证输出电压不低于 $U_{OH(min)}$，由

$$U_{CC} - U_{OH(min)} = m' \cdot I_{IH} \cdot R_{P(max)}$$

得

$$R_{P(max)} = \frac{U_{CC} - U_{OH(min)}}{m' \cdot I_{IH}} \tag{2.15}$$

式中，$U_{OH(min)}$ 为 OC 门输出高电平的下限值；$I_{IH}$ 为负载门的高电平输入电流；$m'$ 为负载门输入端的个数(不是负载门的个数)。因 OC 门中的 $VT_3$ 管都截止，可以认为没有电流流入 OC 门。

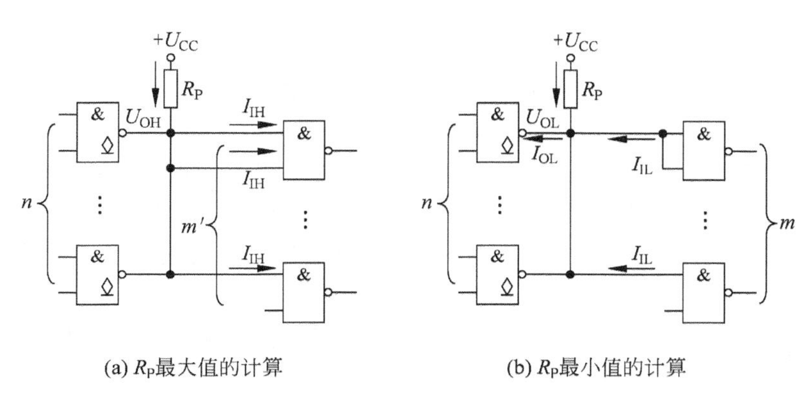

(a) $R_P$最大值的计算　　(b) $R_P$最小值的计算

图 2.48　外接上拉电阻 $R_P$ 的选择

(2) 当 OC 门中至少有一个导通时，输出 $U_O$ 应为低电平。考虑最坏情况，即只有一个 OC 门导通，如图 2.48(b)所示。这时 $R_P$ 不能太小，如果 $R_P$ 太小，则灌入导通的那个 OC 门的负载电流将超过 $I_{OL(max)}$，就会使 OC 门的 $VT_3$ 管脱离饱和，导致输出低电平上升。因此当 $R_P$ 为最小值时要保证输出电压不超过 $U_{OL(max)}$，由

$$I_{OL(max)} = \frac{U_{CC} - U_{OL(max)}}{R_{P(min)}} + m \cdot I_{IL}$$

得

$$R_{P(min)} = \frac{U_{CC} - U_{OL(max)}}{I_{OL(max)} - m \cdot I_{IL}} \tag{2.16}$$

式中，$U_{OL(max)}$ 为 OC 门输出低电平的上限值；$I_{OL(max)}$ 为 OC 门输出低电平时的灌电流能力；$I_{IL}$ 为负载门的低电平输入电流；$m$ 为负载门的个数。

综合以上两种情况，$R_P$ 可由式(2.17)确定。一般，$R_P$ 应选 1kΩ 左右的电阻，即

$$R_{P(min)} < R_P < R_{P(max)} \tag{2.17}$$

在数字系统的接口部分(与外部设备相连接的地方)经常需要进行电平转换，常用 OC 门来完成。图 2.49 把上拉电阻接到 10V 电源上，这样在 OC 门输入普通的 TTL 低电平

时，输出高电平就可以变为10V。

可用OC门来驱动发光二极管、指示灯、继电器和脉冲变压器等。图2.50是用来驱动发光二极管的电路。

图2.49 实现电平转换　　　图2.50 驱动发光二极管

### 6. 三态门（TSL门）

三态门是指逻辑门的输出除有高、低电平两种状态外，还有第三种状态——高阻状态（或称禁止状态）的门电路，简称TSL(Tri-State Logic)门。电路如图2.51(a)所示。

$E$为控制端或称使能端。

当$E=1$时，二极管VD截止，TSL门与TTL门功能一样，有

$$F=\overline{A \cdot B}$$

当$E=0$时，$VT_1$处于正向工作状态，促使$VT_2$、$VT_5$截止，同时通过二极管VD使$VT_3$基极电位钳制在1V左右，致使$VT_4$也截止。这样$VT_4$、$VT_5$都截止，输出端呈现高阻状态。

TSL门中控制端$E$除高电平有效外，还有为低电平有效的，这时的电路符号如图2.51(c)所示。

三态门的主要用途是实现多个数据或控制信号的总线传输，如图2.52所示。

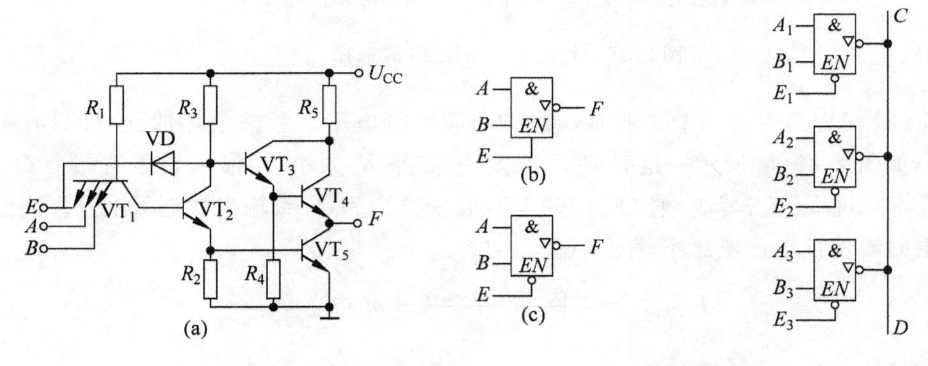


图2.51 三态门电路、符号　　　图2.52 三态门的应用举例

### 7. TTL集成门电路使用注意事项

在使用TTL集成门电路时，应注意以下事项：

(1) 电源电压($U_{CC}$)范围很窄，一般为4.5～5.5V。典型值$U_{CC}=5V$，使用时$U_{CC}$不得超出标准值5V+10%的范围。

(2) TTL电路的输出端所接负载，不能超过规定的扇出系数。

(3) 注意TTL门多余输入端的处理方法。

(4) 输入信号不得高于 $U_{CC}$,也不得低于地(GND)电位。

## 2.4 CMOS 门电路

CMOS 逻辑门电路是在 TTL 电路问世之后,所开发出的第二种广泛应用的数字集成器件,从发展趋势来看,由于制造工艺的改进,CMOS 电路的性能有可能超越 TTL 而成为占主导地位的逻辑器件。CMOS 电路的工作速度可与 TTL 相比较,而它的功耗和抗干扰能力则远优于 TTL。此外,几乎所有的超大规模存储器件及 PLD 器件都采用 CMOS 工艺制造,且费用较低。

MOS 集成逻辑门是采用 MOS 管作为开关元件的数字集成电路。它具有工艺简单、集成度高、抗干扰能力强、功耗低等优点,MOS 门有 PMOS、NMOS 和 CMOS 3 种类型,CMOS 电路又称互补 MOS 电路,它突出的优点是静态功耗低、抗干扰能力强、工作稳定性好、开关速度快,是性能较好且应用较广泛的一种电路。

早期生产的 CMOS 门电路为 4000 系列,随后发展为 4000B 系列。当前与 TTL 兼容的 CMOS 器件(如 74HCT 系列等)可与 TTL 器件交换使用。下面首先讨论 MOS 管的开关特性,然后再介绍 CMOS 反相器及其他 CMOS 逻辑门电路。

### 2.4.1 MOS 管的开关特性

金属氧化物半导体场效应管(MOSFET 或简称 MOS)是现代数字电路的基础。其主要优点是它作为一个开关具有良好的性能以及引起的寄生效应很小,集成度高和相对“简单”的制造工艺,这使我们有可能用很经济的方式来产生大而复杂的电路。

各种 MOS 管的电路符号如图 2.53 和图 2.54 所示。用箭头方向区别 N 沟道和 P 沟道,符号中源极和漏极之间的虚线表示在这两个电极之间在常态下没有导电沟道,符号中栅极与其他两极之间的分离表示栅极和沟道之间的氧化层有非常大的电阻(一般约 $10^{12}\Omega$)。图 2.53 和图 2.54 中的(a)、(b)、(c)、(d)分别表示不同的简化符号。对于 NMOS 管而言,当一个高电平施加到它的栅极上,该管导通,有电流在漏、源极之间流过;而 PMOS 管恰好有相反的行为,其栅极施加低电平才会导通。PMOS 栅极上的小圆圈就表示了这种低电平有效的属性。

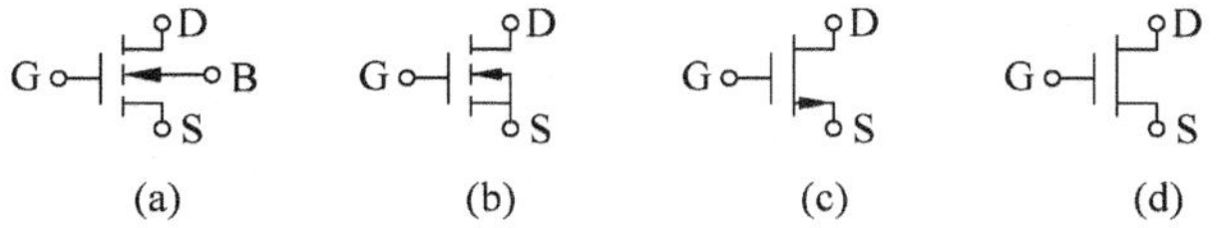

(a) (b) (c) (d)

图 2.53 NMOS 管符号

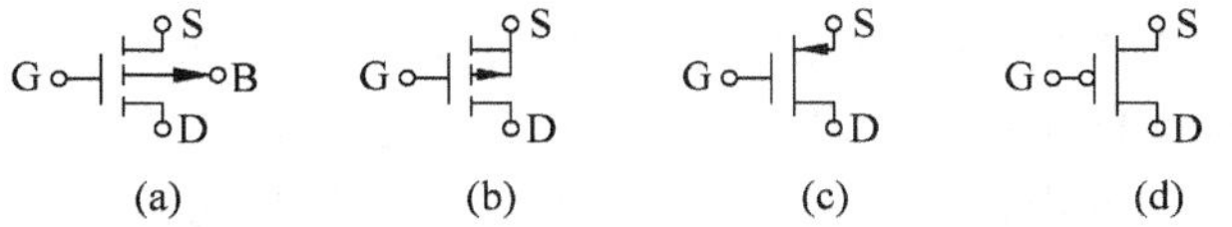

(a) (b) (c) (d)

图 2.54 PMOS 管符号

### 1. 静态特性

MOS 管作为开关元件，同样是工作在截止或导通两种状态。由于 MOS 管是电压控制元件，所以主要由栅、源电压 $u_{GS}$决定其工作状态，如图 2.55 所示。

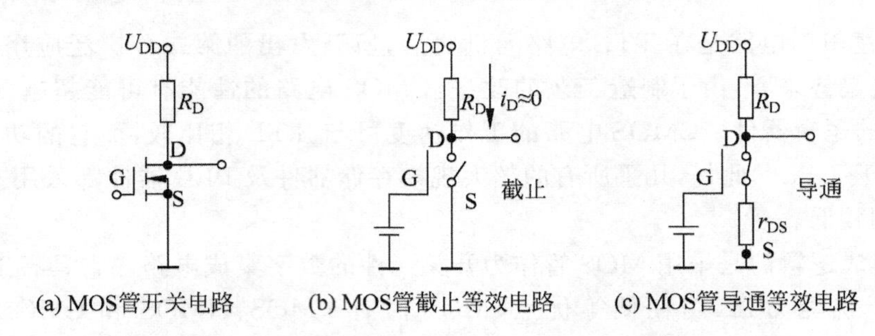


图 2.55　MOS 管构成的开关电路及其等效电路

工作特性如下：

(1) $u_{GS}$小于开启电压 $U_T$。MOS 管工作在截止区，漏、源极电流 $i_{DS}$基本为 0，输出电压 $u_{DS}\approx U_{DD}$，MOS 管处于"断开"状态，其等效电路如图 2.55(b)所示。

(2) $u_{GS}$大于开启电压 $U_T$。MOS 管工作在导通区，漏、源电流 $i_{DS}=U_{DD}/(R_D+r_{DS})$。其中，$r_{DS}$为 MOS 管导通时的漏、源极电阻。输出电压 $U_{DS}=U_{DD}\cdot r_{DS}/(R_D+r_{DS})$，如果 $r_{DS}\ll R_D$，则 $u_{DS}\approx 0V$，MOS 管处于"接通"状态，其等效电路如图 2.55(c)所示。

### 2. 动态特性

MOS 管在导通与截止两种状态发生转换时同样存在过渡过程，但其动态特性主要取决于与电路有关的杂散电容充、放电所需的时间，而管子本身导通和截止时电荷积累和消散的时间是很小的。图 2.56(a)、(b)分别给出了一个 MOS 管组成的电路及其动态特性示意图。

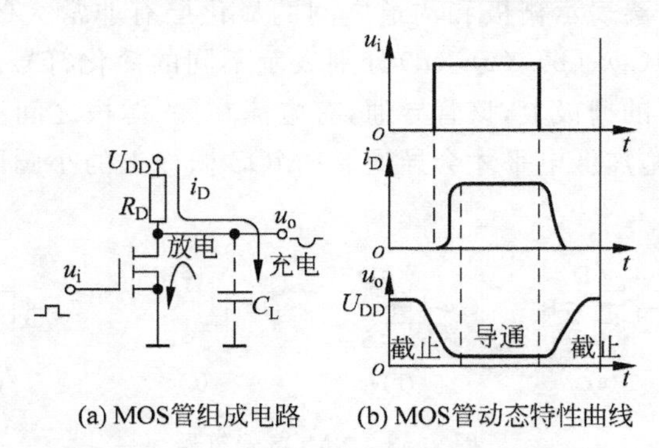


图 2.56　MOS 管动态特性示意图

当输入电压 $u_i$由高变低，MOS 管由导通状态转换为截止状态时，电源 $U_{DD}$通过 $R_D$向杂散电容 $C_L$充电，充电时间常数 $\tau_1=R_DC_L$。所以，输出电压 $u_o$要通过一定延时才由低电平变为高电平；当输入电压 $u_i$由低变高，MOS 管由截止状态转换为导通状态时，杂散电容 $C_L$上的电荷通过 $r_{DS}$进行放电，其放电时间常数 $\tau_2\approx r_{DS}C_L$。可见，输出电压 $U_o$也要经过一定延时才能转变成低电平。但因为 $r_{DS} \ll R_D$，所以，由截止到导通的转换时间比由导通到截止的转换时间要短。

## 2.4.2 CMOS 反相器

### 1. CMOS 反相器的工作原理

由本书模拟部分已知，MOSFET 有 P 沟道和 N 沟道两种，每种又有耗尽型和增强型两类。由 N 沟道和 P 沟道两种 MOSFET 组成的电路称为互补 MOS 或 CMOS 电路。

图 2.57 所示为 CMOS 反相器电路，它由两只增强型 MOSFET 组成，其中一个为 N 沟道结构，另一个为 P 沟道结构。它们的开启电压分别是 $U_{GS(th)P}<0$、$U_{GS(th)N}>0$。

当 $u_I=0V$ 时，$u_{GSN}=0V$，开关管 $VT_O$ 截止，$u_{GSP}=-U_{DD}$，负载管 $VT_L$ 导通，输出 $u_O \approx U_{DD}$。当 $u_I=U_{DD}$ 时，$u_{GSN}=U_{DD}$，开关管 $VT_O$ 导通，$u_{GSP}=0V$，负载管 $VT_L$ 截止，输出 $u_O \approx 0V$。

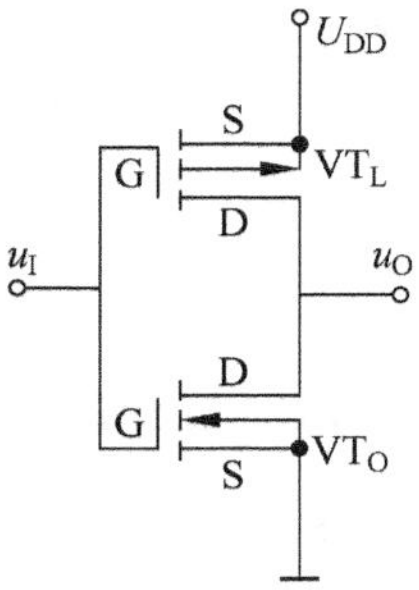

$U_{DD}$
S
G
$VT_L$
D
$u_I$
$u_O$
D
G
$VT_O$
S

图 2.57 CMOS 反相器电路

### 2. CMOS 反相器的主要特性

(1) 电压传输特性与阈值电压、电流传输特性。图 2.58 所示为 CMOS 反相器电压传输特性曲线。图 2.59 所示为 CMOS 反相器电流传输特性曲线。

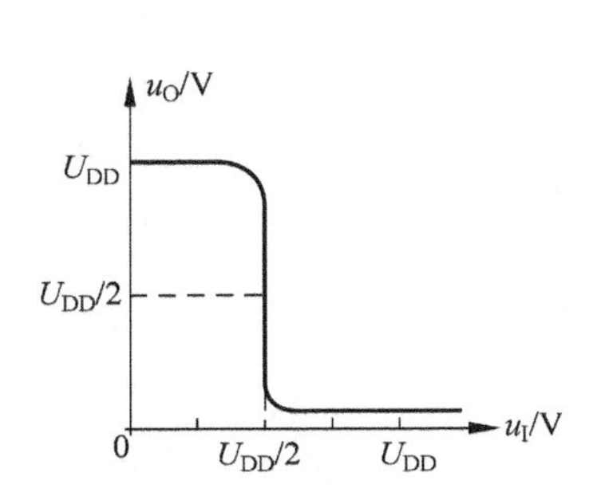


图 2.58 CMOS 反相器电压传输特性曲线

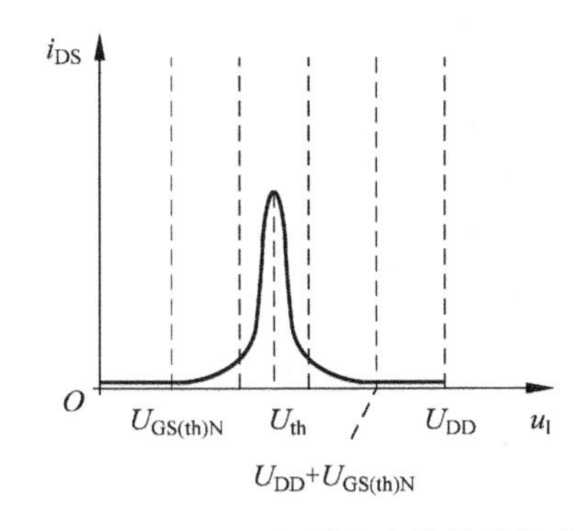


图 2.59 CMOS 反相器电流传输特性曲线

由电压传输特性和电流传输特性可以看出：

① 输出高电平 $U_{OH}=U_{DD}$，输出低电平 $U_{OL}=0V$。

② CMOS 反相器在稳态时，工作电流均极小，只有在状态急剧变化时，由于负载管和输出管均处于饱和导通状态，会产生一个较大的电流。

③ 在状态发生变化时，反转速度较快，其阈值电压为 $U_{TH}=U_{DD}/2$。

因此，CMOS 反相器具有以下特点：

① 静态功耗极低。

② 抗干扰能力较强。

③ 电源利用率高，且允许 $U_{DD}$ 可以在一个较宽的范围内变化。

④ 输入阻抗高，带负载能力强。

(2) 输入/输出特性。

① 为了保护栅氧化层不被击穿,在CMOS输入端均加有保护二极管。

② 输入信号在正常工作电压下,输入电流 $i_I \approx 0$,当输入信号 $u_I > U_{DD} + U_D$ 时,保护二极管导通,输出电流急剧增大。

③ 当CMOS处于开态时输入管导通,输出电阻大小与 $u_I$ 有关,$u_I$ 越大,输出电阻越小,带灌电流负载能力越强;当CMOS处于开态时(输入管截止),$|u_{GSP}| = |u_I - U_{DD}|$ 越大($u_I$ 越小),带拉电流负载能力越大。

(3) 电源特性。由于静态时,静态电流不超过1μA,静态功耗很小。CMOS反相器的功耗主要取决于动态功耗,它包括在反转过程中瞬时电压较大产生瞬时导通功率 $P_T$,以及在状态发生变化时对负载电容充、放电所消耗的功耗 $P_C$,即

$$P_C = C_L f U_{DD}^2$$

式中,$C_L$ 为负载电容;$f$ 为工作频率。

#### 3. CMOS反相器与CMOS相同的重要特性

(1) 输出高电平和低电平分别为 $U_{DD}$ 和GND。即电压摆幅等于电源电压。因此噪声容限很大。

(2) 稳态时在输出和 $U_{DD}$ 或GND之间总存在一条具有有限电阻的通路。因此,一个设计良好的CMOS反相器具有低输出阻抗,这使它对噪声和干扰不敏感。输出阻抗的典型值在kΩ的范围内。

(3) CMOS反相器的输入阻抗极高。因为CMOS管的栅极实际上是一个完全的绝缘体,因此不取任何输入电流。由于反相器的输入节点只连到CMOS管的栅极上,所以输入电流几乎为零。理论上,单个反相器可以驱动无穷多个门(或者说具有无穷大的扇出)而仍能正常工作,但实际上在增加扇出时也会增加传输延时。尽管扇出不会对稳态特性有任何影响,但它使瞬态响应变差。

(4) 在稳态工作情况下,电源线和地线之间没有直接的通路(即此时输入和输出保持不变)。没有电流存在(忽略漏电流)意味着该门并不消耗任何静态功率。

上面的这些特性虽然看起来很明显,但却是非常重要的,它是目前数字技术选择CMOS的主要原因之一。

### 2.4.3 其他逻辑功能的CMOS门电路

CMOS系列逻辑门电路中,除上述介绍的反相器(非门)外,还有与非门、或非门等电路。并且实际的CMOS逻辑电路,多数都带有输入保护电路和缓冲电路。

#### 1. CMOS与非门电路

图2.60所示电路为两输入CMOS"与非"门电路,其中包括两个串联的N沟道增强型MOS管和两个并联的P沟道增强型MOS管。每个输入端连到一个N沟道和一个P沟道MOS管的栅极。当 $A$、$B$ 两个输入端均为高电平时,$VT_1$、$VT_2$ 导通,$VT_3$、$VT_4$ 截止,输出为低电平。当 $A$、$B$ 两个输入端中只要有一个为低电平时,$VT_1$、$VT_2$ 中必有一个截止,$VT_3$、

$VT_4$中必有一个导通，输出为高电平。电路的逻辑关系为

$$F=\overline{A\cdot B}$$

由此可以看出，$n$ 个输入端的与非门必须有 $n$ 个 NMOS 管串联和 $n$ 个 PMOS 管并联。

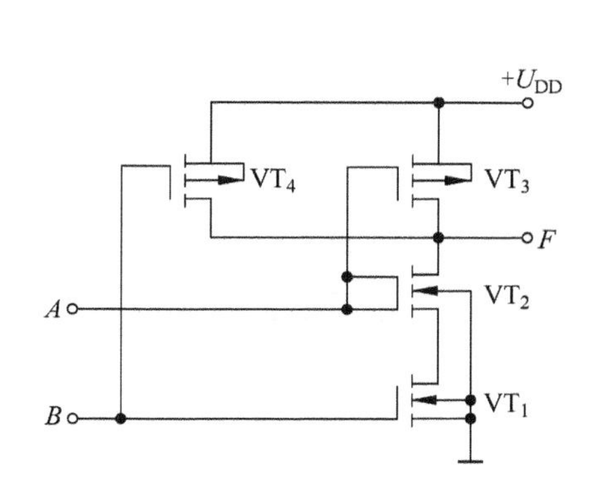


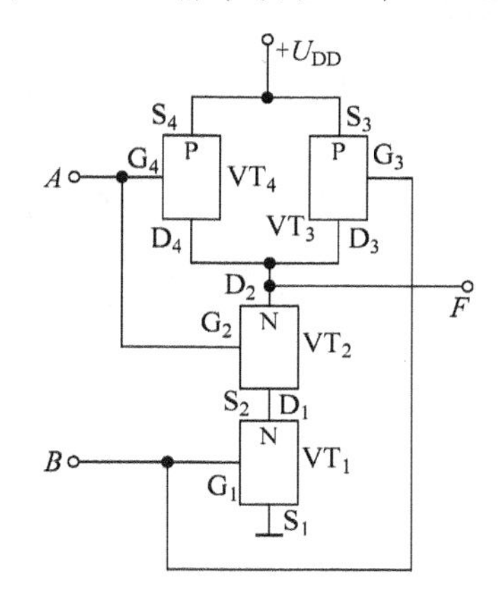


(a) 两个串联的N沟道增强型MOS管 (b) 两个并联的P沟道增强型MOS管

图 2.60 CMOS 与非门

## 2. CMOS 或非门电路

图 2.61 所示电路为两输入 CMOS“或非”门电路，其中包括两个并联的 N 沟道增强型 MOS 管和两个串联的 P 沟道增强型 MOS 管。其连接形式正好和“与非”门电路相反，$VT_1$、$VT_2$两个 NMOS 驱动管是并联的，$VT_3$、$VT_4$两个 PMOS 负载管是串联的，每个输入端($A$ 或 $B$)都直接连到配对的 NMOS 管和 PMOS 管的栅极。当 $A$、$B$ 两个输入端均为低电平时，$VT_1$、$VT_2$截止，$VT_3$、$VT_4$导通，输出 $F$ 为高电平；当 $A$、$B$ 两个输入中有一个为高电平时，$VT_1$、$VT_2$中必有一个导通，$VT_3$、$VT_4$中必有一个截止，输出为低电平。电路的逻辑关系为

$$F=\overline{A+B}$$

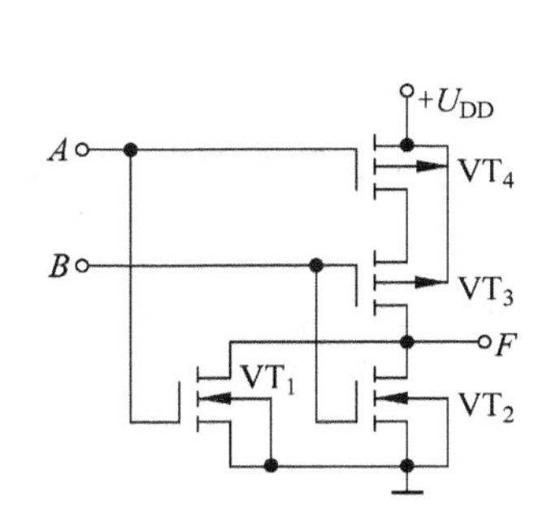


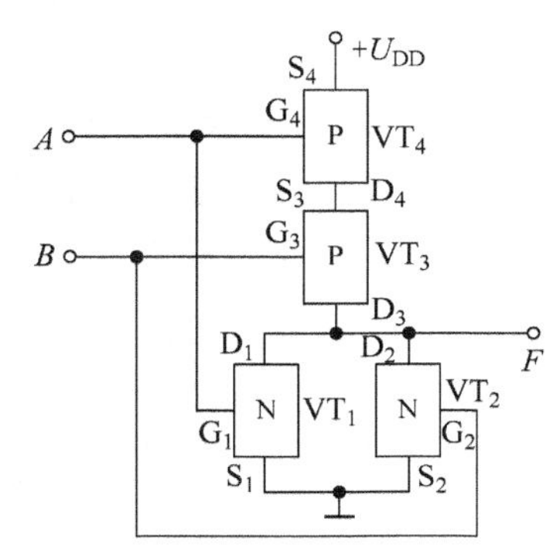


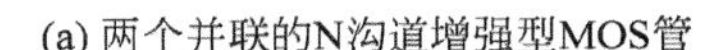
(a) 两个并联的N沟道增强型MOS管 (b) 两个串联的P沟道增强型MOS管

图 2.61 CMOS 或非门

显然，$n$ 个输入端的或非门必须有 $n$ 个 NMOS 管并联和 $n$ 个 PMOS 管串联。

比较 CMOS 与非门和或非门可知，与非门的工作管是彼此串联的，其输出电压随管子

个数的增加而增加；或非门则相反，工作管彼此并联，对输出电压不致有明显的影响。因而或非门用得较多。

#### 3. 传输门

传输门是数字电路用来传输信号的一种基本单元电路。其电路和符号如图 2.62 所示。

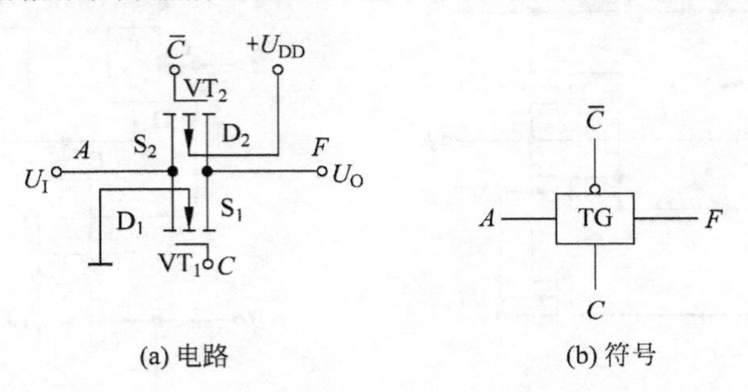

(a) 电路　　(b) 符号

图 2.62　CMOS 传输门

当控制信号 $C=1(U_{DD})(\overline{C}=0)$时，输入信号$U_I$接近于$U_{DD}$，则$U_{GS1}\approx -U_{DD}$，故 $VT_1$ 截止，$VT_2$ 导通；如输入信号$U_I$接近 0，则 $VT_1$ 导通，$VT_2$ 截止；如果$U_I$接近$U_{DD}/2$，则 $VT_1$、$VT_2$ 同时导通。所以，传输门相当于接通的开关，通过不同的管子连续向输出端传送信号。反之，当$C=0(\overline{C}=1)$时，只要 $U_I$ 在 $0\sim U_{DD}$之间，则 $VT_1$、$VT_2$ 都截止，传输门相当于断开的开关。

因为 MOS 管的结构是对称的，源极和漏极可以互换使用，所以 CMOS 传输门具有双向性，又称双向开关，用 TG 表示。

### 2.4.4 其他类型的 CMOS 门电路

#### 1. 带缓冲级的 CMOS 门电路

CMOS 与非门和或非门电路的输入端数目都可以增加。但是，当输入端数目增加时，对与非门电路来说，串联的 $VT_N$ 管数目就要增加，并联的 $VT_P$ 管数目也要增加，这样会引起输出低电平变高；对或非门电路来说，并联的 $VT_N$ 管数目要增加，串联的 $VT_P$ 管数目也要增加，这样会引起输出高电平变低。为了稳定输出高、低电平，目前生产的 CMOS 门电路中，在输入、输出端分别加入了反相器作缓冲级。图 2.63 所示为带缓冲级的二输入端与非门电路，图中 $VT_1$ 和 $VT_2$、$VT_3$ 和 $VT_4$、$VT_9$ 和 $VT_{10}$ 分别组成 3 个反相器，$VT_5$、$VT_6$、$VT_7$、$VT_8$ 组成或非门，经过逻辑变换，有 $F=\overline{\overline{\overline{A}+\overline{B}}}=\overline{A\cdot B}$，说明在输入、输出端分别加入缓冲级之后，或非门的逻辑运算关系将发生变化，即或非变与非。同样可以证明，若在与非门的输入、输出端分别加入缓冲级之后，与非将转变为或非。

#### 2. 三态输出的 CMOS 非门

三态输出的 CMOS 非门如图 2.64 所示，其工作原理如下：当 $EN=0$ 时，$VT_{N2}$ 和 $VT_{P2}$ 同时导通，$VT_{N1}$ 和 $VT_{P1}$ 组成的非门正常工作，输出 $F=\overline{A}$。当 $EN=1$ 时，$VT_{N2}$ 和 $VT_{P2}$ 同时截止，输出 $F$ 对地和电源都相当于开路，为高阻状态。所以，这是一个低电平有效的三态输出的非门。

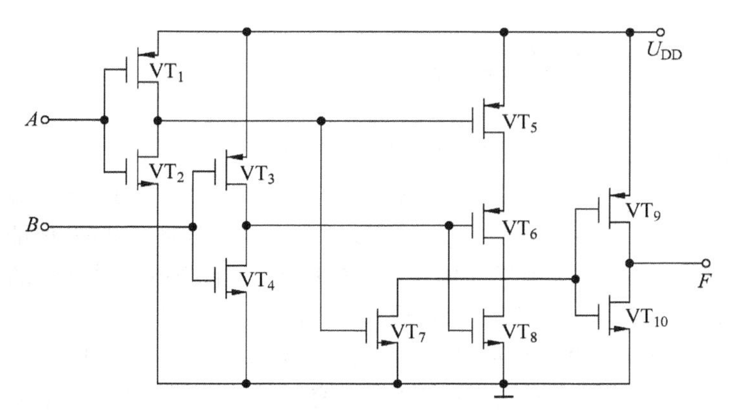

图 2.63　带缓冲级的二输入端与非门电路

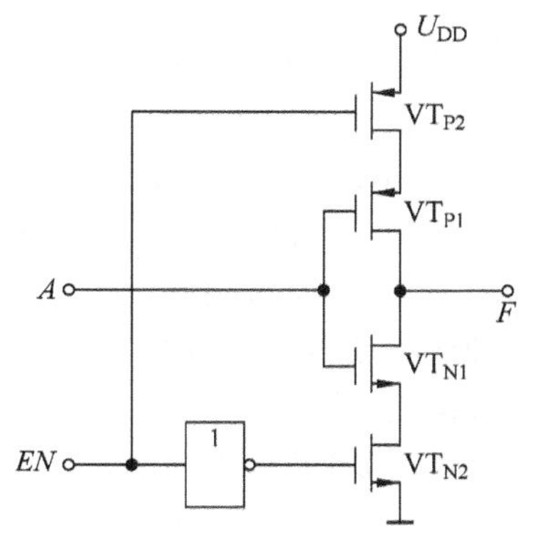

图 2.64　三态输出的 CMOS 非门

## 2.4.5　CMOS 集成电路使用注意事项

(1) CMOS 电路的栅极与基极之间有一层绝缘的二氧化硅薄层，厚度仅为 0.1～0.2μm。由于 CMOS 电路的输入阻抗很高，而输入电容又很小，当不太强的静电加在栅极上时，其电场强度将超过 $10^5$V/cm。这样强的电场极易造成栅极击穿，导致永久性损坏。因此防止静电对保护 CMOS 集成电路是很重要的，要求在使用时注意以下几点：

① 人体能感应出几十伏的交流电压，人衣服的摩擦也会产生上千伏的静电，故尽量不要用手接触 CMOS 电路的引脚。

② 焊接时宜使用 20W 内热式电烙铁，电烙铁外壳应接地。为安全起见，也可先拔下电烙铁插头，利用电烙铁余热进行焊接。焊接的时间不要超过 5s。

③ 长期不使用的 CMOS 集成电路，应用锡纸将全部引脚短路后包装存放，待使用时再拆除包装。

④ 更换集成电路时应先切断电源。

⑤ 所有不使用的输入端不能悬空，应按工作性能的要求接电源或接地。

⑥ 使用的仪器及工具应良好地接地。

(2) 电源极性不得接反；否则将会导致 CMOS 集成电路损坏。使用集成电路插座时，集成电路引脚的顺序不得插反。

(3) CMOS 集成电路输出端不允许短路，包括不允许对电源和对地短接。

(4) 在 CMOS 集成电路尚未接通电源时，不允许将输入信号加到电路的输入端，必须在加电源的情况下再接通外信号电源，断开时应先关断外信号电源。

(5) 接线时，外围元件应尽量靠近所连引脚，引线应尽量短捷。避免使用平行的长引线，以防引入较大的分布电容形成振荡。若输入端有长引线和大电容，应在靠近 CMOS 集成电路输入端接入一个 10kΩ 限流电阻。

(6) CMOS 集成电路中的 $U_{nn}$ 表示漏极电源电压极性，一般接电源的正极。$U_{ss}$ 表示源极电源电压，一般接电源的负极。

## 2.5 TTL 电路与 CMOS 电路的连接

CMOS 和 TTL 集成门电路是目前应用最广泛的两类集成门电路。

CMOS 的转换电平是电源电压的 1/2，从 4000 系列的电源电压最高可达 18V，到 74HC 的 5V，以至 3.3V 和将来有的比如 2.5V、1.8V、0.8V 等。这是因为 CMOS 的输入是互补的，保证转换电平是电源电压的 1/2。由于 TTL 输入多射极晶体管的结构所决定，转换电平是 2 倍的 PN 结正向压降，大约为 1.4V。TTL 电源只有 5V 的，而且输入的电流方向是向外的。

CMOS 器件不用的输入端必须连到高电平或低电平，这是因为 CMOS 是高输入阻抗器件，理想状态是没有输入电流的。如果不用的输入引脚悬空，很容易感应到干扰信号，影响芯片的逻辑运行，甚至静电积累永久性地击穿这个输入端，造成芯片失效。另外，只有 4000 系列的 CMOS 器件可以工作在 15V 电源下，74HC、74HCT 等都只能工作在 5V 电源下，现在已经有工作在 3V 和 2.5V 电源下的 CMOS 逻辑电路芯片了。TTL 悬空时相当于输入端接高电平。因为这时可以看作是输入端接一个无穷大的电阻。

TTL 电流控制，速度快，功耗大(mA 级)，输入阻抗小，驱动能力强。CMOS 电压控制，速度慢，功耗小(μA 级)，输入阻抗大，驱动能力小，具有比 TTL 宽的噪声容限。CMOS 输入端注意限流。

### 1. TTL 电路驱动 CMOS 电路

(1) 当 TTL 电路驱动 4000 系列和 HC 系列 CMOS 时，如电源电压 $U_{CC}$ 与 $U_{DD}$ 均为 5V 时，TTL 与 CMOS 电路的连接如图 2.65(a)所示。$U_{CC}$ 与 $U_{DD}$ 不同时，TTL 与 CMOS 电路的连接方法如图 2.65(b)所示。还可采用专用的 CMOS 电平转移器(如 CC40109、CC4502 等)完成 TTL 对 CMOS 电路的接口，电路如图 2.65(c)所示。

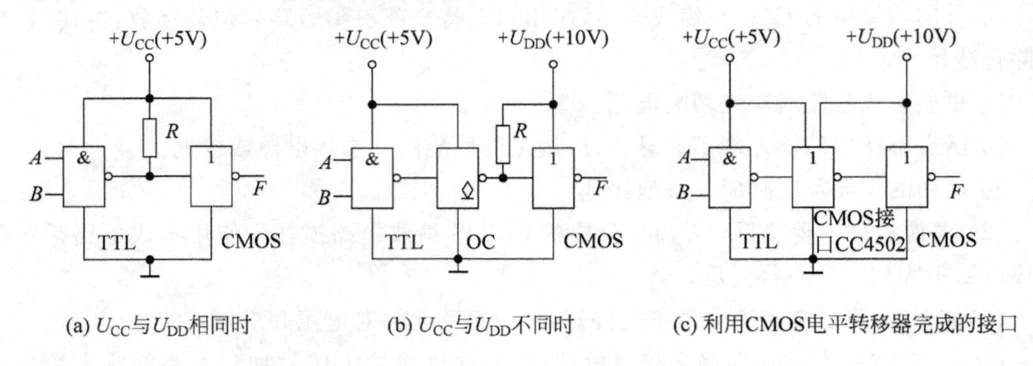


(a) $U_{CC}$与$U_{DD}$相同时 (b) $U_{CC}$与$U_{DD}$不同时 (c) 利用CMOS电平转移器完成的接口

图 2.65 TTL 电路驱动 CMOS 电路

(2) 当 TTL 电路驱动 HCT 系列和 ACT 系列的 CMOS 门电路时，因两类电路性能兼容，故可以直接相连，不需要外加元件和器件。

### 2. CMOS 电路驱动 TTL 电路

当 CMOS 电路驱动 TTL 电路时，由于 CMOS 驱动电流小，因而对 TTL 电路的驱动能力有限。为实现 CMOS 和 TTL 电路的连接，可经过 CMOS“接口”电路，如图 2.66 所示。

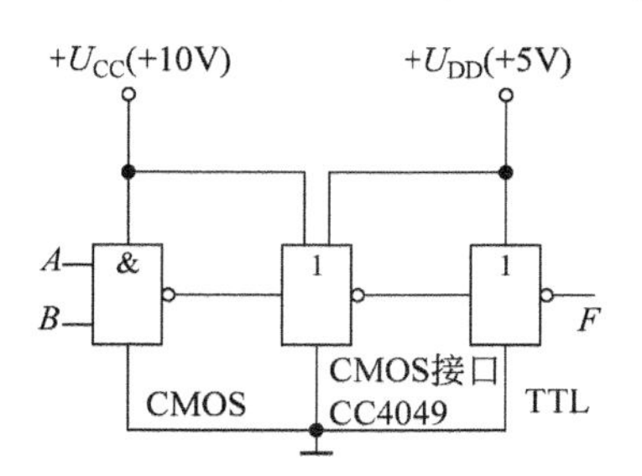


图 2.66 CMOS 电路驱动 TTL 电路

## 习题

2.1 二极管为什么能起开关作用？二极管的瞬态开关特性各用哪些参数描述？

2.2 有两个 TTL 与非门 $G_1$ 和 $G_2$，测得它们的关门电平分别为 $U_{OFF1}=0.8V$、$U_{OFF2}=1.1V$；开门电平分别为 $U_{ON1}=1.9V$、$U_{ON2}=1.5V$。它们的输出高电平和低电平都相等，试判断何者为优(定量说明)。

2.3 TTL“与非”门如有多余输入端能不能将它接地？为什么？TTL“或非”门如有多余端能不能将它接 $U_{CC}$ 或悬空？为什么？

2.4 试判断题图 2.4 所示 TTL 电路能否按各图要求的逻辑关系正常工作？若电路的接法有错，则修改电路。

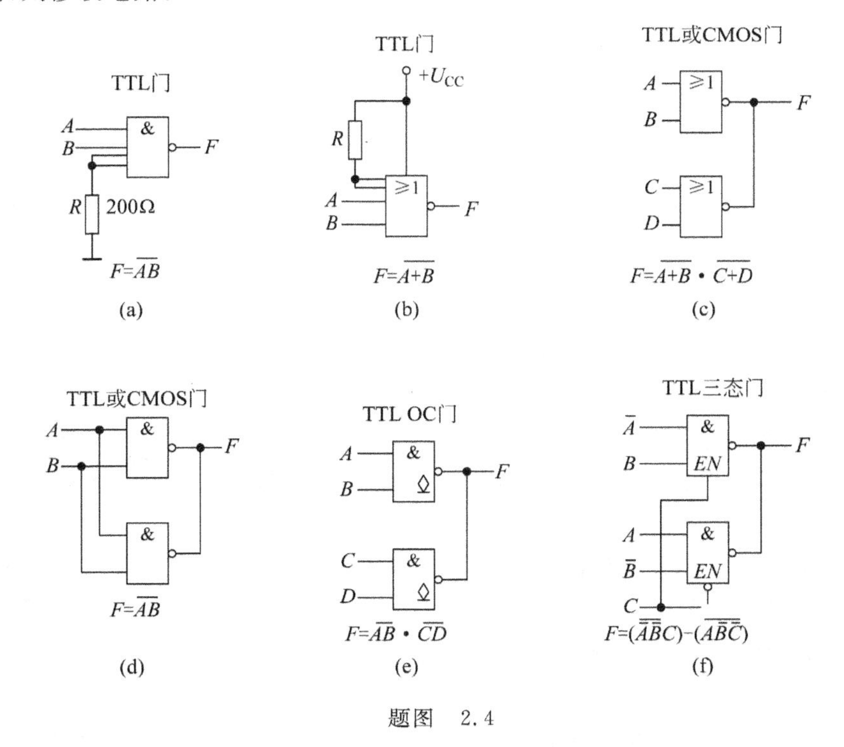


题图 2.4

2.5 已知电路两个输入信号的波形如题图 2.5 所示，信号的重复频率为 1MHz，每个门的平均延迟时间 $t_{pd}=20\text{ns}$。试画出

(1) 不考虑 $t_{pd}$时的输出波形。

(2) 考虑 $t_{pd}$时的输出波形。

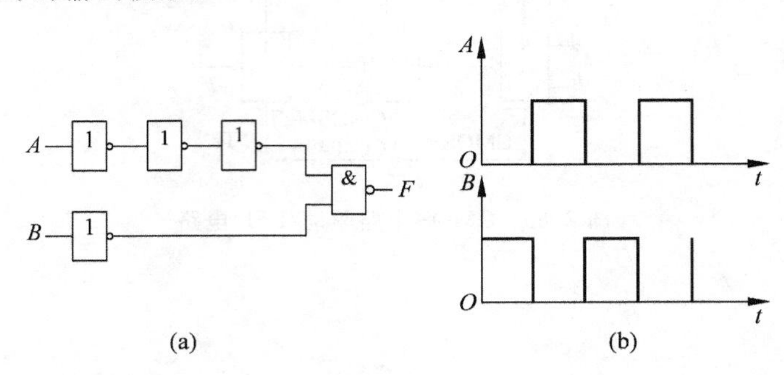


题图 2.5

2.6 OC 门、三态门有什么主要特点？它们各自有什么重要应用？

2.7 题图 2.7 均为 TTL 门电路。(1)写出 $F_1$、$F_2$、$F_3$、$F_4$的逻辑表达式。(2)若已知 $A$、$B$、$C$ 的波形，分别画出 $F_1\sim F_4$的波形。

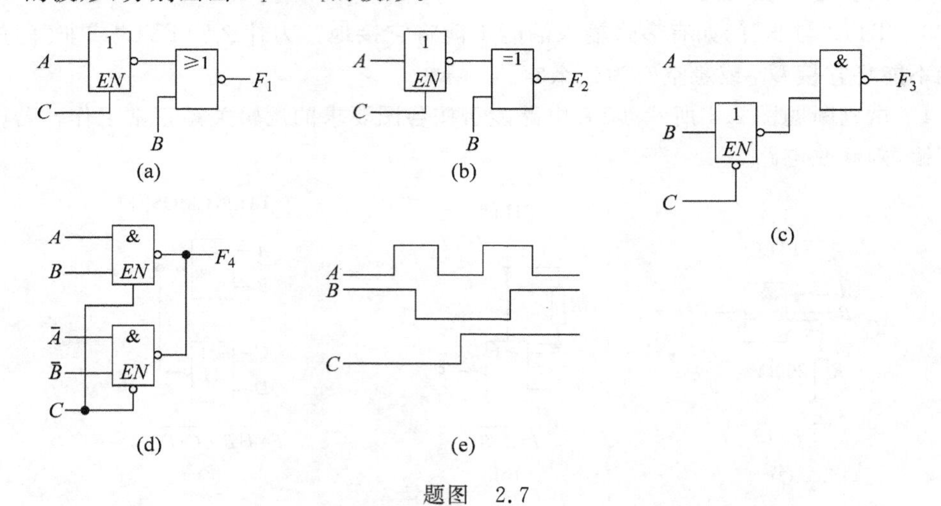


题图 2.7

2.8 在题图 2.8 所示电路中，$G_1$、$G_2$是两个 OC 门，接成线与形式。每个门在输出低电平时，允许注入的最大电流为 13mA；输出高电平时的漏电流小于 250$\mu$A。$G_3$、$G_4$和 $G_5$是 3 个 TTL 与非门，已知 TTL 与非门的输入短路电流为 1.5mA，输入漏电流小于 50$\mu$A，$U_{CC}=5\text{V}$，$U_{OH}=3.5\text{V}$，$U_{OL}=0.3\text{V}$。问 $R_{Lmax}$、$R_{Lmin}$各是多少？$R_L$应该选多大？

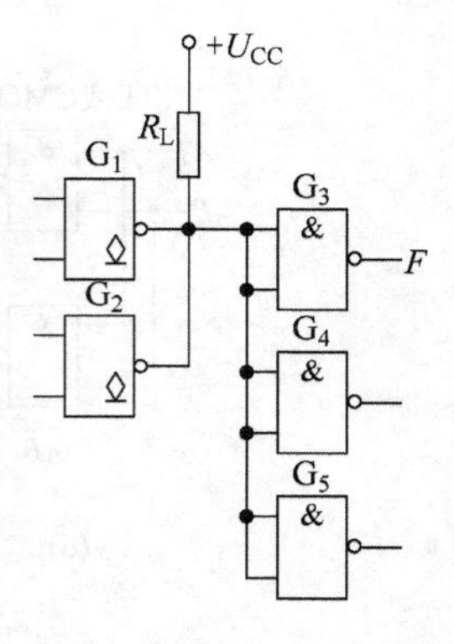


题图 2.8

2.9 试写出题图 2.9 所示电路的逻辑表达式，并用真值表说明这是一个什么逻辑功能部件。

2.10 在题图 2.10(a)所示电路中已知三极管导通时 $U_{BE}=$

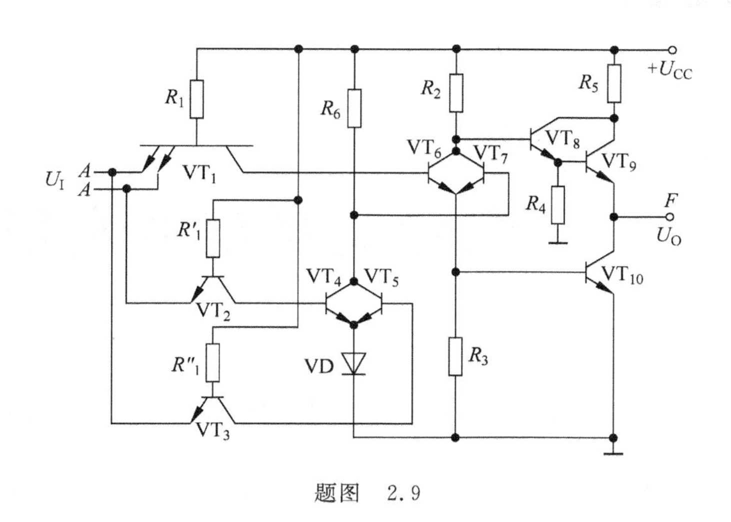


题图　2.9

0.7V，饱和压降$U_{CE(sat)}=0.3V$，三极管的$\beta=100$。OC门$G_1$输出管截止时的漏电流约为50μA，导通时允许的最大负载电流为16mA，输出低电平不大于0.3V。$G_2$～$G_5$均为74系列TTL门电路，其中$G_2$为反相器，$G_3$和$G_4$是与非门，$G_5$是或非门，它们的输入特性如题图2.10(b)所示。试问：

(1) 在三极管集电极输出的高、低电平满足$U_{OH}\geqslant3.5V$，$U_{OL}\leqslant0.3V$的条件下，$R_B$的取值范围有多大？

(2) 若将OC门改为推拉式输出的TTL门电路，会发生什么问题？

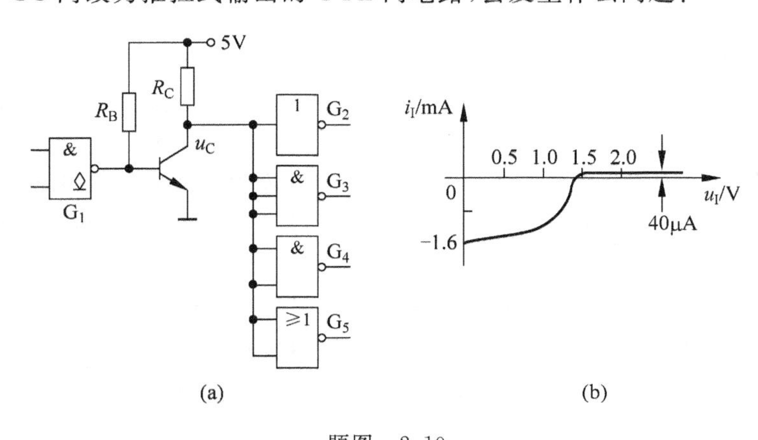


题图　2.10

# 第3章 组合逻辑电路及应用

本章重点学习组合逻辑电路的特点及其分析和设计方法。首先介绍组合逻辑电路的分析方法；然后介绍一些常用中规模集成电路和相应的功能电路，如译码器、数据选择器和奇偶校验电路等；在此基础上，特别说明竞争—冒险现象及其形成的原因，并简单地介绍消除竞争—冒险现象的常用方法。

## 3.1 组合逻辑电路的概述

数字电路按逻辑功能可划分成两大类：一类是组合逻辑电路；另一类是时序逻辑电路。

在任一时刻，输出信号只决定于该时刻各输入信号的组合，而与该时刻以前的电路状态无关的电路，称为组合逻辑电路。

图3.1是一个组合逻辑电路的实例，$A$、$B$、$C$是输入变量，$Y$是输出变量。由图可知，在任意时刻，只要$A$、$B$、$C$的值是确定的，$Y$的值也随之确定。因此，可以得出在逻辑功能上的共同点：任意时刻的输出仅取决于该时刻的输入，与电路原来的状态无关。

从组合逻辑电路逻辑功能的特点不难看出，由于其输出与电路的历史状态无关，则电路中就不会包含有存储单元，而且输入与输出之间没有反馈连线。这是组合逻辑电路在结构上的共同点。

组合逻辑电路可以用图3.2所示的框图表示。图中$X_1, X_2, \cdots, X_n$表示输入逻辑变量，$Y_1, Y_2, \cdots, Y_m$表示输出逻辑变量。它可用以下的逻辑函数来描述，即

$$F_i = F_i(X_1, X_2, \cdots, X_n) \quad i = 1, 2, \cdots, m \tag{3.1}$$

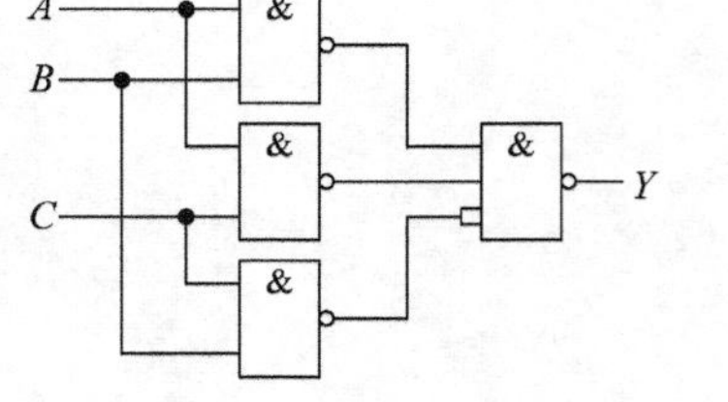


图3.1 组合逻辑电路

图3.2 组合逻辑电路框图

从输出量来看，若组合逻辑电路只有一个输出量，则称为单输出组合逻辑电路；若组合逻辑电路有多个输出量，则称为多输出组合逻辑电路。任何组合逻辑电路，不管是简单的还

是复杂的，其电路结构均满足以下特点：由各种类型逻辑门电路组成；电路的输入和输出之间没有反馈；电路中不含存储单元。

在数字系统中，有很多组合逻辑电路部件，如编码器、译码器、数据选择器、数据分配器、加法器和数值比较器等。描述组合逻辑电路逻辑功能的方法主要有逻辑表达式、真值表、卡诺图和逻辑图等。

组合逻辑电路问题一般可以分为两类：一类是组合逻辑电路的分析，另一类是组合逻辑电路的设计。根据已知的组合逻辑电路图分析电路所实现的逻辑功能，称为组合逻辑电路的分析。而组合逻辑电路的设计则是根据逻辑问题得出能够完成该逻辑功能的组合逻辑电路。

## 3.2 组合逻辑电路的分析

### 3.2.1 分析方法

逻辑电路的分析，就是根据已知的逻辑电路图来分析电路的逻辑功能。其分析步骤如下：

#### 1. 写出输出变量对应于输入变量的逻辑函数表达式

由输入级向后递推，写出每个门输出对应于输入的逻辑关系，最后得出输出信号对应于输入信号的逻辑关系式，并进行相应的化简。

#### 2. 根据输出逻辑函数表达式列出逻辑真值表

将输入变量的状态以自然二进制数顺序的各种取值组合代入输出逻辑函数式，求出相应的输出状态，并填入表中，即得真值表。

#### 3. 根据真值表或输出函数表达式确定逻辑功能

上述分析步骤可用图 3.3 所示的流程图表示。

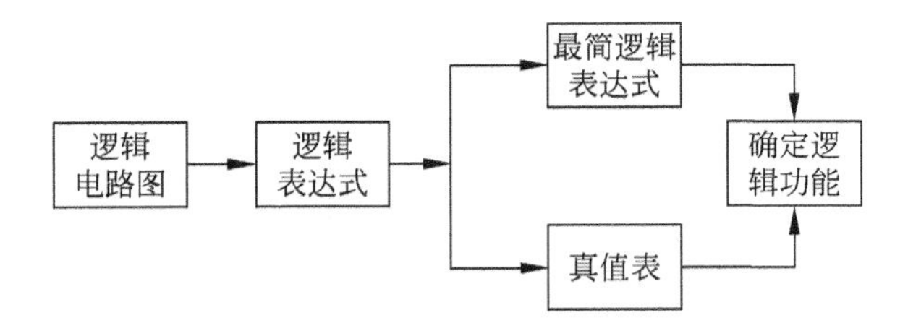


图 3.3 组合逻辑电路分析步骤流程

### 3.2.2 分析举例

下面根据以上的分析步骤，结合例子说明组合逻辑电路的分析方法。

### 1. 单输出组合逻辑电路的分析

**例 3.1** 试分析图 3.4 所示电路的逻辑功能。

**【解】** 图 3.4 所示的组合逻辑电路，由 3 个异或门构成。其分析步骤如下：

(1) 写出输出 $F$ 逻辑表达式。

由 $G_1$ 门可知

$$F_1 = A_1 \oplus A_2 = A_1\overline{A}_2 + \overline{A}_1 A_2 \tag{3.2}$$

由 $G_2$ 门可知

$$F_2 = A_3 \oplus A_4 = A_3\overline{A}_4 + \overline{A}_3 A_4 \tag{3.3}$$

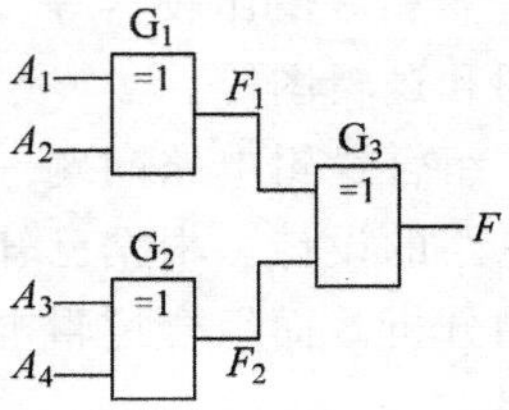

图 3.4 例 3.1 的逻辑电路

输出 $F$ 的逻辑函数表达式为

$$\begin{aligned} F &= F_1 \oplus F_2 = F_1\overline{F}_2 + \overline{F}_1 F_2 \\ &= A_1\overline{A}_2A_3A_4 + \overline{A}_1A_2A_3A_4 + A_1\overline{A}_2\overline{A}_3\overline{A}_4 + \overline{A}_1A_2\overline{A}_3\overline{A}_4 \\ &\quad + A_1A_2A_3\overline{A}_4 + A_1A_2\overline{A}_3A_4 + \overline{A}_1\overline{A}_2A_3\overline{A}_4 + \overline{A}_1\overline{A}_2\overline{A}_3A_4 \end{aligned} \tag{3.4}$$

(2) 列出真值表。

将 $A_1$、$A_2$、$A_3$、$A_4$ 各组取值代入 $F_1$、$F_2$ 函数式，可得相应的中间输出，然后由 $F_1$、$F_2$ 推得最终 $F$ 输出，列出表 3.1 所示真值表。

表 3.1 例 3.1 真值表

| 输入 | | | | 中间输出 | | 输出 |
|---|---|---|---|---|---|---|
| $A_1$ | $A_2$ | $A_3$ | $A_4$ | $F_1$ | $F_2$ | $F$ |
| 0 | 0 | 0 | 0 | 0 | 0 | 0 |
| 0 | 0 | 0 | 1 | 0 | 1 | 1 |
| 0 | 0 | 1 | 0 | 0 | 1 | 1 |
| 0 | 0 | 1 | 1 | 0 | 0 | 0 |
| 0 | 1 | 0 | 0 | 1 | 0 | 1 |
| 0 | 1 | 0 | 1 | 1 | 1 | 0 |
| 0 | 1 | 1 | 0 | 1 | 1 | 0 |
| 0 | 1 | 1 | 1 | 1 | 0 | 1 |
| 1 | 0 | 0 | 0 | 1 | 0 | 1 |
| 1 | 0 | 0 | 1 | 1 | 1 | 0 |
| 1 | 0 | 1 | 0 | 1 | 1 | 0 |
| 1 | 0 | 1 | 1 | 1 | 0 | 1 |
| 1 | 1 | 0 | 0 | 0 | 0 | 0 |
| 1 | 1 | 0 | 1 | 0 | 1 | 1 |
| 1 | 1 | 1 | 0 | 0 | 1 | 1 |
| 1 | 1 | 1 | 1 | 0 | 0 | 0 |

(3) 说明电路的逻辑功能。

仔细分析电路真值表，可发现 $A_1$、$A_2$、$A_3$、$A_4$ 这 4 个输入中有奇数个 1 时，电路输出 $F$ 为 1，而有偶数个 1 时，$F$ 为 0(包括全 0)。因此，这是一个四输入的奇校验器。如果将图中异或门改为同或门，可用同样的方法分析出是一个偶校验器。

**例 3.2**　试分析图 3.5 所示电路的逻辑功能(设 $A_0A_1A_2A_3$ 的取值小于 10)。

**【解】**　分析电路图可知

(1) 写出输出 $F$ 逻辑表达式：

$$F=\overline{\overline{A_3}\cdot\overline{A_2A_0}\cdot\overline{A_2A_1}}$$
$$=A_3+A_2A_0+A_2A_1 \tag{3.5}$$

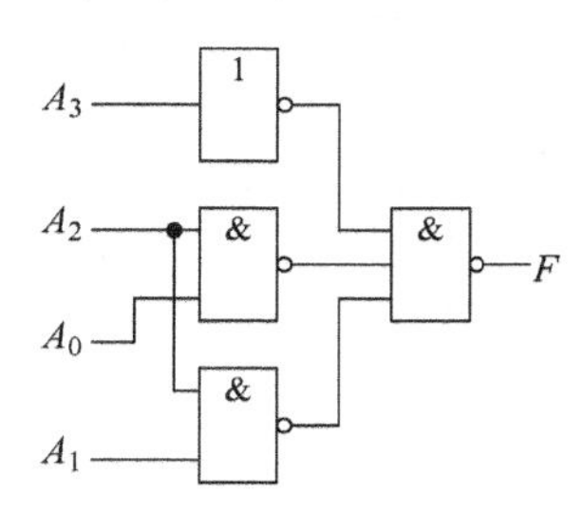

图 3.5　例 3.2 的逻辑电路

(2) 列出真值表。

将 $A_0$、$A_1$、$A_2$、$A_3$ 各组取值代入 $F$ 函数式，列出表 3.2 所示真值表。

**表 3.2　例 3.2 真值表**

| 输　入 | | | | 输　出 |
|---|---|---|---|---|
| **$A_0$** | **$A_1$** | **$A_2$** | **$A_3$** | **$F$** |
| 0 | 0 | 0 | 0 | 0 |
| 0 | 0 | 0 | 1 | 0 |
| 0 | 0 | 1 | 0 | 0 |
| 0 | 0 | 1 | 1 | 0 |
| 0 | 1 | 0 | 0 | 0 |
| 0 | 1 | 0 | 1 | 1 |
| 0 | 1 | 1 | 0 | 1 |
| 0 | 1 | 1 | 1 | 1 |
| 1 | 0 | 0 | 0 | 1 |
| 1 | 0 | 0 | 1 | 1 |

(3) 说明电路的逻辑功能。

仔细分析电路真值表可发现，当输入变量 $A_0A_1A_2A_3$ 取值为 0000～0100 时，函数 $F$ 值为 0；当输入变量 $A_0A_1A_2A_3$ 取值为 0101～1001 时，函数 $F$ 值为 1。又因为 $A_0A_1A_2A_3$ 取值小于 10，说明此电路能够实现四舍五入功能。

### 2. 多输出组合逻辑电路的分析

**例 3.3**　试分析图 3.6 所示电路的逻辑功能。

**【解】**

(1) 写出输出 $Y_1$、$Y_2$ 的逻辑表达式：

$Y_1=AB+(A\oplus B)C\quad Y_2=A\oplus B\oplus C$

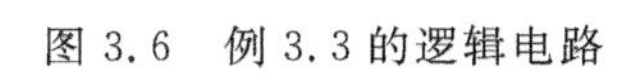
图 3.6　例 3.3 的逻辑电路

(2) 列出真值表。

将 $A$、$B$、$C$ 各组取值代入 $Y_1$、$Y_2$ 函数式，可列出表 3.3 所示真值表。

(3) 说明电路的逻辑功能。

由电路的真值表可知，如果把 $A$ 当作加数，$B$ 当作另一个加数，$C$ 当作低位向高位的进位，$Y_1$ 为输出，$Y_2$ 为进位输出，则该电路能够实现一位全加器的功能。

表 3.3 例 3.3 真值表

| 输入 | | | 输出 | |
|---|---|---|---|---|
| **A** | **B** | **C** | $Y_1$ | $Y_2$ |
| 0 | 0 | 0 | 0 | 0 |
| 0 | 0 | 1 | 1 | 0 |
| 0 | 1 | 0 | 1 | 0 |
| 0 | 1 | 1 | 0 | 1 |
| 1 | 0 | 0 | 1 | 0 |
| 1 | 0 | 1 | 0 | 1 |
| 1 | 1 | 0 | 0 | 1 |
| 1 | 1 | 1 | 1 | 1 |

# 3.3 常用组合逻辑功能器件

## 3.3.1 编码器

为了区分一系列不同的事物，将其中的每个事物用一个二值代码表示，这就是编码的含义。在二值逻辑电路中，信号都是以高、低电平的形式给出的。因此，编码器的逻辑功能就是把输入的每一个高、低电平信号编成一个对应的二进制代码。常用的编码器有普通编码器和优先编码器两类。

### 1. 普通编码器

以二进制编码器为例来分析普通编码器的工作原理。图 3.7 所示为由非门和与非门组成的 3 位二进制编码器。$I_0 \sim I_7$ 为 8 个需要编码的输入信号，输出 $Y_2$、$Y_1$ 和 $Y_0$ 为 3 位二进制代码。由图 3.7 可写出编码器的输出逻辑函数式为

$$\begin{cases} Y_0 = \overline{\overline{I_1} \cdot \overline{I_3} \cdot \overline{I_5} \cdot \overline{I_7}} \\ Y_1 = \overline{\overline{I_2} \cdot \overline{I_3} \cdot \overline{I_6} \cdot \overline{I_7}} \\ Y_2 = \overline{\overline{I_4} \cdot \overline{I_5} \cdot \overline{I_6} \cdot \overline{I_7}} \end{cases} \tag{3.6}$$

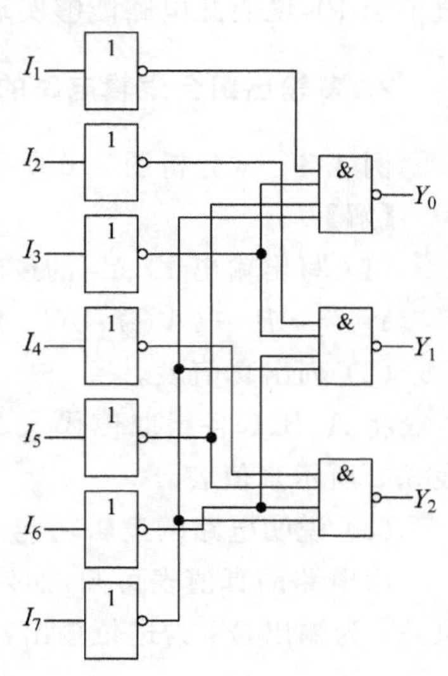

图 3.7 3 位二进制编码器

根据式(3.6)可列出表 3.4 所示的真值表。由该表可知，图 3.7所示编码器在任何时刻只能对一个输入信号进行编码，不允许有两个或两个以上的输入信号同时请求编码，否则输出编码会发生混乱。这就是说 $I_0 \sim I_7$ 这 8 个编码信号是相互排斥的。在 $I_1 \sim I_7$ 为 0 时，输出就是 $I_0$ 的编码，故 $I_0$ 未画。由于该编码器有 8 个输入端，3 个输出端，故称 8 线—3 线编码器。

表 3.4 3 位二进制编码器的真值表

| 输入 | | | | | | | | 输出 | | |
|---|---|---|---|---|---|---|---|---|---|---|
| $I_0$ | $I_1$ | $I_2$ | $I_3$ | $I_4$ | $I_5$ | $I_6$ | $I_7$ | $Y_2$ | $Y_1$ | $Y_0$ |
| 1 | 0 | 0 | 0 | 0 | 0 | 0 | 0 | 0 | 0 | 0 |
| 0 | 1 | 0 | 0 | 0 | 0 | 0 | 0 | 0 | 0 | 1 |
| 0 | 0 | 1 | 0 | 0 | 0 | 0 | 0 | 0 | 1 | 0 |
| 0 | 0 | 0 | 1 | 0 | 0 | 0 | 0 | 0 | 1 | 1 |
| 0 | 0 | 0 | 0 | 1 | 0 | 0 | 0 | 1 | 0 | 0 |
| 0 | 0 | 0 | 0 | 0 | 1 | 0 | 0 | 1 | 0 | 1 |
| 0 | 0 | 0 | 0 | 0 | 0 | 1 | 0 | 1 | 1 | 0 |
| 0 | 0 | 0 | 0 | 0 | 0 | 0 | 1 | 1 | 1 | 1 |

### 2. 优先编码器

当有多个输入信号时，只将其中优先级别最高的信号编成二进制代码的电路，称为二进制优先编码器。

图 3.8 所示为 8 线—3 线优先编码器 CT74148 的逻辑图及逻辑示意图。图中 $\overline{I}_0 \sim \overline{I}_7$ 为输入端，$\overline{ST}$为选通输入端，又称使能端。$\overline{Y}_2$、$\overline{Y}_1$ 和$\overline{Y}_0$ 为输出端。$\overline{Y}_S$ 为选通输出端，$\overline{Y}_{EX}$为扩展输出端。它的真值表如表 3.5 所示。

表 3.5 8 线—3 线优先编码器 CT74148 的真值表

| 输入 | | | | | | | | | 输出 | | | | |
|---|---|---|---|---|---|---|---|---|---|---|---|---|---|
| $\overline{ST}$ | $\overline{I}_0$ | $\overline{I}_1$ | $\overline{I}_2$ | $\overline{I}_3$ | $\overline{I}_4$ | $\overline{I}_5$ | $\overline{I}_6$ | $\overline{I}_7$ | $\overline{Y}_2$ | $\overline{Y}_1$ | $\overline{Y}_0$ | $\overline{Y}_S$ | $\overline{Y}_{EX}$ |
| 1 | × | × | × | × | × | × | × | × | 1 | 1 | 1 | 1 | 1 |
| 0 | 1 | 1 | 1 | 1 | 1 | 1 | 1 | 1 | 1 | 1 | 1 | 0 | 1 |
| 0 | × | × | × | × | × | × | × | 0 | 0 | 0 | 0 | 1 | 0 |
| 0 | × | × | × | × | × | × | 0 | 1 | 0 | 0 | 1 | 1 | 0 |
| 0 | × | × | × | × | × | 0 | 1 | 1 | 0 | 1 | 0 | 1 | 0 |
| 0 | × | × | × | × | 0 | 1 | 1 | 1 | 0 | 1 | 1 | 1 | 0 |
| 0 | × | × | × | 0 | 1 | 1 | 1 | 1 | 1 | 0 | 0 | 1 | 0 |
| 0 | × | × | 0 | 1 | 1 | 1 | 1 | 1 | 1 | 0 | 1 | 1 | 0 |
| 0 | × | 0 | 1 | 1 | 1 | 1 | 1 | 1 | 1 | 1 | 0 | 1 | 0 |
| 0 | 0 | 1 | 1 | 1 | 1 | 1 | 1 | 1 | 1 | 1 | 1 | 1 | 0 |

根据表 3.5 和图 3.8(a)，对 CT74148 的逻辑功能说明如下：

(1) 输入 $\overline{I}_0 \sim \overline{I}_7$ 为低电平 0 有效，高电平 1 无效。其中 $\overline{I}_7$ 优先权最高，$\overline{I}_6$ 次之，其余依次类推，$\overline{I}_0$ 级别最低。也就是说，当 $\overline{I}_7=0$ 时，其余输入信号无论是 0 还是 1 都不起作用，电路只对 $\overline{I}_7$ 进行编码，输出$\overline{Y}_2\ \overline{Y}_1\ \ \overline{Y}_0=000$，为反码，其原码为 111。又如，$\overline{I}_7=1$、$\overline{I}_6=0$ 时，则电路只对$\overline{I}_6$进行编码，输出$\overline{Y}_2\ \overline{Y}_1\ \overline{Y}_0=001$，原码为 110。其余类推。

(2) 选通输入端$\overline{ST}$的作用。当$\overline{ST}=1$ 时，门 $G_1$ 输出 0，所有输出与或非门都被封锁，输出$\overline{Y}_2\ \overline{Y}_1\ \overline{Y}_0=111$，编码器不工作。当$\overline{ST}=0$ 时，$G_1$ 输出 1，解除封锁，允许编码器编码，输出

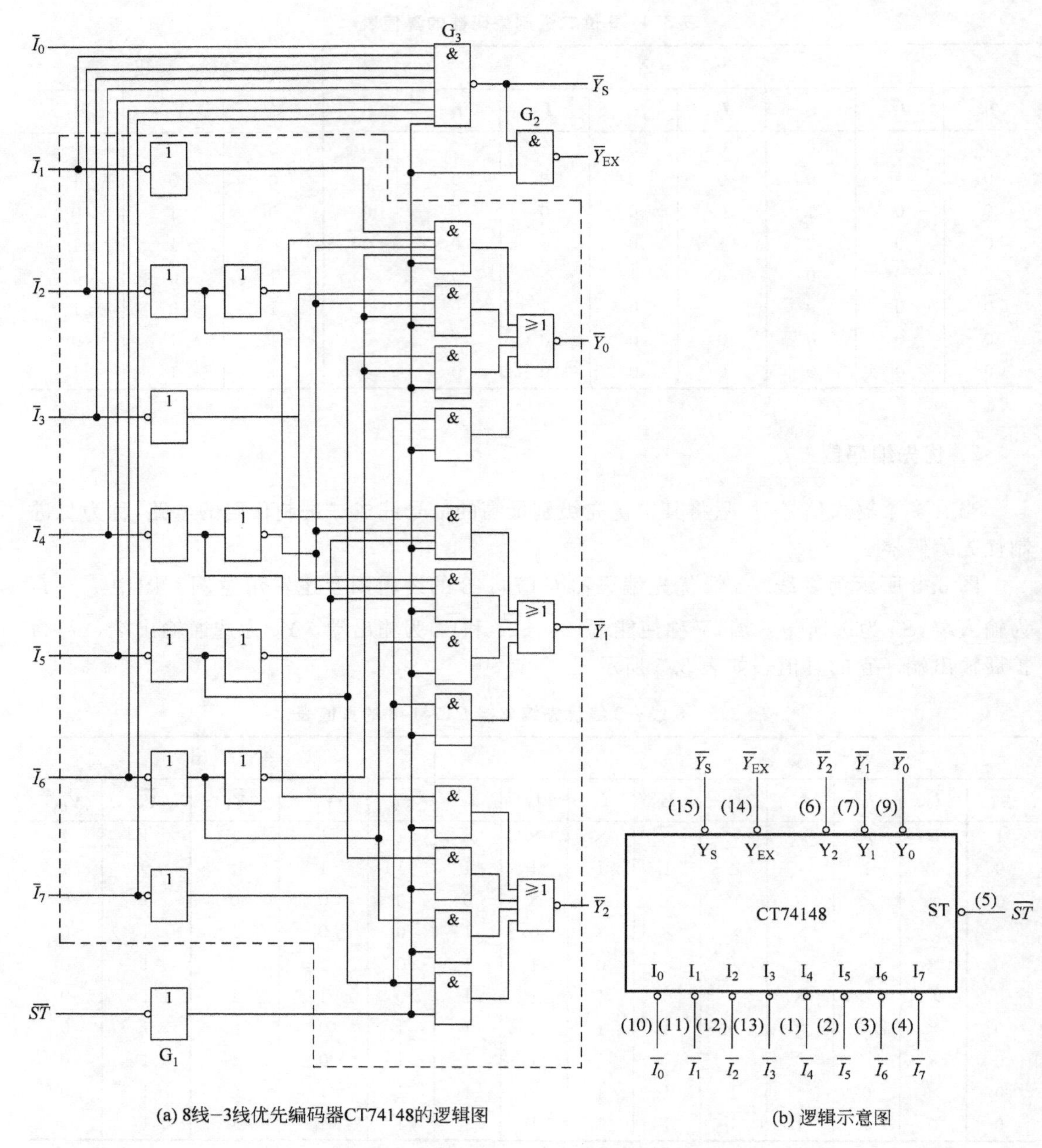


图 3.8　8 线—3 线优先编码器 CT74148 的逻辑图及逻辑示意图

$\overline{Y}_2\ \overline{Y}_1\ \overline{Y}_0$由输入$\bar{I}_0 \sim \bar{I}_7$决定。

(3) 选通输出端$\overline{Y}_S$的作用。当输入$\bar{I}_0 \sim \bar{I}_7$都为高电平 1,且$\overline{ST}=0$时,$\overline{Y}_S=0$,允许下级编码器编码;$\overline{Y}_S=1$时,禁止下级编码器工作。因此,$\overline{Y}_S$用于扩展编码规模。

(4) 扩展输出端$\overline{Y}_{EX}$的作用。当$\overline{Y}_{EX}=0$时,表示本级编码器在编码,输出$\overline{Y}_2$、$\overline{Y}_1$和$\overline{Y}_0$可由输入$\bar{I}_0 \sim \bar{I}_7$决定;当$\overline{Y}_{EX}=1$时,则表示本级编码器不在编码,输出$\overline{Y}_2\ \overline{Y}_1\ \overline{Y}_0=111$。

下面通过一个具体例子说明利用$\overline{Y}_S$和$\overline{Y}_{EX}$信号实现电路功能扩展的方法。

**例 3.4**　试用两片 CT74148 接成 16 线—4 线优先编码器，将 $\overline{A}_0 \sim \overline{A}_{15}$ 16 个低电平输入信号按照反码编成为 1111～0000 这 16 个 4 位二进制代码，其中 $\overline{A}_{15}$ 的优先权最高，$\overline{A}_0$ 的优先权最低。

**【解】**　由于每片 CT74148 只有 8 个编码输入，所以需将 16 个输入信号分别接到两片上。现将 $\overline{A}_{15} \sim \overline{A}_8$ 这 8 个优先权高的输入信号接到第(1)片的 $\overline{I}_7 \sim \overline{I}_0$ 输入端，而将 $\overline{A}_7 \sim \overline{A}_0$ 这 8 个优先权低的输入信号接到第(2)片的 $\overline{I}_7 \sim \overline{I}_0$ 输入端。

按照优先顺序的要求，只有 $\overline{A}_{15} \sim \overline{A}_8$ 均无输入信号时，才允许对 $\overline{A}_7 \sim \overline{A}_0$ 输入信号编码。因此，只要将第(1)片的选通输出信号 $\overline{Y}_S$ 作为第(2)片的选通输入信号 $\overline{ST}$ 即可。

当第(1)片有编码输入信号输入时，它的 $\overline{Y}_{EX}=0$，无编码输入信号输入时 $\overline{Y}_{EX}=1$，正好可以用它作为输出编码的第 4 位，以区分 8 个高优先权输入信号和 8 个低优先权输入信号的编码。编码输出的低 3 位应为两片输出 $\overline{Y}_2$、$\overline{Y}_1$、$\overline{Y}_0$ 的逻辑或(如 $Z_2=\overline{\overline{Y}_{(1)2} \cdot \overline{Y}_{(2)2}}=Y_{(1)2}+Y_{(2)2}$)。

依照以上分析，便得到图 3.9 所示的逻辑图。

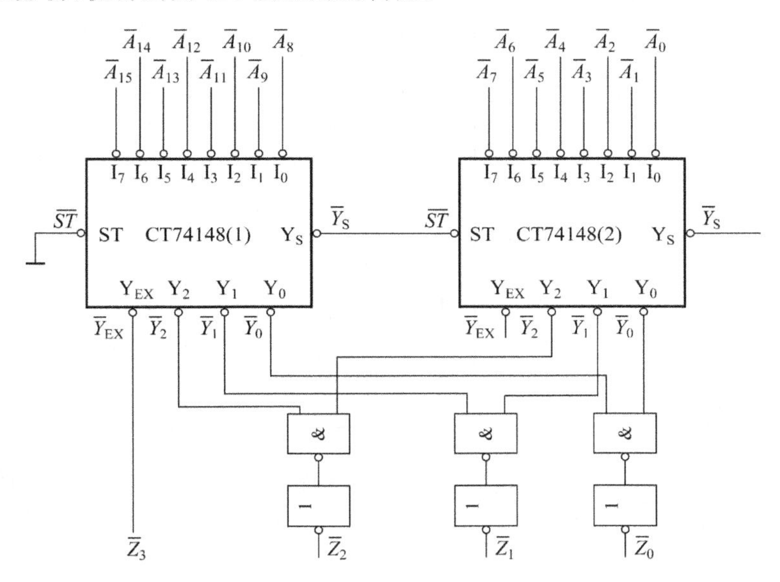


图 3.9　用两片 CT74148 接成的 16 线—4 线优先编码器

由图 3.9 可见，当 $\overline{A}_{15} \sim \overline{A}_8$ 有编码输入信号时，如 $\overline{A}_{10}=0$，则片(1)的 $\overline{Y}_{EX}=0$，即 $\overline{Z}_3=0$，$\overline{Y}_2\,\overline{Y}_1\,\overline{Y}_0=101$。同时片(1)的 $\overline{Y}_S=1$，将片(2)封锁，使它的输出 $\overline{Y}_2\,\overline{Y}_1\,\overline{Y}_0=111$。于是在最后的输出端得到 $\overline{Z}_3\overline{Z}_2\overline{Z}_1\overline{Z}_0=0101$。如果 $\overline{A}_{15} \sim \overline{A}_8$ 中同时有几个输入端为低电平，则只对其中优先权最高的一个信号编码。

当 $\overline{A}_{15} \sim \overline{A}_8$ 全部为高电平(没有编码输入信号)时，片(1)的 $\overline{Y}_S=0$，故片(2)的 $\overline{ST}=0$，处于编码工作状态，对 $\overline{A}_7 \sim \overline{A}_0$ 输入的低电平信号中优先权最高的一个信号进行编码。例如，$\overline{A}_3=0$，则(2)的 $\overline{Y}_2\,\overline{Y}_1\,\overline{Y}_0=100$。而此时片(1)的 $\overline{Y}_{EX}=1$，即 $\overline{Z}_3=1$，片(1)的 $\overline{Y}_2\,\overline{Y}_1\,\overline{Y}_0=111$。于是在最后的输出端得到 $\overline{Z}_3\overline{Z}_2\overline{Z}_1\overline{Z}_0=1100$。

## 3.3.2 译码器

译码是编码的逆过程。译码器是将输入的二进制代码翻译成控制信号。译码器输入为二进制代码，输出是一组与输入代码相对应的高、低电平信号。

### 1. 二进制译码器

将输入二进制代码译成相应输出信号的电路，称为二进制译码器。图 3.10 所示为译码器 CT74138 的逻辑图及逻辑示意图。由于它有 3 个输入端、8 个输出端，因此，又称 3 线—8 线译码器。图中 $A_2$、$A_1$、$A_0$ 为二进制代码输入端；$\overline{Y_7}\sim\overline{Y_0}$ 为输出端，低电平有效；$ST_A$、$\overline{ST_B}$ 和 $\overline{ST_C}$ 为使能端，且 $EN=ST_A\cdot\overline{\overline{ST_B}}\cdot\overline{\overline{ST_C}}=ST_A(\overline{\overline{ST_B}+\overline{ST_C}})$。

由以上分析可得 3 线—8 线译码器 CT74138 的功能表，如表 3.6 所示。

**表 3.6 3 线—8 线译码器 CT74138 的功能表**

| 输入 | | | | | 输出 | | | | | | | |
|---|---|---|---|---|---|---|---|---|---|---|---|---|
| $ST_A$ | $\overline{ST_B}+\overline{ST_C}$ | $A_2$ | $A_1$ | $A_0$ | $\overline{Y_0}$ | $\overline{Y_1}$ | $\overline{Y_2}$ | $\overline{Y_3}$ | $\overline{Y_4}$ | $\overline{Y_5}$ | $\overline{Y_6}$ | $\overline{Y_7}$ |
| × | 1 | × | × | × | 1 | 1 | 1 | 1 | 1 | 1 | 1 | 1 |
| 0 | × | × | × | × | 1 | 1 | 1 | 1 | 1 | 1 | 1 | 1 |
| 1 | 0 | 0 | 0 | 0 | 0 | 1 | 1 | 1 | 1 | 1 | 1 | 1 |
| 1 | 0 | 0 | 0 | 1 | 1 | 0 | 1 | 1 | 1 | 1 | 1 | 1 |
| 1 | 0 | 0 | 1 | 0 | 1 | 1 | 0 | 1 | 1 | 1 | 1 | 1 |
| 1 | 0 | 0 | 1 | 1 | 1 | 1 | 1 | 0 | 1 | 1 | 1 | 1 |
| 1 | 0 | 1 | 0 | 0 | 1 | 1 | 1 | 1 | 0 | 1 | 1 | 1 |
| 1 | 0 | 1 | 0 | 1 | 1 | 1 | 1 | 1 | 1 | 0 | 1 | 1 |
| 1 | 0 | 1 | 1 | 0 | 1 | 1 | 1 | 1 | 1 | 1 | 0 | 1 |
| 1 | 0 | 1 | 1 | 1 | 1 | 1 | 1 | 1 | 1 | 1 | 1 | 0 |

根据表 3.6 和图 3.10(a)可知，3 线—8 线译码器 CT74138 有以下逻辑功能：

(1) 当 $ST_A=0$ 且 $\overline{ST_B}+\overline{ST_C}=1$ 时，$EN=0$，所有输出与非门被封锁，译码器不工作，输出 $\overline{Y_7}\sim\overline{Y_0}$ 都为高电平 1。

(2) 当 $ST_A=1$ 且 $\overline{ST_B}+\overline{ST_C}=0$ 时，$EN=1$，所有输出与非门解除封锁，译码器工作，输出低电平有效。这时，译码器输出 $\overline{Y_7}\sim\overline{Y_0}$ 由输入二进制代码决定，根据图 3.10(a)可写出 CT74138 的输出逻辑函数式为

$$
\begin{aligned}
\overline{Y}_0 &= \overline{\overline{A}_2\,\overline{A}_1\,\overline{A}_0} = \overline{m}_0 & \overline{Y}_4 &= \overline{A_2\,\overline{A}_1\,\overline{A}_0} = \overline{m}_4 \\
\overline{Y}_1 &= \overline{\overline{A}_2\,\overline{A}_1 A_0} = \overline{m}_1 & \overline{Y}_5 &= \overline{A_2\,\overline{A}_1 A_0} = \overline{m}_5 \\
\overline{Y}_2 &= \overline{\overline{A}_2 A_1\,\overline{A}_0} = \overline{m}_2 & \overline{Y}_6 &= \overline{A_2 A_1\,\overline{A}_0} = \overline{m}_6 \\
\overline{Y}_3 &= \overline{\overline{A}_2 A_1 A_0} = \overline{m}_3 & \overline{Y}_7 &= \overline{A_2 A_1 A_0} = \overline{m}_7
\end{aligned}
\tag{3.7}
$$

由式(3.7)可看出，二进制译码器的输出将输入二进制代码的各种状态都译出来了。因此，二进制译码器又称全译码器。由于输出低电平有效，因此，它的输出提供了输入变量全部最小项的反。

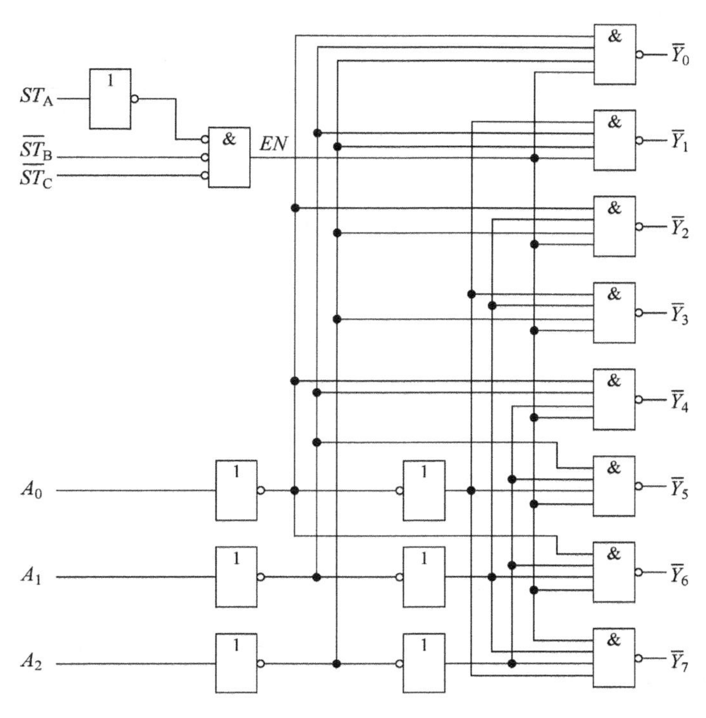


(a) 3线—8线译码器CT74138的逻辑图

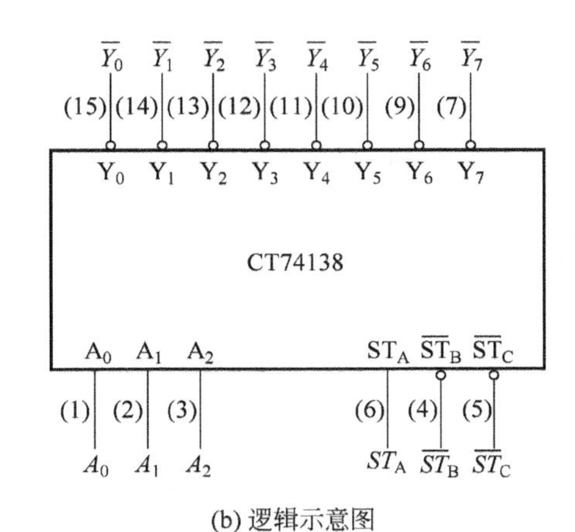


(b) 逻辑示意图

图 3.10　3 线—8 线译码器 CT74138 的逻辑图及逻辑示意图

图 3.11 所示为用两片 CT74138 组成的 4 线—16 线译码器的逻辑图。CT74138(1)为低位片，CT74138(2)为高位片。将低位片的 $ST_A$ 接高电平 1，高位片的 $ST_A$ 和低位片的 $\overline{ST}_B$ 相连作为 $A_3$，即第 4 个二进制代码输入端，同时将低位片的 $\overline{ST}_C$ 和高位片的 $\overline{ST}_B$、$\overline{ST}_C$ 相连作使能端 $E$，最后将两片 CT74138 的 $A_2$、$A_1$、$A_0$ 对应相连构成二进制代码的第三位输入端，便组成了 4 线—16 线译码器。其工作情况如下：

当 $E=1$ 时，两个译码器都不工作，输出 $\overline{Y}_{15}\sim\overline{Y}_0$ 都为高电平 1。当 $E=0$ 时，译码器工作。

(1) 在 $A_3=0$ 时，低位片 CT74138(1)工作，这时，输出 $\overline{Z}_0\sim\overline{Z}_7$ 由输入二进制代码 $A_2A_1$

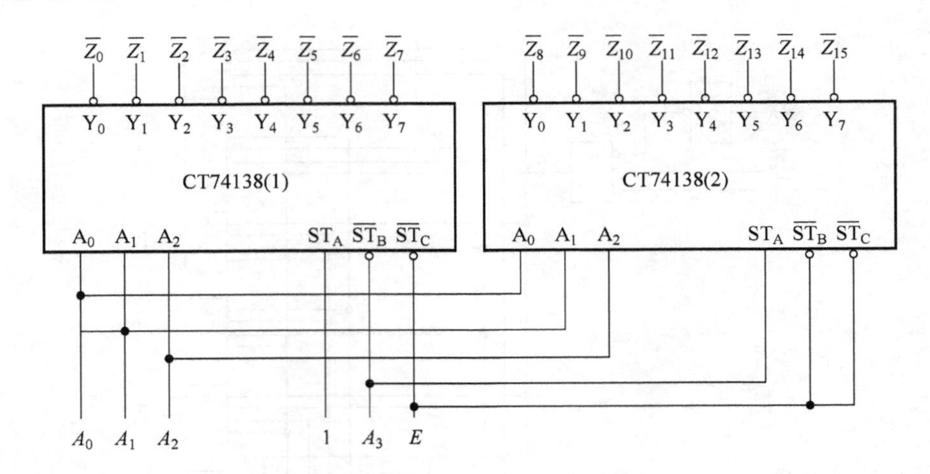


图 3.11　两片 CT74138 组成 4 线—16 线译码器

$A_0$决定。由于高位片 CT74138(2)的 $ST_A=A_3=0$ 而不能工作，输出$\overline{Z}_8\sim\overline{Z}_{15}$都为高电平 1。

(2) 在 $A_3=1$ 时，低位片 CT74138(1)的$\overline{ST}_B=A_3=1$ 不工作，输出$\overline{Z}_0\sim\overline{Z}_7$ 都为高电平 1。高位片 CT74138(2)的 $ST_A=A_3=1$，$\overline{ST}_B=\overline{ST}_C=E=0$，处于工作状态，输出$\overline{Z}_8\sim\overline{Z}_{15}$由输入二进制代码 $A_2A_1A_0$决定。

**2. 二—十进制译码器**

将输入 BCD 码的 10 个代码译成 10 个高、低电平输出信号，称为二—十进制译码器。由于它有 4 个输入端，10 个输出端，所以又称其为 4 线—10 线译码器。

图 3.12 所示为 4 线—10 线译码器 CT7442 的逻辑示意图。图中 $A_3$、$A_2$、$A_1$、$A_0$ 为输入端，$\overline{Y}_9\sim\overline{Y}_0$ 为输出端，低电平有效，其逻辑表达式为

$$\begin{aligned}
\overline{Y}_0 &= \overline{\overline{A}_3\,\overline{A}_2\,\overline{A}_1\,\overline{A}_0} = \overline{m}_0 & \overline{Y}_5 &= \overline{\overline{A}_3A_2\,\overline{A}_1A_0} = \overline{m}_5\\
\overline{Y}_1 &= \overline{\overline{A}_3\,\overline{A}_2\,\overline{A}_1A_0} = \overline{m}_1 & \overline{Y}_6 &= \overline{\overline{A}_3A_2A_1\,\overline{A}_0} = \overline{m}_6\\
\overline{Y}_2 &= \overline{\overline{A}_3\,\overline{A}_2A_1\,\overline{A}_0} = \overline{m}_2 & \overline{Y}_7 &= \overline{\overline{A}_3A_2A_1A_0} = \overline{m}_7\\
\overline{Y}_3 &= \overline{\overline{A}_3\,\overline{A}_2A_1A_0} = \overline{m}_3 & \overline{Y}_8 &= \overline{A_3\,\overline{A}_2\,\overline{A}_1\,\overline{A}_0} = \overline{m}_8\\
\overline{Y}_4 &= \overline{\overline{A}_3A_2\,\overline{A}_1\,\overline{A}_0} = \overline{m}_4 & \overline{Y}_9 &= \overline{A_3\,\overline{A}_2\,\overline{A}_1A_0} = \overline{m}_9
\end{aligned} \tag{3.8}$$

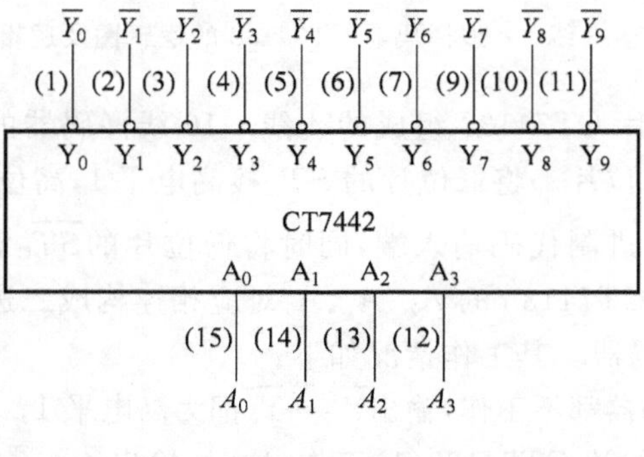

图 3.12　4 线—10 线译码器 CT7442 的逻辑示意图

表 3.7 即为 4 线—10 线译码器 CT7442 的功能表。

**表 3.7　4 线—10 线译码器 CT7442 的功能表**

| 输入 | | | | 输出 | | | | | | | | | |
|---|---|---|---|---|---|---|---|---|---|---|---|---|---|
| $A_3$ | $A_2$ | $A_1$ | $A_0$ | $\overline{Y}_0$ | $\overline{Y}_1$ | $\overline{Y}_2$ | $\overline{Y}_3$ | $\overline{Y}_4$ | $\overline{Y}_5$ | $\overline{Y}_6$ | $\overline{Y}_7$ | $\overline{Y}_8$ | $\overline{Y}_9$ |
| 0 | 0 | 0 | 0 | 0 | 1 | 1 | 1 | 1 | 1 | 1 | 1 | 1 | 1 |
| 0 | 0 | 0 | 1 | 1 | 0 | 1 | 1 | 1 | 1 | 1 | 1 | 1 | 1 |
| 0 | 0 | 1 | 0 | 1 | 1 | 0 | 1 | 1 | 1 | 1 | 1 | 1 | 1 |
| 0 | 0 | 1 | 1 | 1 | 1 | 1 | 0 | 1 | 1 | 1 | 1 | 1 | 1 |
| 0 | 1 | 0 | 0 | 1 | 1 | 1 | 1 | 0 | 1 | 1 | 1 | 1 | 1 |
| 0 | 1 | 0 | 1 | 1 | 1 | 1 | 1 | 1 | 0 | 1 | 1 | 1 | 1 |
| 0 | 1 | 1 | 0 | 1 | 1 | 1 | 1 | 1 | 1 | 0 | 1 | 1 | 1 |
| 0 | 1 | 1 | 1 | 1 | 1 | 1 | 1 | 1 | 1 | 1 | 0 | 1 | 1 |
| 1 | 0 | 0 | 0 | 1 | 1 | 1 | 1 | 1 | 1 | 1 | 1 | 0 | 1 |
| 1 | 0 | 0 | 1 | 1 | 1 | 1 | 1 | 1 | 1 | 1 | 1 | 1 | 0 |
| 1 | 0 | 1 | 0 | 1 | 1 | 1 | 1 | 1 | 1 | 1 | 1 | 1 | 1 |
| 1 | 0 | 1 | 1 | 1 | 1 | 1 | 1 | 1 | 1 | 1 | 1 | 1 | 1 |
| 1 | 1 | 0 | 0 | 1 | 1 | 1 | 1 | 1 | 1 | 1 | 1 | 1 | 1 |
| 1 | 1 | 0 | 1 | 1 | 1 | 1 | 1 | 1 | 1 | 1 | 1 | 1 | 1 |
| 1 | 1 | 1 | 0 | 1 | 1 | 1 | 1 | 1 | 1 | 1 | 1 | 1 | 1 |
| 1 | 1 | 1 | 1 | 1 | 1 | 1 | 1 | 1 | 1 | 1 | 1 | 1 | 1 |

由表 3.7 可知，CT7442 输入为 8421BCD 码，输出$\overline{Y}_9 \sim \overline{Y}_0$ 为低电平 0 有效。对于 BCD 代码以外的伪码 1010～1111，$\overline{Y}_9 \sim \overline{Y}_0$ 均无低电平信号产生，译码器拒绝“翻译”，所以该电路结构具有拒绝伪码的作用。

### 3. 显示译码器

数字系统中使用的是二进制数，但在数字测量仪表和各种显示系统中，为了便于表示测量和运算的结果以及对系统的运行状况进行检测，常需要将数字量用人们习惯的十进制字符直观地显示出来。因此，数字显示电路是许多数字电路不可或缺的部分。数字显示电路通常由译码器、驱动器和数码显示器组成，如图 3.13 所示。

图 3.13　数字显示电路的组成

1）七段字符显示器

为了能以十进制数码直观地显示数字系统的运行数据，目前广泛使用七段字符显示器，或称为七段数码管。这种字符显示器由七段可发光的线段拼合而成。常见的七段字符显示器有 LED 数码管、荧光数码显示器和液晶显示器 3 种。

（1）LED 数码管。LED 数码管是由条形发光二极管 a～g 七段组成的数码显示器，若数码管右下角处增设小数点 D.P,就形成了八段数码显示器,其外形如图 3.14(a)所示。LED 数码管的内部接法有共阳和共阴两种,如图 3.14(b)、(c)所示。

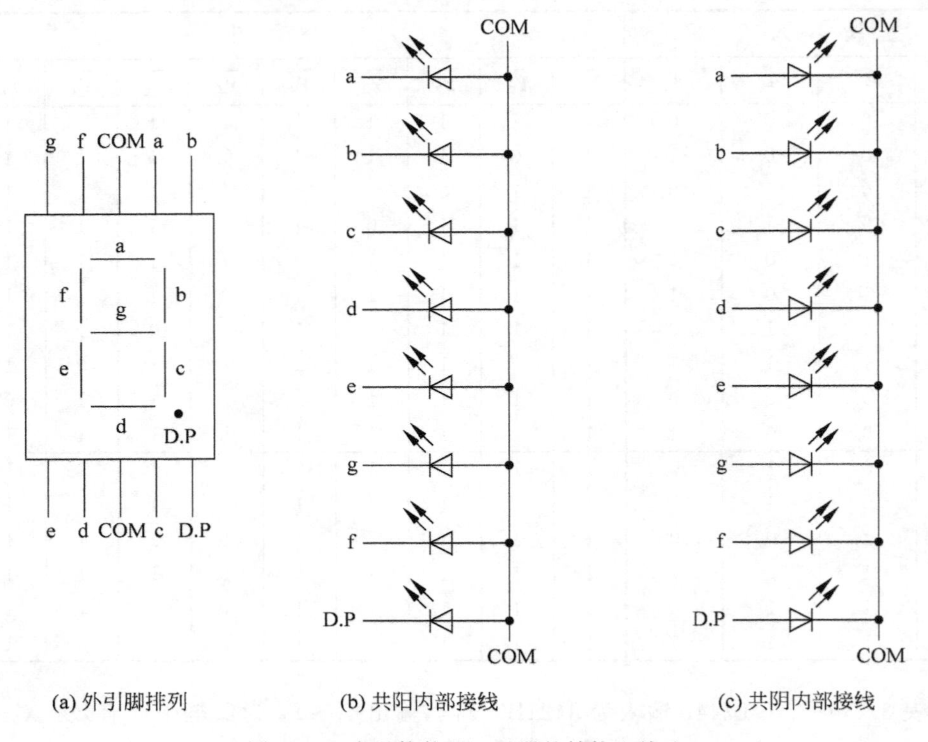


(a) 外引脚排列 (b) 共阳内部接线 (c) 共阴内部接线

图 3.14 半导体数码显示器的结构和接法

译码器输出高电平时,需选用共阴接法的数码显示器;译码器输出低电平时,需选用共阳接法的数码显示器。

LED 数码管工作电压较低,一般为 1.5～3V。每个字段的工作电流在 10mA 左右。为了提高显示器的寿命,常在各个字段电路中接入限流电阻。

LED 数码管不仅工作电压低、体积小、可靠性高,还具有响应速度快、寿命长等优点。它的主要缺点是工作电流大。为了提高显示器的寿命,常在各个字段电路中接入限流电阻。

(2) 荧光数码显示器。荧光数码显示器(VFD)是一种玻璃封装的电真空显示器件,其外形如图 3.15(a)所示,它由阴极(兼作灯丝)、金属网状栅极和涂有荧光物质的七段阳极组成。图 3.15(b)所示为荧光数码显示器的控制阳极段发光的示意图。工作时,阴极加 1.5V、栅极加 20V 电压。此时阴极加热发射出大量电子,被栅极加速后撞击到加有 20V 电压的阳极字段上,表面涂有荧光物质的字段便发出绿色的荧光,而未接通的阳极字段则不发光。这样,利用 7 个阳极字段的不同组合,便可组成 0～9 等 10 个不同的数字。

由于触发阳极需加 20V 电压,故 TTL 译码器不能直接驱动它,需加驱动电路进行电平转换。CMOS 译码器则可直接驱动它。

荧光数码显示器的驱动电流较小,字形清晰,工作稳定可靠;但需加热灯丝,功耗较大,玻璃外壳易损坏。

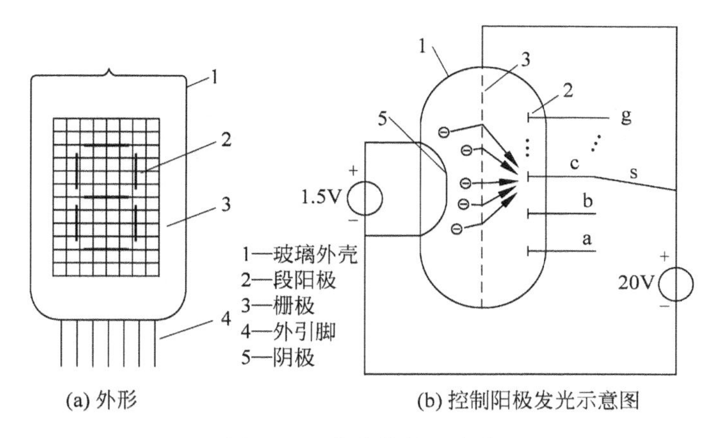


图 3.15 荧光数码显示器

(3) 液晶显示器(LCD)。液晶是一种既有液体的流动性又具有光学特性的有机化合物,其透明度和颜色受外加电场控制,利用这一特点做成了液晶数码显示器。无外加电场作用时,液晶分子按一定取向整齐排列,如图 3.16(a)所示。这时液晶呈透明状态,对外部射入的光线大部分由反射电极反射回来,显示器呈白色,不显示数字。如在各相应段的电极上加上电压时,液晶分子因电离而产生正离子,这些正离子在电场作用下运动,并在运动过程中不断撞击液晶分子,从而破坏了液晶分子的整齐排列,如图 3.16(b)所示,液晶变成了暗灰色,这使入射光产生散射,于是显示器显示出相应的数字。当外加电场消失以后,液晶分子又恢复到整齐排列的状态,字形也随之消失。

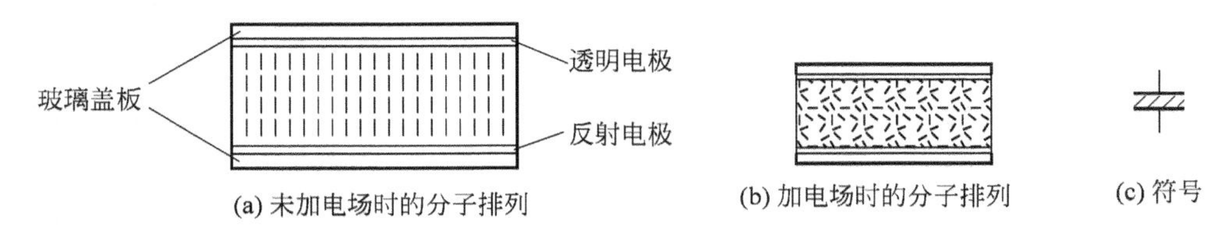


图 3.16 液晶显示器的结构及符号

液晶显示器的最大优点是功耗极低,它的工作电压也极低。因此,液晶显示器在电子表以及各种小型、便携式仪器、仪表中得到广泛应用。但是由于它本身不会发光,所以亮度很差。此外,它的响应速度较低,限制了它在快速系统中的应用。

2) BCD——七段显示译码器

数码管可以用 TTL 或者 CMOS 集成电路直接驱动。因此需要使用显示译码器将 BCD 代码译成数码管所需要的驱动信号,以便让数码管用十进制数字显示出 BCD 代码表示的数值。显示译码器主要由译码器和驱动器两部分组成,通常这两者都集成在一块芯片中。图 3.17 所示为 4 线—7 段译码器/驱动器 CC14547 的逻辑示意图,$D$、$C$、$B$、$A$ 为输入端,输入为 8421BCD 码,

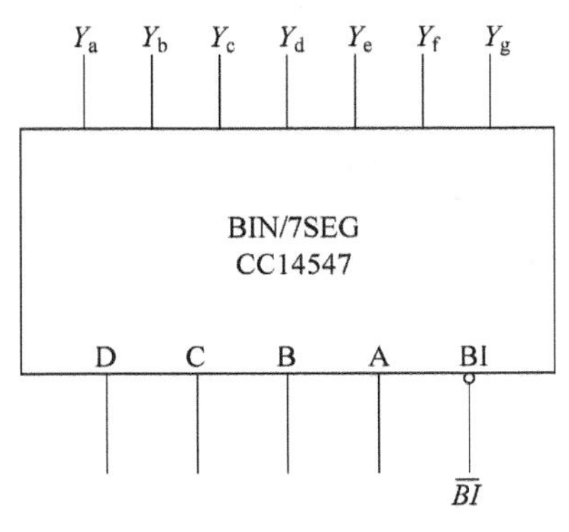


图 3.17 CC14547 的逻辑示意图

$\overline{BI}$为消隐控制端，$Y_a \sim Y_g$为输出端，高电平 1 有效。

其功能表如表 3.8 所示。

**表 3.8　4 线—7 段译码器/驱动器 CC14547 的功能表**

| 输入 | | | | | 输出 | | | | | | | 数字显示 |
|---|---|---|---|---|---|---|---|---|---|---|---|---|
| $\overline{BI}$ | $D$ | $C$ | $B$ | $A$ | $Y_a$ | $Y_b$ | $Y_c$ | $Y_d$ | $Y_e$ | $Y_f$ | $Y_g$ | |
| 0 | × | × | × | × | 0 | 0 | 0 | 0 | 0 | 0 | 0 | 消隐 |
| 1 | 0 | 0 | 0 | 0 | 1 | 1 | 1 | 1 | 1 | 1 | 0 | 0 |
| 1 | 0 | 0 | 0 | 1 | 0 | 1 | 1 | 0 | 0 | 0 | 0 | 1 |
| 1 | 0 | 0 | 1 | 0 | 1 | 1 | 0 | 1 | 1 | 0 | 1 | 2 |
| 1 | 0 | 0 | 1 | 1 | 1 | 1 | 1 | 1 | 0 | 0 | 1 | 3 |
| 1 | 0 | 1 | 0 | 0 | 0 | 1 | 1 | 0 | 0 | 1 | 1 | 4 |
| 1 | 0 | 1 | 0 | 1 | 1 | 0 | 1 | 1 | 0 | 1 | 1 | 5 |
| 1 | 0 | 1 | 1 | 0 | 0 | 0 | 1 | 1 | 1 | 1 | 1 | 6 |
| 1 | 0 | 1 | 1 | 1 | 1 | 1 | 1 | 0 | 0 | 0 | 0 | 7 |
| 1 | 1 | 0 | 0 | 0 | 1 | 1 | 1 | 1 | 1 | 1 | 1 | 8 |
| 1 | 1 | 0 | 0 | 1 | 1 | 1 | 1 | 0 | 0 | 1 | 1 | 9 |
| 1 | 1 | 0 | 1 | 0 | 0 | 0 | 0 | 0 | 0 | 0 | 0 | 消隐 |
| 1 | 1 | 0 | 1 | 1 | 0 | 0 | 0 | 0 | 0 | 0 | 0 | 消隐 |
| 1 | 1 | 1 | 0 | 0 | 0 | 0 | 0 | 0 | 0 | 0 | 0 | 消隐 |
| 1 | 1 | 1 | 0 | 1 | 0 | 0 | 0 | 0 | 0 | 0 | 0 | 消隐 |
| 1 | 1 | 1 | 1 | 0 | 0 | 0 | 0 | 0 | 0 | 0 | 0 | 消隐 |
| 1 | 1 | 1 | 1 | 1 | 0 | 0 | 0 | 0 | 0 | 0 | 0 | 消隐 |

由表 3.8 可知 CC14547 的功能如下：

(1) 消隐功能。当$\overline{BI}=0$时，输出 $Y_a \sim Y_g$都为低电平 0，各字段都熄灭，显示器不显示数字。

(2) 数码显示。当$\overline{BI}=1$时，译码器工作。在 $D$、$C$、$B$、$A$ 端输入 8421BCD 码时，译码器有关输出端输出高电平 1，数码显示器显示与输入代码相对应的数字。如 $DCBA=0110$ 时，输出 $y_c=y_d=y_e=y_f=y_g=1$，显示数字 6；其余类推。

CC14547 具有较大的输出电流驱动能力，可直接驱动半导体数码显示器或其他显示器件。

#### 4. 用译码器设计组合逻辑电路

前面已经详细介绍了二进制译码器的电路结构和工作原理。最小项唯一译码器的基本应用是作为地址译码器。此外，由于译码器的每个输出端对应着地址输入变量的一个最小项，而任何逻辑函数都可以表示为最小项之和的形式，故这类译码器可以构成多输出的逻辑函数发生器。

**例 3.5**　试用图示 3 线－8 线译码器 74LS138 和必要的门电路产生以下多输出逻辑函数。

$$\begin{cases} Y_1 = AC + BC \\ Y_2 = \overline{A}\overline{B}C + A\overline{B}\,\overline{C} + BC \\ Y_3 = \overline{B}\overline{C} + A\overline{B}C \end{cases} \tag{3.9}$$

【解】 首先将给定逻辑函数化成最小项之和的形式，得到

$$\begin{cases} Y_1 = ABC + A\bar{B}C + \bar{A}BC \\ Y_2 = \bar{A}\bar{B}C + A\bar{B}\bar{C} + ABC + \bar{A}BC \\ Y_3 = A\bar{B}\bar{C} + \bar{A}\bar{B}\bar{C} + A\bar{B}C \end{cases} \tag{3.10}$$

令 74LS138 的输入 $A_2=A$、$A_1=B$、$A_0=C$，则它的输出$\overline{Y}_0 \sim \overline{Y}_7$ 就是式(3.7)中的$\bar{m}_0 \sim \bar{m}_7$。由于这些最小项是以反函数形式给出的，所以还需将 $Y_1 \sim Y_3$ 变换为$\bar{m}_0 \sim \bar{m}_7$ 的函数式，即

$$\begin{cases} Y_1 = m_7 + m_5 + m_3 = \overline{\bar{m}_7 \cdot \bar{m}_5 \cdot \bar{m}_3} \\ Y_2 = m_1 + m_4 + m_7 + m_3 = \overline{\bar{m}_1 \cdot \bar{m}_4 \cdot \bar{m}_7 \cdot \bar{m}_3} \\ Y_3 = m_4 + m_0 + m_5 = \overline{\bar{m}_4 \cdot \bar{m}_0 \cdot \bar{m}_5} \end{cases} \tag{3.11}$$

式(3.11)表明，只需在 74LS138 的输出端附加 4 个与非门，即可得到 $Y_1 \sim Y_3$ 的逻辑电路，电路的接法如图 3.18 所示。

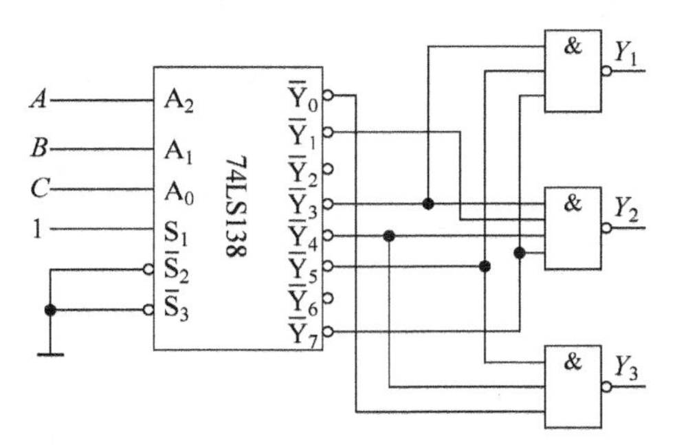


图 3.18　例 3.5 的电路

## 3.3.3　数据选择器

数据选择是指经过选择，把多个通道的数据传送到唯一的公共数据通道上去。实现数据选择功能的电路称为数据选择器。其框图如图 3.19(a)所示，它有 $n$ 位地址输入、$2^n$ 位数据输入和 1 位数据输出端。每次在地址输入的控制下，从多路输入数据中选择一路输出，其功能类似于一个单刀多掷开关，如图 3.19(b)所示。数据选择器的功能是将多路数据输入信号，在地址输入的控制下选择某一路数据到输出端的电路。

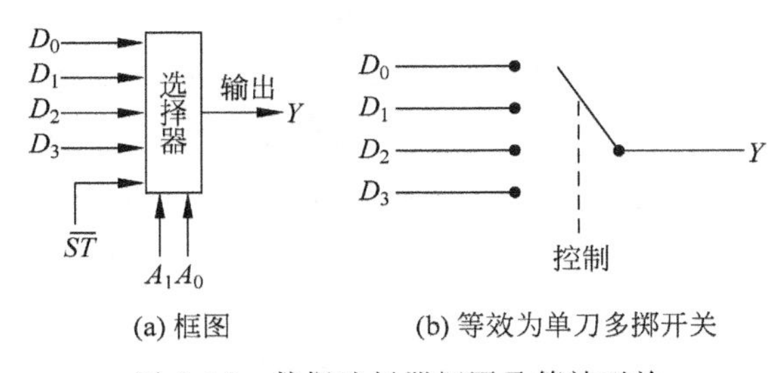


(a) 框图　　(b) 等效为单刀多掷开关

图 3.19　数据选择器框图及等效开关

图 3.20 是四选一数据选择器的逻辑图，它有 4 个数据通道 $D_0$、$D_1$、$D_2$、$D_3$，有两个地址控制信号 $A_1$、$A_0$，$Y$ 为数据输出端，$\overline{ST}$为使能端，又称选通端，输入低电平有效。

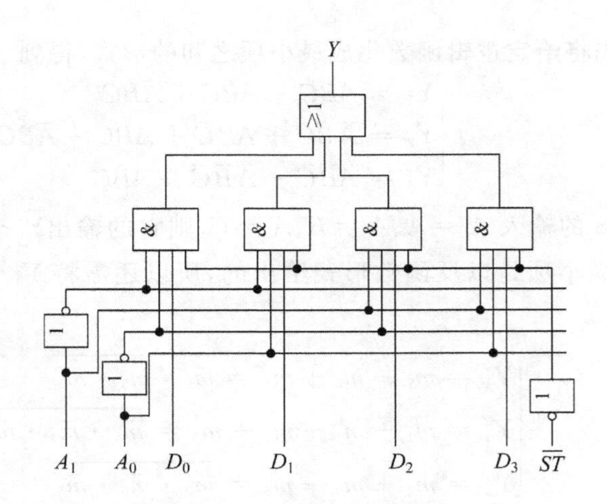


图 3.20 四选一数据选择器的逻辑图

表 3.9 所示的是由逻辑图得出的四选一数据选择器的功能表。

**表 3.9 四选一数据选择器的功能表**

| 输入 | | | 输出 |
|---|---|---|---|
| $\overline{ST}$ | $A_1$ | $A_0$ | $Y$ |
| 1 | × | × | 0 |
| 0 | 0 | 0 | $D_0$ |
| 0 | 0 | 1 | $D_1$ |
| 0 | 1 | 0 | $D_2$ |
| 0 | 1 | 1 | $D_3$ |

由图 3.20 和功能表 3.9 可写出输出逻辑函数式为

$$Y=\overline{\overline{ST}}(\overline{A}_1\overline{A}_0D_0+\overline{A}_1A_0D_1+A_1\overline{A}_0D_2+A_1A_0D_3) \tag{3.12}$$

当$\overline{ST}=1$时，输出$Y=0$，数据选择器不工作；当$\overline{ST}=0$时，数据选择器工作，其输出为

$$Y=\overline{A}_1\overline{A}_0D_0+\overline{A}_1A_0D_1+A_1\overline{A}_0D_2+A_1A_0D_3 \tag{3.13}$$

**例 3.6** 试用两个带使能控制端的四选一数据选择器组成一个八选一数据选择器。

**【解】** 如果使用两个四选一数据选择器，可以有 8 个数据输入端，是够用的。为了能指定 8 个输入数据中的任何一个，必须用 3 位输入地址代码，而四选一数据选择器的输入地址代码只有两位。第 3 位地址输入只能借用使能端$\overline{ST}$。

用一片 74LS153 或 CC14539 双四选一数据选择器，将输入的低位地址代码 $A_1$ 和 $A_0$ 接到芯片的公共地址输入端 $A_1$ 和 $A_0$，将高位输入地址代码 $A_2$ 接至 $1\overline{ST}$，而将 $\overline{A}_2$ 接至 $2\overline{ST}$，同时将两个数据选择器的输出相或，就得到了图 3.21 所示的八选一数据选择器。

当 $A_2=0$ 时，左边一个数据选择器工作。通过给定 $A_1$、$A_0$ 的状态，即可以从 $D_0\sim D_3$ 中选中某个数据，并经输出或门送到 $Y$ 端。

当 $A_2=1$ 时，右边一个数据选择器工作。通过给定 $A_1$、$A_0$ 的状态，可以从 $D_4\sim D_7$ 中选中某个数据，并经输出或门送到 $Y$ 端。

描述双四选一数据选择器接成八选一数据选择器的功能可以通过功能表来实现，如表 3.10 所示。

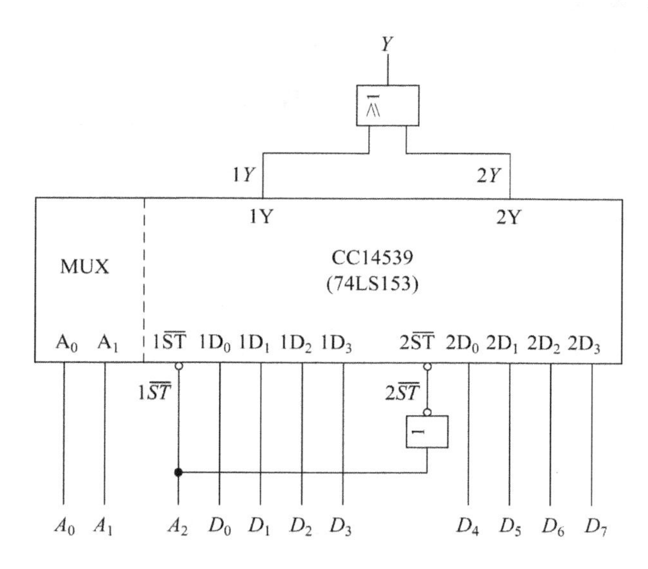


图 3.21　用双四选一数据选择器接成八选一数据选择器

**表 3.10　双四选一数据选择器接成八选一数据选择器的功能表**

| 地　址 | | | 选　通 | | 数　据 | 输　出 |
|---|---|---|---|---|---|---|
| $A_2$ | $A_1$ | $A_0$ | $1\overline{ST}$ | $2\overline{ST}$ | $D$ | $Y$ |
| 0 | 0 | 0 | 0 | 1 | $D_0 \sim D_3$ | $D_0$ |
| 0 | 0 | 1 | 0 | 1 | $D_0 \sim D_3$ | $D_1$ |
| 0 | 1 | 0 | 0 | 1 | $D_0 \sim D_3$ | $D_2$ |
| 0 | 1 | 1 | 0 | 1 | $D_0 \sim D_3$ | $D_3$ |
| 1 | 0 | 0 | 1 | 0 | $D_4 \sim D_7$ | $D_4$ |
| 1 | 0 | 1 | 1 | 0 | $D_4 \sim D_7$ | $D_5$ |
| 1 | 1 | 0 | 1 | 0 | $D_4 \sim D_7$ | $D_6$ |
| 1 | 1 | 1 | 1 | 0 | $D_4 \sim D_7$ | $D_7$ |

图 3.22 所示为 TTL 八选一数据选择器 74LS151 的逻辑功能示意图。图中 $D_7 \sim D_0$ 为数据输入端；$A_2$、$A_1$、$A_0$ 为地址信号输入端；$Y$ 和 $\overline{Y}$ 为两个互补的输出端；$\overline{ST}$ 为使能端，低电平有效。

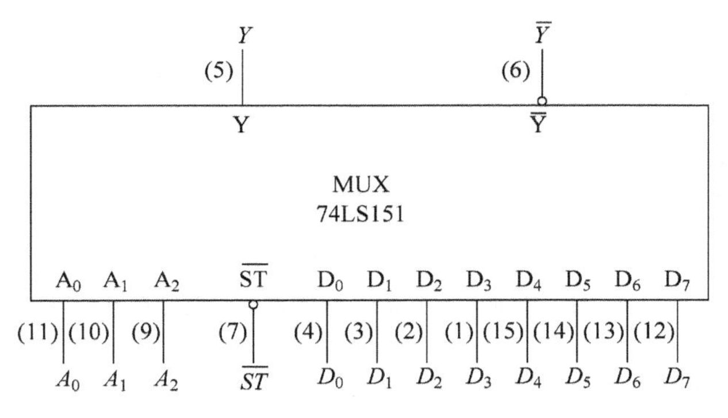


图 3.22　74LS151 的逻辑示意图

八选一数据选择器 74LS151 的功能表见表 3.11。

**表 3.11　八选一数据选择器 74LS151 的功能表**

| 输　入 | | | | 输　出 | |
|---|---|---|---|---|---|
| $\overline{ST}$ | $A_2$ | $A_1$ | $A_1$ | $Y$ | $\overline{Y}$ |
| 1 | × | × | × | 0 | 1 |
| 0 | 0 | 0 | 0 | $D_0$ | $\overline{D}_0$ |
| 0 | 0 | 0 | 1 | $D_1$ | $\overline{D}_1$ |
| 0 | 0 | 1 | 0 | $D_2$ | $\overline{D}_2$ |
| 0 | 0 | 1 | 1 | $D_3$ | $\overline{D}_3$ |
| 0 | 1 | 0 | 0 | $D_4$ | $\overline{D}_4$ |
| 0 | 1 | 0 | 1 | $D_5$ | $\overline{D}_5$ |
| 0 | 1 | 1 | 0 | $D_6$ | $\overline{D}_6$ |
| 0 | 1 | 1 | 1 | $D_7$ | $\overline{D}_7$ |

由表 3.11 可得八选一数据选择器的输出逻辑函数式为

$$Y=\overline{\overline{ST}}(\overline{A}_2\overline{A}_1\overline{A}_0D_0+\overline{A}_2\overline{A}_1A_0D_1+\overline{A}_2A_1\overline{A}_0D_2+\overline{A}_2A_1A_0D_3+A_2\overline{A}_1\overline{A}_0D_4$$
$$+A_2\overline{A}_1A_0D_5+A_2A_1\overline{A}_0D_6+A_2A_1A_0D_7) \tag{3.14}$$

当$\overline{ST}=1$时，输出 $Y=0$，数据选择器不工作；当$\overline{ST}=0$时，数据选择器工作。其输出为

$$Y=\overline{A}_2\overline{A}_1\overline{A}_0D_0+\overline{A}_2\overline{A}_1A_0D_1+\overline{A}_2A_1\overline{A}_0D_2+\overline{A}_2A_1A_0D_3$$
$$+A_2\overline{A}_1\overline{A}_0D_4+A_2\overline{A}_1A_0D_5+A_2A_1\overline{A}_0D_6+A_2A_1A_0D_7 \tag{3.15}$$

下面给出一个用数据选择器设计组合逻辑电路的例子。

由式(3.15)可见，具有两位地址输入 $A_1$、$A_0$ 的四选一数据选择器在$\overline{ST}=0$时输出与输入间的逻辑关系可以写成 $Y=(\overline{A}_1\overline{A}_0)D_0+(\overline{A}_1A_0)D_1+(A_1\overline{A}_0)D_2+(A_1A_0)D_3$。

若将 $A_1$、$A_0$ 作为两个输入变量，同时令 $D_0\sim D_3$ 为第 3 个输入变量的适当状态(包括原变量、反变量、0 和 1)，就可以在数据选择器的输出端产生任何形式的 3 变量组合逻辑函数。

**例 3.7**　试用四选一数据选择器设计一个监视交通信号灯工作状态的逻辑电路。每一组信号灯均由红、黄、绿 3 盏灯组成，如图 3.23 所示。正常工作情况下，任何时刻必有一盏灯点亮。而当出现其他 5 种点亮状态时，电路发生故障，这时要求发出故障信号，以提醒维护人员修理。

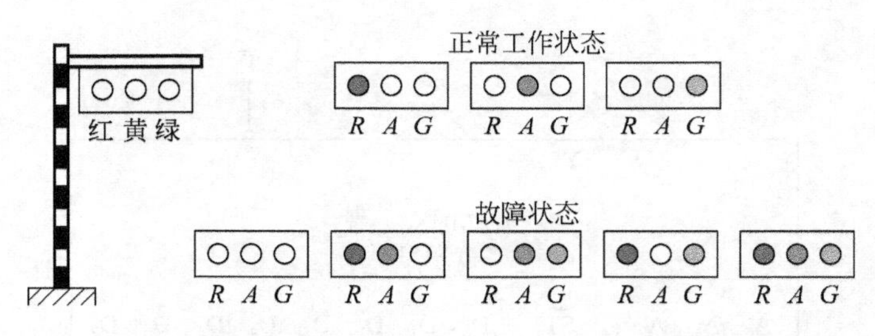


图 3.23　交通信号灯的正常工作状态与故障状态

**【解】**　取红、黄、绿 3 盏灯的状态为输入变量，分别用 $R$、$A$、$G$ 表示，并规定灯亮时为 1，不亮时为 0。取故障信号为输出变量，以 $Z$ 表示，并规定正常工作状态下 $Z$ 为 1，发生故障

时为 0。根据题意可以写出相应逻辑函数式为

$$\begin{aligned}Z&=\bar{R}\cdot\bar{A}\cdot\bar{G}+\bar{R}\cdot A\cdot G+R\cdot\bar{A}\cdot G+R\cdot A\cdot\bar{G}+R\cdot A\cdot G\\&=\bar{R}\cdot(\bar{A}\cdot\bar{G})+R\cdot(\bar{A}\cdot G)+R\cdot(A\cdot\bar{G})+1\cdot(AG)\end{aligned}\tag{3.16}$$

而四选一数据选择器输出逻辑式为

$$Y=D_0\cdot(\bar{A}_1\bar{A}_0)+D_1\cdot(\bar{A}_1A_0)+D_2\cdot(A_1\bar{A}_0)+D_3\cdot(A_1A_0)\tag{3.17}$$

对照上面两式可看出，若令数据选择器的输入为

$$A_1=A,\quad A_0=G,\quad D_0=\bar{R},\quad D_1=D_2=R,\quad D_3=1$$

则数据选择器的输出就是式(3.16)所要求的逻辑函数 $Z$。电路如图 3.24 所示。

## 3.3.4 数据分配器

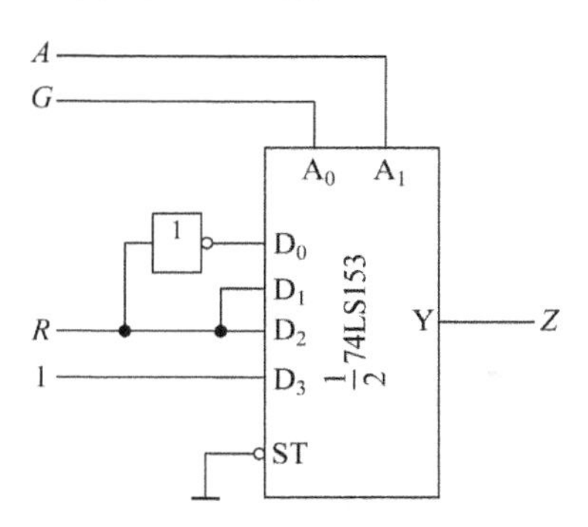


图 3.24 例 3.7 的电路

与数据选择器相反，有时需要把一条通道上的数字信号分时送到不同的数据通道上，完成这一功能的逻辑电路称为数据分配器。其作用等效为一个单刀多掷开关，如图 3.25 所示。数据分配器可以直接用译码器来实现，可以看作译码器的一种应用。图 3.26 所示为由 3 线—8 线译码器 74LS138 构成的 8 路数据分配器。图 3.26 中 $A_2\sim A_0$ 为地址输入端，$\overline{Y}_7\sim\overline{Y}_0$ 为数据输出端，可从使能端 $ST_A$、$\overline{ST}_B$、$\overline{ST}_C$ 中选择一个作为数据输入端 $D$。若 $\overline{ST}_B$、$\overline{ST}_C$ 作为数据输入端 $D$ 时，数据输出为原码形式；若 $ST_A$ 作为数据输入端 $D$ 时，数据输出为反码形式。

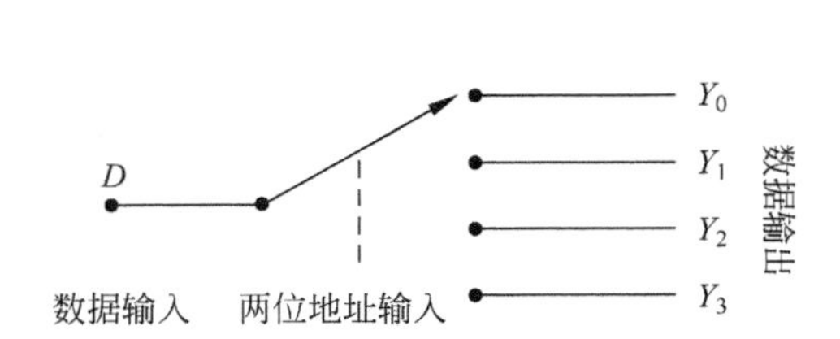


图 3.25 数据分配器等效为波段开关

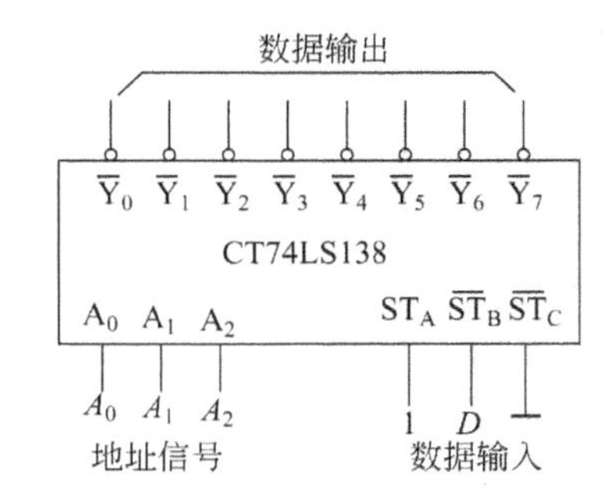


图 3.26 由译码器 74LS138 构成的 8 路数据分配器

如果数据选择器和数据分配器配合使用，它在数据通信过程中是非常有用的一种电路，能将多位并行输入的数据转换成串行数据输出。图 3.27 是十六选一的数据选择器 74LS150 与 16 路数据分配器(用 4 线—16 线译码器 74LS154)通过总线相连，构成一个典型的总线串行数据传送系统。当数据选择器的地址输入变量与译码器的输入变量一致时，其输入通道的数据 $D_i$ 被数据选择器选通，送上总线传送到译码器的使能端 $\overline{ST}$，然后被译码器分配到相应的输出通道上。究竟哪路数据通过总线传送并经过分配器送至对应的输出端，完全由地址输入变量决定。只要地址输入变量能够同步控制，则相当于选择器与分配器对应的开关在相应位置上同时接通和断开。

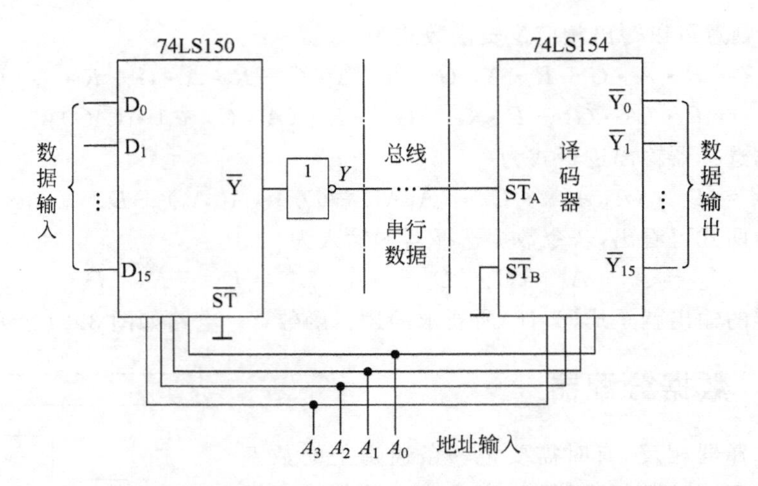


图 3.27　数据选择器和数据分配器配合使用构成总线串行数据传输系统

## 3.3.5　加法器

两个二进制数之间的算术运算无论是加、减、乘、除，目前在数字计算机中都是化做若干步加法运算进行的。因此，加法器是构成算术运算器的基本单元。

### 1. 1位加法器

1）半加器

两个一位二进制数 $A$ 和 $B$ 相加，不考虑低位进位的加法器称为半加器。设 $A_i$ 和 $B_i$ 是两个一位二进制数，半加后得到的和为 $S_i$，向高位的进位为 $C_i$。根据半加器的含义，可得如表 3.12 所示的真值表。

表 3.12　半加器真值表

| 输入 | | 输出 | |
|---|---|---|---|
| $A_i$ | $B_i$ | $S_i$ | $C_i$ |
| 0 | 0 | 0 | 0 |
| 0 | 1 | 1 | 0 |
| 1 | 0 | 1 | 0 |
| 1 | 1 | 0 | 1 |

由真值表可求得逻辑表达式为

$$\begin{cases} S_i = \overline{A}_iB_i + A_i\overline{B}_i \\ C_i = A_iB_i \end{cases} \tag{3.18}$$

可见，半加器由一个异或门和一个与门组成。逻辑电路如图 3.28(a)所示，图 3.28(b)所示为其逻辑符号。

2）全加器

在将两个多位二进制数相加时，除最低位外，每一位都应该考虑来自低位的进位。这种

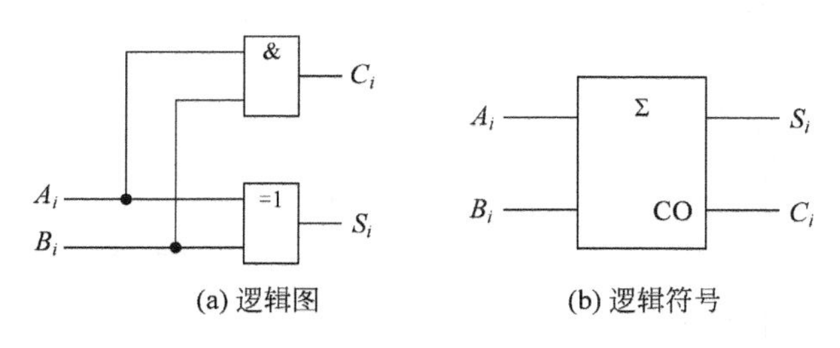


图 3.28　半加器及其逻辑符号

运算称为全加。设 $A_i$ 和 $B_i$ 是两个一位二进制数，考虑来自低位的进位($C_{i-1}$)，这三者相加则可得到表 3.13 所示的真值表。

**表 3.13　全加器的真值表**

| 输　入 | | | 输　出 | |
|---|---|---|---|---|
| $A_i$ | $B_i$ | $C_{i-1}$ | $S_i$ | $C_i$ |
| 0 | 0 | 0 | 0 | 0 |
| 0 | 0 | 1 | 1 | 0 |
| 0 | 1 | 0 | 1 | 0 |
| 0 | 1 | 1 | 0 | 1 |
| 1 | 0 | 0 | 1 | 0 |
| 1 | 0 | 1 | 0 | 1 |
| 1 | 1 | 0 | 0 | 1 |
| 1 | 1 | 1 | 1 | 1 |

由真值表可直接画出 $S_i$ 和 $C_i$ 的卡诺图，如图 3.29 所示。

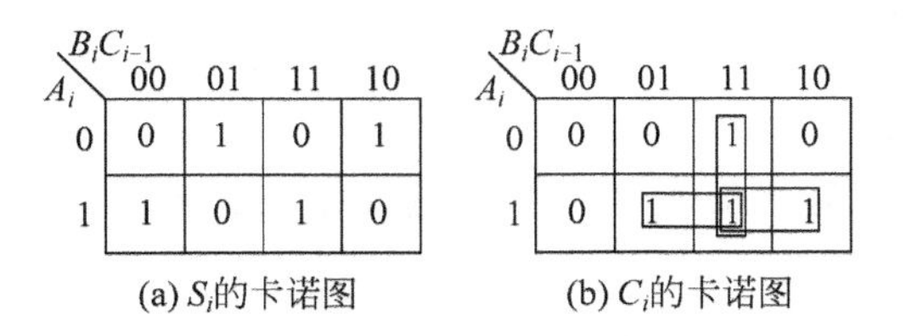


图 3.29　全加器的卡诺图

化简后得逻辑表达式为

$$S_i = \overline{A}_i\,\overline{B}_iC_{i-1} + \overline{A}_iB_i\,\overline{C}_{i-1} + A_i\,\overline{B}_i\,\overline{C}_{i-1} + A_iB_iC_{i-1} \tag{3.19}$$

$$\begin{aligned} C_i &= \overline{A}_iB_iC_{i-1} + A_i\,\overline{B}_iC_{i-1} + A_iB_i\,\overline{C}_{i-1} + A_iB_iC_i \\ &= A_iB_i + A_iC_{i-1} + B_iC_{i-1} \end{aligned} \tag{3.20}$$

将式(3.19)和式(3.20)变换成为

$$S_i = A_i \oplus B_{i-1} \oplus C_{i-1} \tag{3.21}$$

$$C_i = A_i(B_i \oplus C_{i-1}) + B_iC_{i-1} \tag{3.22}$$

由上述逻辑表达式画出相应全加器的逻辑电路如图 3.30(a)所示，全加器逻辑符号如图 3.30(b)所示。

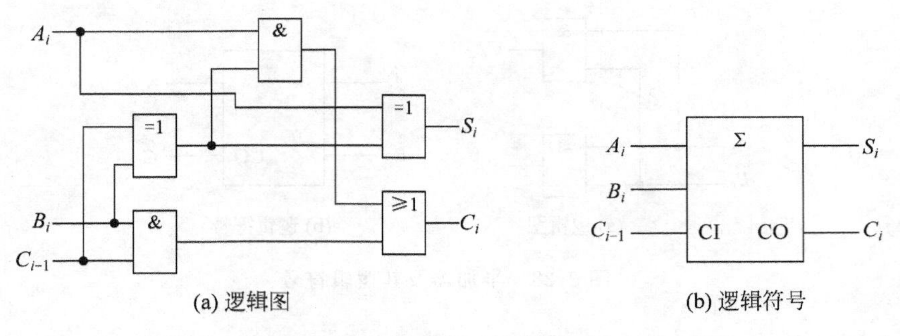


图 3.30 全加器及其逻辑符号

**2. 多位加法器**

1）串行进位加法器

只要将低位全加器的进位输出端接到高位全加器的进位输入端，就可以构成多位加法器。4 位串行加法器的逻辑电路如图 3.31 所示。

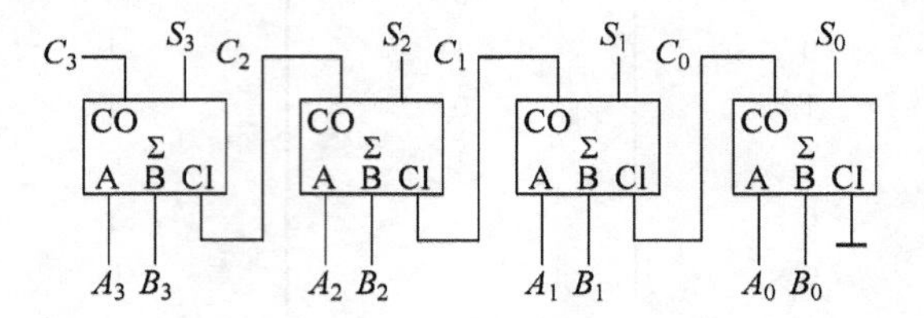


图 3.31 4 位串行进位加法器

串行进位加法器接法简单，但每一位的加法运算结果都必须等到低一位的进位输出产生以后才能建立起来，这就大大降低了运算速度。故这种加法器一般只适用于在位数少的，或对运算速度要求不高的场合使用。

2）超前进位加法器

运用超前进位加法器做多位加法运算时，各位的进位输入信号直接由输入二进制数通过超前进位电路产生，而不需再从最低位开始向高位逐级传递进位信号，故可以加快加法运算的速度。下面以 4 位二进制加法运算为例来具体说明超前进位加法器的工作原理。

一位全加器的进位可写为

$$C_i = A_iB_i + B_iC_{i-1} + A_iC_{i-1} = A_iB_i + C_{i-1}(B_i + A_i) \tag{3.23}$$

令 $P_i = B_i + A_i$ 称为第 $i$ 位的进位传输项，$G_i = B_iA_i$ 称为第 $i$ 位的进位产生项，则 4 位加法器中第 0 位的进位输出为

$$C_0 = A_0B_0 + B_0C_{-1} + A_0C_{-1} = A_0B_0 + C_{-1}(B_0 + A_0) = G_0 + P_0C_{-1} \tag{3.24}$$

第 1 位的进位输出为

$$C_1 = A_1B_1 + C_0(B_1 + A_1) = G_1 + P_1C_0 \tag{3.25}$$

将式(3.24)代入 $C_1$ 的表达式得到式(3.26)，即

$$C_1 = A_1B_1 + C_0(B_1 + A_1) = G_1 + P_1(G_0 + P_0C_{-1}) \tag{3.26}$$

同理，可得到第 2 位、第 3 位的进位输出表达式分别为式(3.27)、式(3.28)，即

$$C_2 = A_2B_2 + C_1(B_2 + A_2) = G_2 + P_2[G_1 + P_1(G_0 + P_0C_{-1})] \tag{3.27}$$

$$C_3 = A_3B_3 + C_2(B_3 + A_3) = G_3 + P_3\{G_2 + P_2[G_1 + P_1(G_0 + P_0C_{-1})]\} \quad (3.28)$$

当两个 4 位二进制数 $A_3A_2A_1A_0$、$B_3B_2B_1B_0$ 及最低进位输入 $C_{-1}$(通常 $C_{-1}=0$)确定后，根据式(3.24)、式(3.26)、式(3.27)、式(3.28)就可以确定超前进位电路中的进位输出信号。图 3.32 所示的是 4 位超前进位加法器的逻辑图，图 3.33 是 4 位超前进位加法器 74LS283 的逻辑图形符号。

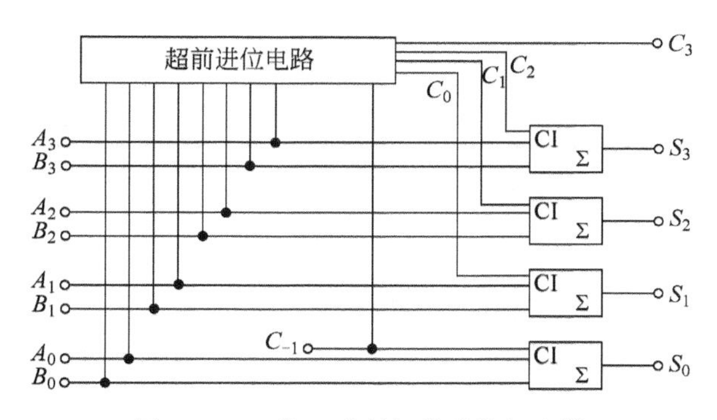


图 3.32　4 位二进制超前进位加法器

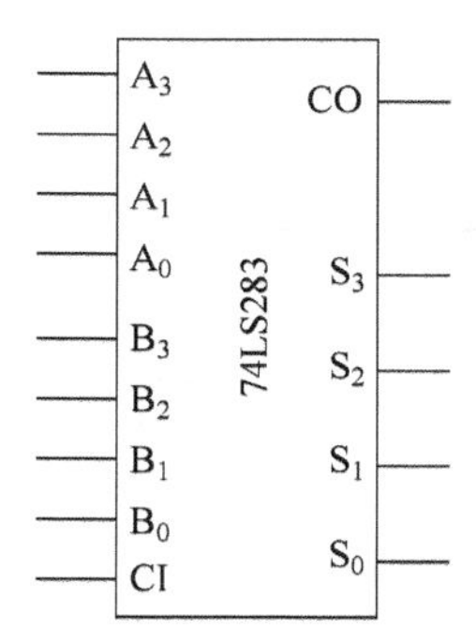


图 3.33　4 位超前进位加法器 74LS283 的逻辑图形符号

**3. 用加法器设计组合逻辑电路**

**例 3.8**　试用两片 74LS283 构成 8 位二进制数加法器。

**【解】**　按照加法的规则，低 4 位的进位输出 $C_0$ 应接高 4 位的进位输入 $C_4$，而低 4 位的进位输入应接 0。逻辑图如图 3.34 所示。

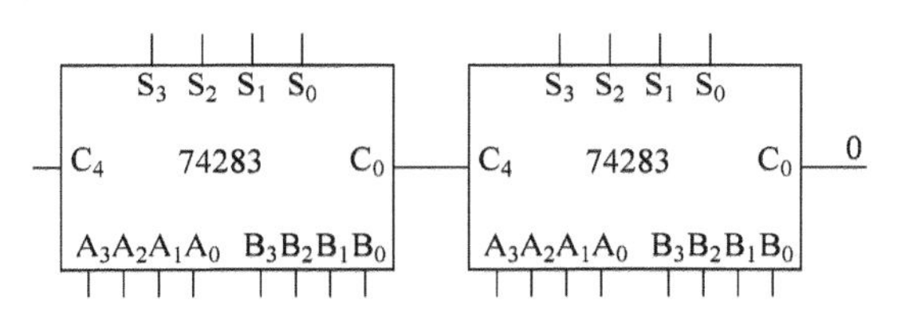


图 3.34　例 3.8 图

## 3.3.6　数值比较器

在数字系统和计算机中，经常需要比较两个数字的大小，完成这一功能的逻辑电路称为数值比较器。

**1. 一位数值比较器**

设 $A_i$、$B_i$ 为输入的一位二进制数，$L_i$、$G_i$、$M_i$ 为 $A_i$ 与 $B_i$ 比较产生大于、等于、小于 3 种结果的输出信号。根据两个二进制数的比较情况可列出真值表 3.14。

由真值表，可得到 3 种比较结果对应的输出逻辑表达式为

$$L_i = A\overline{B} \quad (3.29)$$

$$G_i = \overline{\overline{A}B + A\overline{B}} \quad (3.30)$$

$$M_i = \overline{A}B \quad (3.31)$$

根据式(3.29)、式(3.30)和式(3.31)，画出一位数值比较器的逻辑电路图和框图，如图3.35所示。

**表3.14　一位数值比较器的真值表**

| $A_i$ | $B_i$ | $M_i$ | $G_i$ | $L_i$ |
|---|---|---|---|---|
| 0 | 0 | 0 | 1 | 0 |
| 0 | 1 | 1 | 0 | 0 |
| 1 | 0 | 0 | 0 | 1 |
| 1 | 1 | 0 | 1 | 0 |

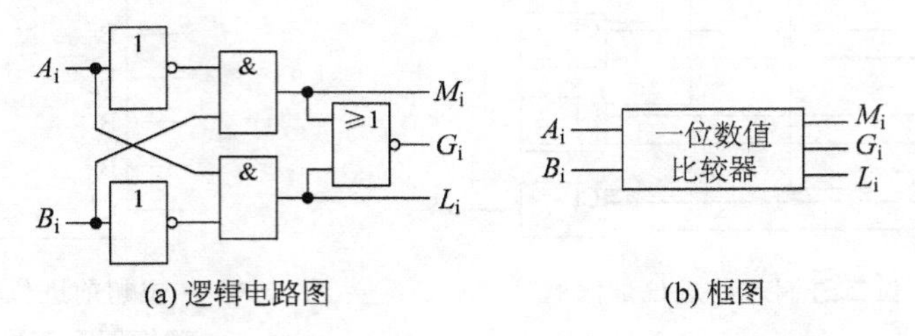


(a) 逻辑电路图　　(b) 框图

图3.35　一位数值比较器的逻辑电路图和框图

**2. 多位数值比较器**

在比较两个多位数的大小时，必须自高而低地逐级比较，而只有在高位相等时，才需比较低位。

设两个4位二进制数为$A=A_3A_2A_1A_0$、$B=B_3B_2B_1B_0$，因此4位数值比较器有8个数值输入信号；同样$A$与$B$比较有3种结果，即大于、等于、小于，对应3个输出信号，分别为$L$、$G$、$M$。

1) $A>B$的情况分析

如果要$A>B$，必须$A_3>B_3$；或者$A_3=B_3$且$A_2>B_2$；或者$A_3=B_3$且$A_2=B_2$且$A_1>B_1$；或者$A_3=B_3$且$A_2=B_2$且$A_1=B_1$且$A_0>B_0$。

设定$A$、$B$的第$i$位($i=0,1,2,3$)二进制数比较结果大于、等于、小于用$L_i$、$G_i$、$M_i$表示，则$L_i$、$G_i$、$M_i$的表达式可由式(3.32)、式(3.33)、式(3.34)得到，即

$$L = L_3 + G_3L_2 + G_3G_2L_1 + G_3G_2G_1L_0 \tag{3.32}$$

2) $A=B$的情况分析

如果要$A=B$，必须$A_3=B_3$且$A_2=B_2$且$A_1=B_1$且$A_0=B_0$，所以

$$G = G_3G_2G_1G_0 \tag{3.33}$$

3) $A<B$情况分析

如果要$A<B$，必须$A_3<B_3$；或者$A_3=B_3$且$A_2<B_2$；或者$A_3=B_3$且$A_2=B_2$且$A_1<B_1$；或者$A_3=B_3$且$A_2=B_2$且$A_1=B_1$且$A_0<B_0$，则

$$M = M_3 + G_3M_2 + G_3G_2M_1 + G_3G_2G_1M_0 \tag{3.34}$$

另外，也可以由排除法推导出：如果$A$不大于、不等于$B$，则$A<B$。由此得出$M$的表达式为

$$M = \overline{LG} = \overline{L} + \overline{G} \tag{3.35}$$

4）4 位数值比较器的逻辑框图

根据式(3.32)、式(3.33)、式(3.35)可画出 4 位数值比较器的逻辑框图，如图 3.36 所示。

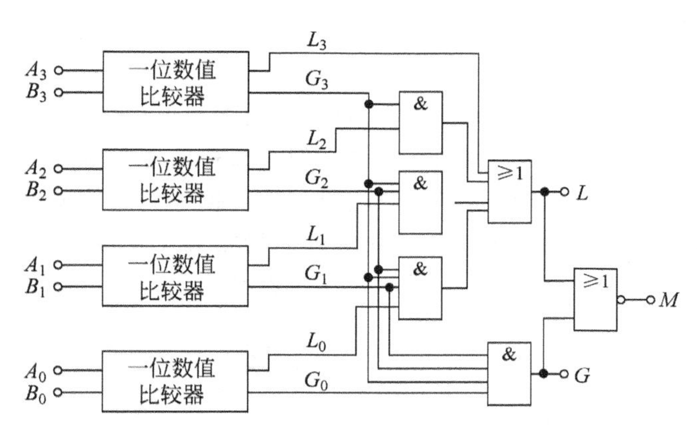

图 3.36 4 位数值比较器逻辑框图

**例 3.9** 试用数值比较器实现表 3.15 所示电路。

**表 3.15 例 3.9 题表**

| *A B C D* | $F_1$ $F_2$ $F_3$ | *A B C D* | $F_1$ $F_2$ $F_3$ | *A B C D* | $F_1$ $F_2$ $F_3$ |
|---|---|---|---|---|---|
| 0 0 0 0 | 1 0 0 | 1 0 0 0 | 0 0 1 | 1 0 0 1 | 0 0 1 |
| 0 0 0 1 | 1 0 0 | 0 1 0 1 | 1 0 0 | 1 0 1 0 | 0 0 1 |
| 0 0 1 0 | 1 0 0 | 0 1 1 0 | 0 1 0 | 1 0 1 1 | 0 0 1 |
| 0 0 1 1 | 1 0 0 | 0 1 1 1 | 0 0 1 | 1 1 0 0 | 0 0 1 |
| 0 1 0 0 | 1 0 0 | | | | |

【解】 若把 $A$、$B$、$C$、$D$ 看成二进制数时，$ABCD=0110$ 时，$F_2=1$；$ABCD<0110$ 时，$F_1=1$；$ABCD>0110$ 时，$F_3=1$。

上述分析结果是 $ABCD$ 与二进制 0110 比较得出的。

因此选用 4 位二进制数值比较器较为方便。

令 $A_3A_2A_1A_0=ABCD$，$B_3B_2B_1B_0=0110$。

$A<B$ 时为 $F_1$；$A=B$ 时为 $F_2$；$A>B$ 时为 $F_3$。电路图如图 3.37 所示。

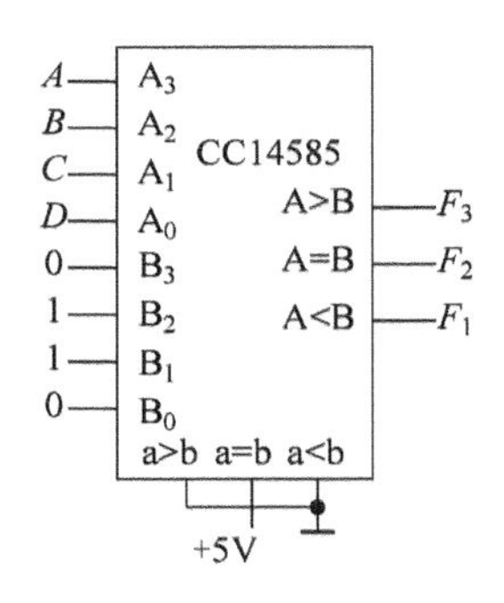

图 3.37 例 3.9 电路

## 3.3.7 奇偶校验器

在计算机系统中，CPU 和存储器之间的数据交换必须无错地完成。但是，诸如噪声、瞬态信号以至坏的存储位等问题可能造成在数据和指令的传送中出现差错。例如，在一个大的 DRAM 阵列中某个存储单元的某一位可能是坏的，并总粘贴在逻辑 0 电平上。这时，如果写入这一位数据的逻辑电平是 0，则将不会出现问题；但是，如果写入的是 1，则读出的值总是 0。为了提高 CPU 和存储器之间信息传送的可靠性，可在每个数据字节上增加一个奇偶校验位。在远距离传送数据时，也可以通过增加一个奇偶校验位来判别是否有传送错误。奇偶校验器就是能自动检验数据信息传送过程中是否出现一位误传的逻辑电路。

奇偶校验原理：在有效信息序列中插进一位不带信息的多余码元，利用它的存在使所有码字中"1"码元的个数保持为奇数或偶数。在传输过程中，若它的奇偶性发生变化，则可被专用的检测电路检测出来。

奇偶校验的基本方法就是在待发送的有效数据位之外再增加一位奇偶校验位（又称监督码）。利用这一位将待发送的数据代码中含 1 的个数补成奇数（当采用奇校验）或者补成偶数（当采用偶校验），形成传输码。在接收端通过检查接收到的传输码中 1 的个数的奇偶性判断传输过程中是否有误传现象。传输正确则向接收端发出接收命令，否则拒绝接收或发出报警信号。这一过程可用图 3.38 所示的框图表示。

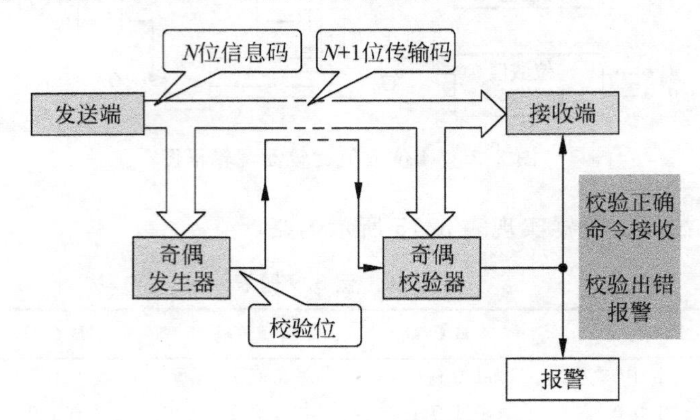


图 3.38 奇偶校验原理框图

下面以常见的 8 位奇偶校验器为例来具体说明奇偶校验器的工作原理。图 3.39 是 8 位奇偶校验器 74LS180 的逻辑电路，$S_{OD}$和 $S_E$是奇偶控制端，$W_{OD}$是奇校验输出端，$W_E$是偶校验输出端。

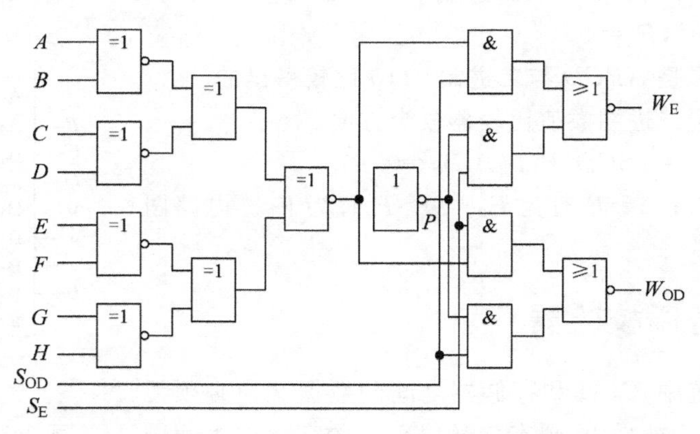


图 3.39 8 位奇偶校验器 74LS180 的逻辑电路

其中，

$$\begin{aligned} P &= \overline{A \oplus B} \oplus \overline{C \oplus D} \oplus \overline{E \oplus F} \oplus \overline{G \oplus H} \\ &= A \oplus B \oplus C \oplus D \oplus E \oplus F \oplus G \oplus H \end{aligned} \tag{3.36}$$

$$W_E = \overline{\overline{P} \cdot S_{OD} + P \cdot S_E} \tag{3.37}$$

$$W_{OD} = \overline{P \cdot S_{OD} + \overline{P} \cdot S_E} \tag{3.38}$$

由该逻辑表达式可列出表3.16所示的逻辑真值表。

**表3.16　74LS180的功能表**

| 输　入 | | | 输　出 | |
|---|---|---|---|---|
| A—H中1的个数 | $S_E$ | $S_{OD}$ | $W_E$ | $W_{OD}$ |
| 偶数 | 1 | 0 | 1 | 0 |
| 奇数 | 1 | 0 | 0 | 1 |
| 偶数 | 0 | 1 | 0 | 1 |
| 奇数 | 0 | 1 | 1 | 0 |
| × | 1 | 1 | 0 | 0 |
| × | 0 | 0 | 1 | 1 |

# 3.4　组合逻辑电路的设计

## 3.4.1　设计方法

根据实际逻辑问题,求出所要求的逻辑功能的最简单逻辑电路,称为组合逻辑电路的设计。它是组合逻辑电路分析的逆过程,其设计步骤如下:

(1) 逻辑抽象。根据实际逻辑问题的因果关系确定输入、输出变量,并定义逻辑变量的含义。逻辑要求的文字描述一般很难做到全面而确切,往往需要对题意反复分析,进行逻辑抽象,这是一个很重要的过程,是建立逻辑问题真值表的基础。

(2) 根据逻辑描述列出真值表。列真值表时,不会出现或不允许出现的输入信号状态组合和输入变量取值组合可以不列出,如果列出,则可在相应输出处标上"×"符号,以示区别,化简时可作约束项处理。

(3) 由真值表写出逻辑表达式并化简。可以用代数法或卡诺图法将所得的函数化为最简与或表达式,对于一个逻辑电路,在设计时尽可能使用最少数量的逻辑门,逻辑门变量数也应尽可能少,还应根据题意变换成适当形式的表达式。

(4) 根据逻辑表达式画出逻辑电路图。

## 3.4.2　设计举例

### 1. 单输出组合逻辑电路的设计

**例3.10**　射击游戏。每人打3枪,一枪打鸟,一枪打鸡,一枪打兔子。规则:打中两枪得奖(其中有一枪必须是鸟)。

**【解】**　(1) 分析设计要求,列出真值表。设$A$、$B$、$C$分别表示:$A$—打中鸟、$B$—打中鸡、$C$—打中兔子。若打中记为1,未打中则记为0。由此可列出表3.17所示的真值表。

表 3.17　例 3.10 真值表

| 输　入 | | | 输　出 | 输　入 | | | 输　出 |
|---|---|---|---|---|---|---|---|
| **A** | **B** | **C** | **Z** | **A** | **B** | **C** | **Z** |
| 0 | 0 | 0 | 0 | 1 | 0 | 0 | 0 |
| 0 | 0 | 1 | 0 | 1 | 0 | 1 | 1 |
| 0 | 1 | 0 | 0 | 1 | 1 | 0 | 1 |
| 0 | 1 | 1 | 0 | 1 | 1 | 1 | 1 |

(2) 由真值表写出逻辑表达式并化简。

$$\begin{aligned} Z &= A\bar{B}C + AB\bar{C} + ABC \\ &= AC + AC \\ &= \overline{\overline{AC} \cdot \overline{AB}} \end{aligned} \tag{3.39}$$

(3) 根据逻辑表达式画出逻辑电路图，如图 3.40 所示。

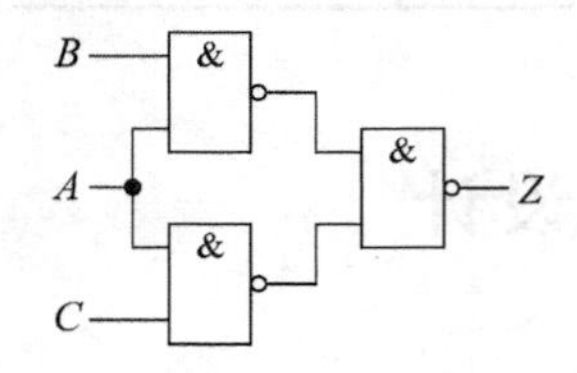


图 3.40　例 3.10 的逻辑电路

**例 3.11**　设计一个 $A$、$B$、$C$ 3 人表决电路。当表决某个提案时，多数人同意，提案通过，同时 $A$ 具有否决权。用与非门实现。

**【解】** (1) 分析设计要求，列出真值表。

设 $A$、$B$、$C$ 3 个人表决同意提案时用 1 表示，不同意时用 0 表示；$F$ 为表决结果，提案通过用 1 表示，通不过用 0 表示，同时还应考虑 $A$ 具有否决权。由此可列出表 3.18 所示的真值表。

表 3.18　例 3.11 真值表

| 输　入 | | | 输　出 |
|---|---|---|---|
| **A** | **B** | **C** | **F** |
| 0 | 0 | 0 | 0 |
| 0 | 0 | 1 | 0 |
| 0 | 1 | 0 | 0 |
| 0 | 1 | 1 | 0 |
| 1 | 0 | 0 | 0 |
| 1 | 0 | 1 | 1 |
| 1 | 1 | 0 | 1 |
| 1 | 1 | 1 | 1 |

(2) 将输出逻辑函数化简后，变换为与非表达式。

用图 3.41 所示的卡诺图进行化简，由图可得

$$F = AC + AB \tag{3.40}$$

将式(3.40)变换成与非表达式为

$$F=\overline{\overline{AC}\cdot\overline{AB}} \tag{3.41}$$

(3) 根据输出逻辑函数式画出逻辑图,如图3.42所示。

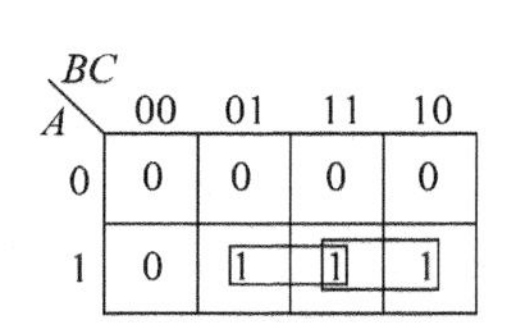


图3.41　例3.11的卡诺图

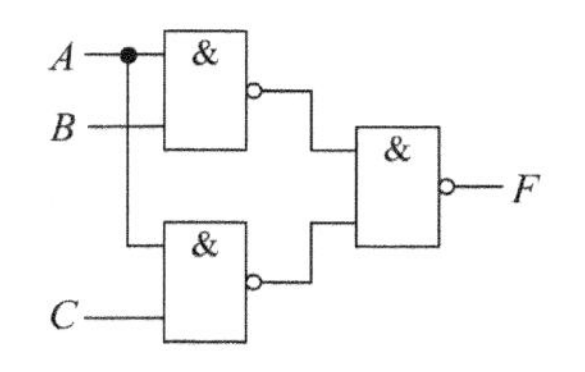


图3.42　例3.11的逻辑电路

**2. 多输出组合逻辑电路的设计**

**例3.12**　某工厂有 $A$、$B$、$C$ 3个车间,各需电力10kW,由厂变电所的 $X$、$Y$ 两台变压器供电。其中 $X$ 变压器的功率为13kW,$Y$ 变压器的功率为25kW。为合理供电,需设计一个送电控制电路。

**【解】**　(1) 分析设计要求,列真值表。

设 $A$、$B$、$C$ 为输入变量,$X$、$Y$ 为输出逻辑函数。

$A$、$B$、$C$ 工作用1表示,不工作用0表示;送电用1表示,不送电用0表示。

则3个车间的工作情况及变压器是否供电列于真表中,如表3.19所示(一个车间工作时,$X$ 供电,两个车间工作时,由 $Y$ 供电,3个车间同时工作时,$X$、$Y$ 同时送电)。

**表3.19　例3.12真值表**

| A | B | C | X | Y | A | B | C | X | Y |
|---|---|---|---|---|---|---|---|---|---|
| 0 | 0 | 0 | 0 | 0 | 1 | 0 | 0 | 1 | 0 |
| 0 | 0 | 1 | 1 | 0 | 1 | 0 | 1 | 0 | 1 |
| 0 | 1 | 0 | 1 | 0 | 1 | 1 | 0 | 0 | 1 |
| 0 | 1 | 1 | 0 | 1 | 1 | 1 | 1 | 1 | 1 |

(2) 写出逻辑表达式并化简。

由真值表就能很方便地写出逻辑表达式为

$$X=\overline{A}\,\overline{B}C+\overline{A}B\overline{C}+A\overline{B}\,\overline{C}+ABC \tag{3.42}$$

$$Y=\overline{A}BC+A\overline{B}C+AB\overline{C}+ABC \tag{3.43}$$

对式(3.42)、式(3.43)化简、变换得

$$\begin{aligned}X&=\overline{A}\,\overline{B}C+\overline{A}B\overline{C}+A\overline{B}\,\overline{C}+ABC\\&=\overline{A}(\overline{B}C+B\overline{C})+A(\overline{B}\,\overline{C}+BC)\\&=\overline{A}(B\oplus C)+A(\overline{B\oplus C})\\&=A\oplus B\oplus C\end{aligned} \tag{3.44}$$

$$\begin{aligned}Y&=\overline{A}BC+A\overline{B}C+AB\overline{C}+ABC\\&=AB+BC+CA\\&=\overline{\overline{AB}\cdot\overline{BC}\cdot\overline{CA}}\end{aligned} \tag{3.45}$$

(3) 画出逻辑电路图,如图 3.43 所示。

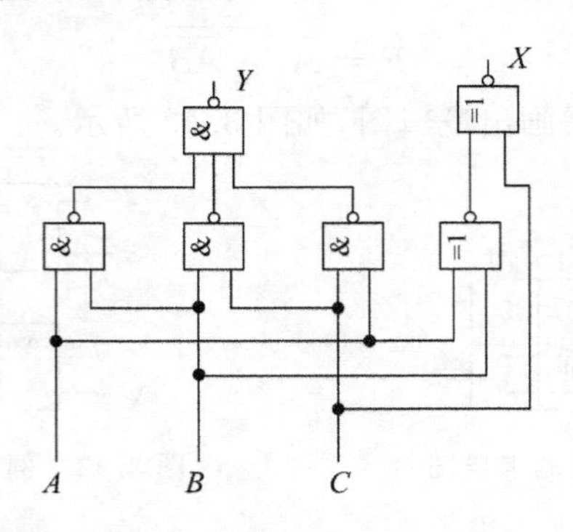


图 3.43 例 3.12 逻辑电路

# 3.5 组合逻辑电路中的竞争和冒险

## 3.5.1 产生竞争冒险现象的原因

### 1. 竞争冒险现象

前面讨论组合逻辑电路的工作时,都是在输入/输出处于稳定的状态下进行的。实际上,由于电路的延迟,使逻辑电路在信号变化的瞬间可能出现错误的逻辑输出,从而引起逻辑混乱。通常,把这种现象称为竞争冒险。了解这种现象的原因,并在电路的设计和调试中加以避免,对数字系统的设计者而言是非常必要的。

### 2. 产生竞争冒险现象的原因

在组合逻辑电路中,若到达某个门电路输入端的两信号是通过两条或两条以上途径传输的,由于每条途径的传输延迟时间不同,信号达到该门电路的时间就有先有后,即信号会产生“竞争”。在图 3.44(a)中,$A$ 信号有一条传输路径是经过 $G_1$、$G_2$ 两个门达到 $G_4$ 门输入端的,同时 $A$ 信号的另一条传输路径是经过 $G_3$ 门到达 $G_4$ 门输入端的。若 $G_1$～$G_4$ 这 4 个门的平均延迟时间 $t_{pd}$ 相同,则 $A_2$ 信号先于 $A_1$ 信号到达 $G_4$ 门的输入端;若 $G_1$、$G_2$ 两个门的传输时间较短,而 $G_3$ 门的传输时间较长,则有可能 $A_2$ 信号落后于 $A_1$ 信号到达 $G_4$ 门的输入端,从而产生竞争现象。

在图 3.44(b)中,理想情况下 $F=\overline{A\cdot\overline{A}}=1$,但由于 $A_2$、$A_1$ 延迟时间不同,即 $A_2$ 信号落后于 $A_1$ 信号到达 $G_4$ 门的输入端,输出波形 $F$ 产生了一个负脉冲,这就是说电路产生了“干扰脉冲”。

如果将图 3.44(a)中的 $G_4$ 门换成或非门,在理想情况下 $F=\overline{A+\overline{A}}=0$。但同样由于 $A_2$、$A_1$ 延迟时间不同,则输出波形 $F$ 产生了一个正干扰脉冲,如图 3.44(c)所示。此现象即为电路产生了“冒险”。由以上的分析可知,冒险的产生主要由 $A\cdot\overline{A}$、$A+\overline{A}$ 引起的。

冒险的危害在于它可能使后接的时序电路产生错误操作。因而,有时要设法消除竞争冒险或尽量消除竞争冒险带来的危害。

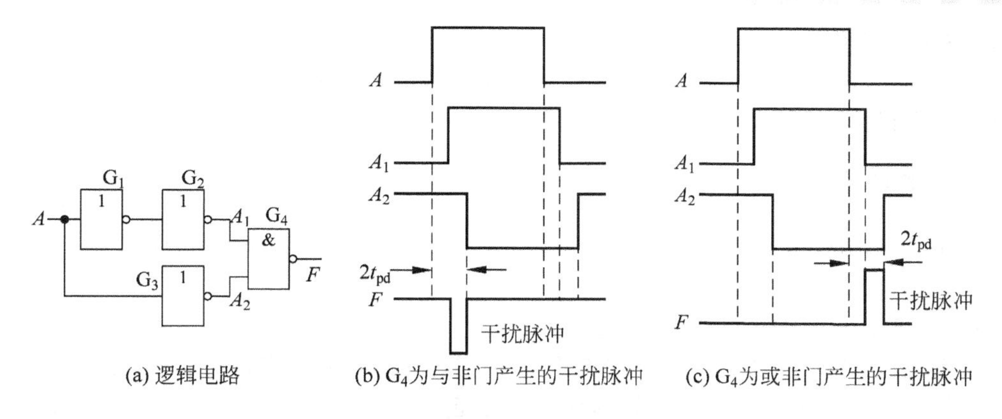


图 3.44　产生竞争冒险现象的原因

## 3.5.2　险象的识别和消除方法

### 1. 险象的识别

在输入变量只有一个 $X$ 改变状态的情况下，当逻辑电路的输出表达式在一定的输入取值下可化为 $L=\overline{X}X$ 或者 $L=X+\overline{X}$ 的形式时，$X$ 的改变将会引起险象。下面介绍几种常用的识别方法。

1）代数法

代数法是通过电路的逻辑表达式来检查电路中是否存在险象的方法。检查是否存在某个变量 $X$，它同时以原变量和反变量的形式出现在函数表达式中；如果上述现象存在，则检查表达式是否可在一定条件下成为 $X+X$ 或者 $X \cdot X$ 的形式，若能则说明与函数表达式对应的电路可能产生险象。

**例 3.13**　试判断电路 $F=\overline{A}\overline{C}+\overline{A}B+AC$ 是否可能产生险象。

**【解】**　变量 $A$ 和 $C$ 具备竞争的条件，应分别进行检查。

检查 $C$：

$$BC=00 \quad F=\overline{A}$$
$$BC=01 \quad F=A$$
$$BC=10 \quad F=\overline{A}$$
$$BC=11 \quad F=A+\overline{A}$$

故 $C$ 发生变化时不会产生险象。

检查 $A$：

$$BC=00 \quad F=\overline{A}$$
$$BC=01 \quad F=A$$
$$BC=10 \quad F=\overline{A}$$
$$BC=11 \quad F=A+\overline{A}$$

故当 $B=C=1$ 时，$A$ 的变化可能使电路产生险象。

2）卡诺图法

当描述电路的逻辑函数为“与或”式时，可采用卡诺图来判断是否存在险象。其方法是观察是否存在"相切"的卡诺图，若存在则可能产生险象。

如图 3.45 所示，在电路 $F=\overline{A}D+\overline{A}C+AB\overline{C}$ 的卡诺图中相邻最小项 $\overline{A}B\overline{C}D$ 与 $AB\overline{C}D$ 不被同一卡诺圈所包含，因此当 $B=D=1$ 时，$C=0$ 时，电路可能由于 $A$ 的变化而产生险象。

**2. 险象的消除**

险象应该消除，否则会影响电路的工作。产生竞争冒险的原因不同，排除的方法也各有差异。

1）用增加冗余项的方法消除险象

在表达式中"加"上多余的"与项"或者"乘"上多余的"或项"，使原函数不可能在某种条件下再出现 $X+\overline{X}$ 或者 $X\cdot\overline{X}$ 的形式，从而消除可能产生的险象。如逻辑表达式 $L=A\overline{B}+\overline{A}C$，当 $B=0$ 且 $C=1$ 时，$L=A+\overline{A}$，可能存在竞争冒险；如果加上冗余项，使当 $B=0$ 且 $C=1$ 时 $L=A+\overline{A}+1=1$，则可以消除竞争冒险。由逻辑代数相关定理知 $L=A\overline{B}+\overline{A}C=A\overline{B}+\overline{A}C+\overline{B}C$，即加上冗余项 $\overline{B}C$ 后，当 $B=0$ 且 $C=1$ 时 $L=A+\overline{A}+1=1$，可消除竞争冒险。

还可以通过在卡诺图中增加卡诺圈以消除"相切"的方法来消除险象。对于逻辑表达式 $L=A\overline{B}+\overline{A}C+A\overline{C}$，其卡诺图如图 3.46 所示。由于存在两个相切的卡诺圈，故存在竞争冒险现象。若在卡诺图上增加一个多余项 $\overline{B}C$ 使相切的两卡诺圈相交，此时表达式将变为 $L=A\overline{B}+\overline{A}C+\overline{B}C+A\overline{C}$，消除了竞争冒险。

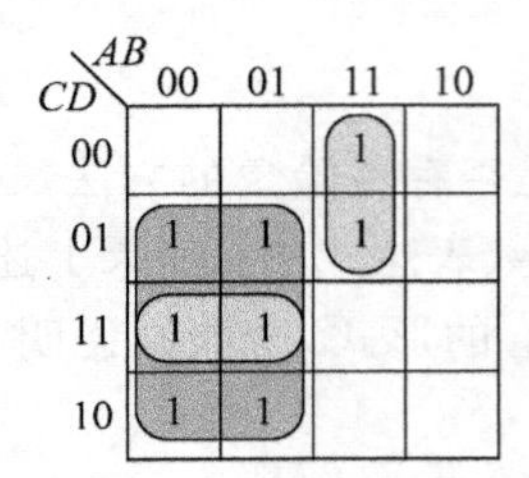

图 3.45 用卡诺图法判断险象

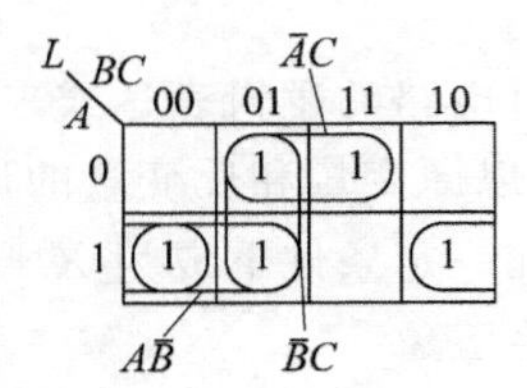

图 3.46 用卡诺图法消除竞争冒险

2）引入封锁脉冲

为了消除竞争冒险引起的尖峰脉冲，可在可能引起竞争冒险的门电路输入端引入封锁脉冲，在可能发生竞争冒险期间，封锁信号通过门电路，当输入信号稳定后，允许输入信号通过门电路。一般地，封锁脉冲宽度应大于输入信号，从一个稳定状态过渡到另一个稳定状态的时间，如图 3.47 所示。图中输入信号 $P$ 即为封锁脉冲。

3）引入选通脉冲

在可能引起竞争冒险的门电路输入端引入选通脉冲也可以消除由于竞争冒险引起的尖峰脉冲。选通脉冲作用在输出状态已经从一个状态过渡到另一个新的稳定状态之后，如图 3.48 所示。此时 $L$ 输出信号变为脉冲形式，在选通脉冲作用期间，输出才有效。

4）增加惯性延时环节

由于竞争冒险所引起的是尖峰脉冲，脉宽很窄，因此，可以在门电路的输出端加一个惯性延时环节，通常是 $RC$ 滤波器，来消除尖峰脉冲，如图 3.49 所示。使用此方法时要适当选择时间常数($t=RC$)，要求 $t$ 足够大，以便"削平"尖脉冲；但又不能太大，以免使正常的输出发生畸变。

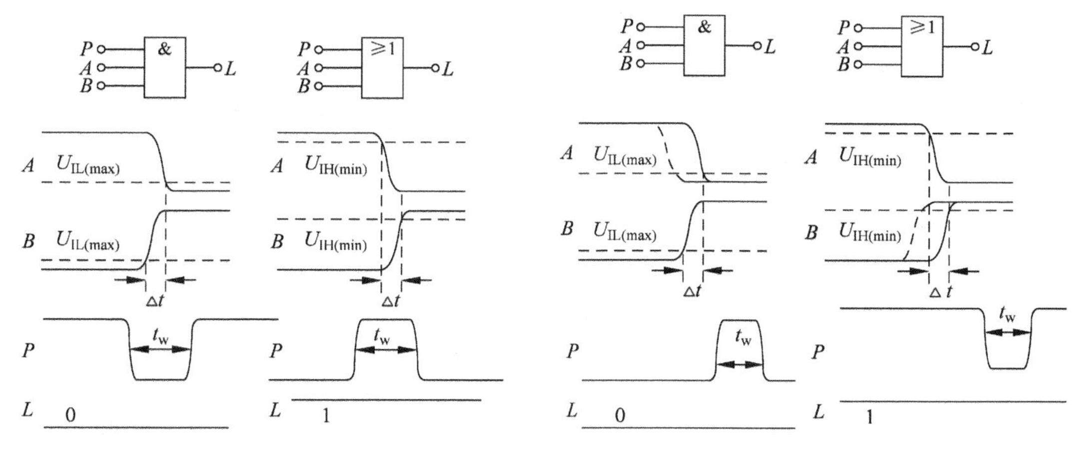


图 3.47 封锁脉冲法消除竞争冒险　　图 3.48 脉冲选通法消除竞争冒险

另外，还可以采用可靠性编码等方法避免险象，如格雷码。格雷码在任一时刻只有一位代码发生变化。因此，在系统设计中需要自己选定码制时，在其他条件合适的前提下，若选择格雷码，可大大减少产生竞争冒险的可能性。

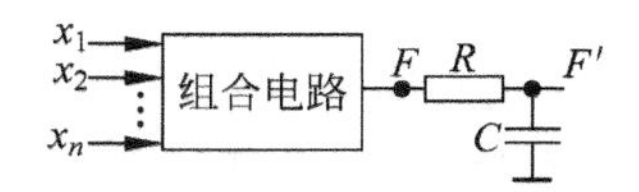


图 3.49 接入惯性延迟环节消除竞争冒险

## 习题

3.1 写出如题图 3.1 所示各电路的逻辑表达式，并化简之。

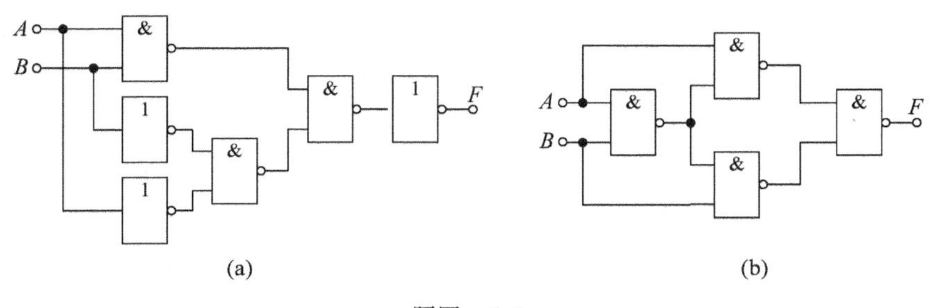


题图 3.1

3.2 分析题图 3.2 所示两个逻辑电路的逻辑功能是否相同？要求写出逻辑表达式，列出真值表。

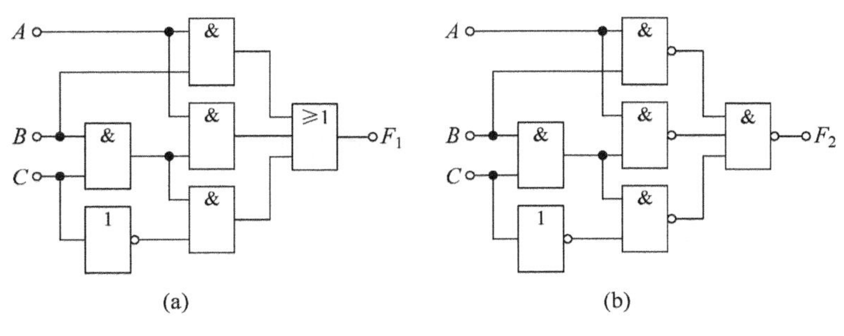


题图 3.2

3.3　用与非门设计 4 变量的多数表决电路。当输入变量 $A$、$B$、$C$、$D$ 有 3 个或 3 个以上为 1 时，输出为 1；输入为其他状态时，输出为 0。

3.4　写出题图 3.4 所示各电路输出信号的逻辑表达式，并说明电路的逻辑功能。

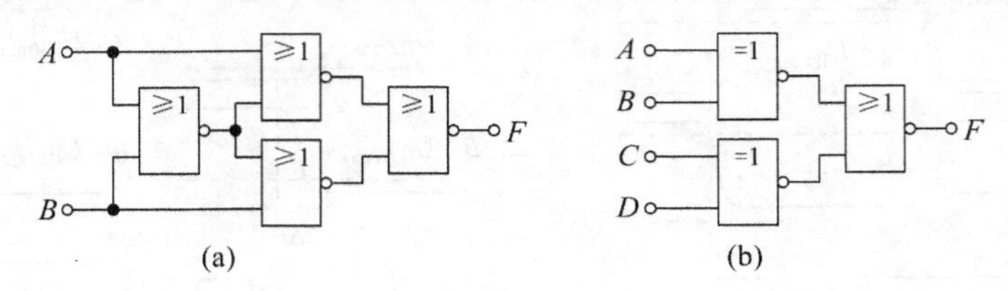


题图　3.4

3.5　某车间有 3 台机床 $A$、$B$、$C$，要求 $A$ 工作则 $C$ 必须工作，$B$ 工作则 $C$ 也必须工作，$C$ 不可以独立工作，如不满足上述要求则发出报警信号。设机床工作及发出报警信号均用 1 表示，试用与非门组成发出报警信号的逻辑电路。

3.6　某车间有 4 台电动机 $A$、$B$、$C$、$D$，要求电动机 $A$ 必须开机，其他 3 台电动机中至少有两台开机，如不满足上述要求则指示灯熄灭。设电动机开机及指示灯亮均用 1 表示，试用与非门组成指示灯亮的逻辑电路。

3.7　某公司有 3 个股东 $A$、$B$、$C$，分别占有 50%、30% 和 20% 的股份。试用与非门设计一个 3 输入 3 输出的表决电路，用于开会时按股份大小计分输出表决结果。设赞成、平局和否决分别用 $X$、$Y$ 和 $Z$ 表示，股东赞成和输出结果均用 1 表示。

3.8　题图 3.8 所示为用 3/8 线译码器 74LS138 和与非门组成的逻辑电路，试写出输出函数 $F$ 的逻辑表达式，列出真值表，并说明电路的逻辑功能。

3.9　题图 3.9 所示为用 8 选 1 数据选择器 74LS151 组成的逻辑电路，试写出输出函数 $F$ 的逻辑表达式，列出真值表，并说明电路的逻辑功能。

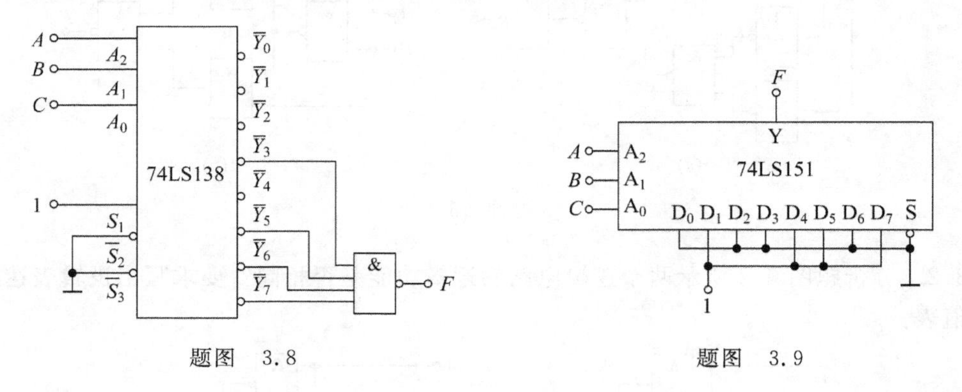


题图　3.8　　　　题图　3.9

3.10　试用 3/8 线译码器 74LS138 实现逻辑函数 $F=\bar{A}B+\bar{B}C$。

3.11　试用 4 选 1 数据选择器 74LS153 实现逻辑函数 $F=\bar{A}B+BC$。

3.12　试用 8 选 1 数据选择器 74LS151 实现逻辑函数 $F=\bar{B}C+AB$。

3.13　分别用与非门设计能实现下列功能的组合逻辑电路。输入是两个 2 位二进制数 $A=A_1A_0$、$B=B_1B_0$。

(1) $A$ 和 $B$ 的对应位相同时输出为 1，否则输出为 0。

(2) $A$ 和 $B$ 的对应位相反时输出为 1,否则输出为 0。

(3) $A$ 和 $B$ 都为奇数时输出为 1,否则输出为 0。

(4) $A$ 和 $B$ 都为偶数时输出为 1,否则输出为 0。

(5) $A$ 和 $B$ 一个为奇数而另一个为偶数时输出为 1,否则输出为 0。

3.14　试设计一个温度控制电路,其输入为 4 位二进制数 $ABCD$,代表检测到的温度,输出为 $X$ 和 $Y$,分别用来控制暖风机和冷风机的工作。当温度不高于 5 时,暖风机工作,冷风机不工作;当温度不低于 10 时,冷风机工作,暖风机不工作;当温度介于 5～10 之间时,暖风机和冷风机都不工作。

3.15　试为某水坝设计一个水位报警控制器,设水位高度用 4 位二进制数 $A$～$D$ 提供,输出报警信号用白、黄、红 3 个指示灯表示。当水位上升到 8m 时,白指示灯开始亮;当水位上升到 10m 时,黄指示灯开始亮;当水位上升到 12m 时,红指示灯开始亮,其他灯灭。试用或非门设计此报警器的控制电路。

3.16　用红、黄、绿 3 个指示灯表示 3 台设备 $A$、$B$、$C$ 的工作状况:绿灯亮表示 3 台设备全部正常,黄灯亮表示有一台设备不正常,红灯亮表示有两台设备不正常,红、黄灯都亮表示 3 台设备都不正常。试列出控制电路的真值表,并用合适的门电路实现。

3.17　设计一个组合逻辑电路,使其输出信号 $F$ 与输入信号 $A$、$B$、$C$、$D$ 的关系满足题图 3.17 所示的波形图。

3.18　用集成二进制译码器 74LS138 和与非门实现下列逻辑函数。

(1) $F_1 = AC + B\overline{C} + \overline{A}\overline{B}$　　(2) $F_2 = A\overline{B} + AC$

(3) $F_3 = A\overline{C} + A\overline{B} + \overline{A}B + \overline{B}C$　　(4) $F_4 = A\overline{B} + BC + AB\overline{C}$

3.19　用数据选择器 74LS153 分别实现下列逻辑函数。

(1) $F_1 = \overline{A}\overline{B} + AB$　　(2) $F_2 = \overline{A}B + A\overline{B}$

(3) $F_3 = \overline{A}\overline{B}C + AB$　　(4) $F_4 = \overline{A}B + A\overline{C} + A\overline{B}$

3.20　试分析题图 3.20 所示电路中当 $A$、$B$、$C$、$D$ 单独一个改变状态时是否存在竞争—冒险现象?如果存在竞争—冒险现象,那么都发生在其他量为何种取值的情况下?

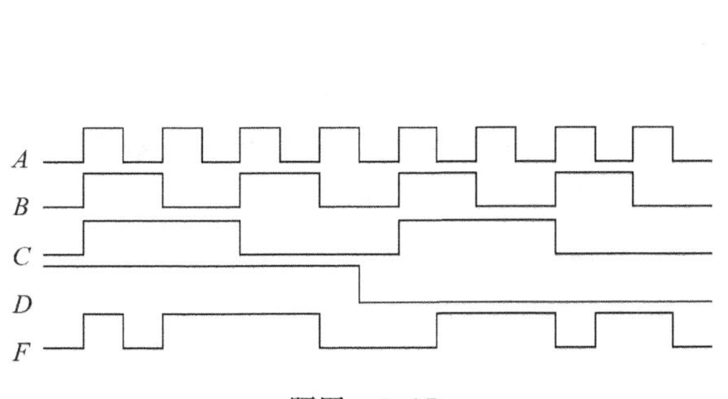

题图　3.17

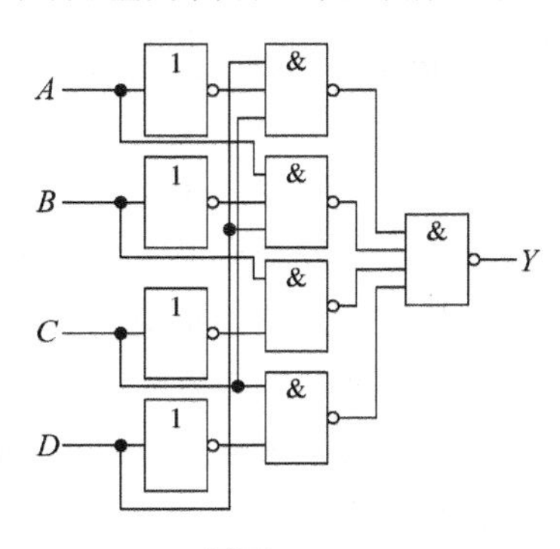

题图　3.20

# 第4章 触发器

在数字系统中，除了需要各种逻辑运算电路外，还需要能保存运算结果的逻辑元件，这就需要具有记忆功能的电路，而触发器就具有这样的功能。它是存储一位二进制信息的基本单元电路。

为了实现记忆一位二进制信息的功能，触发器必须具备以下两个基本特点：

① 具有两个能自行保持的稳定状态，用来表示逻辑状态的0或1，或二进制数0、1。

② 根据不同输入信号可以置成1或0状态。

锁存器和触发器的逻辑功能描述有以下几种方法：特性表、特性方程、状态转换图和波形图（又称时序图）等。

触发器的分类：

- 根据逻辑功能的不同，可将触发器分为RS触发器、D触发器、JK触发器、T触发器等。
- 根据触发方式不同，可将触发器分为电平触发器、脉冲触发器和边沿触发器等。
- 根据电路结构不同，可将触发器分为基本RS触发器、同步触发器、主从触发器和边沿触发器等。

本章将详细介绍各种触发器的结构、工作原理及应用。

## 4.1 基本RS锁存器

锁存器是一种对脉冲电平敏感的存储单元电路，它们可以在特定输入脉冲电平作用下改变状态。而触发器则是一种对脉冲边沿敏感的存储电路，它们只有在作为触发信号的时钟脉冲上升沿或下降沿的变化瞬间才能改变状态，如图4.1所示。

基本RS锁存器又称基本RS触发器，它是各种触发器电路中结构形式最简单的一种。同时，它又是许多复杂电路结构触发器的一个组成部分。

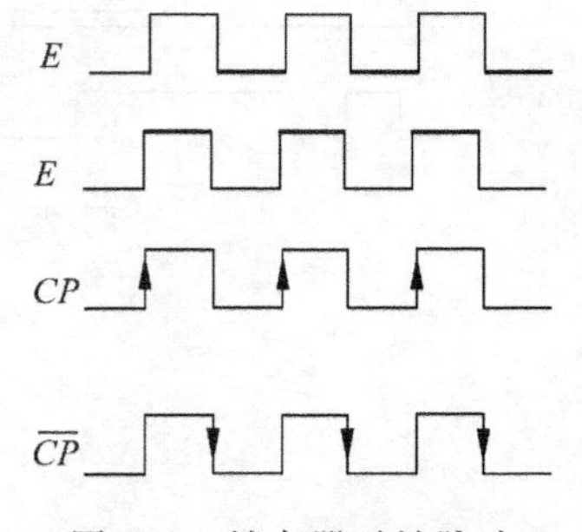

图4.1 锁存器时钟脉冲

### 1. 电路结构与工作原理

电路构成：两个或非门的输入和输出交叉耦合，构成基本RS锁存器，其逻辑电路和图形符号如图4.2所示。

这个电路是以高电平作为输入信号的，所以$S_D$称为置位

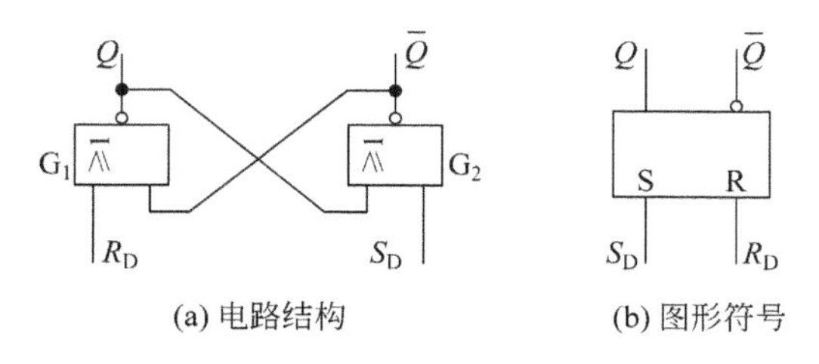


(a) 电路结构　　(b) 图形符号

图 4.2　用或非门组成的基本 RS 锁存器

端或置 1 输入端，$R_D$ 称为复位端或置 0 输入端。$Q$ 和 $\bar{Q}$ 称为输出端，并且定义 $Q=1$，$\bar{Q}=0$ 为锁存器的 1 状态，$Q=0$，$\bar{Q}=1$ 为锁存器的 0 状态。

工作原理：

当 $S_D=1$、$R_D=0$ 时，$Q=1$、$\bar{Q}=0$。在 $S_D=1$ 信号消失以后(即 $S_D$ 回到 0)，由于有 $Q$ 端的高电平接回到 $G_2$ 的另一个输入端，因而电路的 1 状态得以保持。

当 $S_D=0$、$R_D=1$ 时，$Q=0$、$\bar{Q}=1$。在 $R_D=1$ 信号消失以后，电路保持 0 状态不变。

当 $S_D=R_D=0$ 时，电路维持原来的状态不变。

当 $S_D=R_D=1$ 时，$Q=\bar{Q}=0$，这既不是定义的 1 状态，也不是定义的 0 状态。而且，在 $S_D$ 和 $R_D$ 同时回到 0 以后无法断定锁存器将回到 1 状态还是 0 状态。因此，在正常工作时输入信号应该遵守 $S_DR_D=0$ 的约束条件，亦即不允许输入 $S_D=R_D=1$ 的信号。

将上述逻辑关系列成真值表，就得到表 4.1。因为锁存器新的状态 $Q^{n+1}$(也叫次态)不仅与输入状态有关，而且与锁存器原来的 $Q^n$(也叫初态)有关，所以把 $Q^n$称为状态变量，把这种含有状态变量的真值叫做锁存器的特性表。

**表 4.1　或非门组成的基本 RS 锁存器的特性表**

| $R_D$ | $S_D$ | $Q^n$ | $Q^{n+1}$ | 说　明 |
|---|---|---|---|---|
| 0 | 0 | 0 | 0 | 锁存器状态保持原状态不变 |
| 0 | 0 | 1 | 1 | |
| 0 | 1 | 0 | 1 | 锁存器置 1 |
| 0 | 1 | 1 | 1 | |
| 1 | 0 | 0 | 0 | 锁存器置 0 |
| 1 | 0 | 1 | 0 | |
| 1 | 1 | 0 | × | 锁存器的状态不定发生在当 $R_D$ 和 $S_D$ 同时回到 0 以后 |
| 1 | 1 | 1 | × | |

基本 RS 锁存器也可以用与非门构成，如图 4.3 所示。这个电路是以低电平作为输入信号的，所以用$\bar{S}_D$和$\bar{R}_D$分别置 1 输入端和置 0 输入端。在图 4.3(b)所示的图形符号上，用输入端的小圆圈表示用低电平作输入信号，或者叫做低电平有效。表 4.2 是它的特性表。

由于$\bar{S}_D=\bar{R}_D=0$ 时出现非定义的 $Q=\bar{Q}=1$ 状态，而且当$\bar{S}_D$和$\bar{R}_D$同时回到高电平以后锁存器的状态难以确定，所以在正常工作时同样应该遵守 $S_DR_D=0$ 的约束条件，即不应加以$\bar{S}_D=\bar{R}_D=0$ 的输入信号。

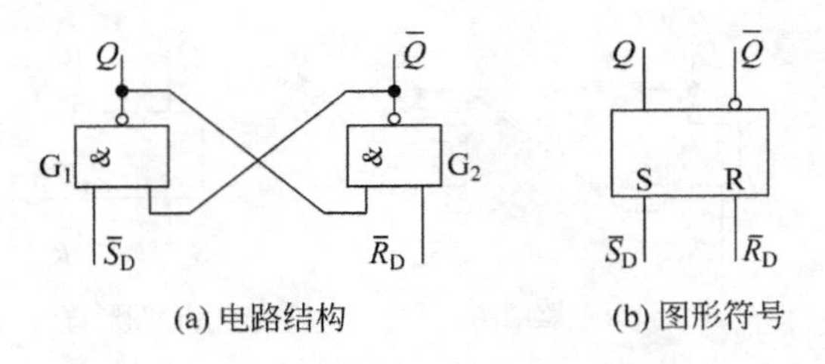


(a) 电路结构　　(b) 图形符号

图 4.3　用与非门组成的 RS 锁存器

**表 4.2　与非门组成的基本 RS 锁存器的特性表**

| $\bar{R}_D$ | $\bar{S}_D$ | $Q^n$ | $Q^{n+1}$ | 说　明 |
|---|---|---|---|---|
| 0 | 0 | 0 | × | 锁存器的状态不定发生在当 $\bar{R}_D$ 和 $\bar{S}_D$ 同时回到 1 以后 |
| 0 | 0 | 1 | × | |
| 0 | 1 | 0 | 0 | 锁存器置 0 |
| 0 | 1 | 1 | 0 | |
| 1 | 0 | 0 | 1 | 锁存器置 1 |
| 1 | 0 | 1 | 1 | |
| 1 | 1 | 0 | 0 | 锁存器保持原状态不变 |
| 1 | 1 | 1 | 1 | |

### 2. 动作特点

由图 4.2(a)和图 4.3(a)可见，在基本 RS 锁存器中，输入信号直接加在输入门上，所以输入信号在全部作用时间里(即$\bar{S}_D$或$\bar{R}_D$为 1 的全部时间)，都能直接改变输入端 $Q$ 和 $\bar{Q}$ 的状态，这就是基本 RS 锁存器的动作特点。

**例 4.1**　在图 4.4(a)所示的基本 RS 锁存器电路中，已知$\bar{S}_D$和$\bar{R}_D$的电压波形如图 4.4(b)所示，试画出 $Q$ 和 $\bar{Q}$ 端对应的电压波形。

**【解】**　实质上这是一个用已知的$\bar{R}_D$和$\bar{S}_D$的状态确定 $Q$ 和 $\bar{Q}$ 状态的问题。只要根据每个时间区间里$\bar{R}_D$和$\bar{S}_D$的状态去查锁存器的特性表，即可找出 $Q$ 和 $\bar{Q}$ 的相应状态，并画出

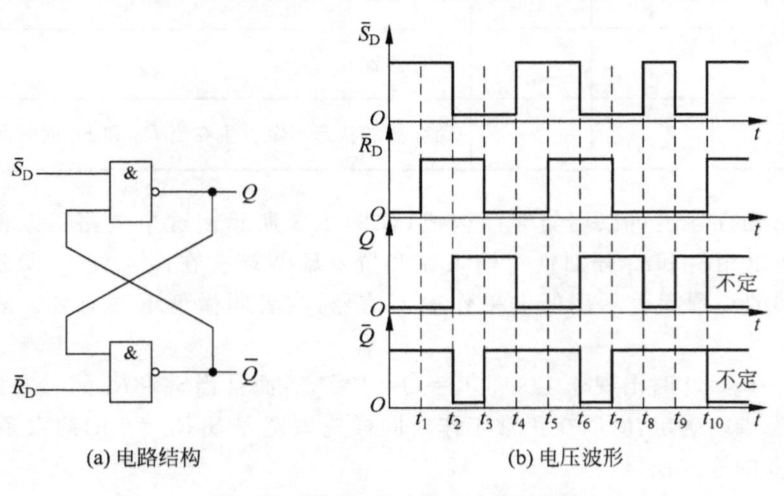


(a) 电路结构　　(b) 电压波形

图 4.4　例 4.1 的电路和电压波形

它们的波形图。

对于这样简单的电路，从电路图上也能直接画出 $Q$ 和 $\bar{Q}$ 端的波形图，而不必去查特性表。

从图 4.4(b)所示的波形图上可以看到，虽然在 $t_3-t_4$ 和 $t_7-t_8$ 期间输入端出现了$\overline{S_D}=\overline{R_D}=0$ 的状态，但由于$\overline{S_D}$首先回到了高电平，所以触发器的次态仍是可以确定的。

# 4.2 触发器

根据触发方式不同，可将触发器分为电平触发器、脉冲触发器和边沿触发器等。本节将具体介绍这几种触发器。

## 4.2.1 电平触发的触发器

在实际应用中，触发器的工作状态不仅要由 $R$、$S$ 的信号来决定，而且还希望触发器按一定的节拍翻转。为此，给触发器加一个时钟控制端 $CP$(Clock Pulse)，只有在 $CP$ 端上出现时钟脉冲时，触发的状态才能变化。具有时钟脉冲控制的触发器状态的改变与时钟脉冲同步，所以称为同步触发器。

### 1. 同步 RS 触发器

1) 电路结构

实现时钟控制的最简单方式是采用图 4.5 所示的同步 RS 触发器结构。该电路由两部分组成：由与非门 $G_1$、$G_2$ 组成基本的 RS 触发器和由与非门 $G_3$、$G_4$ 组成的输入控制电路。

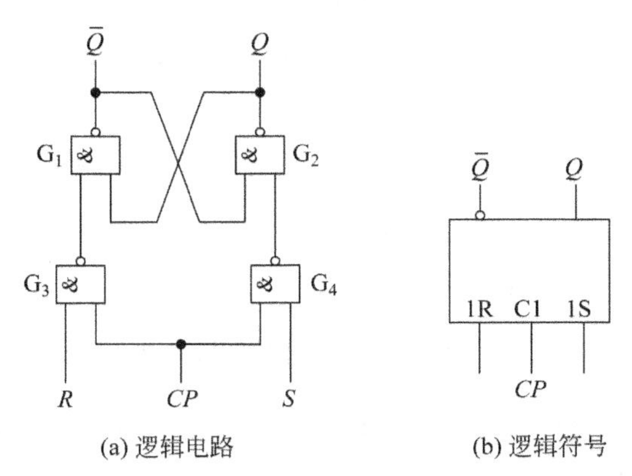


(a) 逻辑电路　　(b) 逻辑符号

图 4.5 同步 RS 触发器

2) 逻辑功能

当 $CP=0$ 时，控制门 $G_3$、$G_4$ 关闭，都输出 1。这时，不管 $R$ 端和 $S$ 端的信号如何变化，触发器的状态保持不变。

当 $CP=1$ 时，$G_3$、$G_4$ 打开，$R$、$S$ 端的输入信号才能通过这两个门，使基本 RS 触发器的状态翻转，其输出状态由 $R$、$S$ 端的输入信号决定，见表 4.3。

表 4.3 同步 RS 触发器的特性表

| CP | R | S | $Q^n$ | $Q^{n+1}$ | 功能说明 |
|---|---|---|---|---|---|
| 0 | × | × | 0 | 0 | 保持原状态不变($Q^n$) |
| | × | × | 1 | 1 | |
| 1 | 0 | 0 | 0 | 0 | 保持原状态不变 |
| | | | 1 | 1 | |
| | 0 | 1 | 0 | 1 | S 高电平有效,置 1 |
| | | | 1 | 1 | |
| | 1 | 0 | 0 | 0 | R 高电平有效,置 0 |
| | | | 1 | 0 | |
| | 1 | 1 | 0 | × | 状态不定发生在 CP 回到低电平以后 |
| | | | 1 | × | |

由此可以看出,同步 RS 触发器的状态转换分别由 $R$、$S$ 和 $CP$ 控制,只有 $CP=1$ 时触发器输出端的状态才受输入信号的控制,而且在 $CP=1$ 时这个特性表和基本 RS 触发器的特性表相同。输入信号同样遵守 $SR=0$ 的约束条件。此外,$R$、$S$ 控制状态的方向,即转换为何种次态;$CP$ 控制状态转换的时刻,即何时发生转换。

在使用同步 RS 触发器的过程中,有时还需要在 $CP$ 信号到来之前将触发器预先置成指定状态,为此在实用的同步 RS 触发器电路上往往还没设置有专门的异步置位输入端和异步复位输入端,如图 4.6 所示。

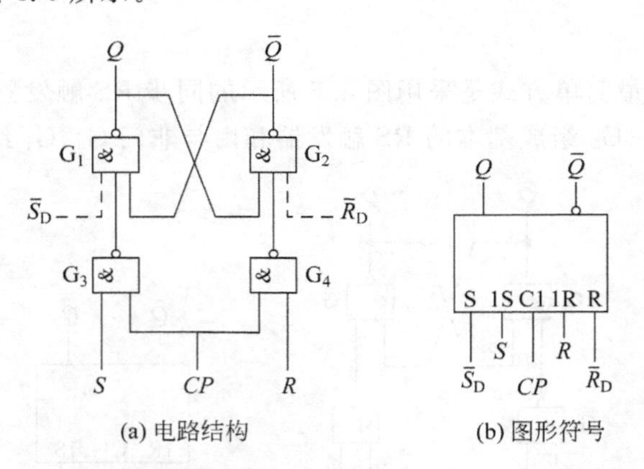


(a) 电路结构　　(b) 图形符号

图 4.6 带异步置位、复位端的同步 RS 触发器

只要在 $\overline{S}_D$ 或 $\overline{R}_D$ 加入低电平,即可立即将触发器置 0 或置 1,而不受时钟信号和输入信号的控制。因此,将 $\overline{S}_D$ 称为异步置位(置 1)端,将 $\overline{R}_D$ 称为异步复位(置 0)端。触发器在时钟信号控制下正常工作时应使 $\overline{S}_D$ 或 $\overline{R}_D$ 处于高电平。

此外,在图 4.6 电路的具体情况下,用 $\overline{S}_D$ 或 $\overline{R}_D$ 将触发器置位或复位应当在 $CP=0$ 的状态下进行,否则在 $\overline{S}_D$ 或 $\overline{R}_D$ 返回高电平以后预置的状态不一定能保存下来。

3) 动作特点

由于在 $CP=1$ 的全部时间里 $S$ 和 $R$ 信号都能通过门 $G_3$ 和 $G_4$ 加到基本 RS 触发器上,所以在 $CP=1$ 的全部时间里 $S$ 和 $R$ 的变化都将引起触发器输出端状态的变化。这就是同步 RS 触发器的动作特点。

根据这一动作特点可以想象到，如果 $CP=1$ 的期间内输入信号多次发生变化，则触发器的状态也会发生多次翻转，这就降低了电路的抗干扰能力。

**例 4.2** 已知同步 RS 触发器的输入信号波形如图 4.7 所示，试画出 $Q$、$\bar{Q}$ 端的电压波形。设触发器的初始状态为 $Q=0$。

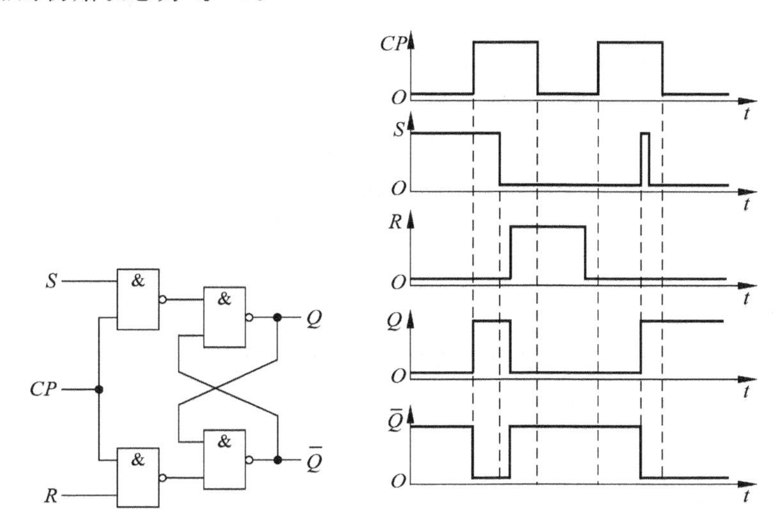


图 4.7 例 4.2 的逻辑电路及电压波形

**【解】** 由给定的输入电压波形可见，在第一个 $CP$ 高电平期间先是 $S=1$、$R=0$，输出被置成 $Q=1$、$\bar{Q}=0$。随后输入变成了 $S=R=0$，因而输出状态保持不变。最后输入又变成 $S=0$，$R=1$，将输出置成 $Q=0$、$\bar{Q}=1$，故 $CP$ 回到低电平以后触发器停留在 $Q=0$、$\bar{Q}=1$ 的状态。

在第二个 $CP$ 高电平期间若 $S=R=0$，则触发器的输出状态保持不变。但由于在此期间 $S$ 端出现了一个干扰脉冲，因而触发器被置成了 $Q=1$。

### 2. 同步 D 触发器

为了适用于单端输入信号的场合，在有些集成电路中也把同步 RS 触发器作成图 4.8(a)所示的形式，通常把这种电路叫做 D 型锁存器。图中的 $D$ 端为数据输入端，$CP$（也有标为 $EN$ 的）为控制端。当 $CP=1$ 时输出端状态随输入端的状态而改变，当 $CP=0$ 时输出状态保持不变。图 4.8(b)是 4 位 D 型锁存器 7475 中每个触发器的逻辑图，它的逻辑功能和图 4.8(a)所示电路完全相同。

## 4.2.2 脉冲触发的触发器

为提高触发器工作的可靠性，希望在每个 $CP$ 周期里输出端的状态只能改变一次。为此，在同步触发器的基础上又设计了主从结构触发器。主从触发器由两级触发器构成，其中一级直接接收输入信号，称为主触发器，另一级接收主触发器的输出信号，称为从触发器。

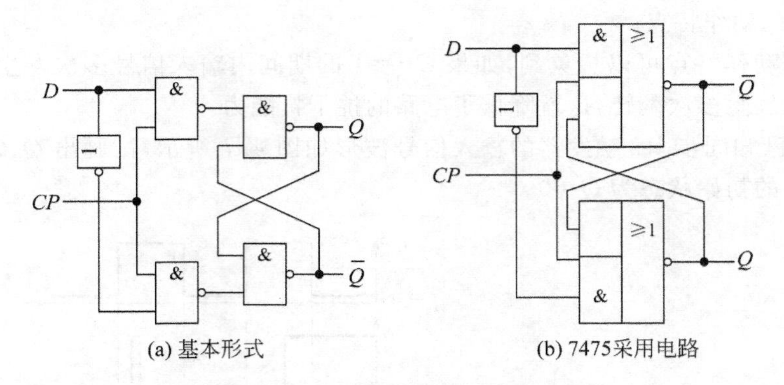

(a) 基本形式 (b) 7475采用电路

图 4.8 D 型锁存器电路

### 1. 主从 RS 触发器

1）电路结构

主从结构 RS 触发器(简称主从 RS 触发器)由两个同样的同步 RS 触发器组成，但它们的时钟信号相位相反，如图 4.9 所示。

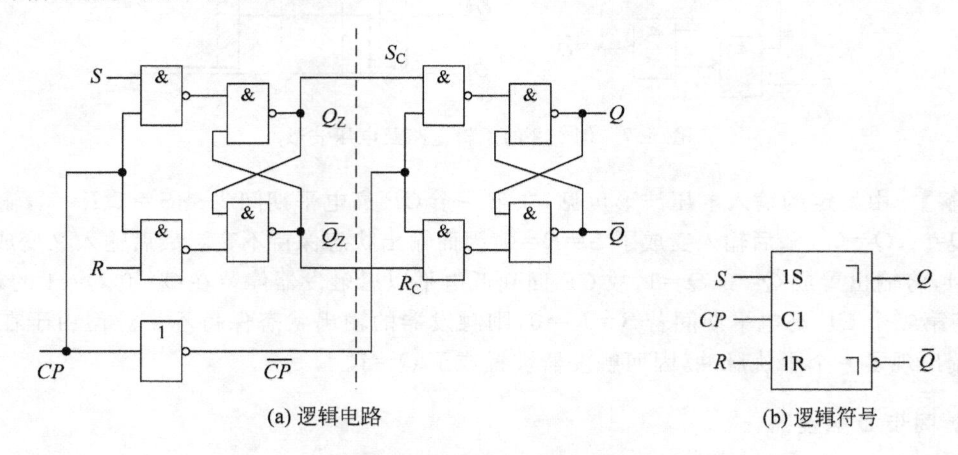

(a) 逻辑电路 (b) 逻辑符号

图 4.9 主从 RS 触发器

2）工作原理

主从触发器的触发翻转为以下两个节拍：

(1) 当 $CP=1$ 时，$\overline{CP}=0$，从触发器被封锁，保持原状态不变。主触发器工作，接收 $R$ 和 $S$ 端的输入信号。

(2) 当 $CP$ 由 1 跃变到 0 时，即 $CP=0$，$\overline{CP}=1$。主触发器被封锁，输入信号 $R$、$S$ 不再影响主触发器的状态。而这时，由于$\overline{CP}=1$，从触发器接受主触发器输出端的状态。

由以上分析可知，主从触发器的翻转是在 $CP$ 由 1 变 0 时刻($CP$ 下降沿)发生的，$CP$ 一旦变为 0 后，主触发器被封锁，其状态不再受 $R$、$S$ 的影响。与此同时从触发器按照与主触发器相同的状态翻转。即触发器只在 $CP$ 由 1 变 0 的时刻触发翻转，在 $CP$ 的一个变化周期中触发输出端的状态只可能改变一次。

图 4.9 中的逻辑符"¬"号表示"延迟输出"，即 $CP$ 返回 0 以后输出状态才改变。因此

输出状态的变化发生在 $CP$ 信号的下降沿。

将上述逻辑关系写成真值表，即得到表 4.4 所示的主从 RS 触发器的特性表。

**表 4.4 主从 RS 触发器的特性表**

| $CP$ | $R$ | $S$ | $Q^n$ | $Q^{n+1}$ | 说明 |
|---|---|---|---|---|---|
| × | × | × | 0 | 0 | 保持原状态不变 $Q^n$ |
| | × | × | 1 | 1 | |
| ⎍（下降沿） | 0 | 0 | 0 | 0 | 保持原状态不变 |
| | | | 1 | 1 | |
| | 0 | 1 | 0 | 1 | $S$ 高电平有效，置 1 |
| | | | 1 | 1 | |
| | 1 | 0 | 0 | 0 | $R$ 高电平有效，置 0 |
| | | | 1 | 0 | |
| | 1 | 1 | 0 | × | 状态不定发生在 $CP$ 回到低电平以后 |
| | | | 1 | × | |

从同步 RS 触发器到主从 RS 触发器的这一演变，克服了 $CP=1$ 期间触发器输出状态可能多次翻转的问题。但由于主触发器本身是同步 RS 触发器，所以 $CP=1$ 期间 $Q'$ 和 $\overline{Q'}$ 的状态仍然会随 $R$、$S$ 状态的变化而多次改变，而且输出信号仍需遵守约束条件 $SR=0$。

### 2. 主从 JK 触发器

1）电路结构

RS 触发器的特性方程中有一约束条件 $SR=0$，即工作时，不允许输入信号 $R$、$S$ 同时为 1。这一约束条件使得 RS 触发器在使用时，有时感觉不方便。如何解决这一问题？注意到触发器的两个输出端 $Q$、$\overline{Q}$ 在正常工作时是互补的，即一个为 1，另一个一定为 0。因此如果把这两个信号通过两根反馈线分别引到输入端，就一定有一个门被封锁，这时就解决了输入信号同时为 1 的情况。这就是主从 JK 触发器的构成思路，如图 4.10 所示。

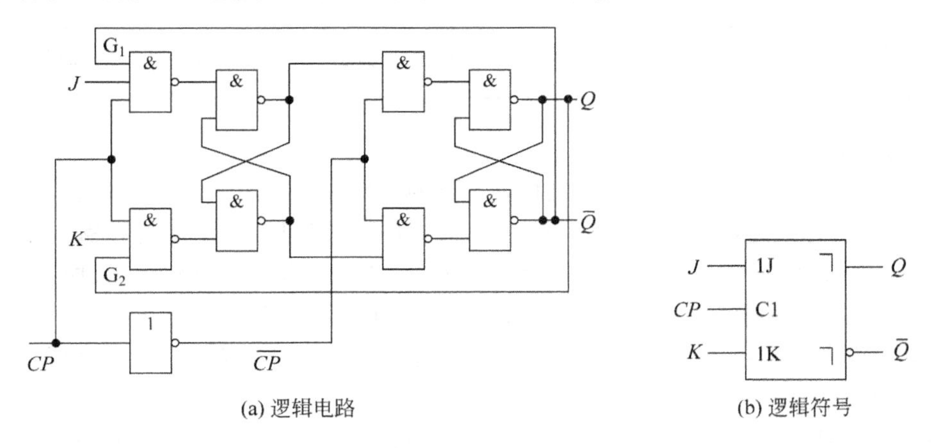


(a) 逻辑电路　　(b) 逻辑符号

图 4.10 主从 JK 触发器

在主从 RS 触发器的基础上增加两根反馈线，一根从 $Q$ 端引到 $G_2$ 门的输入端，另一根从 $\overline{Q}$ 端引到 $G_1$ 门的输入端，并把原来的 $S$ 端改为 $J$ 端，把原来的 $R$ 端改为 $K$ 端。

2）逻辑功能

JK 触发器的逻辑功能与 RS 触发器的逻辑功能基本相同，不同之处是 JK 触发器没有约束条件，在 $J=K=1$ 时，每输入一个时钟脉冲后，触发器向相反的状态翻转一次。

若 $J=1,K=0$，则 $CP=1$ 时主触发器置 1（原来是 0 则置成 1，原来是 1 则保持 1），待 $CP=0$ 以后从触发器也随之置 1，即 $Q^{n+1}=1$。

若 $J=0,K=1$，则 $CP=1$ 时主触发器置 0，待 $CP=0$ 以后从触发器也随之置 0，即 $Q^{n+1}=0$。

若 $J=K=0$，则由于门 $G_2$、$G_1$ 被封锁，触发器保持原状态不变，即 $Q^{n+1}=Q^n$。

若 $J=K=1$ 时，需要分别考虑两种情况。第一种情况是 $Q^n=0$，这时门 $G_1$ 被 $Q$ 端的低电平封锁，$CP=1$ 时仅 $G_2$ 输出低电平信号，主触发器置 1。$CP=0$ 以后从触发器也跟着置 1，即 $Q^{n+1}=1$。第二种情况是 $Q^n=1$，这时门 $G_2$ 被 $\overline{Q}$ 端低电平封锁，因而在 $CP=1$ 时仅 $G_1$ 能给出低电平信号，故主触发器被置 0。当 $CP=0$ 以后从触发器跟着置 0，故 $Q^{n+1}=0$。

综合以上两种情况可知，无论 $Q^n=1$ 还是 $Q^n=0$，触发器的次态可统一表示为 $Q^{n+1}=\overline{Q^n}$。就是说，当 $J=K=0$ 时，$CP$ 下降沿到达后触发器将翻转为与初态相反的状态。

将上述的逻辑关系写成真值表，即得到表 4.5 所示的 JK 触发器的特性表。

**表 4.5　主从型 JK 触发器的特性表**

| $CP$ | $J$ | $K$ | $Q^n$ | $Q^{n+1}$ | 说　明 |
|---|---|---|---|---|---|
| × | × | × | 0 | 0 | 保持原状态不变（$Q^n$） |
|  | × | × | 1 | 1 |  |
| ⎍ | 0 | 0 | 0 | 0 | 保持原状态不变 |
|  |  |  | 1 | 1 |  |
|  | 0 | 1 | 0 | 0 | $K$ 高电平有效，置 0 |
|  |  |  | 1 | 0 |  |
|  | 1 | 0 | 0 | 1 | $J$ 高电平有效，置 1 |
|  |  |  | 1 | 1 |  |
|  | 1 | 1 | 0 | 1 | 每输入一个脉冲输出状态改变一次 |
|  |  |  | 1 | 0 |  |

3）动作特点

通过上面的分析可以看到，主从结构触发器的动作特点有两个方面值得注意。

(1) 触发器的翻转分两步动作。第一步，在 $CP=1$ 期间主触发器接收输入端（$S$、$R$ 或 $J$、$K$）的信号，被置成相应的状态，而从触发器不动；第二步，$CP$ 下降沿到来时从触发器按照主触发器的状态翻转，所以 $Q$、$\overline{Q}$ 端状态改变发生在 $CP$ 的下降沿。

(2) 因为主触发器本身是一个同步 RS 触发器，所在 $CP=1$ 的全部时间里输入信号将对主触发器起控制作用。

由于存在这样两个动作特点，在使用主从结构触发器时经常会遇到这样一种情况，就是在 $CP=1$ 期间输入信号发生过变化以后，$CP$ 下降沿到达时主触发器的状态不一定能按此刻输入信号的状态来确定，而必须考虑整个 $CP=1$ 期间输入信号的变化过程才能确定触发器的次态。

在图 4.10 的主从 JK 触发器中存在类似的问题，即 $CP=1$ 的全部时间主触发器都可以接收输入信号。而且，由于 $Q$、$\bar{Q}$ 端接回到了输入门上，所以在 $Q^n=0$ 时主触发器只能接收置 1 输入信号，在 $Q^n=1$ 时主触发器只能接收置 0 信号。其结果就是在 $CP=1$ 期间主触发器只可能翻转一次，一旦翻转了就不会翻回原来的状态。但在主从 RS 触发器中，由于没有 $Q$、$\bar{Q}$ 端接到输入端的反馈线，所以 $CP=1$ 期间 $S$、$R$ 状态多次改变时主触发器状态也会随着多次翻转。

因此，在使用主从结构触发器时必须注意：只有在 $CP=1$ 的全部时间里输入状态始终未变的条件下，用 $CP$ 下降沿到达时输入的状态决定触发器的次态才肯定是对的；否则，必须考虑 $CP=1$ 期间输入状态的全部变化过程，才能确定 $CP$ 下降沿到达时触发器的次态。

在画主从触发器的波形图时，应该注意以下两点：

① 触发器的触发翻转发生在时钟脉冲的触发沿。

② 在 $CP=1$ 期间，如果输入信号的状态没有改变，判断触发器次态的依据是时钟脉冲下降沿前一瞬间输入端的状态。

**例 4.3** 设主从触发器的初始状态为 0，已知输入 $J$、$K$ 的波形如图 4.11 所示，画出输出 $Q$ 的波形图。

**【解】** 如图 4.11 所示。

4）主从触发器存在的问题

**例 4.4** 主从触发器如图 4.10 所示，设初始状态为 0，已知输入 $J$、$K$ 的波形如图 4.12 所示，画出输出 $Q$ 波形图。

**【解】** 如图 4.12 所示。

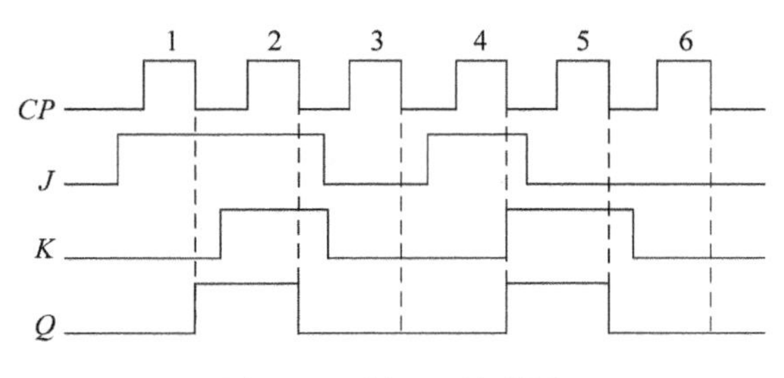


图 4.11 例 4.3 波形图

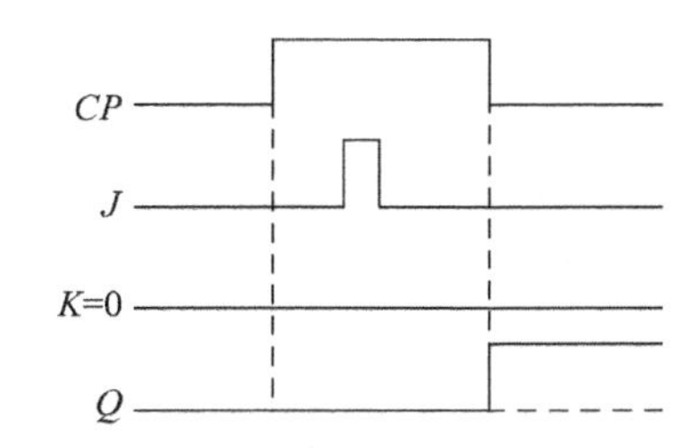


图 4.12 主从触发器的一次变化波形

由图 4.12 可以看出，主从 JK 触发器在 $CP=1$ 期间，主触发器只变化（翻转）一次，这种现象称为一次翻转现象。如果在 $CP=1$ 期间输入端出现干扰信号，就可能造成触发器的误动作。为避免发生一次翻转现象，在使用主从 JK 触发器时要保证在 $CP=1$ 期间，$J$、$K$ 保持状态不变。要彻底解决一次翻转问题，应从电路结构上入手，让触发器只接受 $CP$ 触发沿到来前一瞬间的输入信号。这种触发器称为边沿触发器。

### 4.2.3 边沿触发的触发器

边沿触发器不仅将触发器的触发翻转控制在 $CP$ 触发沿到来的一瞬间，而且将接受输入信号的时间也控制在 $CP$ 触发沿到来的前一瞬间。因此，边沿触发器既没有空翻现象，也没有一次变化问题，从而大大提高了触发器工作的可靠性和抗干扰能力。

1. 维特—阻塞边沿 D 触发器

1) 维特—阻塞边沿 D 触发器的结构

在图 4.5(a)所示的同步 RS 触发器的基础上，再加上两个门 $G_5$、$G_6$，将输入信号 $D$ 变成互补的两个信号分别送入 $R$、$S$ 端，即 $R=\overline{D}$，$S=D$，如图 4.13(a)所示，就构成了同步 D 触发器。很容易验证，该电路满足 D 触发器的逻辑功能，但有同步触发器的空翻现象。

为了克服空翻，并具有边沿触发器的特性，在图 4.13(a)所示电路的基础上引入 3 根反馈线 $L_1$、$L_2$、$L_3$，如图 4.13(b)所示，其工作原理从以下两种情况分析。

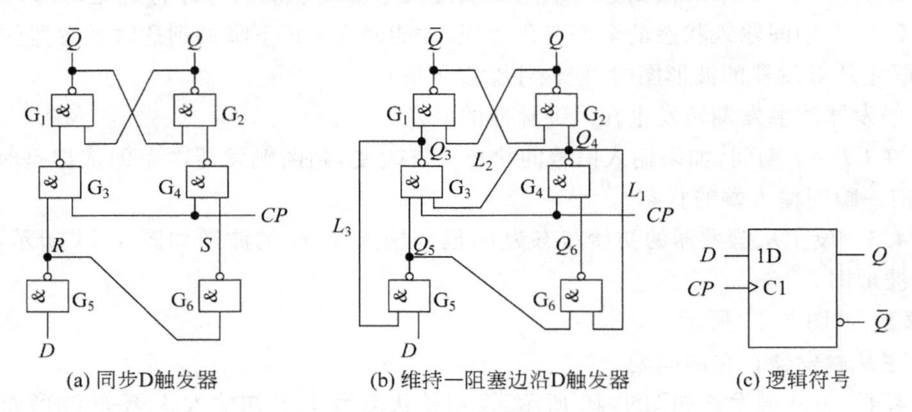


图 4.13　D 触发器的逻辑图

(1) 输入 $D=1$。

在 $CP=0$ 时，$G_3$、$G_4$ 被封锁，$Q_3=1$，$Q_4=1$，$G_1$、$G_2$ 组成的基本 RS 触发器保持原状态不变。因 $D=1$，$G_5$ 输入全 1，输出 $Q_5=0$，它使 $Q_3=1$，$Q_6=1$。当 $CP$ 由 0 变 1 时，$G_4$ 输入全 1，输出 $Q_4$ 变为 0。继而 $Q$ 翻转为 1，$\overline{Q}$ 翻转为 0，完成了使触发器翻转为 1 状态的全过程。同时，一旦 $Q_4$ 变为 0，通过反馈线 $L_1$ 封锁了 $G_6$ 门，这时如果 $D$ 信号由 1 变 0，只会影响 $G_5$ 的输出，不会影响 $G_6$ 的输出，维持了触发器的 1 状态。因此，称 $L_1$ 线为置 1 维持线。同理，$Q_4$ 变 0 后，通过反馈线 $L_2$ 也封锁了 $G_3$ 门，从而阻塞了置 0 的通路，称 $L_2$ 线为置 0 阻塞线。

(2) 输入 $D=0$。

在 $CP=0$ 时，$G_3$、$G_4$ 被封锁，$Q_3=1$，$Q_4=1$，$G_1$、$G_2$ 组成的基本 RS 触发器保持原状态不变。因 $D=0$，$Q_5=1$，$G_6$ 输入全为 1，输出 $Q_6=0$。当 $CP$ 由 0 变 1 时，$G_3$ 输入全 1，输出 $Q_3$ 变为 0。继而 $\overline{Q}$ 翻转为 1，$Q$ 翻转为 0，完成了使触发器翻转为 0 状态的全过程。同时，一旦 $Q_3$ 变为 0，通过反馈线 $L_3$ 封锁了 $G_5$ 门，这时无论信号 $D$ 怎么变化，也不会影响 $G_5$ 的输出，从而维持了触发器的 0 状态。因此，称 $L_3$ 为置 0 维持线。

可见，维持—阻塞触发器是利用了维持线和阻塞线，将触发器的触发翻转控制在 $CP$ 上跳沿到来的一瞬间，并接受 $CP$ 上跳沿到来前一瞬间的 $D$ 信号。维持—阻塞触发器因此而得名。

**例 4.5**　维持—阻塞触发器如图 4.13(b)所示，设初始状态为 0，已知输入 $D$ 的波形如图 4.14 所示，画出输出 $Q$ 的波形图。

【解】 由于是边沿触发器，在画波形时，应注意以下两点：

① 触发器的触发翻转发生在时钟脉冲的触发沿（这里是上升沿）。

② 判断触发器次态的依据是时钟脉冲触发沿前一瞬间（这里是上升沿前一瞬间）输入端的状态。

根据D触发器的功能表或特性方程或状态转换图可画出输出端$Q$的波形图，如图4.14所示。

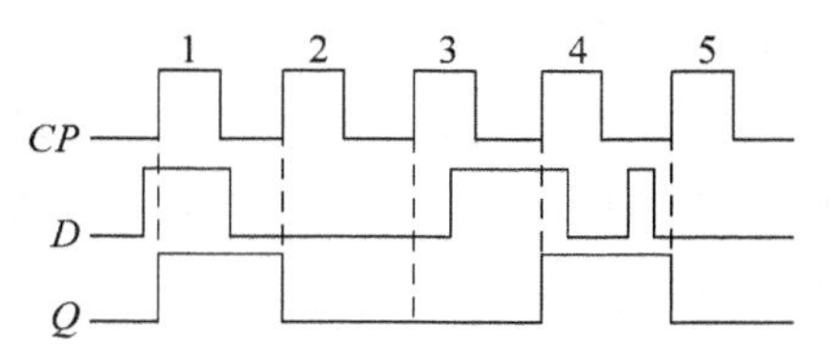


图4.14 例4.5波形图

2）触发器的直接置0和置1端

图4.15上还画出了直接置0端$R_D$和直接置1端$S_D$连线。该电路$R_D$和$S_D$端都为低电平有效。$R_D$和$S_D$信号不受时钟信号$CP$的制约，具有最高的优先级。

$R_D$和$S_D$的作用主要是用来给触发器设置初始状态，或对触发器的状态进行特殊的控制。在使用时要注意，任何时刻只能一个信号有效，两个信号不能同时有效。

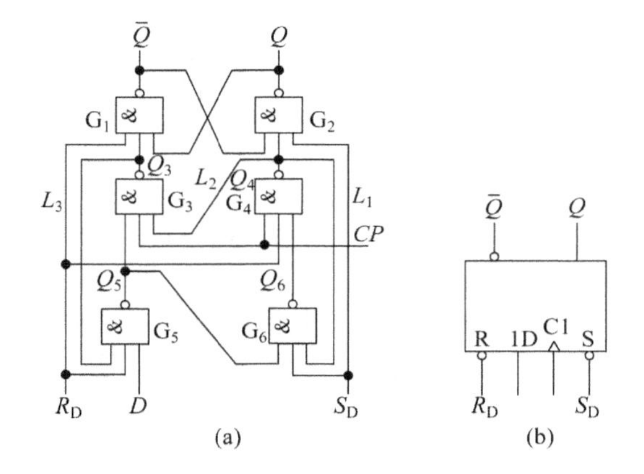


图4.15 带有$R_D$和$S_D$端的维持—阻塞D触发器

在图4.16中，$G_1$、$G_2$和$TG_1$、$TG_2$组成主触发器，$G_3$、$G_4$和$TG_3$、$TG_4$组成从触发器。$CP$和$\overline{CP}$为互补的时钟脉冲。由于引入了传输门，该电路虽为主从结构，却没有一次变化问题，具有边沿触发器的特性。

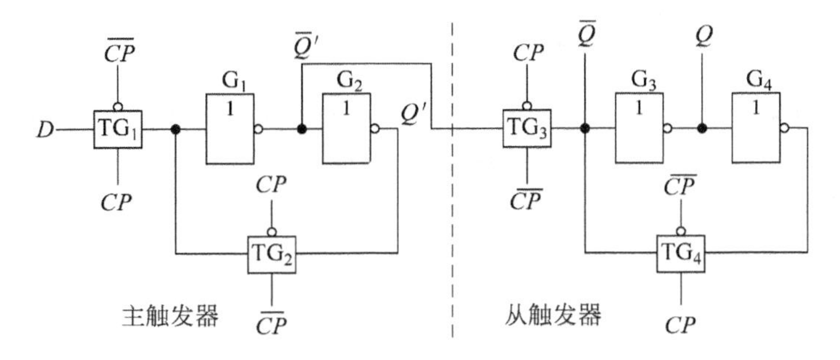


图4.16 CMOS主从结构的边沿触发器

3）工作原理

如图4.17所示，触发器的触发翻转分为以下两个节拍：

(1) 当 $CP$ 变 1 时，则$\overline{CP}$变为 0。这时 $TG_1$ 开通，$TG_2$ 关闭。主触发器接收输入端 $D$ 的信号。设 $D=1$，$TG_1$ 传到 $G_1$ 的输入端，使$\overline{Q'}=0$，$Q'=1$。同时，$TG_3$ 关闭，切断了主、从两个触发器间的联系，$TG_4$ 开通，主触发器保持原状态不变。

(2) 当 $CP$ 由 1 变为 0 时，则$\overline{CP}$变为 1。这时 $TG_1$ 关闭，切断了 $D$ 信号与主触发器的联系，使 $D$ 信号不再影响触发器的状态，而 $TG_2$ 开通，将 $G_1$ 输入端与 $G_2$ 的输出端连通，使主触发器保持原状态不变。与此同时，$TG_3$ 开通，$TG_4$ 关闭，将主触发器的状态$\overline{Q'}=0$ 送入从触发器，使 $\overline{Q}=0$，经 $G_3$ 反相后，输出 $Q=1$。至此完成了整个触发翻转的全过程。

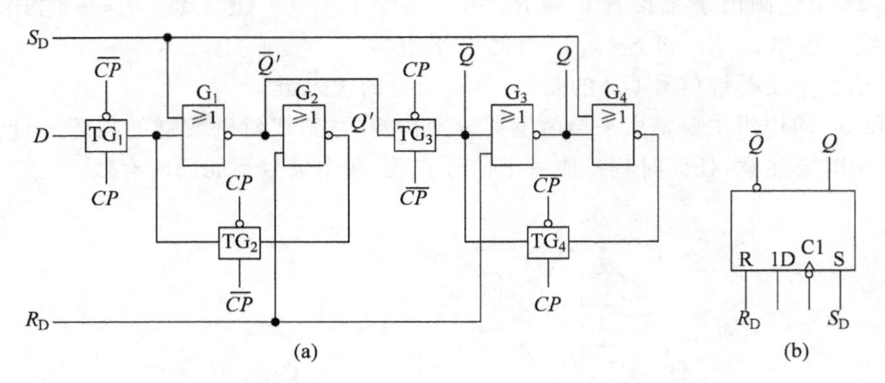


图 4.17 带有 $R_D$ 和 $S_D$ 端的 CMOS 边沿触发器

可见，该触发器是在利用 4 个传输门交替地开通和关闭将触发器的翻转控制在 $CP$ 下跳沿到来的一瞬间，并接受 $CP$ 下跳沿到来前一瞬间的 $D$ 信号。如果将传输门的控制信号 $CP$ 和$\overline{CP}$互换，可使触发器变为 $CP$ 上跳沿触发。

同样，集成的 CMOS 边沿触发器一般也具有直接置 0 端 $R_D$ 和直接置 1 端 $S_D$。注意，该电路的 $R_D$ 和 $S_D$ 端都为高电平有效。

# 4.3 触发器的逻辑功能和描述方法

## 4.3.1 触发器的逻辑功能

由于每一种触发器电路的信号输入方式不同(有单输入的，也有双端输入的)，触发器的状态随着输入信号翻转的规则不同，它们的逻辑功能也不完全一样。

按照逻辑功能的不同特点，通常将时钟控制的触发器分为 RS 触发器、JK 触发器、T 触发器、D 触发器等几种类型。

### 1. RS 触发器

凡在时钟信号作用下逻辑功能符合表 4.6 所示的特性表所规定的逻辑功能者，叫做 RS 触发器。

触发器次态 $Q^{n+1}$ 与输入状态 $R$、$S$ 及现态 $Q^n$ 之间关系的逻辑表达式，称为触发器的特性方程。根据表 4.6 可画出同步 RS 触发器 $Q^{n+1}$ 卡诺图，如图 4.18 所示。从而可得到同步

RS 触发器的特性方程为

$$\begin{cases} Q^{n+1} = S + \bar{R}Q^{n} \\ RS = 0 \quad (约束条件) \end{cases}$$

此外，还可以用图 4.19 所示的状态转换图形形象地表示 RS 触发器的逻辑功能。

**表 4.6 RS 触发器的特性表**

| $S$ | $R$ | $Q^n$ | $Q^{n+1}$ | 功能说明 |
|---|---|---|---|---|
| 0 | 0 | 0 | 0 | 保持 |
| 0 | 0 | 1 | 1 | |
| 0 | 1 | 0 | 0 | 置 0 |
| 0 | 1 | 1 | 0 | |
| 1 | 0 | 0 | 1 | 置 1 |
| 1 | 0 | 1 | 1 | |
| 1 | 1 | 0 | 不定 | 状态不定 |
| 1 | 1 | 1 | 不定 | |

图 4.19 中以两个圆圈分别代表触发器的两个状态，用箭头表示状态转换的方向，同时在箭头的旁边注明了转换的条件。状态转换图表示触发器从一个状态变化到另一个状态或保持原状态不变时，对输入信号的要求。

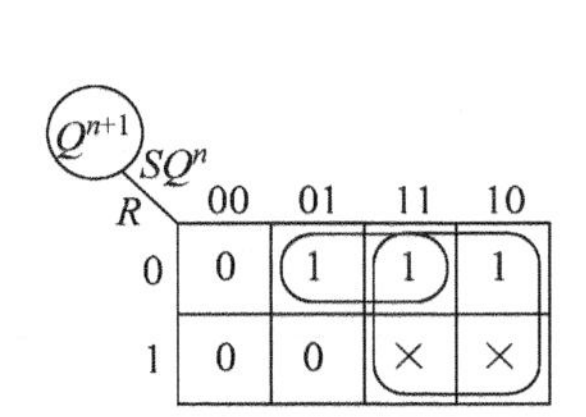

图 4.18 同步 RS 触发器 $Q^{n+1}$ 的卡诺图

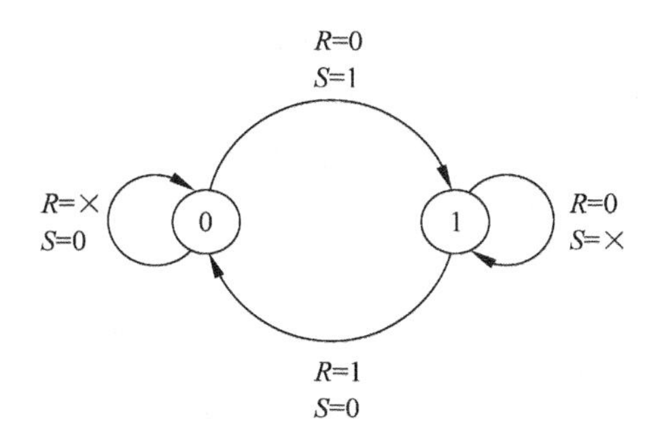

图 4.19 同步 RS 触发器的状态换图

## 2. JK 触发器

凡在时钟信号作用下逻辑功能符合表 4.7 特性表所规定的逻辑功能者，叫做 JK 触发器。

**表 4.7 JK 触发器的特性表**

| $J$ | $K$ | $Q^n$ | $Q^{n+1}$ | 功能说明 |
|---|---|---|---|---|
| 0 | 0 | 0 | 0 | 保持 |
| 0 | 0 | 1 | 1 | |
| 0 | 1 | 0 | 0 | 置 0 |
| 0 | 1 | 1 | 0 | |
| 1 | 0 | 0 | 1 | 置 1 |
| 1 | 0 | 1 | 1 | |
| 1 | 1 | 0 | 1 | 翻转 |
| 1 | 1 | 1 | 0 | |

根据图 4.20 可得 JK 触发器的特性方程为

$$Q^{n+1}=J\overline{Q^n}+\overline{K}Q^n$$

JK 触发器的状态图如图 4.21 所示。

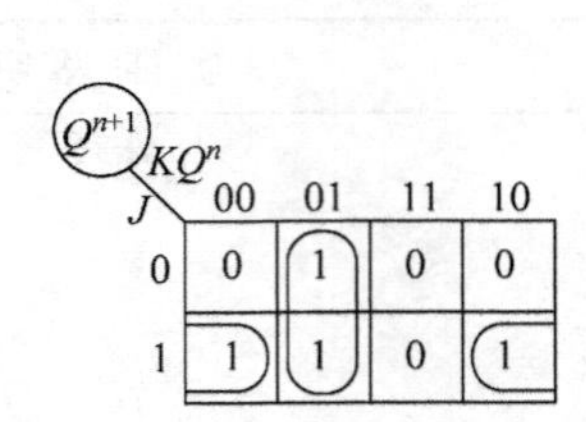


图 4.20　JK 触发器 $Q^{n+1}$ 的卡诺图

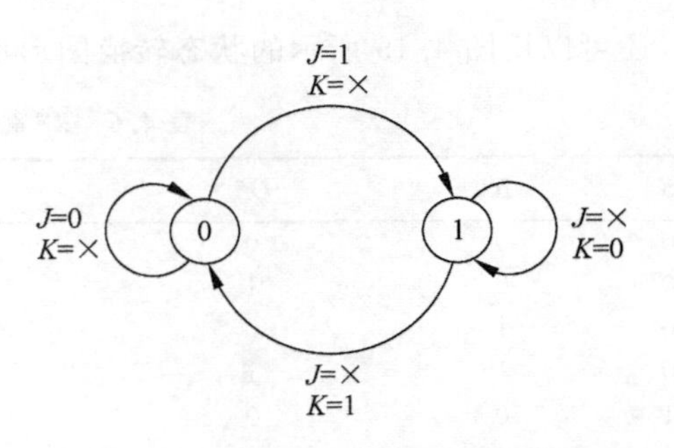


图 4.21　JK 触发器的状态转换图

## 3. T 触发器

在某些应用场合下，需要这样一种逻辑功能的触发器，当控制信号 $T=1$ 时每来一个 $CP$ 信号它的状态就翻转一次；而当 $T=0$ 时，每来一个 $CP$ 信号它的状态保持不变。如果将 JK 触发器的 $J$ 和 $K$ 相连作为 $T$ 输入端就构成了 T 触发器，如图 4.22 所示。正因为如此，在触发器的定型产品中通常没有专门的 T 触发器。T 触发器的特性表如表 4.8 所示。

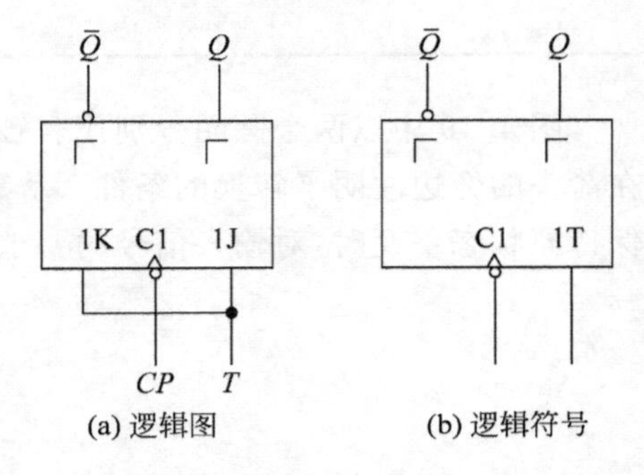


图 4.22　用 JK 触发器构成 T 触发器

**表 4.8　T 触发器的特性表**

| $T$ | $Q^n$ | $Q^{n+1}$ | 功能说明 |
|---|---|---|---|
| 0 | 0 | 0 | 保持原状态 |
| 0 | 1 | 1 | |
| 1 | 0 | 1 | 每输入一个脉冲 |
| 1 | 1 | 0 | 输出状态改变一次 |

T 触发器特性方程为

$$Q^{n+1}=T\overline{Q}^n+\overline{T}Q^n$$

当 T 触发器的输入控制端为 $T=1$ 时，则触发器每输入一个时钟脉冲 $CP$，状态便翻转一次，这种状态的触发器称为 T′触发器。T′触发器的特性方程为

$$Q^{n+1}=\overline{Q^n}$$

T 触发器的状态转换图如图 4.23 所示。

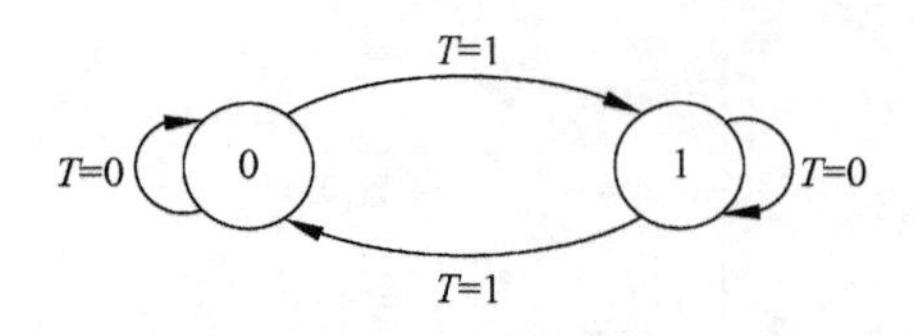


图 4.23　T 触发器的逻辑转换图

## 4. D 触发器

D 触发器只有一个触发输入端 $D$，因此，逻辑关

系非常简单，如表 4.9 所示。凡在时钟信号作用下逻辑功能符合表 4.9 所规定的逻辑功能者，叫做 D 触发器。

表 4.9　D 触发器的特性表

| $D$ | $Q^n$ | $Q^{n+1}$ | 功能说明 |
|---|---|---|---|
| 1 | 0 | 0 | |
| 1 | 1 | 0 | 输出状态与 $D$ 状态相同 |
| | 0 | 1 | |
| | 1 | 1 | |

从特性表写出 D 触发器的特性方程为

$$Q^{n+1} = D$$

D 触发器的状态转换图如图 4.24 所示。

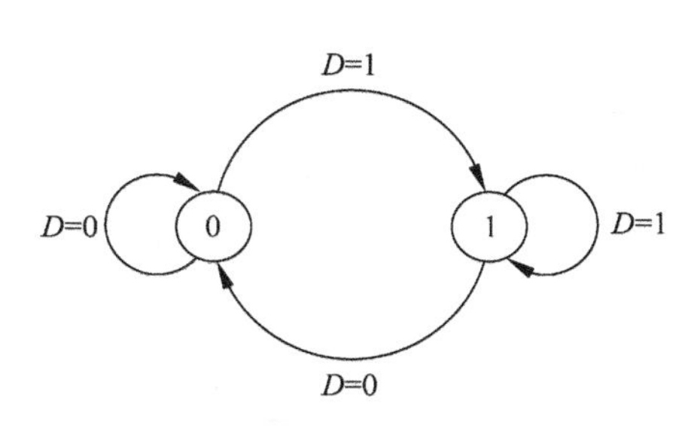

图 4.24　D 触发器的状态转换图

## 4.3.2　触发器的逻辑功能转换

D 触发器和 JK 触发器具有较完善的功能，有很多独立的中、小规模集成电路产品。而 T 触发器和 RS 触发器则主要出现于集成电路的内部结构，用户如有单独需要，可以很容易用前两种类型的触发器转化而成。由于主从结构的 D 触发器所需要的门电路和连接线最少，在芯片上占用面积最小，转换为其他功能的触发器也比较容易，因而在大规模 CMOS 集成电路，特别是可编程逻辑器件中得到普遍应用。这里，将仅仅讨论 D 触发器的功能转换，其他触发器功能间的相互转换，读者可以采用类似的方法举一反三。方法是：将两种触发器的特性方程联立求解。

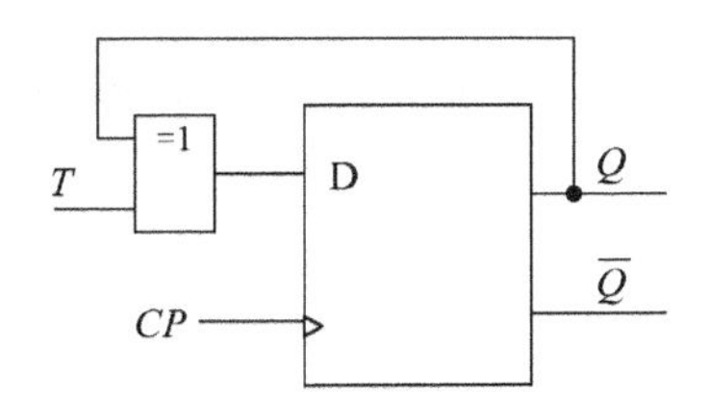

图 4.25　用 D 触发器实现 T 触发器的逻辑功能

### 1. D 触发器构成 T 触发器

T 触发器的特性方程为

$$Q^{n+1} = T\overline{Q}^n + \overline{T}Q^n = T \oplus Q^n$$

D 触发器的特性方程为

$$Q^{n+1} = D$$

于是可以令 $D = T \oplus Q^n$，据此画出电路如图 4.25 所示。

### 2. D 触发器构成 JK 触发器

JK 触发器的特性方程为

$$Q^{n+1} = J\overline{Q}^n + \overline{K}Q^n$$

D 触发器的特性方程为

$$Q^{n+1} = D$$

于是令

$$D = J\overline{Q}^n + \overline{K}Q^n$$

电路如图 4.26 所示。

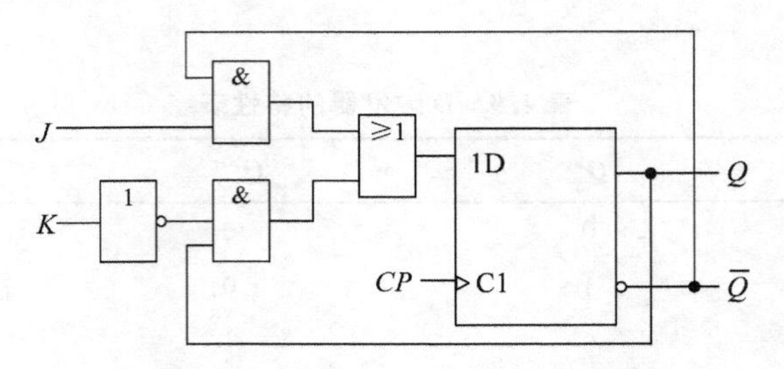


图 4.26　用 D 触发器实现 JK 触发器的逻辑功能

# 习题

4.1　画出由与非门组成的基本 RS 触发器输出端 $Q$、$\overline{Q}$ 的电压波形，输出端$\overline{S_D}$、$\overline{R_D}$的电压波形如题图 4.1 所示。设触发器的初始状态 $Q=0$。

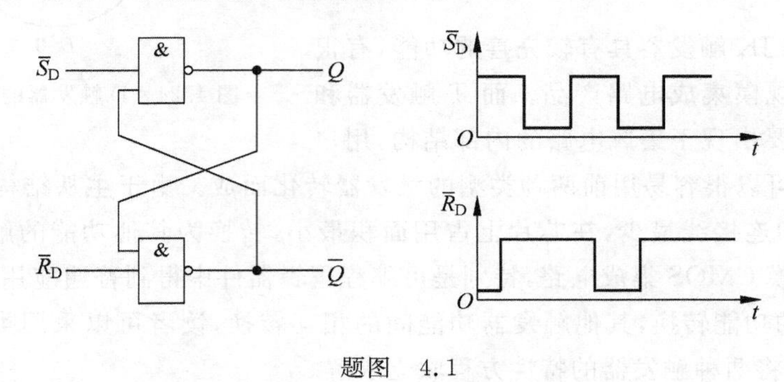


题图　4.1

4.2　画出由或非门组成的基本 RS 触发器输出端 $Q$、$\overline{Q}$ 的电压波形，输入端 $S_D$、$R_D$ 的电压波形如题图 4.2 所示。设触发器的初始状态 $Q=0$。

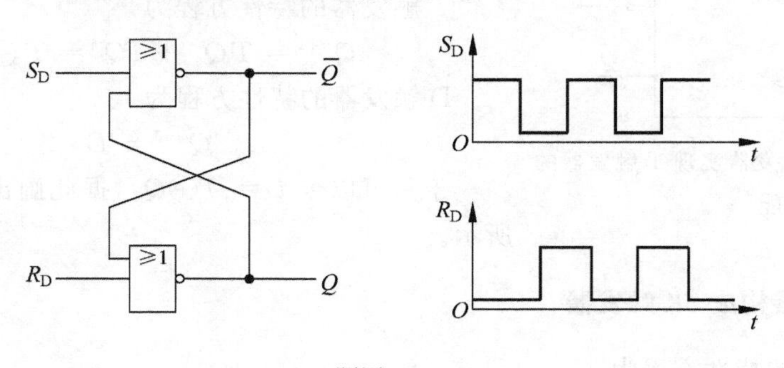


题图　4.2

4.3　在题图 4.3(a)所示电路中，输入题图 4.3(b)所示的电压波形，试画出输出 $Q$ 和 $\overline{Q}$ 端的电压波形。设触发器的初始状态 $Q=0$。

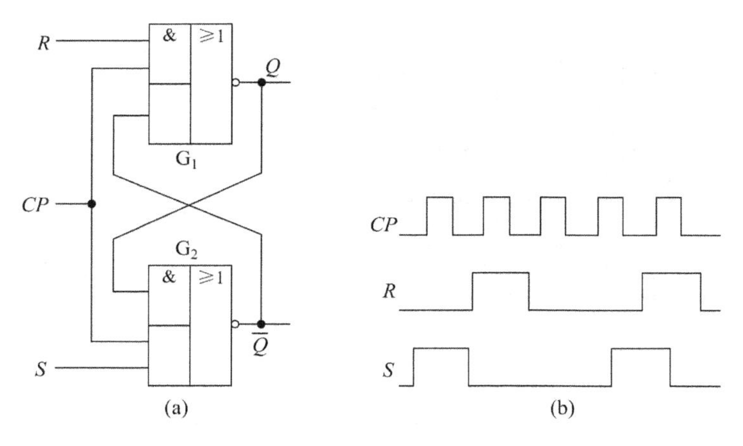


题图 4.3

4.4 已知同步 RS 触发器输入 $CP$、$R$ 和 $S$ 端的电压波形如题图 4.4 所示，试画出输出 $Q$ 和 $\overline{Q}$ 端的电压波形。设触发器的初始状态 $Q=0$。

4.5 已知同步 D 触发器 $CP$ 和 $D$ 端的输入电压波形如题图 4.5 所示，试画出 $Q$ 和 $\overline{Q}$ 端的波形。设触发器的初始状态 $Q=0$。

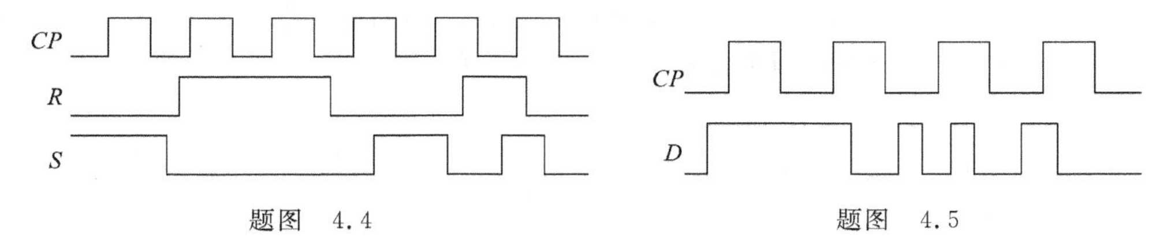


题图 4.4　　　　题图 4.5

4.6 若主从结构 RS 触发器各输入端的电压波形如题图 4.6 所示，试画出 $Q$、$\overline{Q}$ 端对应的电压波形。假设触发器的初始状态 $Q=0$。

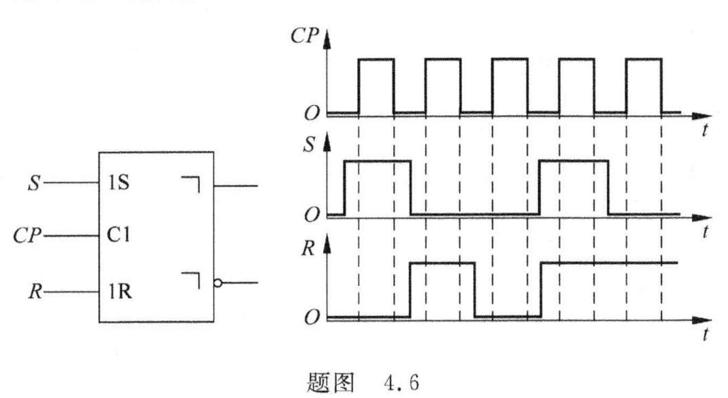


题图 4.6

4.7 主从 JK 触发器如题图 4.7 所示，设触发器的初始状态为 $Q=0$，画出在 $CP$ 作用下 $Q$ 端的波形。

4.8 上升沿触发和下降沿触发的 D 触发器逻辑电路及时钟信号 $CP$ 和 $D$ 的波形如题图 4.8 所示，分别画出它们的 $Q$ 端波形。设触发器的初始状态为 0。

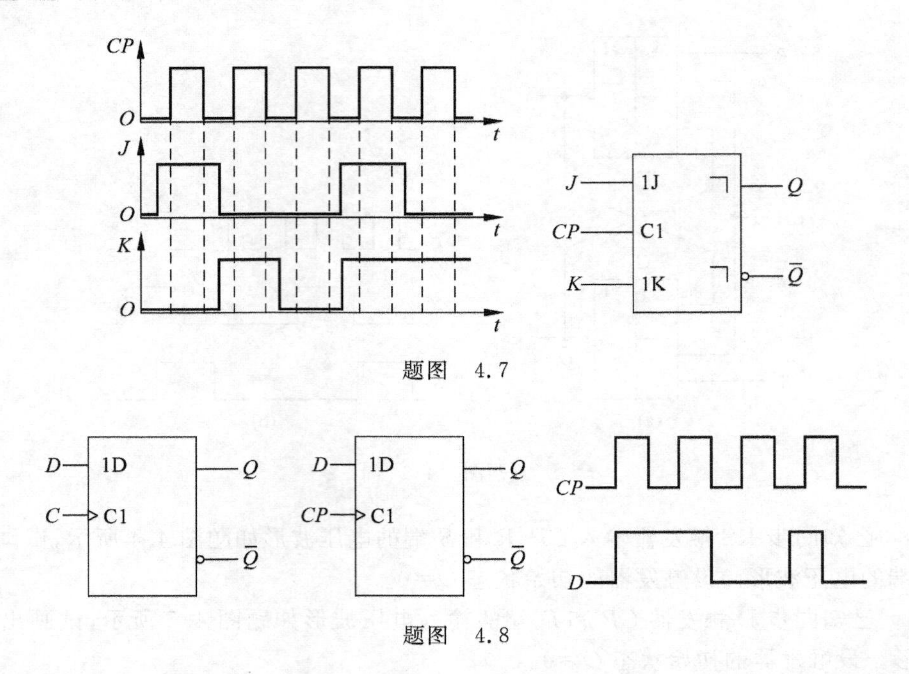


题图 4.7

题图 4.8

4.9 题图 4.9(a)～题图 4.9(h)所示各边 D 触发器的初始状态都为 0 状态,试对应题图 4.9(i)输入的 $CP$ 电压波形画出各触发器输出 $Q$ 端的电压波形。

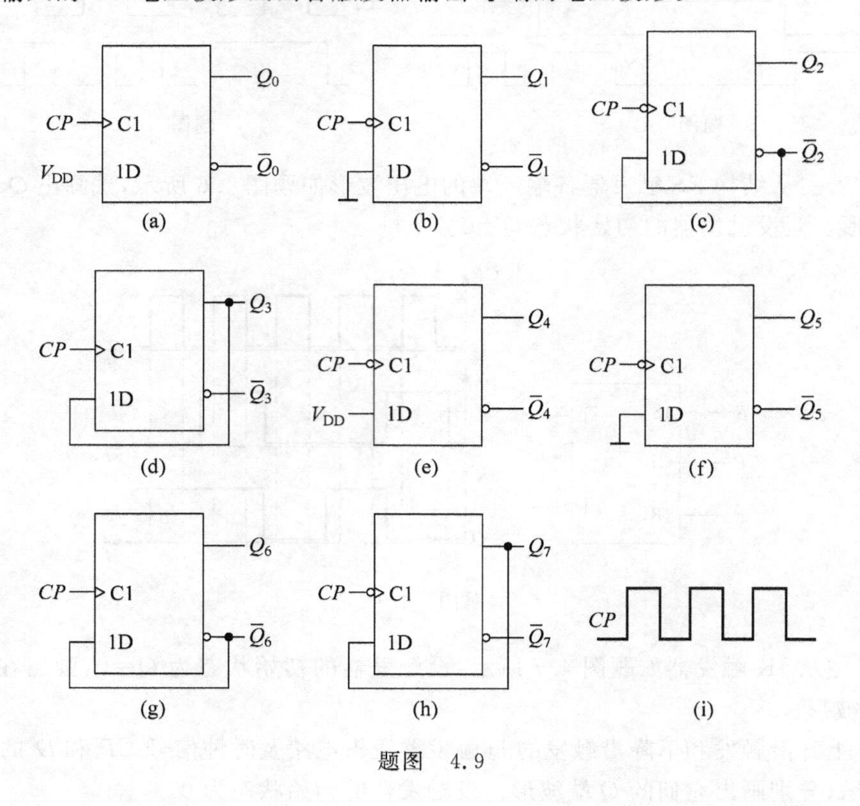


题图 4.9

4.10 已知电路及 $CP$、$A$ 的波形如题图 4.10 所示，设触发器的初态为 0，试画出 $Q_1$、$Q_2$ 以及输出端 $Z$ 的波形。

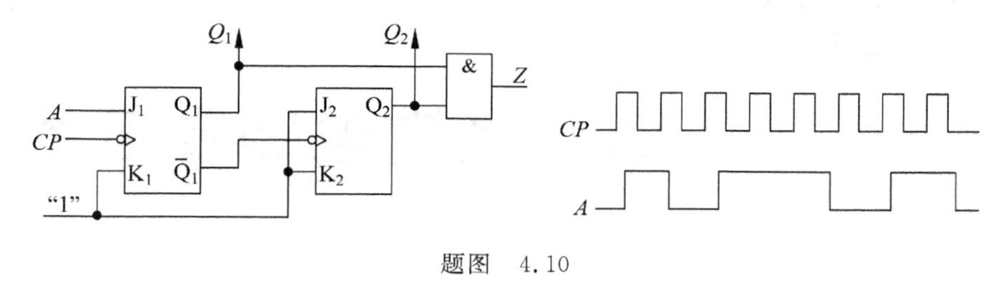


题图 4.10

4.11 试用边沿 D 触发器和与非门组成 JK 触发器。

# 第5章 时序逻辑电路及应用

时序逻辑电路是逻辑电路中的另一类电路，在时序逻辑电路中，任意时刻的输出不仅取决于该时刻的输入，而且还和电路原来的状态有关，所以时序电路具有记忆功能。本章重点学习时序逻辑电路的特点及其分析和设计方法。介绍一些常用集成电路的功能及其应用。

## 5.1 概述

数字电路根据逻辑功能的不同特点，可以分成两大类，一类叫做组合逻辑电路(简称组合电路)，另一类叫做时序逻辑电路(简称时序电路)。组合逻辑电路的有关内容在前面的章节里已经作了介绍，时序电路是一种输出不仅与当前的输入有关，而且与其输出状态的原始状态有关，其相当于在组合逻辑的输入端加上了一个反馈输入，在其电路中有一个存储电路，其可以将输出的状态保持住，可以用图 5.1 所示的框图来描述时序电路的构成。

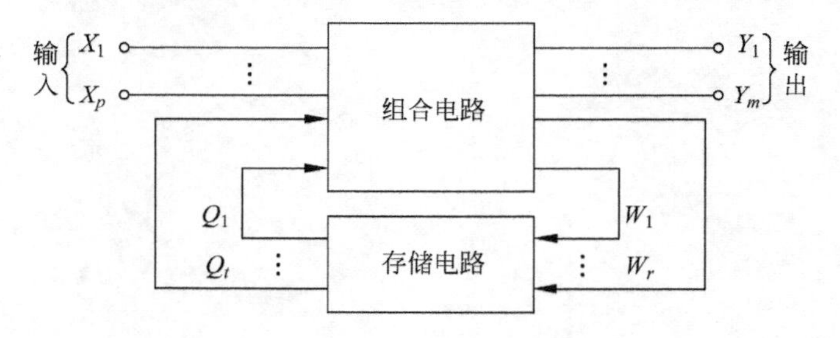


图 5.1 时序电路框图

由图 5.1 中可以看出，对时序电路而言，有两组输入与输出，其中 $X_1, X_2, X_3, \cdots, X_p$ 称为时序电路的外部输入信号或输入变量；$Q_1, Q_2, Q_3, \cdots, Q_t$，称为时序电路的内部输入，或称记忆元件的状态输出函数；$Y_1, Y_2, Y_3, \cdots, Y_m$，称为时序电路的外部输出即输出函数；$W_1, W_2, W_3, \cdots, W_r$，称为时序电路的内部输出，或称为记忆元件的控制函数或称为激励函数。

以上 4 组信号之间的逻辑关系可以用 3 个方程组来描述。按照结构图，3 组方程分别是：

- 矢量 $\boldsymbol{Y}$ 是 $X$、$Q$ 的函数，称为输出方程，输出方程是时序逻辑电路输出函数的表达式，可表示为 $Y=F(X,Q)$。
- 矢量 $\boldsymbol{W}$ 是 $X$、$Q$ 的函数，称为驱动方程，驱动方程是存储电路(触发器)输入函数的表达式，可表示为 $W=G(X,Q)$。

- 矢量 $Q$ 是 $W$、$Q$ 的函数，称为状态方程，状态方程是触发器次态与现态以及输入关系的表达式，它由触发器的驱动方程代入特性方程得到，可表示为 $Q^{*}=H(W,Q)$。

## 5.1.1 时序逻辑电路的特点

由图 5.1 可以看出，时序逻辑电路有两个特点：第一，时序逻辑电路包括组合逻辑电路和存储电路两部分，存储电路具有记忆功能，通常由触发器组成；第二，存储电路的状态反馈到组合逻辑电路的输入端，与外部输入信号共同决定组合逻辑电路的输出。组合逻辑电路的输出除包含外部输出外，还包含连接到存储电路的内部输出，它将控制存储电路状态的转移。

## 5.1.2 时序逻辑电路的分类

按照时序电路中所有触发器状态的变化是否同步，时序电路可分为同步时序电路和异步时序电路。

同步时序电路中，如图 5.2 所示，电路的状态仅仅在统一的信号脉冲(称为时钟脉冲，通常用 $CP$ 表示)控制下才同时变化一次。如果 $CP$ 脉冲没有来，即使输入信号发生变化，可能会影响输出，但绝不会改变电路的状态(即记忆电路的状态)。

在异步时序电路中，如图 5.3 所示，记忆元件的状态变化不是同步发生的。这种电路中没有统一的时钟脉冲。任何输入信号的变化都可能立刻引起异步时序电路状态的变化。

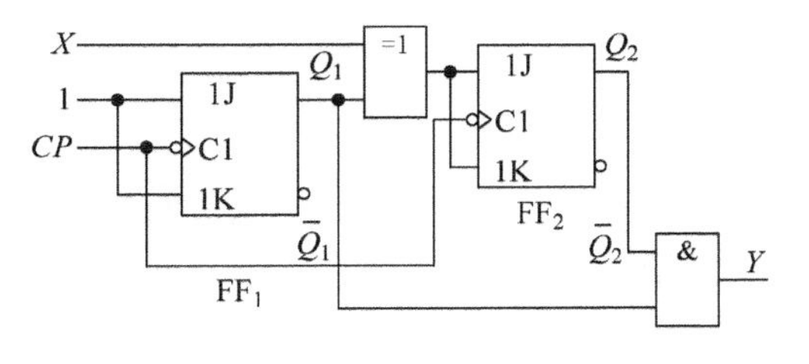


图 5.2 同步时序电路

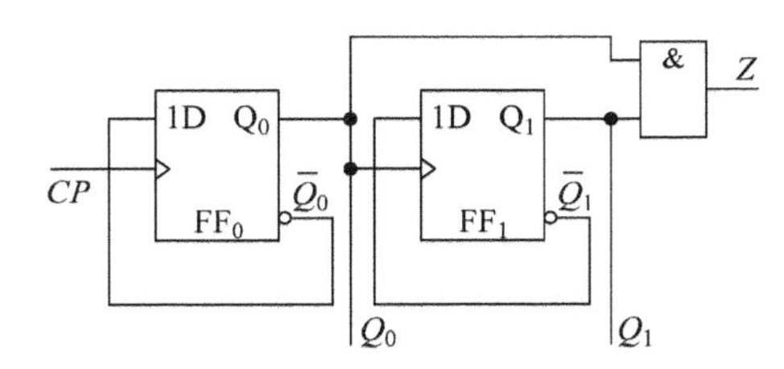


图 5.3 异步时序电路

时序电路按照输出变量的依从关系来分，时序电路又可分为米里(Mealy)型和摩尔(Moore)型两类。Mealy 型时序电路的输出函数为 $Y=F(X,Q)$，即某一时刻的输出不仅取决于存储电路的状态，还取决于输入变量的状态。其电路结构如图 5.4 所示。摩尔型时序电路的输出函数为 $Y=F(Q)$，即某一时刻的输出仅取决于存储电路的状态。其电路结构如图 5.5 所示。

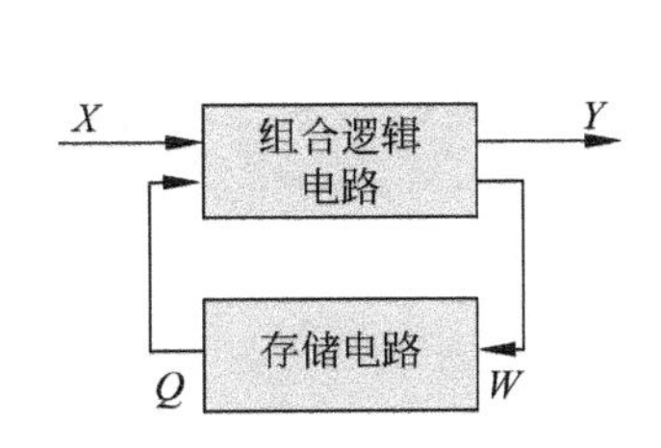


图 5.4 米里型时序电路的结构框图

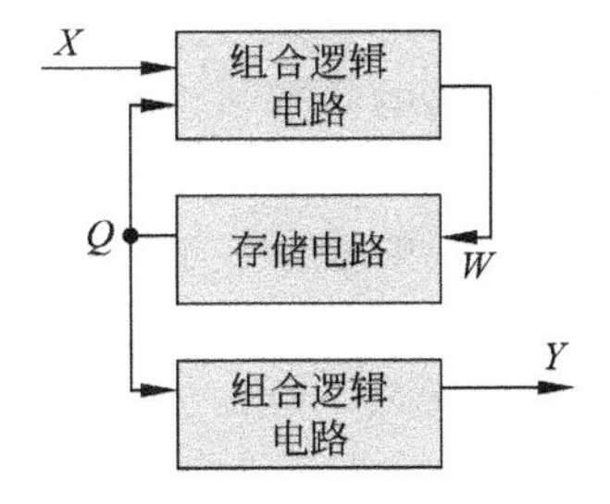


图 5.5 摩尔型时序电路的结构框图

### 5.1.3 时序逻辑电路的描述方法

通常用方程、表格、图形 3 种形式描述时序逻辑电路的功能。具体讨论如下：

**1. 电路方程**

在图 5.1 所示的时序电路示意图中，$X_1 \sim X_p$ 为时序电路的输入端，$Y_1 \sim Y_m$ 为时序电路的输出端，$W_1 \sim W_r$ 为存储电路的驱动输入端，$Q_1 \sim Q_t$ 为存储电路的状态。

对于一般时序电路，可用输出方程、驱动方程和状态方程来描述时序电路的逻辑功能。用方程来描述时序电路的逻辑功能，优点是根据方程画电路方便，但关键是不能直观地看出电路的逻辑功能。

**2. 状态真值表**

与触发器的状态表相同，只是已知的变量为电路输入、电路的原状态；待求为电路的新状态、存储电路的驱动、电路的输出。将它们用表格表示，即为状态转换真值表，简称为状态表。

**3. 状态图**

与触发器的状态图相同，即状态图中的小圆圈表示电路的各个状态，箭头表示状态转换的方向。同时，在箭头旁注明电路状态转换前输入变量的取值和输出值。通常将输入变量取值写在斜线以上，将输出值写在斜线以下。这种图称为状态转换图，简称状态图。

状态图的优点是能直观、形象地表示出时序电路的逻辑功能。

**4. 时序图**

时序图是根据状态表的内容，或者状态图的内容画成时间波形的形式。即在序列时钟脉冲作用下，电路状态、输出状态随时间变化的波形图称为时序图。

用时序图描述时序电路的逻辑功能的优点是，能够方便地用实验观察的方法来检查时序电路的逻辑功能。设计异步时序电路时时序图至关重要。

## 5.2 时序逻辑电路的分析方法

### 5.2.1 同步时序逻辑电路的分析方法

时序电路的分析就是根据已知的时序电路，找出该电路所实现的逻辑功能。具体地讲，就是要求找出电路的状态和输出的状态在输入变量和时钟信号作用下的变化规律。同步时序电路中所有触发器都是在同一个时钟信号作用下工作的，所以分析方法比较简单。分析同步时序电路时一般按以下步骤进行。

**1. 分析步骤**

1）分清电路

根据已知同步时序电路，明确电路的各个组成部分，并确定输入信号和输出信号。

2）列方程

由时序电路的组合电路部分，写出该时序电路输出函数的表达式，并确定各触发器输入控制信号的逻辑表达式，即驱动方程。再根据所用触发器得到各触发器的状态方程。对某些电路，触发器的输出就作为时序电路的输出，此时就不写输出方程了。

3）状态真值表

由上述各方程列出状态真值表。将触发器的现态和外界输入信号作为整个时序电路的输出信号，根据触发器的特征方程，得到状态迁移情况。用表列出，即为状态真值表。

4）状态转换图或状态转换表

根据状态真值表可得到该时序电路的状态转换图和状态装换表。

5）功能描述

根据上述结果做出时序图或文字描述。时序图是指时序电路从某一初始状态开始，对应某一给定输入序列的响应。

### 2. 分析举例

**例 5.1** 分析图 5.6 所示时序逻辑电路的逻辑功能，写出它的驱动方程、状态方程和输出方程。$FF_1$、$FF_2$ 和 $FF_3$ 是 3 个主从结构的 TTL 触发器，下降沿动作，输入端悬空时和逻辑 1 状态等效。

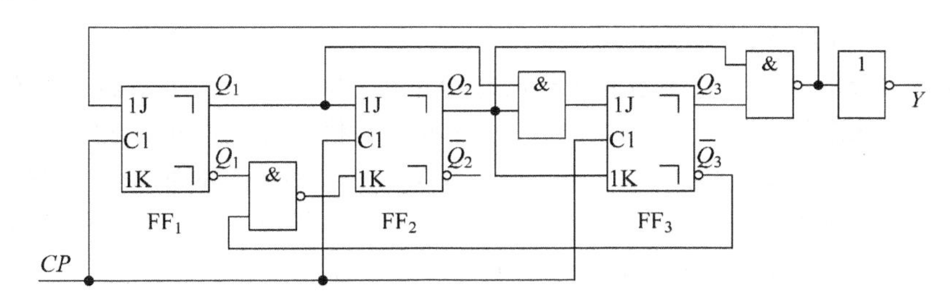


图 5.6 例 5.1 的时序逻辑电路

**【解】**

(1) 求驱动方程和输出方程。

驱动方程：

$$\begin{cases} J_1 = \overline{Q_2 Q_3} \\ K_1 = 1 \end{cases} \quad \begin{cases} J_2 = Q_1 \\ K_2 = \overline{\bar{Q}_1 \bar{Q}_3} \end{cases} \quad \begin{cases} J_3 = Q_1 Q_2 \\ K_3 = Q_2 \end{cases} \tag{5.1}$$

输出方程：

$$Y = Q_2 Q_3 \tag{5.2}$$

(2) 求状态方程。将驱动方程代入所用 JK 触发器的特性方程 $Q^* = J\bar{Q} + \bar{K}Q$，而得到

$$\begin{cases} Q_1^* = \overline{Q_2 \cdot Q_3} \cdot \bar{Q}_1 \\ Q_2^* = Q_1 \cdot \bar{Q}_2 + \bar{Q}_1 \cdot \bar{Q}_3 \cdot Q_2 \\ Q_3^* = Q_1 \cdot Q_2 \cdot \bar{Q}_3 + \bar{Q}_2 \cdot Q_3 \end{cases} \tag{5.3}$$

(3) 求状态转换表。

状态转换表求取的思路是：将任何一组输入变量及电路初态的取值代入状态方程和输

出方程，可算出电路的次态和现态下的输出值；以得到的次态作为新的初态，和这时的输入变量取值一起再代入状态方程和输出方程，又可算出一组新的次态和输出值。如此继续下去，直到返回最初设定的初值。

最后还要检查一下得到的状态转换表是否包含了电路所有可能出现的状态。结果发现，$Q_3Q_2Q_1$ 的状态组合共 8 种，而根据计算过程列出的状态转换表中只有 7 种状态，缺少 $Q_3Q_2Q_1=111$ 这个状态。将此状态代入式(5.2)和式(5.3)，计算得到 $Q_3^*Q_2^*Q_1^*=000$，$Y=1$。将这个计算结果补充到表中以后，才得到完整的状态转换表，如表 5.1 所示。

**表 5.1　例 5.1 电路的状态转换表**

| $Q_3$ | $Q_2$ | $Q_1$ | $Q_3^*$ | $Q_2^*$ | $Q_1^*$ | $Y$ |
|---|---|---|---|---|---|---|
| 0 | 0 | 0 | 0 | 0 | 1 | 0 |
| 0 | 0 | 1 | 0 | 1 | 0 | 0 |
| 0 | 1 | 0 | 0 | 1 | 1 | 0 |
| 0 | 1 | 1 | 1 | 0 | 0 | 0 |
| 1 | 0 | 0 | 1 | 0 | 1 | 0 |
| 1 | 0 | 1 | 1 | 1 | 0 | 0 |
| 1 | 1 | 0 | 0 | 0 | 0 | 0 |
| 1 | 1 | 1 | 0 | 0 | 0 | 1 |

(4) 求状态转换图和时序图。

为了以更加形象的方式直观地显示出时序电路的逻辑功能，还可以进一步将状态转换表的内容表示成状态转换图的形式，如图 5.7 所示。在状态转换图中以圆圈表示电路的各个状态，以箭头表示状态转换的方向。同时，在箭头旁注明状态转换前输入变量取值和输出值。通常将输入变量取值写在斜线以上，将输出值写在斜线以下。因为该例题的电路没有输入逻辑变量(属于摩尔型电路)，所以斜线上方没有标注。

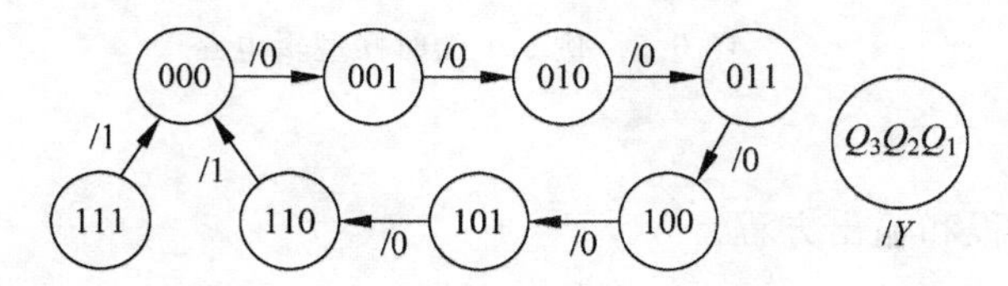


图 5.7　例 5.1 电路的状态转换图

由状态转换图可知，电路的状态构成一个计数循环，其中 7 个为有效状态，一个为无效状态。

为便于用实验观察的方法检查时序电路的逻辑功能，也可将状态转换表的内容画成时间顺序波形图，简称时序图，如图 5.8 所示。

(5) 归纳电路的逻辑功能。

以上分析可见，每当经过 7 个时钟周期以后，电路的状态循环变化一次(状态变化按二进制计数规律递增)，所以该电路具有对时钟信号计数的功能。同时，因为每经过 7 个时钟脉冲作用以后输出端 $Y$ 输出一个脉冲，所以这是一个七进制加法计数器，$Y$ 端的输出就是进位脉冲。

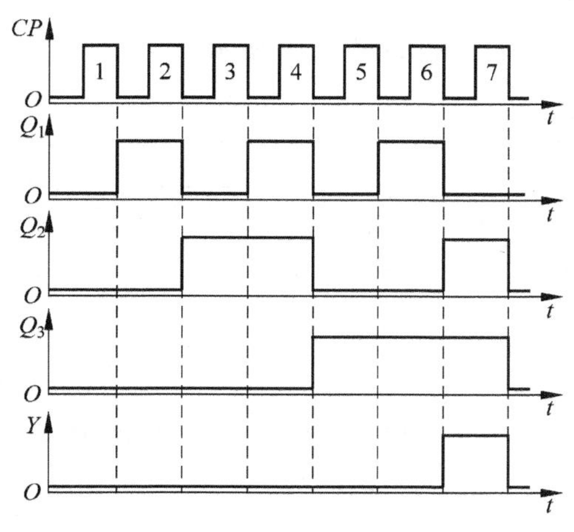


图 5.8　例 5.1 电路的时序图

**例 5.2**　分析图 5.9 所示时序逻辑电路的逻辑功能，写出电路的驱动方程、状态方程和输出方程，画出电路的状态转换图。

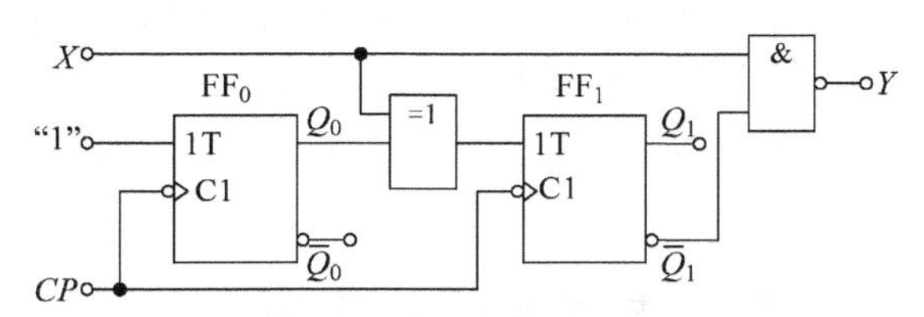


图 5.9　例 5.2 的时序逻辑电路

**【解】**（1）求驱动方程和输出方程。

$$\begin{cases} T_1 = X \oplus Q_0 \\ T_0 = 1 \end{cases} \tag{5.4}$$

$$Y = \overline{X\overline{Q}_1} = \overline{X} + Q_1 \tag{5.5}$$

（2）求状态方程。将驱动方程代入所用 T 触发器的特性方程 $Q^* = T \oplus Q$，而得到

$$\begin{cases} Q_1^* = T_1 \oplus Q_1 = X \oplus Q_0 \oplus Q_1 \\ Q_0^* = T_0 \oplus Q_0 = 1 \oplus Q_0 = \overline{Q}_0 \end{cases} \tag{5.6}$$

（3）求状态转换表，如表 5.2 所示。

**表 5.2　例 5.2 电路的状态转换表**

| 输入 $X$ | 现　态 | | 次　态 | | 输出 $Y$ |
|---|---|---|---|---|---|
| | $Q_1$ | $Q_0$ | $Q_1^*$ | $Q_0^*$ | |
| 0 | 0 | 0 | 0 | 1 | 1 |
| 0 | 0 | 1 | 1 | 0 | 1 |
| 0 | 1 | 0 | 1 | 1 | 1 |
| 0 | 1 | 1 | 0 | 0 | 1 |
| 1 | 0 | 0 | 1 | 1 | 0 |
| 1 | 1 | 1 | 1 | 0 | 1 |
| 1 | 1 | 0 | 0 | 1 | 1 |
| 1 | 0 | 1 | 0 | 0 | 0 |

(4) 状态转换图和时序波形图,如图 5.10 所示。

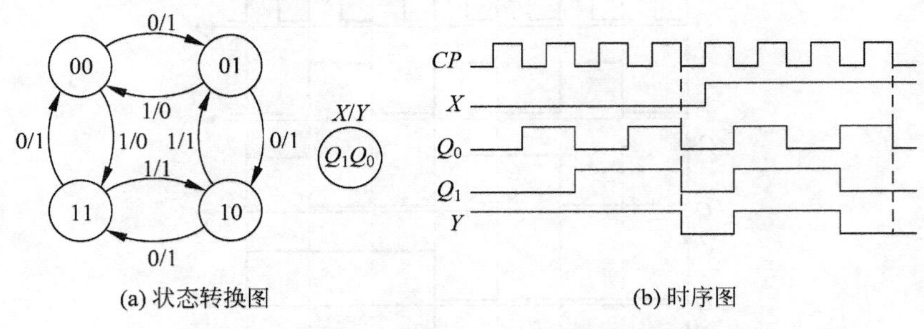


(a) 状态转换图　　(b) 时序图

图 5.10　例 5.2 电路的状态转换图和时序图

(5) 归纳电路的逻辑功能。

由状态图可以看出,当输入 $X=0$ 时,在时钟脉冲 $CP$ 的作用下,电路的 4 个状态按递增规律循环变化,即

$$00 \rightarrow 01 \rightarrow 10 \rightarrow 11 \rightarrow 00 \rightarrow \cdots$$

当 $X=1$ 时,在时钟脉冲 $CP$ 的作用下,电路的 4 个状态按递减规律循环变化,即

$$00 \rightarrow 11 \rightarrow 10 \rightarrow 01 \rightarrow 00 \rightarrow \cdots$$

可见,该电路既具有递增计数功能,又具有递减计数功能,是一个 2 位二进制同步可逆计数器。

## 5.2.2　异步时序逻辑电路的分析方法

异步时序电路分析的步骤与同步时序电路基本相同,但在分析过程中应注意,在异步时序电路中,每次电路状态发生转换时并不是所有触发器都有时钟信号,而触发器翻转的必要条件是时钟端加合适的 $CP$ 信号。所以在异步时序电路的分析中应写出每一级的时钟方程。只有那些有时钟信号的触发器才需要用特性方程去计算次态,而没有时钟信号的触发器将保持原来的状态不变。

**例 5.3**　分析图 5.11 所示时序逻辑电路的逻辑功能,写出电路的驱动方程、状态方程和输出方程,列出状态转换表并画出电路的状态转换图。

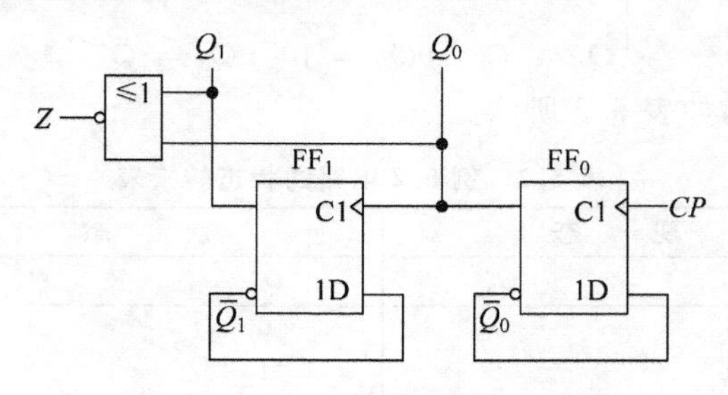


图 5.11　例 5.3 的时序逻辑电路

**【解】**　这是异步触发时序逻辑电路。下面按照步骤进行分析。

该电路为异步时序逻辑电路。具体分析如下:

(1) 写出各逻辑方程式。

① 时钟方程:

$CP_0 = CP$（时钟脉冲源的上升沿触发）

$CP_1 = Q_0$（当 $FF_0$ 的 $Q_0$ 由 0→1 时，$Q_1$ 才可能改变状态）

② 驱动方程：$\begin{cases} D_0 = \bar{Q}_0 \\ \overline{D_1} = \bar{Q}_1 \end{cases}$

③ 代入 D 触发器的特性方程，化简后得到状态方程组：

$$Q_0^* = D_0 = \bar{Q}_0 \text{（}CP \text{ 由 } 0 \to 1 \text{ 时此式有效）}$$

$$Q_1^* = D_1 = \bar{Q}_1 \text{（}Q_0 \text{ 由 } 0 \to 1 \text{ 时此式有效）}$$

④ 输出方程：

$$Z = \overline{Q_0 + Q_1} = \bar{Q}_0\bar{Q}_1$$

(2) 列出状态转换表，如表 5.3 所示。

这里给出了另一种形式的状态转换表，它比较直观地体现出电路在一系列时钟信号作用下电路状态转换的顺序。

**表 5.3　例 5.3 电路的状态转换表**

| 现态 | | 次态 | | 输出 | 时钟脉冲 | |
|---|---|---|---|---|---|---|
| $Q_1$ | $Q_0$ | $Q_1^*$ | $Q_0^*$ | $Z$ | $CP_1$ | $CP_0$ |
| 0 | 0 | 1 | 1 | 1 | ↑ | ↑ |
| 1 | 1 | 1 | 0 | 0 | 0 | ↑ |
| 1 | 0 | 0 | 1 | 0 | ↑ | ↑ |
| 0 | 1 | 0 | 0 | 0 | 0 | ↑ |

(3) 画出状态转换图和时序图，如图 5.12 和图 5.13 所示。

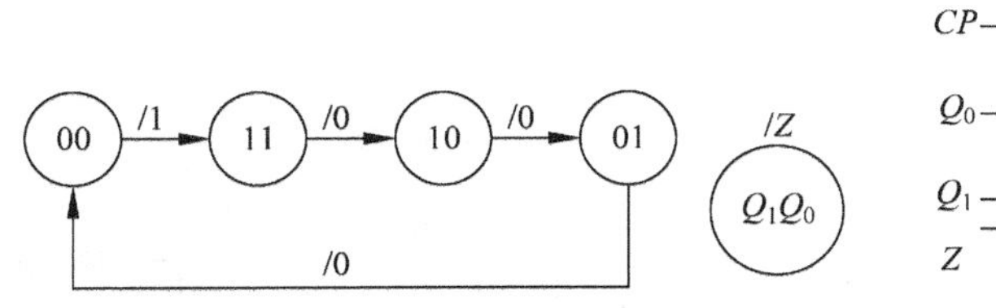


图 5.12　例 5.3 电路的状态转换图

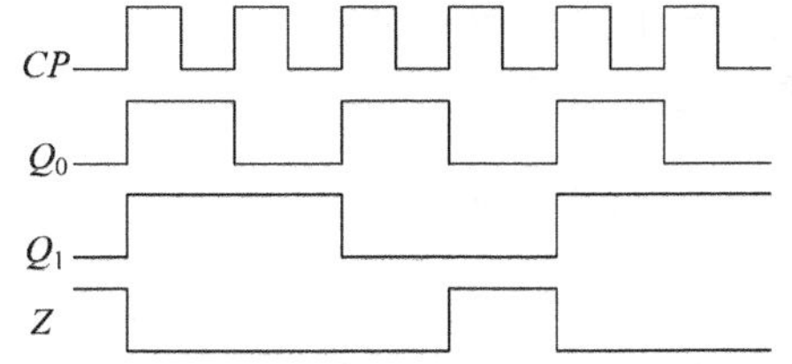


图 5.13　例 5.3 电路的时序图

(4) 归纳电路的逻辑功能。

由状态转换图可知，该电路一共有 4 个状态，即 00、01、10、11，在时钟脉冲作用下，按照减 1 规律循环变化，所以是一个异步四进制减法计数器，$Z$ 是借位信号。

# 5.3 常用的时序逻辑电路

## 5.3.1 寄存器和移位寄存器

### 1. 寄存器

寄存器用来暂时存放参与运算的数据和运算结果。一个触发器只能寄存一位二进制数，要存多位数时，就得用多个触发器。常用的有4位、8位、16位等寄存器。

寄存器存放数码的方式有并行和串行两种。并行方式就是数码各位从各对应位输入端同时输入到寄存器中；串行方式就是数码从一个输入端逐位输入到寄存器中。

从寄存器取出数码的方式也有并行和串行两种。在并行方式中，被取出的数码各位在对应于各位的输出端上同时出现；而在串行方式中，被取出的数码在一个输出端逐位出现。

下面就D触发器组成的4位寄存器做简要介绍。

图5.14是由D触发器组成的4位寄存器的逻辑电路。它有4位数据输入端$D_3$、$D_2$、$D_1$、$D_0$，对应4位数据输出端$Q_3$、$Q_2$、$Q_1$、$Q_0$，一个异步复位端$R$(高电平有效)，一个时钟控制端$CP$。

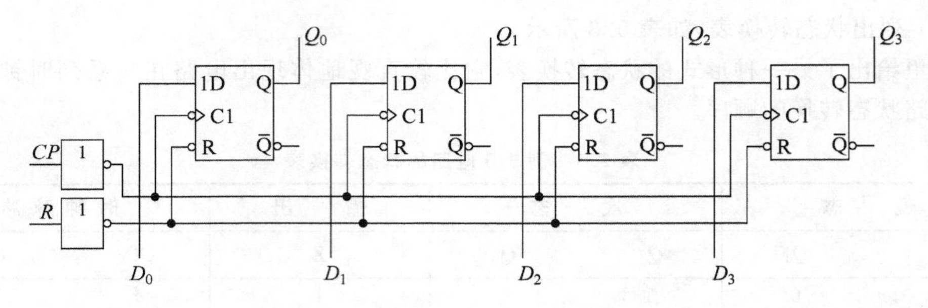


图5.14 4位寄存器的逻辑电路

由于各触发器的时钟端和复位端均接在一起，所以当$R$端出现高电平时，所有D触发器异步复位。而除去$CP$和$R$的连线，可以看到，4个D触发器是独立的。当$CP$脉冲的上升沿到达时，根据$Q^* = D$，触发器将各位$D$端的数据同时存入寄存器，而且触发器中的数据是并行地出现在输出端的，因此将这种输入、输出方式称为并行输入、并行输出。该电路的图形符号如图5.15所示。

**2. 移位寄存器**

移位寄存器不仅有存放数码而且具有移位的功能。移位就是每当来一个移位正脉冲(时钟脉冲)，触发器的状态便向右或向左移一位。也就是，寄存器的数码可以在移位脉冲的控制下依次进行移位。移位寄存器在计算机中应用广泛。

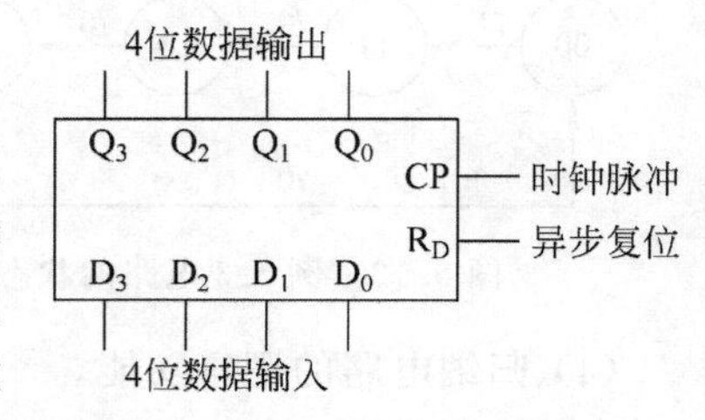


图5.15 D触发器组成4位寄存器的图形符号

1) 单向移位寄存器

图5.16所示电路是由边沿触发方式的D触发器组成的4位移位寄存器，其中左边起第一个触发器的输入端接收输入信号，然后自左向右每个触发器的输出端依次与相邻右边触发器的输入端连接，即构成了移位寄存器。

$CP$上升沿到达后，需要经过一段传输延迟时间，触发器才能输出新状态，所以当$CP$上升沿同时作用于所有的触发器时，输入端($D$端)的状态还没有改变。于是$FF_1$按$Q_0$原来的状态翻转，$FF_2$按$Q_1$原来的状态翻转，$FF_3$按$Q_2$原来的状态翻转。同时，加到寄存器输入端$D_I$的代码存入$FF_0$。总效果相当于移位寄存器中原有代码依次右移了一位。

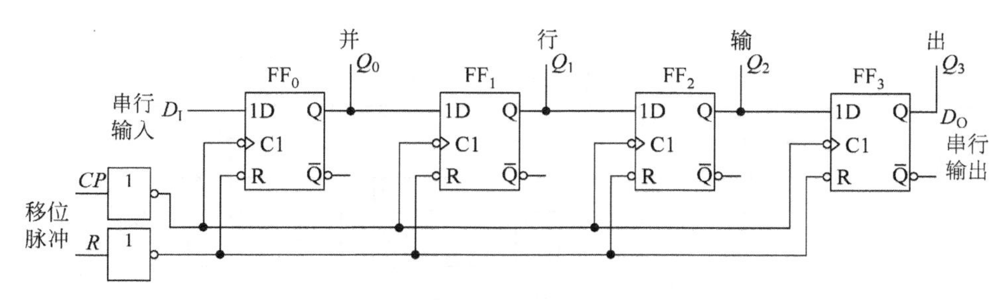


图 5.16　D 触发器构成的单向移位寄存器

在存储数据之前，将寄存器中各触发器状态清 0。假设在 4 个时钟周期内输入代码依次为 1011，那么在移位脉冲作用下，移位寄存器里代码的移动情况如表 5.4 所示。图 5.17 给出了各触发器输出端在移位过程中的电压波形图。

**表 5.4　移位寄存器中代码的移动情况**

| 时钟顺序 | $D_I$ | $Q_0$ | $Q_1$ | $Q_2$ | $Q_3$ | 移　　位 |
|---|---|---|---|---|---|---|
| 0 | 0 | 0 | 0 | 0 | 0 | 0 |
| 1 | 1 | 1 | 0 | 0 | 0 | 右移一位 |
| 2 | 0 | 0 | 1 | 0 | 0 | 右移两位 |
| 3 | 1 | 1 | 0 | 1 | 0 | 右移 3 位 |
| 4 | 1 | 1 | 1 | 0 | 1 | 右移 4 位 |

可以看出，经过 4 个 $CP$ 信号后，串行输入的 4 位代码全部移入寄存器中，同时在 4 个触发器的输出端得到了并行输出的代码。因此，移位寄存器可以实现代码的串行—并行转换。

如果首先将 4 位代码并行置入移位寄存器的 4 个触发器中，然后连续加入 4 个移位脉冲，则移位寄存器里的 4 位代码将从串行输出端 $D_O$ 依次送出，从而实现了代码的并行—串行转换。

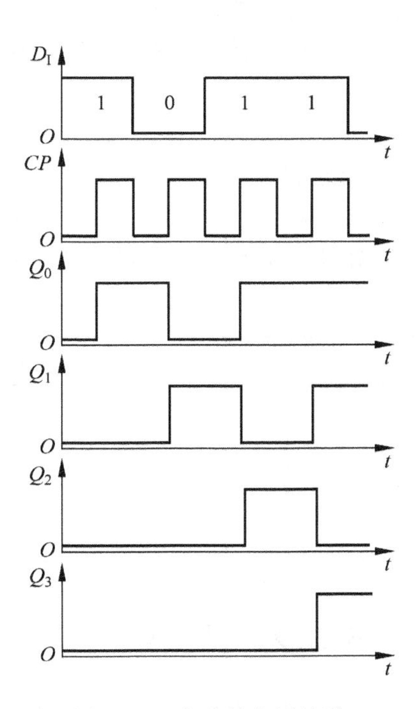


图 5.17　电路的电压波形

2）双向移位寄存器

为了便于扩展逻辑功能和增加使用的灵活性，在定型生产的移位寄存器集成电路上有的附加了左右移控制、数据并行输入、保持、异步置 0 等功能。图 5.18 给出的 74LS194——4 位双向移位寄存器，就是一个典型例子。

(1) 电路结构。图 5.18 所示的寄存器由 4 个 RS 触发器和各自的输入控制电路组成。$CP$ 和 $R$ 分别是控制脉冲及异步复位信号。功能选择信号 $S_0$、$S_1$ 以及相应的 4 个反相器构成左移、右移、并行输入及保持功能选择。

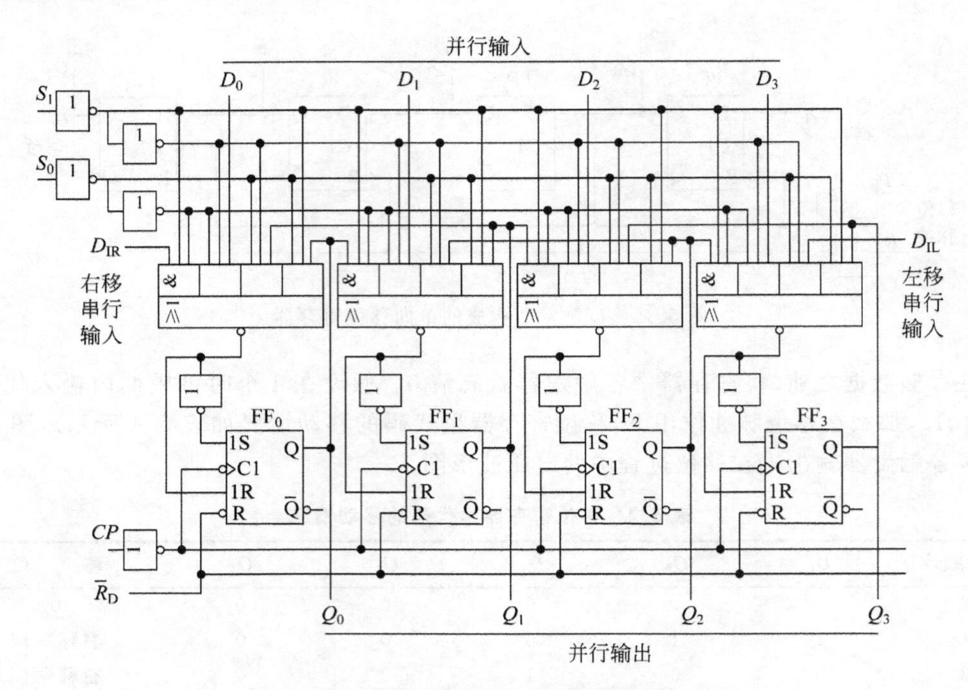


图 5.18 双向移位寄存器 74LS194 的逻辑电路

(2) 工作原理。由图 5.18 可见,触发器的输入控制电路是由与或非门和反相器组成的具有互补输出的 4 选 1 数据选择器。它的互补输出构成触发器的输入信号。对 RS 触发器来说,其输入表达式为(以 $FF_1$ 为例)

$$\begin{aligned} S_{FF_1} &= \overline{S}_1\overline{S}_0 \cdot Q_1 + \overline{S}_1 S_0 \cdot Q_0 + S_1\overline{S}_0 Q_2 + S_1 S_0 D_1 \\ R_{FF_1} &= \overline{S}_{FF_1} \end{aligned} \tag{5.7}$$

则可得状态方程为

$$Q_1^* = S_{FF_1} + \overline{R}_{FF_1} Q_1 = S_{FF_1} \tag{5.8}$$

74LS194 双向移位寄存器的功能表如表 5.5 所示。

**表 5.5 双向移位寄存器 74LS194 的功能表**

| $\overline{R}_D$ | $S_1$ | $S_0$ | 工作状态 |
|---|---|---|---|
| 0 | × | × | 置零 |
| 1 | 0 | 0 | 保持 |
| 1 | 0 | 1 | 右移 |
| 1 | 1 | 0 | 左移 |
| 1 | 1 | 1 | 并行输入 |

## 5.3.2 计数器

计数器是用来累计和寄存输入脉冲个数的时序逻辑部件。它是数字系统中用途最广泛的基本部件之一,几乎在各个数字系统中都有触发器构成的计数器。它不仅可以计数,还可以对某个频率的时钟脉冲进行分频,以及构成时间分配器或时序发生器对数字系统进行定时，程序控制操作，此外还能用它执行数字运算。

计数的分类如下。

(1) 按进位模数来分类。进位模，就是计数器所经历的独立状态总数，即进位制的数。

① 模 2 计数器，进位模为 $2^n$ 的计数器均称为模 2 计数器。其中 $n$ 为触发器级数。

② 非模 2 计数器，进位模非 $2^n$，用得较多的如十进制计数器。

(2) 按计数脉冲输入方式分类。

① 同步计数器。计数脉冲引至所有触发器的 $CP$ 端，使应翻转的触发器同步翻转。

② 异步计数器。计数脉冲并不引至触发器的 $CP$ 端，有的触发器的 $CP$ 端是其他触发器的输出，因此触发器不是同时动作。

(3) 按计数增减趋势分类。

① 递增计数器。每来一个计数脉冲，用触发器组成的状态，就按二进制代码规律增加。这种计数器有时又称为加法计数器。

② 递减计数器。每来一个计数脉冲，触发器组成的状态，按二进制代码规律减少。有时又称减法计数器。

③ 双向计数器。计数规律可以按递增规律，也可以按递减规律，由控制端决定。

(4) 按电路集成度分类。

① 小规模集成计数器。由若干个集成触发器和门电路，经外部连线构成具有计数功能的逻辑电路。

② 中规模集成计数器。一般用 4 个集成触发器和若干个门电路，经内部连接集成在一块硅片上，它是计数功能比较完善、并能进行功能扩展的逻辑部件。

### 1. 二进制计数器

二进制只有 0 和 1 两个数码。二进制加法，就是"逢二进一"，即 0+1=1，1+1=10。也就是每当本位是 1，再加 1 时，本位便变为 0，而高位进位，使高位加 1。

由于双稳态触发器有 1 和 0 两个状态，所以一个触发器可以表示为一位二进制数。如果要表示 $n$ 位二进制数，就要用 $n$ 个触发器。下面介绍两种二进制计数器。

1) 同步二进制计数器

(1) 同步二进制加法计数器。根据二进制加法运算规则，在一个多位二进制数的末位上加 1 时，若其中第 $i$ 位(即任何一位)以下各位皆为 1 时，则第 $i$ 位应改变状态，最低位的状态在每次加 1 时都要改变。例如：

$$\begin{array}{r} 101\boxed{011} \\ +\qquad\quad 1 \\ \hline 101\boxed{100} \end{array}$$

按照上述原则，最低的 3 位数都改变了状态，而高 3 位状态不变。

同步计数器一般用 T 触发器构成，结构形式有两种。

① 控制输入端 $T$ 的状态，当每次 $CP$ 信号到达时，使该翻转的那些触发器输入控制端 $T_i=1$，不该翻转的 $T_i=0$。

② 控制时钟信号，每次计数脉冲到达时，只能加到该翻转的那些触发器的 $CP$ 输入端上，而不能加给那些不该翻转的触发器。同时，将所有的触发器接成 $T=1$ 的状态。这样，

就可以用计数器电路的不同状态来记录输入的 $CP$ 脉冲数目，即实现计数功能。

因此，当通过 $T$ 端的状态控制时，第 $i$ 位触发器输入端的逻辑式应为

$$\begin{cases} T_i = Q_{i-1} \cdot Q_{i-2} \cdots Q_1 \cdot Q_0 = \prod_{j=0}^{i-1} Q_j \quad i = 1,2,\cdots,n-1 \\ T_0 \equiv 1 \end{cases} \tag{5.9}$$

图5.19是按式(5.10)接成的4位二进制加法计数器，其中的T触发器是将JK触发器的 $J$ 和 $K$ 接在一起作为 $T$ 输入端而得到的。以该电路为例进行分析。

第1步：写出驱动方程和输出方程

$$\begin{cases} T_0 = 1 \\ T_1 = Q_0 \\ T_2 = Q_0 Q_1 \\ T_3 = Q_0 Q_1 Q_2 \end{cases} \tag{5.10}$$

$$C = Q_3 Q_2 Q_1 Q_0 \tag{5.11}$$

第2步：将式(5.11)代入T触发器的特性方程 $Q^* = T\overline{Q} + \overline{T}Q = T \oplus Q$，得到状态方程，即

$$\begin{cases} Q_0^* = \overline{Q_0} \\ Q_1^* = Q_0 \oplus Q_1 \\ Q_2^* = (Q_1 Q_0) \oplus Q_2 \\ Q_3^* = (Q_2 Q_1 Q_0) \oplus Q_3 \end{cases} \tag{5.12}$$

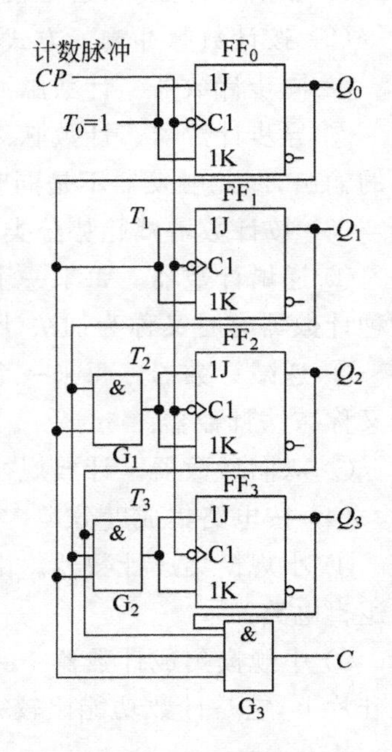


图5.19 用T触发器构成的同步二进制加法计数器(控制 $T$ 端)

第3步：根据式(5.12)和式(5.13)求出电路的状态转换表，如表5.6所示。

**表5.6 图5.19电路的状态转换表**

| 时序脉冲 | $Q_3$ | $Q_2$ | $Q_1$ | $Q_0$ | 十进制数 | 进位输出 | 时序脉冲 | $Q_3$ | $Q_2$ | $Q_1$ | $Q_0$ | 十进制数 | 进位输出 |
|---|---|---|---|---|---|---|---|---|---|---|---|---|---|
| 0 | 0 | 0 | 0 | 0 | 0 | 0 | 9 | 1 | 0 | 0 | 1 | 9 | 0 |
| 1 | 0 | 0 | 0 | 1 | 1 | 0 | 10 | 1 | 0 | 1 | 0 | 10 | 0 |
| 2 | 0 | 0 | 1 | 0 | 2 | 0 | 11 | 1 | 0 | 1 | 1 | 11 | 0 |
| 3 | 0 | 0 | 1 | 1 | 3 | 0 | 12 | 1 | 1 | 0 | 0 | 12 | 0 |
| 4 | 0 | 1 | 0 | 0 | 4 | 0 | 13 | 1 | 1 | 0 | 1 | 13 | 0 |
| 5 | 0 | 1 | 0 | 1 | 5 | 0 | 14 | 1 | 1 | 1 | 0 | 14 | 0 |
| 6 | 0 | 1 | 1 | 0 | 6 | 0 | 15 | 1 | 1 | 1 | 1 | 15 | 1 |
| 7 | 0 | 1 | 1 | 1 | 7 | 0 | 16 | 0 | 0 | 0 | 0 | 0 | 0 |
| 8 | 1 | 0 | 0 | 0 | 8 | 0 | | | | | | | |

第4步：由状态转换表画出状态转换图和时序图，如图5.20所示。

从时序图可见，若计数输入脉冲的频率为 $f_0$，则 $Q_0$、$Q_1$、$Q_2$、$Q_3$ 端输出脉冲的频率将依次为 $\frac{1}{2}f_0$、$\frac{1}{4}f_0$、$\frac{1}{8}f_0$ 和 $\frac{1}{16}f_0$。针对计数器的这种分频功能，也将它称为分频器。

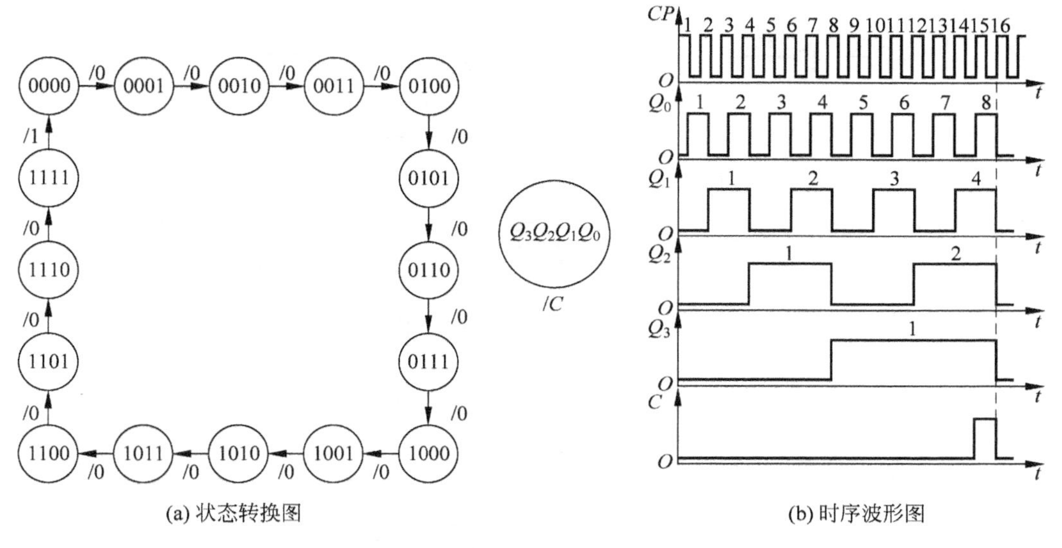


图 5.20　图 5.19 电路的状态转换图和时序波形图

此外，每输入 16 个计数脉冲计数器工作一个循环，并在输出 $Q_3$ 端或输出 $C$ 端产生一个进位输出信号，所以又将该电路称为十六进制计数器。

若用控制时钟信号方式的 T′触发器构成二进制计数器，只需要让 T′触发器的时钟端连接满足关系式(5.14)。另外，使所有触发器的输入端 $T=1$。

$$\begin{cases} cp_i = Q_{i-1} \cdot Q_{i-2} \cdots Q_1 \cdot Q_0 \cdot CP = CP \prod_{j=0}^{i-1} Q_j \quad i = 1,2,\cdots,n-1 \\ cp_0 \equiv CP \end{cases} \tag{5.13}$$

图 5.21 是按式(5.14)接成的 4 位二进制加法计数器，对于该电路的分析可以对照前面的分析思路自行完成，此处不再赘述。

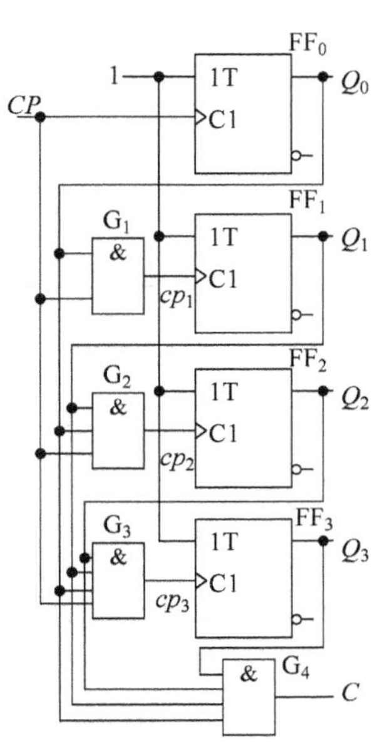


图 5.21　用 T 触发器构成的同步二进制加法计数器(控制时钟端)

在实际生产的计数器芯片中，往往还附加了一些控制电路，以增加电路的功能和使用灵活性。图 5.22 所示为中规模集成的 4 位同步二进制计数器 74161 的电路图。这个电路除了具有二进制加法计数功能外，还具有预置数、保持和异步置零等附加功能。图中 $LD'$ 为预置数控制端，$D_0 \sim D_3$ 为数据输入端，$C$ 为进位输出端，$R_D'$为异步置零端，$EP$ 和 $ET$ 为工作状态控制端。

表 5.7 是 74161 的功能表，它给出了当 $EP$ 和 $ET$ 为不同取值时电路的工作状态。

由图 5.22 可见，当 $R_D'=0$ 时所有触发器将同时被置零，而且置零操作不受其他输入端状态的影响。

当 $R_D'=1$、$LD'=0$ 时，电路工作在同步置数状态。这时门 $G_{16} \sim G_{19}$ 的输出始终是 1，所以 $FF_0 \sim FF_3$ 输入端 $J$、$K$ 的状态由 $D_0 \sim D_3$ 的状态决定。

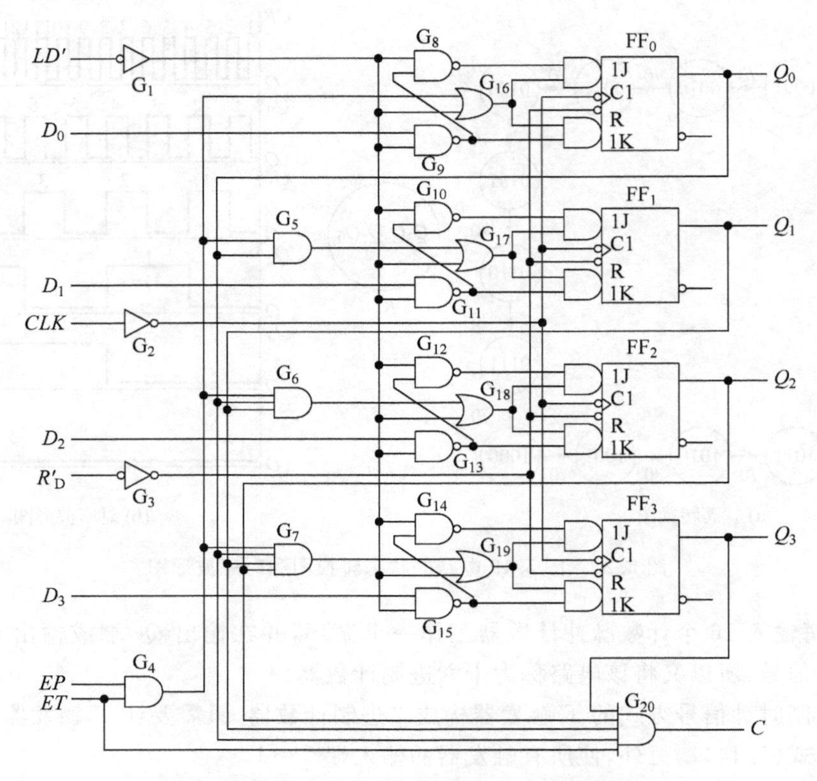


图 5.22　4 位同步二进制计数器 74161 的逻辑图

**表 5.7　4 位同步二进制计数器 74161 的功能表**

| ***CP*** | $\bar{R}_D$ | $\overline{LD}$ | ***EP*** | ***ET*** | **工 作 状 态** |
|---|---|---|---|---|---|
| × | 0 | × | × | × | 异步置零 |
| ↑ | 1 | 0 | × | × | 预置数(同步) |
| × | 1 | 1 | 0 | 1 | 保持(包括 $C$) |
| × | 1 | 1 | × | 0 | 保持($C$=0) |
| ↑ | 1 | 1 | 1 | 1 | 计数 |

当 $R'_D=LD'=1$ 而 $EP=0$、$ET=1$ 时,由于这时门 $G_{16}\sim G_{19}$ 的输出均为 0,亦即 $FF_0\sim FF_3$ 均处在 $J=K=0$ 的状态,所以 $CLK$ 信号到达时它们保持原来的状态不变。同时 $C$ 的状态也得到保持。如果 $ET=0$,则 $EP$ 无论为何状态,计数器的状态也将保持不变,但这时进位输出 $C$ 等于 0。

当 $R'_D=LD'=EP=ET=1$ 时,电路工作在计数状态。从电路的 0000 状态开始连续输入 16 个计数脉冲时,电路将从 1111 状态返回 0000 状态,$C$ 端从高电平跳变至低电平。可以利用 $C$ 端输出的高电平或下降沿作为输出信号。

在图 5.23 所示芯片的图形符号中,$\bar{R}_D$ 为异步置零(复位)端;$\overline{LD}$ 为预置数控制端;$EP$ 和 $ET$ 为工作状态控制端;$D_0\sim D_4$ 为数据输入端;$C$ 为进位输出端。

(2) 同步二进制减法计数器。根据二进制减法运算规则,在一个多位二进制数的末位上减 1 时,若其中第 $i$ 位(即任何一位)以下各位皆为 0 时,则第 $i$ 位应改变状态,最低位的状

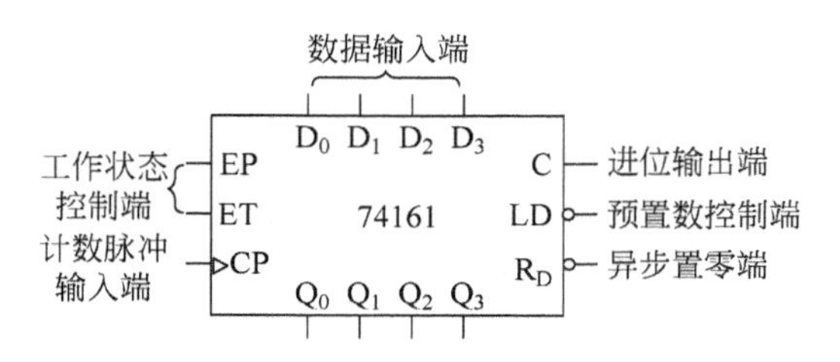


图 5.23　74161 芯片的图形符号

态在每次减 1 时都要改变。例如

$$\begin{array}{r} 101\boxed{100} \\ -\quad\quad 1 \\ \hline 101\boxed{011} \end{array}$$

按照上述原则，最低的 3 位数都改变了状态，而高 3 位状态不变。

由此得出规律：若用 T 触发器构成计数器，则第 $i$ 位触发器输入端 $T_i$ 的逻辑式应为

$$\begin{cases} T_i = \prod_{j=0}^{i-1} \overline{Q}_j \\ T_0 \equiv 1 \end{cases} \tag{5.14}$$

若采用控制时钟信号的方式，则第 $i$ 位触发器时钟端的表达式应为

$$\begin{cases} cp_i = CP \prod_{j=0}^{i-1} \overline{Q}_j \\ cp_0 \equiv CP \end{cases} \tag{5.15}$$

图 5.24 所示电路是根据式(5.15)接成的同步二进制减法计数器电路，其中的 T 触发器是将 JK 触发器的 $J$ 和 $K$ 接在一起作为 $T$ 输入端而得到的。注意：此时电路利用的是触发器的 $\overline{Q}$ 端。

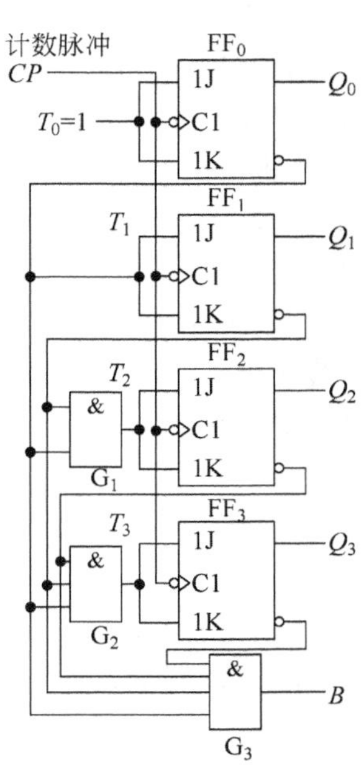


图 5.24　用 T 触发器构成的同步二进制减法计数器

2）异步二进制计数器

异步计数器在做“加 1”计数时，采取从低位到高位逐位进位的方式工作。因此，其中的各个触发器不是同步翻转的。

(1) 异步二进制加法计数器。首先讨论二进制加法计数器的构成方法。按照二进制加法计数规则，每一位如果已经是 1，则再加 1 时该位应变为 0，同时向高位发出进位信号，使高位翻转。使用下降沿触发的 T′触发器组成计数器，只要将低位触发器的 $Q$ 端接至高位触发器的时钟输入端就可以。图 5.25 是用下降沿触发的 T′触发器组成的 3 位二进制加法计数器。由图 5.25 可见，其中的 T′触发器是用 JK 触发器，并令 $J=K=1$ 而得到的。因为所有触发器都是在时钟信号的下降沿动作，所以进位信号应从低位的 $Q$ 端引出。而最低位触发器的时钟信号 $CP_0$ 也就是要记录的计数输入脉冲。

根据 T′触发器的翻转规律，可以画出在一系列 $CP_0$ 脉冲信号作用下 $Q_0$、$Q_1$、$Q_2$ 的电压波形，如图 5.26 所示。考虑到触发器输出端新状态的建立相对时钟下降沿需要有一个

延迟，故在波形图上将这种延迟体现出来。

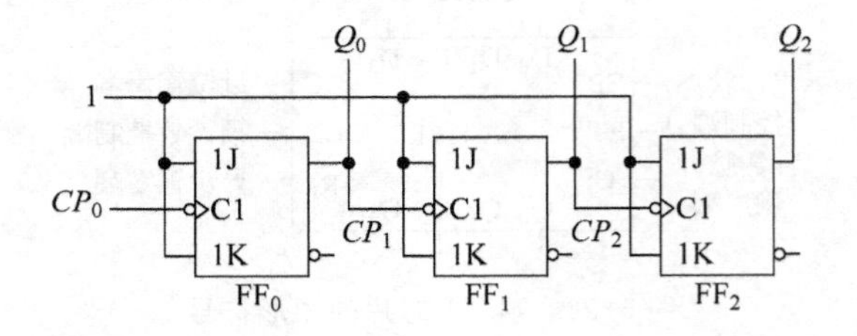


图 5.25 下降沿动作的异步二进制加法计数器

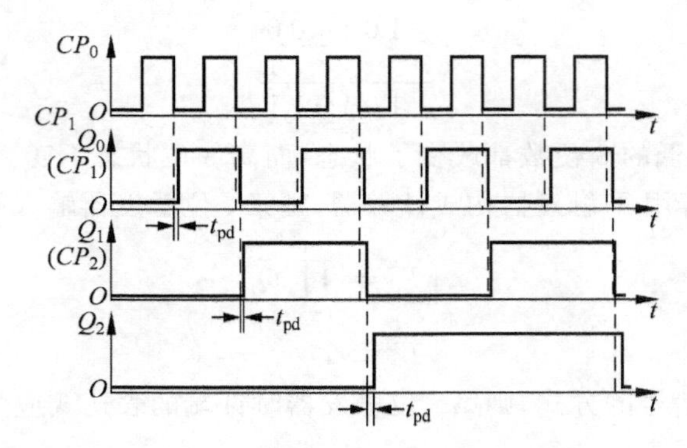


图 5.26 图 5.25 电路的时序图

若使用上升沿触发的 T′触发器组成计数器，只要将低位触发器的 $\bar{Q}$ 端接至高位触发器的时钟输入端就可以了。

(2) 异步二进制减法计数器。如果将 T′触发器之间按二进制减法计数规则连接，就得到二进制减法计数器。二进制减法计数的规则是：每一位如果已经是 0，则再减 1 时该位应变为 1，同时向高位发出借位信号，使高位翻转。若使用下降沿触发的 T′触发器组成计数器，只要将低位触发器的 $\bar{Q}$ 端接至高位触发器的时钟输入端就可以。当低位由 0 变为 1 时，低位 $\bar{Q}$ 端的下降沿正好可以作为向高位发出的借位时钟信号，如图 5.27 所示。它的时序图如图 5.28 所示。在画时序图时应当注意，此时 $Q$ 的上升沿对应 $\bar{Q}$ 的下降沿，所以 $Q_1$、$Q_2$ 的状态翻转时刻应该与相邻低位触发器 $Q$ 端的上升沿对应。

若使用上升沿触发的 T′触发器组成计数器，只要将低位触发器的 $Q$ 端接至高位触发器的时钟输入端就可以了。

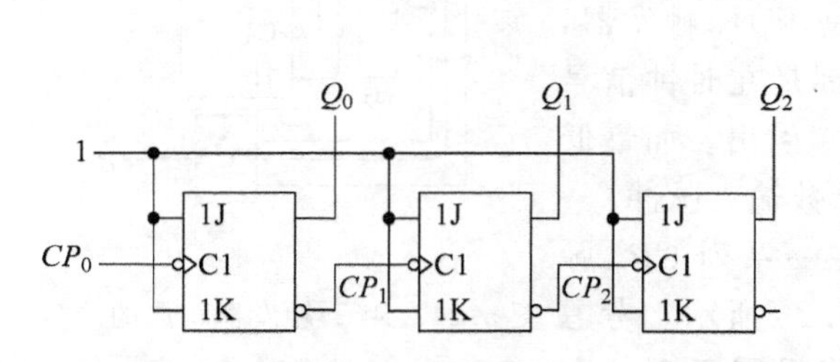


图 5.27 下降沿动作的异步二进制减法计数器

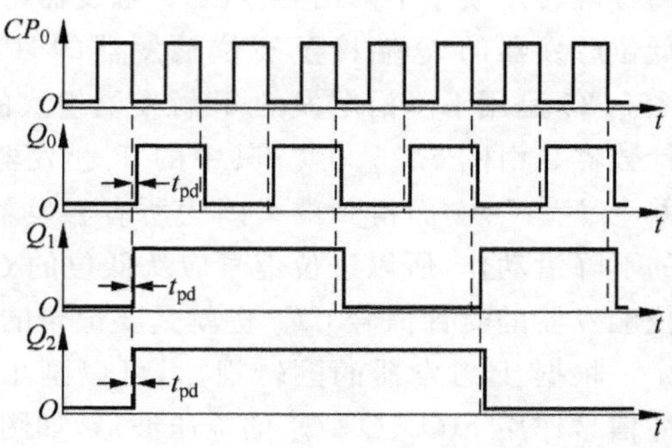


图 5.28 图 5.27 电路的时序图

## 2. 十进制计数器

1）同步十进制计数器

（1）十进制加法计数器。十进制加法计数器是在 4 位二进制加法计数器的基础上略加修改而成的，如图 5.29 所示。如果从 0000 开始计数，直到输入第 9 个计数脉冲为止，它的工作过程与二进制计数器相同。计入第 9 个计数脉冲后电路进入 1001 状态，则第 10 个计数脉冲到来时要求电路状态回到 0000。为实现电路状态的跳变，需要修改计数器的驱动方程、输出方程和状态方程。可参见式(5.17)、式(5.18)和式(5.19)，注意它们的变化。

$$\begin{cases} T_0 = 1 \\ T_1 = Q_0 \Rightarrow Q_0\bar{Q}_3 \\ T_2 = Q_0Q_1 \\ T_3 = Q_0Q_1Q_2 \Rightarrow Q_0Q_1Q_2 + Q_0Q_3 \end{cases} \tag{5.16}$$

$$C = Q_0Q_1Q_2Q_3 \Rightarrow Q_0Q_3 \tag{5.17}$$

$$\begin{cases} Q_0^* = \overline{Q_0} \\ Q_1^* = Q_0 \oplus Q_1 \Rightarrow (Q_0\bar{Q}_3) \oplus Q_1 \\ Q_2^* = (Q_1Q_0) \oplus Q_2 \\ Q_3^* = (Q_0Q_1Q_2) \oplus Q_3 \Rightarrow (Q_0Q_1Q_2 + Q_0Q_3) \oplus Q_3 \end{cases} \tag{5.18}$$

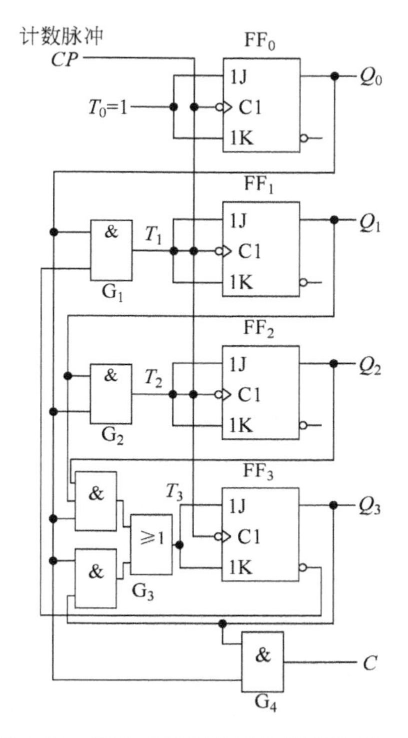

图 5.29　同步十进制加法计数器电路

基于电路的这种修改，当第 9 个脉冲作用后，电路状态进入 1001，此时 $T_0=1$、$T_1=0$、$T_2=0$、$T_3=1$；在第 10 个脉冲下降沿来到时，$Q_0$ 由 1→0，$Q_1$、$Q_2$ 保持 0 状态，$Q_3$ 由 1→0，故电路状态返回 0000。

根据状态方程可以求出状态转换表如表 5.8 所列，得到状态转换图如图 5.30 所示。

**表 5.8　图 5.29 电路的状态转换表**

| 时序脉冲 | $Q_3$ | $Q_2$ | $Q_1$ | $Q_0$ | 十进制数 | 进位输出 | 时序脉冲 | $Q_3$ | $Q_2$ | $Q_1$ | $Q_0$ | 十进制数 | 进位输出 |
|---|---|---|---|---|---|---|---|---|---|---|---|---|---|
| 0 | 0 | 0 | 0 | 0 | 0 | 0 | 0 | 1 | 0 | 1 | 0 | 10 | 0 |
| 1 | 0 | 0 | 0 | 1 | 1 | 0 | 1 | 1 | 0 | 1 | 1 | 11 | 1 |
| 2 | 0 | 0 | 1 | 0 | 2 | 0 | 2 | 0 | 1 | 1 | 0 | 6 | 0 |
| 3 | 0 | 0 | 1 | 1 | 3 | 0 | 0 | 1 | 1 | 0 | 0 | 12 | 0 |
| 4 | 0 | 1 | 0 | 0 | 4 | 0 | 1 | 1 | 1 | 0 | 1 | 13 | 1 |
| 5 | 0 | 1 | 0 | 1 | 5 | 0 | 2 | 0 | 1 | 0 | 0 | 4 | 0 |
| 6 | 0 | 1 | 1 | 0 | 6 | 0 | 0 | 1 | 1 | 1 | 0 | 14 | 0 |
| 7 | 0 | 1 | 1 | 1 | 7 | 0 | 1 | 1 | 1 | 1 | 1 | 15 | 1 |
| 8 | 1 | 0 | 0 | 0 | 8 | 0 | 2 | 0 | 0 | 1 | 0 | 2 | 0 |
| 9 | 1 | 0 | 0 | 1 | 9 | 1 | | | | | | | |
| 10 | 0 | 0 | 0 | 0 | 0 | 0 | | | | | | | |

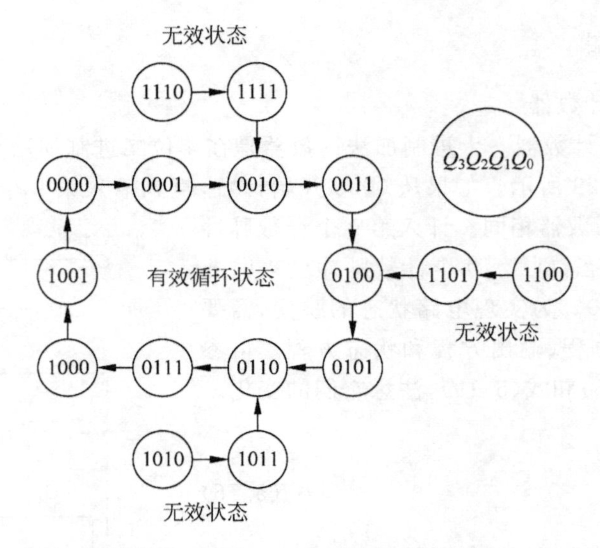


图 5.30　图 5.29 电路的状态转换图

由状态转换图可知，电路在 10 个有效状态上循环，故为十进制计数器。由于多余的 6 个无效状态都可以在时钟信号作用下进入有效循环，故该电路具有自启动功能。与图 5.29 所示电路对应的集成芯片是 74LS160。该芯片的各输入端、输出端的功能及用法与 74LS161 完全类同，使用时两芯片没有区别，故这里不再赘述。

(2) 十进制减法计数器。十进制减法计数器是在 4 位二进制减法计数器的基础上略加修改而成的，如图 5.31 所示。如果从 1001 开始计数，直到输入第 9 个计数脉冲为止，它的工作过程与二进制计数器相同。计入第 9 个计数脉冲后电路进入 0000 状态，则第 10 个计数脉冲到来时电路状态回到 1001。

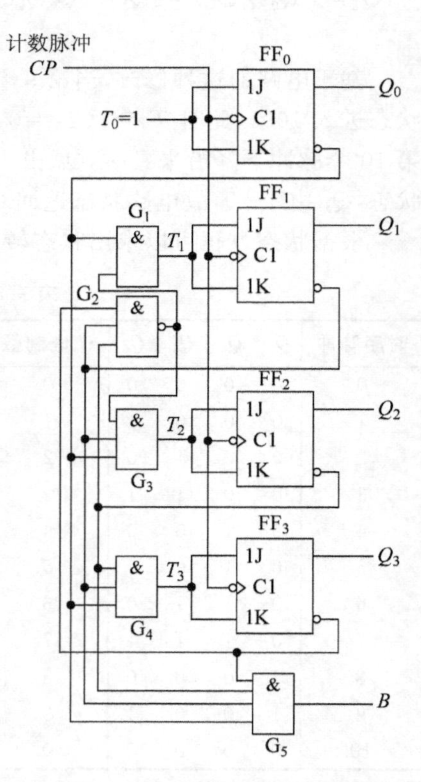


图 5.31　同步十进制减法计数器电路

2) 异步十进制计数器

异步十进制加法计数器是在 4 位异步二进制加法计数器的基础上修改而得到的。修改时要解决的问题是如何使 4 位二进制计数器在计数过程中跳过从 1010～1111 这 6 个多余状态。

图 5.32 所示电路是异步十进制加法计数器的典型电路。

对图 5.32 所示电路的分析过程中，要随时注意各触发器的时钟信号。

(1) 对照电路写出驱动方程和时钟方程。

$$\begin{cases} J_0 = K_0 = 1 \\ J_1 = \overline{Q}_3, \quad K_1 = 1 \\ J_2 = K_2 = 1 \\ J_3 = Q_1Q_2, \quad K_3 = 1 \end{cases} \qquad \begin{cases} cp_0 = CP \\ cp_1 = Q_0 \\ cp_2 = Q_1 \\ cp_3 = Q_0 \end{cases} \qquad C = Q_0Q_3$$

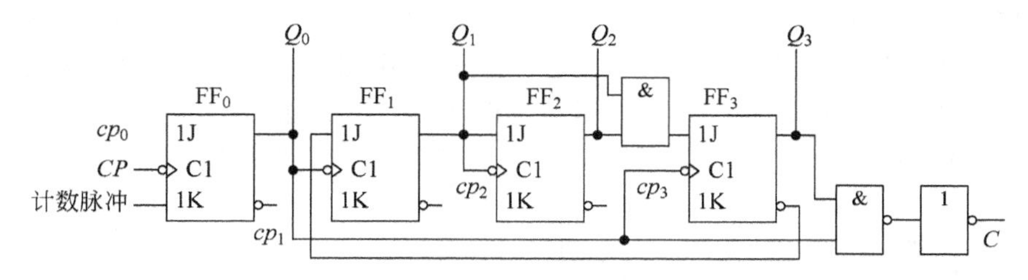


图 5.32 异步十进制加法计数器的典型电路

(2) 写出状态方程。

$$\begin{cases} Q_0^* = \overline{Q}_0 \cdot cp_0 \\ Q_1^* = (\overline{Q}_1\overline{Q}_3) \cdot cp_1 \\ Q_2^* = \overline{Q}_2 \cdot cp_2 \\ Q_3^* = (Q_1Q_2\overline{Q}_3) \cdot cp_3 \end{cases}$$

(3) 列出状态转换表,如表 5.9 所示。

**表 5.9 图 5.32 电路的状态转换表**

| 时序脉冲 | $Q_3$ | $Q_2$ | $Q_1$ | $Q_0$ | $cp_3$ | $cp_2$ | $cp_1$ | $cp_0$ | $C$ |
|---|---|---|---|---|---|---|---|---|---|
| 0 | 0 | 0 | 0 | 0 | 0 | 0 | 0 | 0 | 0 |
| 1 | 0 | 0 | 0 | 1 | 0 | 0 | 0 | 1 | 0 |
| 2 | 0 | 0 | 1 | 0 | 1 | 0 | 1 | 1 | 0 |
| 3 | 0 | 0 | 1 | 1 | 0 | 0 | 0 | 1 | 0 |
| 4 | 0 | 1 | 0 | 0 | 1 | 1 | 1 | 1 | 0 |
| 5 | 0 | 1 | 0 | 1 | 0 | 0 | 0 | 1 | 0 |
| 6 | 0 | 1 | 1 | 0 | 1 | 0 | 1 | 1 | 0 |
| 7 | 0 | 1 | 1 | 1 | 0 | 0 | 0 | 1 | 0 |
| 8 | 1 | 0 | 0 | 0 | 1 | 1 | 1 | 1 | 0 |
| 9 | 1 | 0 | 0 | 1 | 0 | 0 | 0 | 1 | 1 |
| 10 | 0 | 0 | 0 | 0 | 1 | 0 | 1 | 1 | 0 |

(4) 画出状态转换图和时序图,如图 5.33 和图 5.34 所示。

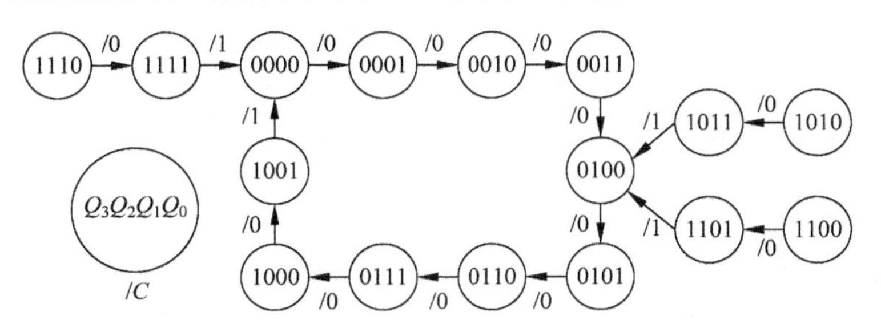


图 5.33 图 5.32 电路的状态转换图

74LS90 是按照图 5.32 所示电路的原理制成的异步十进制加法计数器,它的图形符号如图 5.35 所示。为了增加使用的灵活性,$FF_1$ 和 $FF_3$ 的 $CP$ 端没有与 $Q_0$ 端连在一起,而从

$CP_1$ 端单独引出。若以 $CP_0$ 为计数脉冲输入端、$Q_0$ 为输出端，即得到二进制计数器(或二分频器)；若以 $CP_1$ 为计数脉冲输入端、$Q_3$ 为输出端，则得到五进制计数器(或五分频器)；若将 $CP_1$ 与 $Q_0$ 相连，同时以 $CP_0$ 为计数脉冲输入端、$Q_3$ 为输出端，则得到十进制计数器(或十分频器)。因此，又将 74LS90 称为二—五—十进制异步计数器。

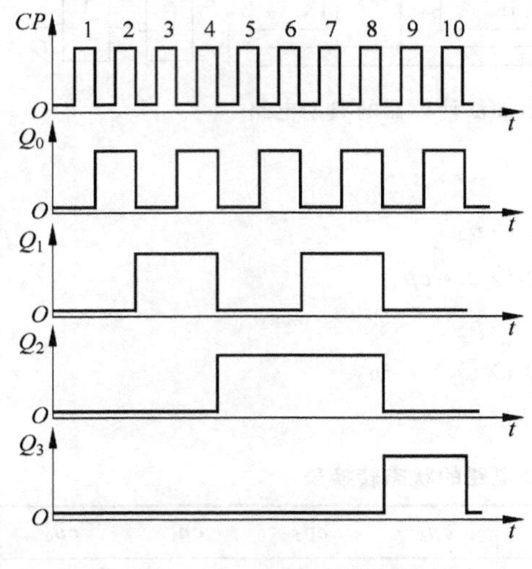


图 5.34 图 5.32 电路的时序图

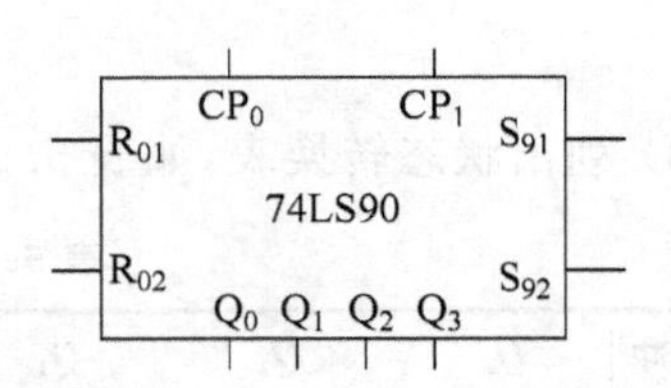


图 5.35 74LS90 的图形符号

此外，电路还设置了两个置 0 输入端 $R_{01}$、$R_{02}$ 和两个置 9 输入端 $S_{91}$、$S_{92}$，以便工作时根据需要将计数器先置成 0000 或 1001 状态。74LS90 的功能表如表 5.10 所示。

表 5.10 74LS90 的功能表

| 输入 | | | | | | 输出 $Q_3Q_2Q_1Q_0$ | 功能 |
|---|---|---|---|---|---|---|---|
| $R_{01}$ | $R_{02}$ | $S_{91}$ | $S_{92}$ | $CP_0$ | $CP_1$ | | |
| 1 | 1 | 0 | × | × | × | 0 0 0 0 | 异步清 0 |
| 1 | 1 | × | 0 | × | × | 0 0 0 0 | |
| 0 | × | 1 | 1 | × | × | 1 0 0 1 | 异步置 9 |
| × | 0 | 1 | 1 | × | × | 1 0 0 1 | |
| $R_{01}R_{02}=0$ | | $S_{91}S_{92}=0$ | | ↓ | × | 二进制 | 计数 |
| | | | | × | ↓ | 五进制 | |
| | | | | ↓ | $Q_0$ | 8421BCD 码 | |
| | | | | $Q_3$ | ↓ | 5421BCD 码 | |

### 3. 可逆计数器

可逆计数器又叫做加/减计数器。

1) 二进制加/减计数器

在一些应用场合要求计数器既能进行递增计数又能进行递减计数，这就需要引入加/减计数器。74LS191 是一个单时钟式的同步十六进制加/减计数器，它将同步二进制加法计数器电路和同步二进制减法计数器电路合并，通过一根加/减控制线选择加计数还是减计数，就构成了加/减计数器。单时钟式是指电路只有一个时钟信号输入端，而电路的加/减计数

由 $\overline{U}/D$ 的电平决定。图 5.36 是芯片 74LS191 的图形符号。倘若加法计数脉冲和减法计数脉冲来自两个不同的脉冲源，即对应的是双时钟式的加/减计数器，如 74LS193。

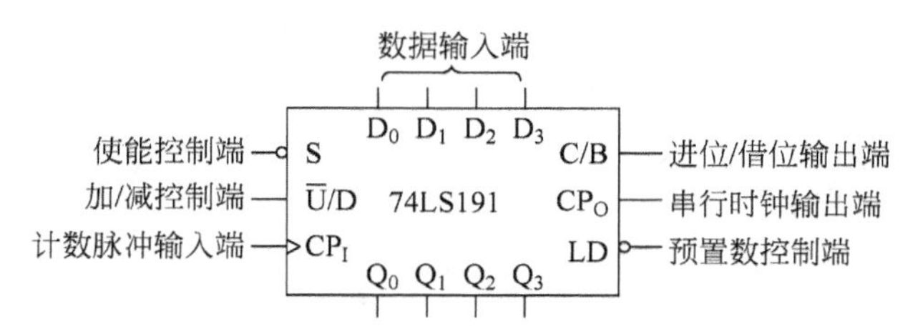


图 5.36　74LS191 芯片的图形符号

表 5.11 是 74LS191 的功能表。

**表 5.11　同步十六进制加/减计数器 74LS191 功能表**

| $CP_I$ | $\bar{S}$ | $\overline{LD}$ | $\overline{U}/D$ | 工作状态 |
|---|---|---|---|---|
| × | 1 | 1 | × | 保持 |
| × | × | 0 | × | 预置数(异步) |
| ↑ | 0 | 1 | 0 | 加法计数 |
| ↑ | 0 | 1 | 1 | 减法计数 |

2）十进制加/减法计数器

若将同步十进制加法计数器电路和同步十进制减法计数器电路合并，通过一根加/减控制线选择加计数还是减计数，就构成了十进制加/减法计数器。74LS190 就是对应的单时钟式同步十进制加/减计数器。该芯片的各输入端、输出端的功能及用法与 74LS191 完全类同，此处不再赘述。

### 4. 任意进制计数器

目前常用的计数器主要是二进制和十进制，当需要任意进制的计数器时，只能将现有的计数器改接而得。下面介绍两种改接方法。以 $N$ 表示已有中规模集成计数器的进制，以 $M$ 表示待实现计数器的进制。若 $M<N$，只需一片集成计数器，如果 $M>N$，则需多片集成计数器实现。

1）$M<N$ 的情况

在 $N$ 进制计数器的顺序计数过程中，设法跳过 $N-M$ 个状态，就得到了 $M$ 进制计数器。实现状态跳跃的方式有置零法和置数法两种。

置零法适用于有置零输入端的计数器，图 5.37(a)所示为置零法原理示意图。对于有异步置零输入端的计数器，其工作原理为：设原有计数器为 $N$ 进制，当它从全 0 状态 $S_0$ 开始计数并收到 $M$ 个计数脉冲以后，电路进入 $S_M$ 状态。若将 $S_M$ 状态译码产生一个置零信号加到计数器的异步置零输入端，则计数器将立刻返回 $S_0$ 状态，以跳过 $N-M$ 个状态而得到 $M$ 进制计数器。由于电路一进入 $S_M$ 状态后立即又被置成 $S_0$ 状态，$S_M$ 状态仅在极短的瞬间出现，稳定状态的循环中不应该包含 $S_M$ 状态。

而对于有同步置零输入端的计数器，由于置零输入端变为有效电平后计数器并不会立刻被置零，必须等下一个时钟信号到达后才能将计数器置零，因而应由 $S_{M-1}$ 状态译出同步置零信号，且 $S_{M-1}$ 状态包含在稳定状态的循环中。

置数法适用于有预置数功能的计数器，图 5.37(b)所示为置数法原理示意图。置数法是通过给计数器重复置入某个数值来跳过 $N-M$ 个状态，从而获得 $M$ 进制计数器。置数操作可以在电路的任何一个状态下进行。

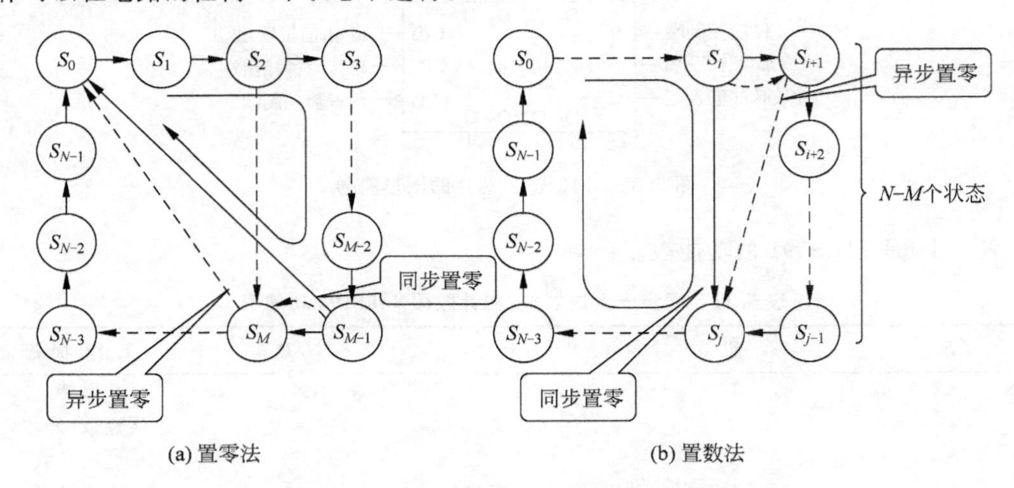


图 5.37 获得任意进制计数器的两种方法

对于异步式预置数的计数器，只要$\overline{LD}=0$ 的信号一出现，立即会将数据置入计数器中，而不受 $CP$ 信号的控制，因此$\overline{LD}=0$ 的信号应从 $S_{i+1}$ 状态译出。由于 $S_{i+1}$ 状态只在极短瞬间出现，稳定的状态循环中不应该包含这个状态。

而对于同步式预置数的计数器，$\overline{LD}=0$ 的信号应从 $S_i$ 状态译出，待下一个 $CP$ 信号到来时，才将要置入的数据置入计数器。稳定的状态循环中包含 $S_i$。

**例 5.4** 利用同步十进制计数器 74160 构成六进制计数器($M=6,N=10$)。

**【解】** 由于 74160 的功能与 74161 相同，该芯片兼有异步置零和同步预置数功能。所以置零法和置数法均可以使用。

(1) 异步置零方式。状态译码信号应该在 $Q_3Q_2Q_1Q_0=0110$ 状态上产生，此时置零信号为

$$\overline{R}_D=\overline{\overline{Q}_3Q_2Q_1\overline{Q}_0}$$

只需通过一个与非门就可以完成状态译码任务，即在 0110 状态时，$\overline{R}_D=0$ 将计数器置零。电路的连接如图 5.38 所示，图 5.38 所示电路的状态转换图如图 5.39 所示。

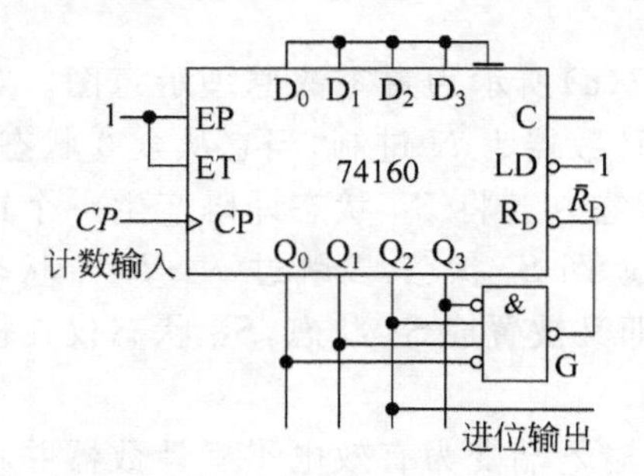


图 5.38 用置零法将 74160 接成六进制计数器

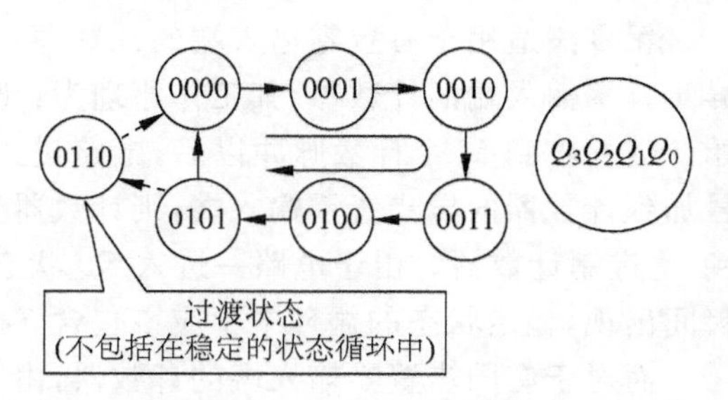


图 5.39 图 5.38 电路的状态转换图

在电路连接中应注意：计数器一定要设置为计数状态，即 $EP=ET=1$；$\overline{LD}=1$，并行数据输入端 $D_0 \sim D_3$ 可以接 0，也可以接 1，还可以悬空不接；$C$ 端的进位输出信号只在 1001 状态下产生，此时的进位输出信号不能取自 $C$ 端，而是从 $Q_2$ 端引出。

置零信号随着计数器被置零会立刻消失，对于复位速度慢的触发器可能还未来得及复位，置零信号就已消失，会导致电路误动作，故这种接法的电路工作可靠性不高。可引入改进电路，如图 5.40 所示。

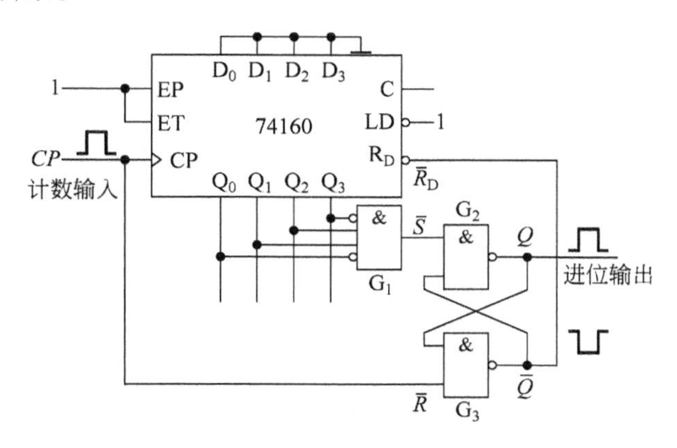


图 5.40　图 5.38 电路的改进

在图 5.40 所示电路中，与非门 $G_1$ 起译码器作用，状态译码仍发生在 $Q_3Q_2Q_1Q_0=0110$ 时。与非门 $G_2$ 和 $G_3$ 组成 RS 触发器，以它 $\bar{Q}$ 端输出的低电平作为计数器的置零信号。

若计数器从 0000 状态开始计数，第 6 个脉冲上升沿到达时计数器进入 0110 状态，$G_1$ 输出低电平，将 RS 触发器置 1，$\bar{Q}$ 端的低电平立即将计数器置零。此时虽然 $G_1$ 输出的低电平信号随之消失，但 RS 触发器的状态仍保持不变（这时触发器输入 $\bar{S}=\bar{R}=1$），因而计数器的置零信号得以维持。直到计数脉冲回到低电平以后（即 $\bar{R}=0$），RS 触发器被置零，$\bar{Q}$ 端的低电平信号才消失。

（2）同步预置数的方式。由于置数法可以在计数循环中的任何一个状态置入适当的数值而跳过 $N-M$ 个状态，得到 $M$ 进制计数器。所以图 5.41 给出了两种不同的方案，其中图 5.41(a)所示的接法是用 $Q_3Q_2Q_1Q_0=0101$ 状态译码产生$\overline{LD}=0$ 信号，下一个 $CP$ 信号到达时置入 0000 状态（称最小值置入法），跳过 0110～1001 这 4 个状态，得到六进制计数器，如图 5.42 状态转换图中的实线所示。进位输出信号从 $Q_2$ 端引出。

图 5.41(b)所示的接法是用 $Q_3Q_2Q_1Q_0=0100$ 状态译码产生$\overline{LD}=0$ 信号，下一个 $CP$ 信号到达时置入 1001 状态（称最大值置入法），跳过 0101～1000 这 4 个状态，得到六进制计数器，如图 5.42 状态转换图中的虚线所示。进位输出信号可以取自 $C$ 端。

由于 74160 是同步式预置数，即$\overline{LD}=0$ 以后，还要等下一个 $CP$ 信号到了时才置入数据，不存在信号持续时间过短而可靠性不高的问题。

2）$M>N$ 的情况

用多片 $N$ 进制计数器组合，才可以构成 $M$ 进制计数器。

（1）若 $M$ 可以分解为两个小于 $N$ 的因数相乘，即 $M=N_1N_2$，先将两个 $N$ 进制计数器分别接成 $N_1$ 进制计数器和 $N_2$ 进制计数器，然后再将其按串行进位方式或并行进位方式连

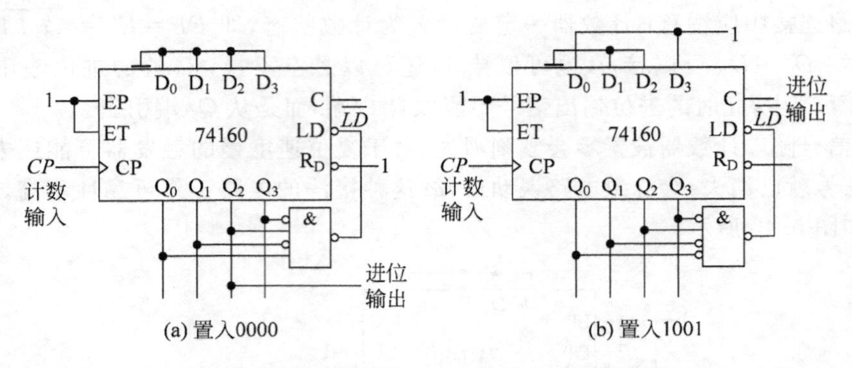


图 5.41　用置数法将 74160 接成六进制计数器

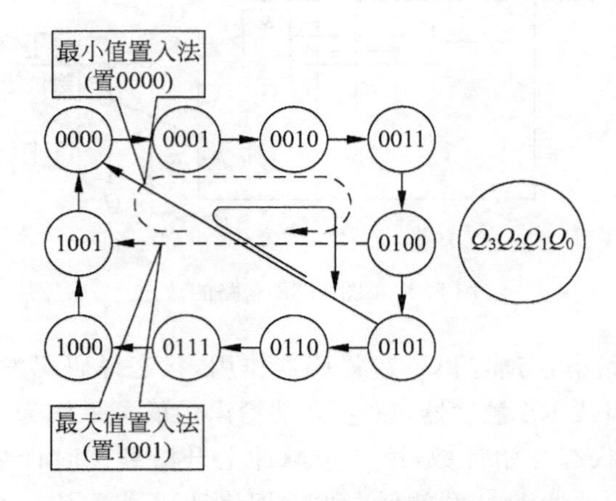


图 5.42　图 5.41 电路的状态转换图

接，构成 $M$ 进制计数器。

**例 5.5**　将两片同步十进制计数器 74160 分别按照并行进位方式和串行进位方式接成百进制计数器。

**【解】**　并行进位法：构成 $M$ 进制计数器所用的若干 $N$ 进制计数器的芯片取用同一个 $CP$ 脉冲源，且低位芯片(1)的进位输出作为高位芯片(2)的计数控制信号。所以并行进位法属于同步工作方式。电路连线如图 5.43 所示。

串行进位法：以低位芯片(1)的进位输出作为高位芯片(2)的时钟 $CP$，且两个芯片始终同时处于计数状态。所以串行进位法属于异步工作方式。电路连线如图 5.44 所示。

(2) 当 $M$ 不能分解为 $N_1$ 和 $N_2$ 的乘积时，必须采取整体置零方式或整体置数方式。

整体置零：首先将两片 $N$ 进制计数器接成一个大于 $M$ 的计数器(如 $N\times N$ 进制)，然后在计数器为 $M$ 状态时译出异步置零信号，将两片 $N$ 进制计数器同时置零。基本原理和 $M<N$ 时的置零法一样。

整体置数：首先将两片 $N$ 进制计数器接成一个大于 $M$ 的计数器，然后在选定的某一状态下译出置数信号，将两片 $N$ 进制计数器同时置入适当的数据，获得 $M$ 进制计数器。基本原理和 $M<N$ 时置数法类似。

当然，$M$ 不是素数时也可以使用整体置零方式和整体置数方式。

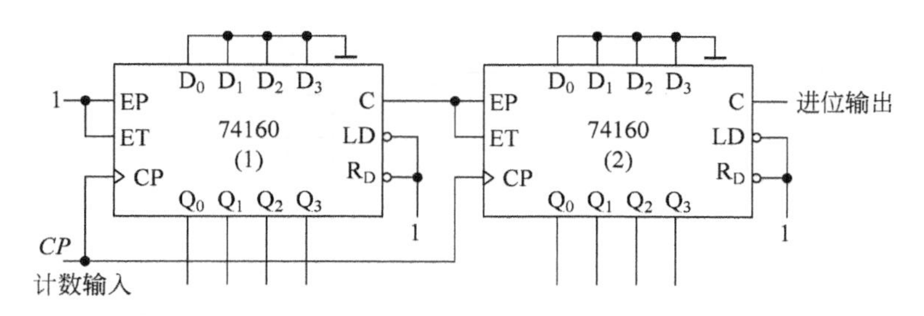


图 5.43　例 5.5 电路的并行进位方式

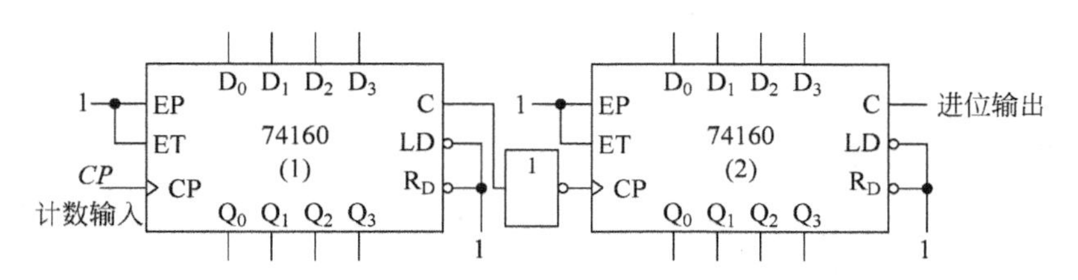


图 5.44　例 5.5 电路的串行进位方式

**例 5.6**　试采用整体置零法和整体置数法将两片 74160 接成 29 进制计数器。

**【解】**　整体置零：先将两片 74160 以并行进位方式接成一个一百进制计数器。当计数器从全 0 状态开始计数，在计入 29 个脉冲时，经门 $G_1$ 译码产生低电平信号，立刻将两片 74160 同时置零，于是得到 29 进制计数器。电路连接如图 5.45 所示。

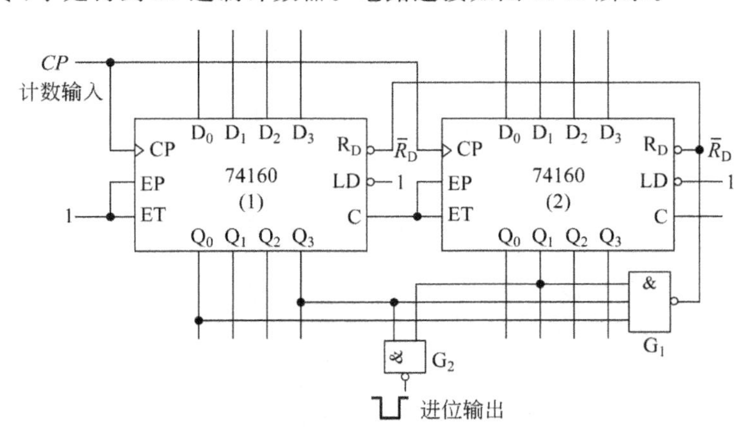


图 5.45　例 5.6 电路的整体置零方式

整体置数：将两片 74160 接成一百进制计数器，然后从 28 状态译码产生$\overline{LD}=0$ 的同步预置数信号，将同步置数信号同时加到两片 74160 上，在第 29 个计数脉冲到达时，将 0000 同时置入两片 74160 中，从而得到 29 进制计数器，如图 5.46 所示。这里进位信号可以直接由门 G 的输出端引出。

整体置零或整体置数都需要利用低位芯片的进位输出端 $C$，故低位芯片必须要设计成满进制，即进位模数等于 $N$。

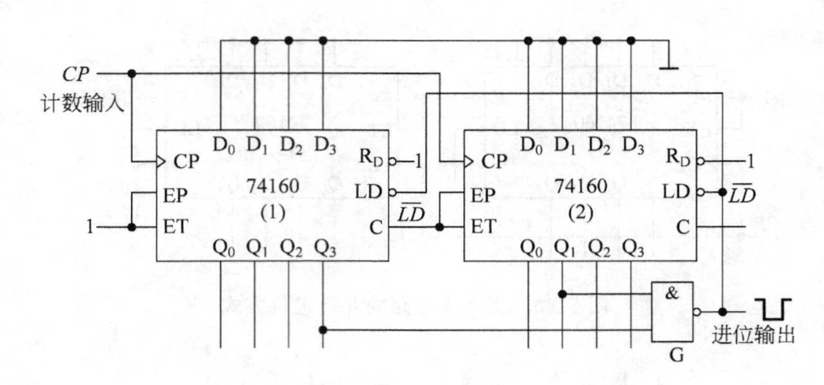


图 5.46 例 5.6 电路的整体置数方式

## 5. 移位寄存器型计数器

将移位寄存器的输出经过一定的反馈电路接到它的串行输入端，就构成移位寄存器型计数器，它一般采用右移移位操作方式。

1）环形计数器

若将 $n$ 位移位寄存器的首尾相连（串行输出端与串行输入端连接），即对右移寄存器满足 $D_{IR}=Q_{n-1}$，而对左移寄存器满足 $D_{IL}=Q_0$，可分别构成右移或左移的环形计数器，那么在连续不断地输入时钟信号时，寄存器中的数据将循环右移或左移。图 5.47 所示为一个 4 位右移环形计数器。

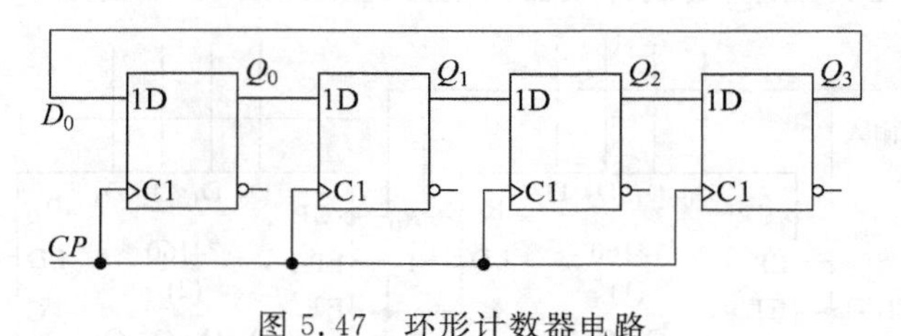


图 5.47 环形计数器电路

若电路的初始状态为 $Q_0Q_1Q_2Q_3=0001$，则不断输入时钟信号时电路的状态将按 0001→1000→0100→0010 的次序循环变化。图 5.48 是状态转换图。

环形计数器的特点是电路结构极其简单。但是，它没有充分利用电路的状态。其状态数仅等于构成环形计数器的触发器个数，而电路总的状态数为 $2^n$（$n$ 为寄存器中触发器的个数）。

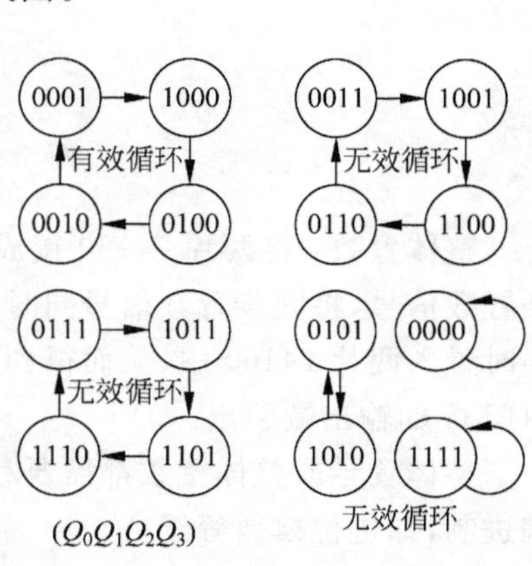


图 5.48 图 5.47 电路的状态转换图

2）扭环形计数器

若将 $n$ 位右移移位寄存器的最高位输出求反后，再反馈到右移串行输入端，即将 $\overline{Q}_{n-1}$ 与 $D_{IR}$ 相连（$D_{IR}=\overline{Q}_{n-1}$），可构成模数等于 $2n$ 的右移扭环形计数器；同理，对左移移位寄存器应满足 $D_{IL}=\overline{Q}_0$，可构成左移扭环形计数器。图 5.49 所示为一个 4 位右移扭环形计数器。状态转换图如图 5.50 所示。

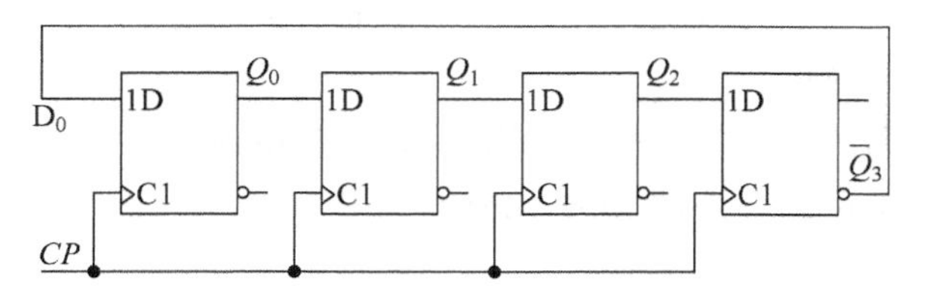


图 5.49 扭环形计数器电路

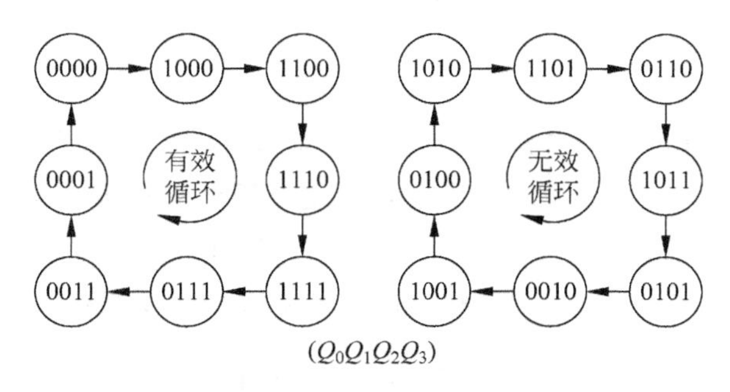


图 5.50 图 5.49 电路的状态转换图

扭环形计数器的特点是，计数器的进位模数是移位寄存器中触发器个数的 2 倍。每一个脉冲时，只有一位触发器发生状态变化，在状态译码时不会发生竞争—冒险现象。

# 5.4 同步时序逻辑电路的设计方法

时序逻辑电路的设计是分析的逆过程，即根据逻辑设计命题的要求，选择适当的器件，设计出能实现其逻辑功能的时序逻辑电路。本节主要介绍同步时序逻辑电路的设计。

## 5.4.1 同步时序逻辑电路设计的一般步骤

设计同步时序逻辑电路时，一般按以下步骤进行：

(1) 形成原始状态图和原始状态表。

原始状态图是对设计要求最原始的抽象，根据逻辑问题的文字描述找出电路的输入、输出及状态转移关系，形成状态图和状态表。开始得到的状态图和状态表可能包含多余的状态，所以称为原始状态图和原始状态表。建立原始状态图、列原始状态表的一般思路如下：

① 确定输入变量和输出变量。

② 设置状态。首先确定有多少种信息需要记忆，然后对每一种需要记忆的信息设置一个状态并用字母表示。

③ 确定状态之间的转换关系，画出原始状态图、列原始状态表。

(2) 状态化简。

在建立原始状态图和原始状态表时，重点主要放在正确地反映设计要求上，可能会多设置一些状态，这些多余状态的出现会直接影响电路的简繁程度。只有电路的状态数越少，设计出来的电路才可能越简单。

若两个状态在相同的输入下有相同的输出，并且转换到同样一个次态，则称这两个状态为等价状态。等价状态可以合并，即状态化简。

(3) 状态分配(状态编码)。

状态分配是把状态表中每一个字符表示的状态赋予适当的二进制代码。所选代码的位数与触发器的个数 $n$ 相同。所以时序逻辑电路中的状态数 $M$ 与所需触发器的个数 $n$ 之间满足关系式

$$2^{n-1} < M \leqslant 2^n \tag{5.19}$$

可见，只有将触发器的个数确定下来以后，才可以确定二进制代码的位数。

状态分配合适与否，对所设计的时序电路的复杂程度有很大的影响。因为编码的方案太多，如果触发器的个数为 $n$，实际状态数为 $M$，则一共有 $2^n$ 种不同代码。若要将 $2^n$ 种代码分配到 $M$ 个状态中去，并考虑到一些实际情况，有效的分配方案数为

$$N=\frac{(2^n-1)!}{(2^n-M)!n!}$$

在众多算法中，相邻法比较直观、简单，便于采用。它有 3 条原则，即符合下列条件的状态应尽可能分配相邻的二进制代码：

① 具有相同次态的现态。

② 同一现态下的次态。

③ 具有相同输出的现态。

(4) 选定触发器的类型并确定电路的状态方程、驱动方程和输出方程。

因为不同逻辑功能的触发器驱动方程不同，所以用不同类型的触发器设计出的电路也不一样。为此，设计具体电路前必须选定触发器的类型。然后根据状态转换图和选定的状态编码、触发器类型，可以写出电路的状态方程、驱动方程和输出方程。

(5) 根据得到的方程式画出逻辑电路图。

(6) 检查设计的电路能否自启动。

如果电路不能自启动，则需采取措施加以解决。其一，在电路开始工作时通过预置数将电路的状态置成有效状态循环中的某一种状态；其二，通过修改逻辑设计加以解决。

图 5.51 所示的框图表示了上述设计工作的大致过程。不难看出，这一过程和分析时序电路的过程正好是相反的。

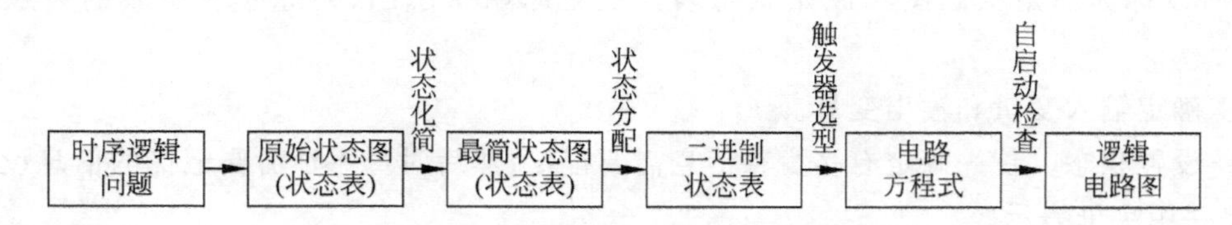


图 5.51 同步时序逻辑电路的设计过程

### 5.4.2　同步时序逻辑电路设计举例

**例 5.7**　试设计一个带有进位输出端的十三进制计数器。

**【解】**　首先进行逻辑抽象。

因为计数器的工作特点是在时钟信号下从一个状态转为下一个状态，没有输入逻辑变量，只有进位输出信号。取进位信号为输出逻辑变量 $C$，同时规定有进位输出时 $C=1$，无进位输出时 $C=0$。

十三进制计数器应该有 13 个有效状态，若分别用 $S_0$、$S_1$、…、表示，则按照题意可以画出如图 5.52所示的电路状态转换图。

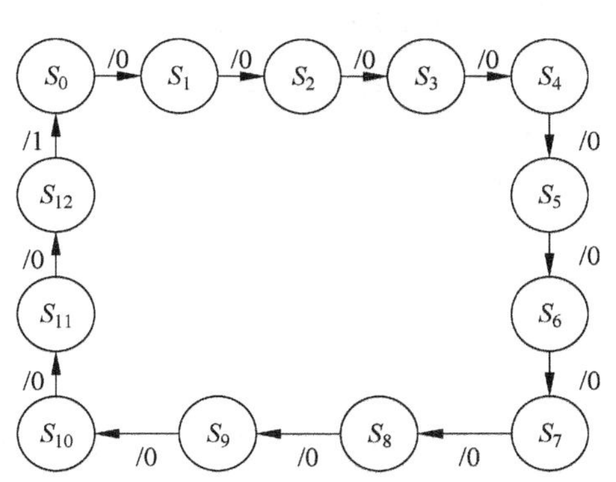


图 5.52　例 5.7 的状态转换图

因为十三进制计数器必须用 13 个不同的状态表示已经输入的脉冲数，所以状态转换图以不能再化简。

根据式(5.19)知，现要求 $M=13$，故应取触发器位数 $n=4$，因为

$$2^3 < 13 \leqslant 2^4$$

假如对状态分配无特殊要求，可以取二进制数的 0000～1100 作为 $S_0$～$S_{12}$ 的编码，于是得到了表 5.12 中的状态编码。

**表 5.12　例 5.7 电路的状态转换表**

| 状态变化顺序 | 状态编码 | | | | 进位输出 $C$ | 等效十进制数 |
|---|---|---|---|---|---|---|
| | $Q_3$ | $Q_2$ | $Q_1$ | $Q_0$ | | |
| $S_0$ | 0 | 0 | 0 | 0 | 0 | 0 |
| $S_1$ | 0 | 0 | 0 | 1 | 0 | 1 |
| $S_2$ | 0 | 0 | 1 | 0 | 0 | 2 |
| $S_3$ | 0 | 0 | 1 | 1 | 0 | 3 |
| $S_4$ | 0 | 1 | 0 | 0 | 0 | 4 |
| $S_5$ | 0 | 1 | 0 | 1 | 0 | 5 |
| $S_6$ | 0 | 1 | 1 | 0 | 0 | 6 |
| $S_7$ | 0 | 1 | 1 | 1 | 0 | 7 |
| $S_8$ | 1 | 0 | 0 | 0 | 0 | 8 |
| $S_9$ | 1 | 0 | 0 | 1 | 0 | 9 |
| $S_{10}$ | 1 | 0 | 1 | 0 | 0 | 10 |
| $S_{11}$ | 1 | 0 | 1 | 1 | 0 | 11 |
| $S_{12}$ | 1 | 1 | 0 | 0 | 1 | 12 |
| $S_0$ | 0 | 0 | 0 | 0 | 0 | 0 |

由于电路的次态和进位输出 $C$ 唯一地取决于电路现态 $Q_3Q_2Q_1Q_0$ 的取值，故可根据表 5.12 画出表示次态逻辑函数的进位输出函数的卡诺图，如图 5.53 所示。因为计数器正

常工作时不会出现 1101、1110 和 1111 这 3 个状态，所以可将对应的 3 个最小项作约束项处理，在卡诺图中用×表示。

为清晰起见，可将图 5.53 所示的卡诺图分解为图 5.54 所示的 5 个卡诺图，分别表示和 $C$ 这 5 个逻辑函数。从这些卡诺图得到电路的状态方程为

$$\begin{cases} Q_3^* = Q_3 Q_2' + Q_2 Q_1 Q_0 \\ Q_2^* = Q_3' Q_2 Q_1' + Q_3' Q_2 Q_0' + Q_2' Q_1 Q_0 \\ Q_1^* = Q_1' Q_0 + Q_1 Q_0' \\ Q_0^* = Q_3' Q_0' + Q_2' Q_0' \end{cases} \tag{5.20}$$

| $Q_3Q_2$ \ $Q_1Q_0$ | 00 | 01 | 11 | 10 |
|---|---|---|---|---|
| 00 | 0001/0 | 0010/0 | 0100/0 | 0011/0 |
| 01 | 0101/0 | 0110/0 | 1000/0 | 0111/0 |
| 11 | 0000/1 | ××××/× | ××××/× | ××××/× |
| 10 | 1001/0 | 1010/0 | 1100/0 | 1011/0 |

图 5.53　例 5.7 电路次态/输出的卡诺图

输出方程为

$$C = Q_3 Q_2 \tag{5.21}$$

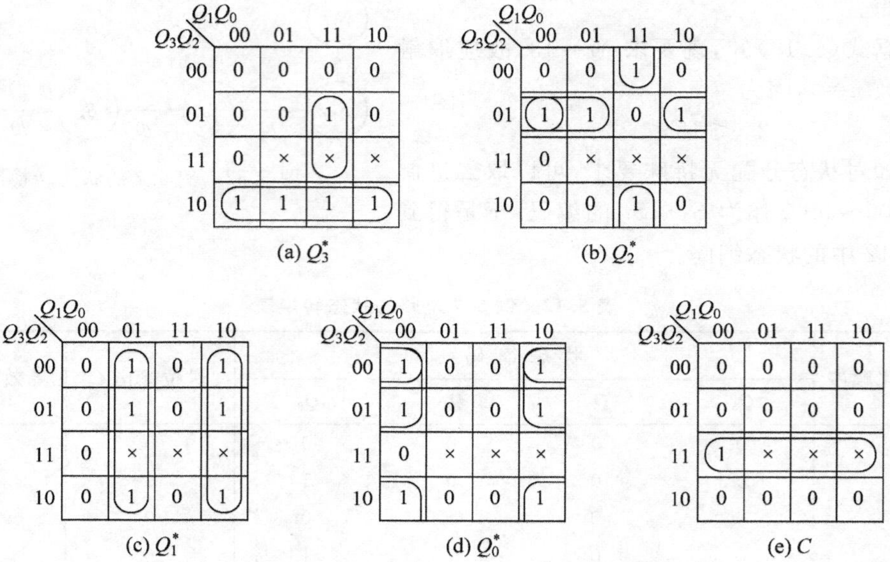

(a) $Q_3^*$

| $Q_3Q_2$ \ $Q_1Q_0$ | 00 | 01 | 11 | 10 |
|---|---|---|---|---|
| 00 | 0 | 0 | 0 | 0 |
| 01 | 0 | 0 | 1 | 0 |
| 11 | 0 | × | × | × |
| 10 | 1 | 1 | 1 | 1 |

(b) $Q_2^*$

| $Q_3Q_2$ \ $Q_1Q_0$ | 00 | 01 | 11 | 10 |
|---|---|---|---|---|
| 00 | 0 | 0 | 1 | 0 |
| 01 | 1 | 1 | 0 | 1 |
| 11 | 0 | × | × | × |
| 10 | 0 | 0 | 1 | 0 |

(c) $Q_1^*$

| $Q_3Q_2$ \ $Q_1Q_0$ | 00 | 01 | 11 | 10 |
|---|---|---|---|---|
| 00 | 0 | 1 | 0 | 1 |
| 01 | 0 | 1 | 0 | 1 |
| 11 | 0 | × | × | × |
| 10 | 0 | 1 | 0 | 1 |

(d) $Q_0^*$

| $Q_3Q_2$ \ $Q_1Q_0$ | 00 | 01 | 11 | 10 |
|---|---|---|---|---|
| 00 | 1 | 0 | 0 | 1 |
| 01 | 1 | 0 | 0 | 1 |
| 11 | 0 | × | × | × |
| 10 | 1 | 0 | 0 | 1 |

(e) $C$

| $Q_3Q_2$ \ $Q_1Q_0$ | 00 | 01 | 11 | 10 |
|---|---|---|---|---|
| 00 | 0 | 0 | 0 | 0 |
| 01 | 0 | 0 | 0 | 0 |
| 11 | 1 | × | × | × |
| 10 | 0 | 0 | 0 | 0 |

图 5.54　图 5.53 卡诺图的分解

如果选用 JK 触发器组成这个电路，则应将式(5.20)的状态方程变换成 JK 触发器特征方程的标准形式，就可以找出驱动方程。

为此，将式(5.20)改写为

$$\begin{cases} Q_3^* = Q_3 Q_2' + Q_2 Q_1 Q_0 (Q_3 + Q_3') = (Q_2 Q_1 Q_0) Q_3' + Q_2' Q_3 \\ Q_2^* = (Q_0 Q_1) Q_2' + (Q_3' (Q_1 Q_0)') Q_2 \\ Q_1^* = Q_0 Q_1' + Q_0' Q_1 \\ Q_0^* = (Q_3' + Q_2') Q_0' + 1' \cdot Q_0 = (Q_3 Q_2)' Q_0' + 1' Q_0 \end{cases} \tag{5.22}$$

在变换逻辑式时，删去了约束项 $Q_3 Q_2 Q_1 Q_0$。将式(5.23)中的逻辑式与 JK 触发器的特征方程对照，则触发器的驱动方程为

$$\begin{cases} J_3 = Q_2Q_1Q_0, & K_3 = Q_2 \\ J_2 = Q_1Q_0, & K_2 = (Q_3'(Q_1Q_0)')' \\ J_1 = Q_0, & K_1 = Q_0 \\ J_0 = (Q_3Q_2)', & K_0 = 1 \end{cases} \tag{5.23}$$

根据式(5.21)和式(5.23)画得计数器的逻辑电路如图5.55所示。

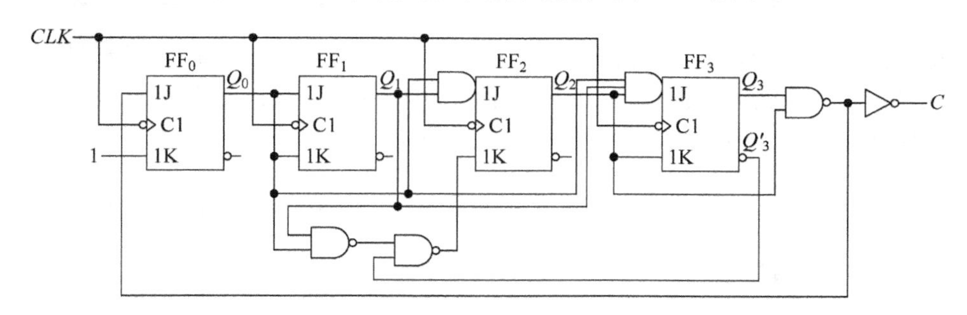


图5.55 例5.7的同步十三进制计数器

未验证电路的逻辑功能是否正确，可将0000作为初始状态代入式(5.22)的状态方程依次计算状态值，所得结果应与表5.12中的状态转换表相同。

最后还应检查电路能否自启动。将3个无效状态1101、1110和1111分别代入式(5.22)中计算，所得次态分别为0010、0010和0000，故电路能自启动。

图5.56是图5.55所示电路完整的状态转换图。

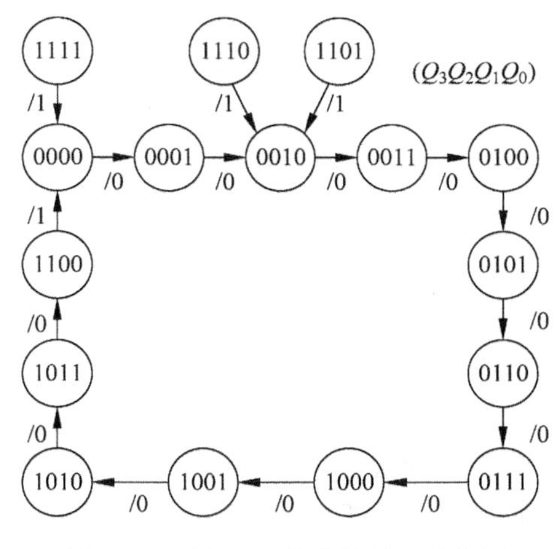


图5.56 图5.55电路的状态转换图

**例5.8** 试用D触发器设计一个111序列检测器。该电路的功能是当连续输入3个或3个以上“1”时，电路输出为1，否则输出为0。

**【解】** 设$X$(1位)为输入变量，表示电路输入端数据，$Y$(1位)为输出变量，表示电路输出端的检测结果。根据命题要求可分析出输入$X$与输出$Y$之间的关系为

$X$ 0 1 1 1 0

$Y$ 0 0 0 1 0

所以电路需要记忆的状态有4个，设为$S_0$、$S_1$、$S_2$和$S_3$，并规定$S_0$表示电路的初态，即没有收到一个1的状态；$S_1$表示电路已收到一个1以后的状态；$S_2$表示已经连续收到两个1以后的状态；$S_3$表示电路已经连续收到3个1以后的状态。则按题意可以画出如图5.57所示的原始状态转换图和原始状态转换表(见表5.13)。

根据原始状态转换表可以看出，对于$S_2$和$S_3$两个状态来说，当$X=0$时，输出$Y$均等于0，次态$S^*$均等于$S_0$；当$X=1$时，输出$Y$均等于1，次态$S^*$均等于$S_3$。因此$S_2$和$S_3$为等价状态，可以合并为一个。

表 5.13 例 5.8 的原始状态转换表

| $S^*/Y$   $S$ \ $X$ | $S_0$ | $S_1$ | $S_2$ | $S_3$ |
|---|---|---|---|---|
| 0 | $S_0/0$ | $S_0/0$ | $S_0/0$ | $S_0/0$ |
| 1 | $S_1/0$ | $S_2/0$ | $S_3/1$ | $S_3/1$ |

当电路处于 $S_2$ 状态时表明已经输入了两个 1。如果在电路状态转换到 $S_2$ 状态的同时输入也改换为下一位输入数据，只要下一个输入为 1，就连续输入 3 个 1 了，因而无需再设置一个电路状态。于是得到化简后的状态转换图 5.58 和表 5.14。

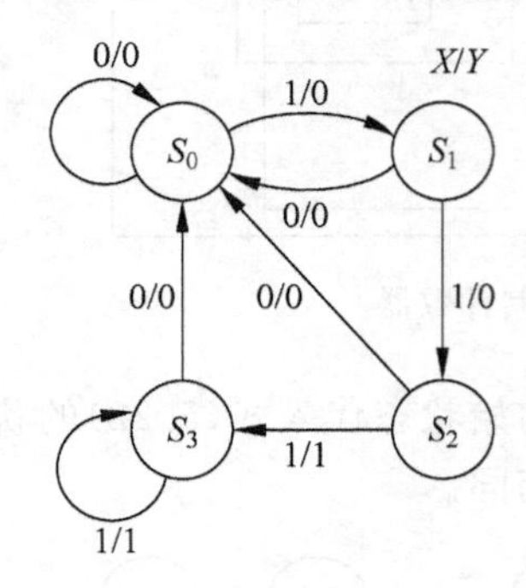


图 5.57 例 5.8 的原始状态转换图

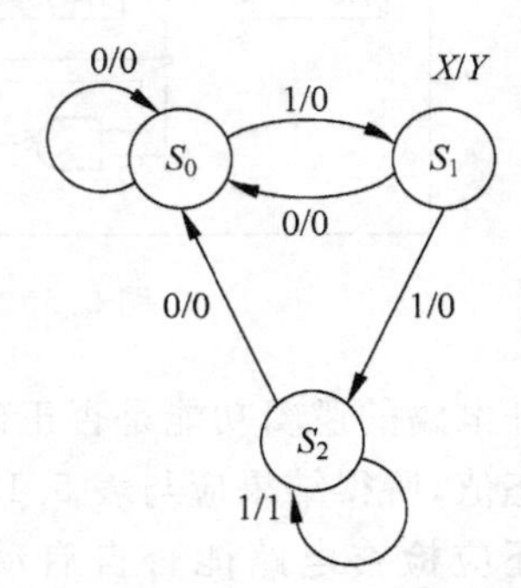


图 5.58 简化后的例 5.8 的状态转换图

表 5.14 简化后的例 5.8 的状态转换表

| $S^*/Y$   $S$ \ $X$ | $S_0$ | $S_1$ | $S_2$ |
|---|---|---|---|
| 0 | $S_0/0$ | $S_0/0$ | $S_0/0$ |
| 1 | $S_1/0$ | $S_2/0$ | $S_2/1$ |

在电路状态 $M=3$ 的情况下，应取触发器位数 $n=2$。若用触发器状态 $Q_1Q_0$ 的 00、01 和 10 分别代表 $S_0$、$S_1$ 和 $S_2$，并选定由 D 触发器组成序列检测器，则可从状态转换图画出表示电路次态逻辑函数和输出函数的卡诺图，如图 5.59 所示。因为检测器正常工作时不会出现 11 这个状态，所以可将 $Q_1Q_0$ 这个最小项作为约束项处理。

| $X$ \ $Q_1Q_0$ | 00 | 01 | 11 | 10 |
|---|---|---|---|---|
| 0 | 00/0 | 00/0 | ××/× | 00/0 |
| 1 | 01/0 | 10/0 | ××/× | 10/1 |

图 5.59 例 5.8 电路次态/输出的卡诺图

将图 5.59 所示的卡诺图分解为图 5.60 中分别表示 $Q_1^*$、$Q_2^*$ 和 $Y$ 的 3 个卡诺图，经化简后得到电路的状态方程为

$$\begin{cases} Q_1^* = XQ_1 + XQ_0 \\ Q_0^* = X\overline{Q}_1\overline{Q}_0 \end{cases} \tag{5.24}$$

$$Y = XQ_1 \tag{5.25}$$

如果采用 D 触发器组成该电路，则将式(5.24)的状态方程与 D 触发器的特性方程 $Q^*=D$ 对照，找出 $D$ 端对应的逻辑式，此为 D 触发器的驱动方程，即

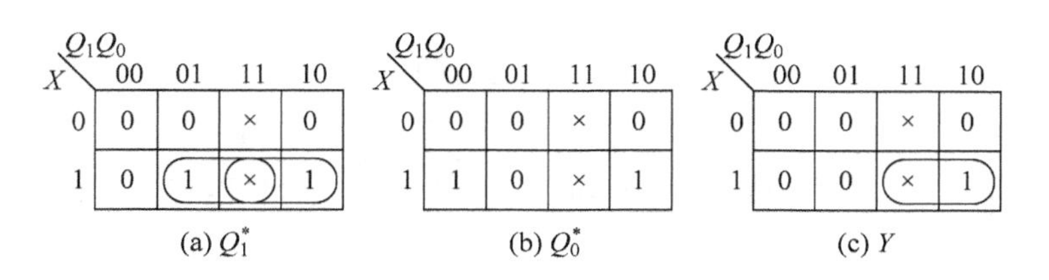


图 5.60 图 5.59 卡诺图的分解

$$\begin{cases} D_1 = XQ_1 + XQ_0 = X \cdot \overline{\overline{Q}_1\overline{Q}_0} \\ D_0 = X\overline{Q}_1\overline{Q}_0 \end{cases} \tag{5.26}$$

检验电路能否自启动。将无效状态 $Q_1Q_0=11$ 代入状态方程和输出方程，得到

$$X = 0 \text{ 时}, Q_1^* = 0, Q_0^* = 0 \Rightarrow Q_1^*Q_0^* = 00 \quad Y = 0$$

$$X = 1 \text{ 时}, Q_1^* = 1, Q_0^* = 0 \Rightarrow Q_1^*Q_0^* = 10 \quad Y = 1$$

说明电路能自动纳入有效状态，具有自启动功能。

图 5.61 所示是序列检测器的完整状态转换图。

根据式(5.25)和式(5.26)可画出序列检测器的逻辑电路，如图 5.62 所示。

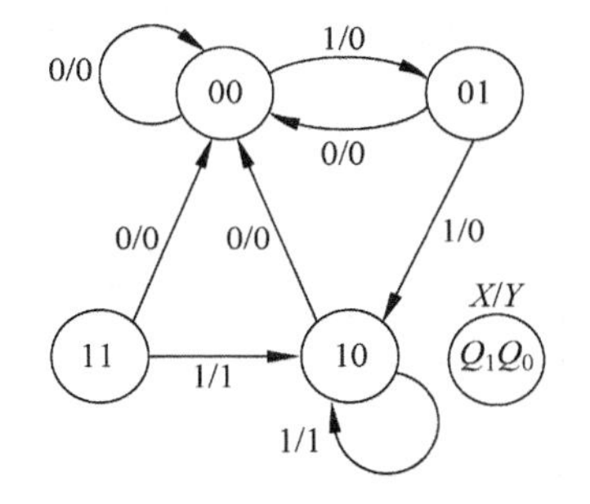


图 5.61 例 5.8 的完整状态转换图

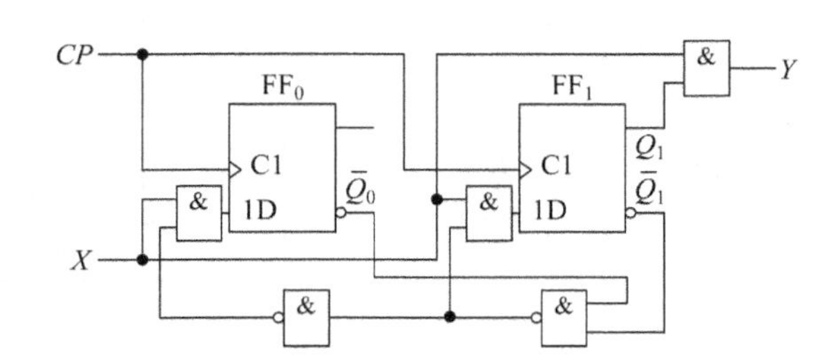


图 5.62 例 5.8 的序列检测器逻辑电路

**例 5.9** 设计一个自动售火柴机的逻辑电路。每次可投入一枚 1 分、2 分或 5 分的硬币，累计投入超过 8 分以后，输出一个小盒火柴，同时找回多于 8 分的钱。

**【解】** 首先仍然需要进行逻辑抽象，把要求实现的逻辑功能抽象为一个逻辑函数问题。取投币信号为输入变量，以 $I_1$、$I_2$、$I_3$ 分别表示投入 1 分、2 分、5 分硬币的信号，同时以 $Y$ 表示输出火柴的信号，分别表示找回 1 分、2 分、5 分钱的信号。

考虑到各种可能的投币情况，电路可能出现多种状态和许多种可能的状态循环，因此宜于采用层次化结构设计方法进行设计。根据电路应实现的逻辑功能，可以将它分为图 5.63 所示的模块电路。首先将表示整个电路功能的顶级模块划分为下一级的运算电路、输出电路、输入电路和控制电路 4 个模块。运算电路又可划分为加法器和寄存器两个模块电路。

运算电路的功能是对每一次的输出做累加运算，所以它就是一个累加器。每当有投币信号到达时，将输入的钱数与寄存器中原有的钱数相加，并且将结果送回寄存器中。当寄存器中的数不小于 8 时，输出电路发出输出火柴和找钱信号。输入电路中的整形电路用投币动作产生一定宽度的输出脉冲信号 $I_1$、$I_2$、$I_3$，并将它们转换为加法器输入的二进制数。控制电路产生累加器的操作信号 $CLK$ 和寄存器的异步置零信号。

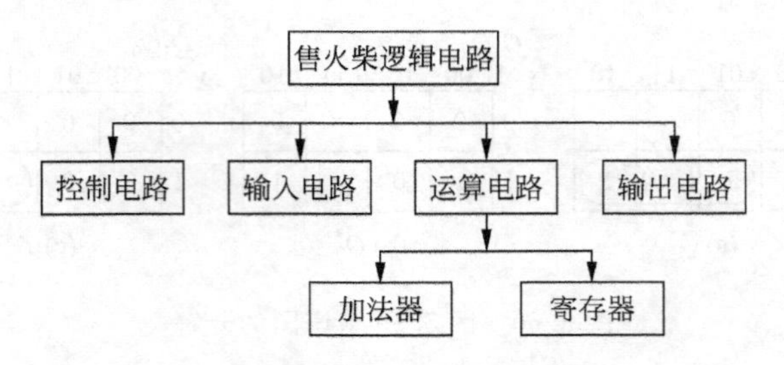


图 5.63 例 5.9 电路的模块划分

如果采用标准化的集成电路设计各个模块，就可以得到图 5.64 所示的逻辑电路了。图中的 4 位超前进位加法器 74LS283 和 4 位寄存器 74LS175 组成了运算电路，门电路 $G_1$～$G_4$ 和阻容电路 $C_1$、$R_1$ 组成控制电路、门电路 $G_5$～$G_7$ 组成输出电路，整形电路 $L_1$～$L_3$ 和门电路 $G_8$ 组成输入电路。

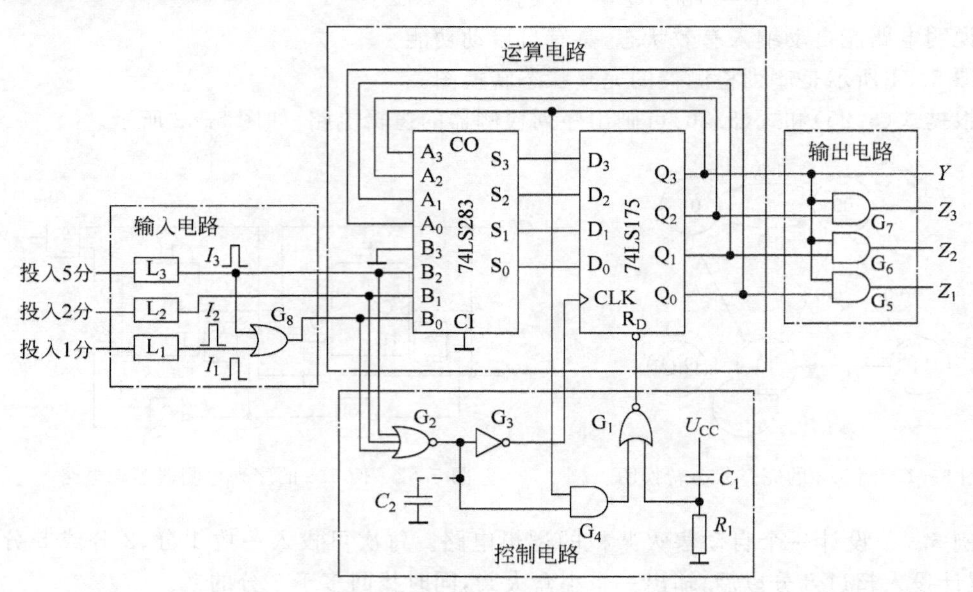


图 5.64 例 5.4.3 的电路

接通电源电压以后，$R_1C_1$ 电路输出的瞬间高电平经过 $G_1$ 反相后将寄存器置 0，电路处于准备状态。每当出现投币信号，$I_1$、$I_2$、$I_3$ 等于 1 时，便有 001、010 或 101 加到加法器的输入端 $B_2$、$B_1$、$B_0$ 上。与此同时，$G_2$ 输出的低电平信号将经 $G_3$ 反相后产生的 $CLK$ 上升沿将加法器的输出存入寄存器中，完成一次累加操作。

当寄存器中的数不小于 8 时，寄存器的 $Q_3$ 变为 1，使输出 $Y=1$，给出输出火柴的信号，同时在回到 0 以后，反相器 $G_4$ 输出高电平，经过 $G_1$ 反相后将寄存器置 0，电路回到起始的准备状态。

为了确保 $CLK$ 上升沿到达寄存器时寄存器数据输入端 $D_0$～$D_3$ 的状态已经稳定地建立起来了，还可以在门 $G_2$ 的输出端加入一个由电容 $C_2$ 构成的延迟环节。这个电容的数值通常只需数十至数百皮法。

# 5.5　时序逻辑电路的应用

**例 5.10**　试利用 74LS90 设计一个 24 进制计数器，并画出电路连线图。

**【解】**（1）将两片 74LS90 均接成 8421BCD 码十进制计数器，采用异步级连接成百进制计数器。即计数脉冲仅加在低位片(1)的计数脉冲 $CP_0$ 输入端，低位片(1)的进位输出 $Q_3$ 则连接到高位片(2)的计数脉冲 $CP_0$ 输入端。

（2）用反馈复位法构成 24 进制计数器。即在百进制计数器中，当第 24 个计数脉冲作用后，计数器的状态为 $Q_7Q_6Q_5Q_4Q_3Q_2Q_1Q_0=(00100100)_{8421BCD}$，现利用该状态产生两片 74LS90 的异步清零信号。把低位片(1)中触发器输出为 1 的 $Q_2$ 端和高位片(2)中触发器输出为 1 的 $Q_1$ 端分别加到两片 74LS90 的异步清零端 $R_{01}$、$R_{02}$。当输入第 24 个计数脉冲后，计数器状态为 $Q_7Q_6Q_5Q_4Q_3Q_2Q_1Q_0=00100100$，该状态一出现便立刻清零，使计数器状态回到 $Q_7Q_6Q_5Q_4Q_3Q_2Q_1Q_0=00000000$，构成 24 进制计数器，其中 00100100 状态是第 24 个计数脉冲作用时产生的短暂无效状态。进位输出取自高位片(2)的 $Q_1$ 端，当输入第 24 个脉冲后，该端输出产生一个下降沿作为计数器的进位输出信号。电路连接如图 5.65 所示。

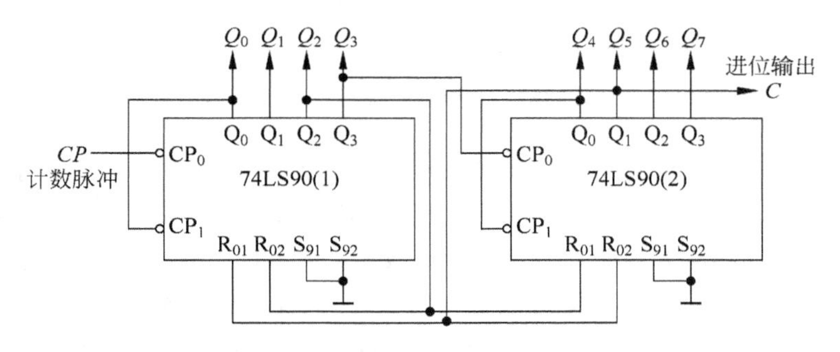


图 5.65　74LS90 接成模 24 计数器

用反馈复位法构成的计数器电路连接虽然简单，但工作可靠性差。因为复位信号随着计数器被置零而立刻消失，对于计数器中复位速度慢的触发器可能还未来得及复位，置零信号就已消失，导致电路误动作。为了消除这种现象，可在反馈线上延长传输时间，如加单稳态电路、$RC$ 延迟元件或设置清零锁存器等。图 5.66 所示电路是通过在反馈线上外加门电路来延长传输时间的一种方法。

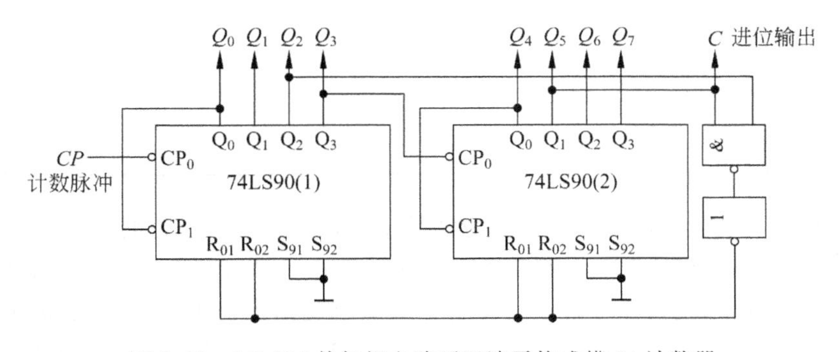


图 5.66　74LS90 外加门电路延迟清零构成模 24 计数器

**例 5.11** 设计序列信号发生器。

**【解】** 序列信号是在同步脉冲作用下循环地产生一串周期性的二进制信号，它广泛地应用于各种数字系统，如雷达、通信、遥控、遥测、数字设备测试、数字式噪声源等。能够循环地产生序列信号的逻辑部件称为序列信号发生器。根据结构的不同，序列信号发生器可分为反馈移位型和计数型两种。

序列信号发生器的构成方法有多种。一种比较简单、直观的方法是用计数器和数据选择器组成。例如，需要产生一个 8 位的序列信号 00010111(时间顺序为自左至右)，则可用一个八进制计数器和一个 8 选 1 数据选择器组成，如图 5.67 所示。其中八进制计数器取自 74LS161(4 位二进制计数器)的低 3 位。74LS152 是 8 选 1 数据选择器。

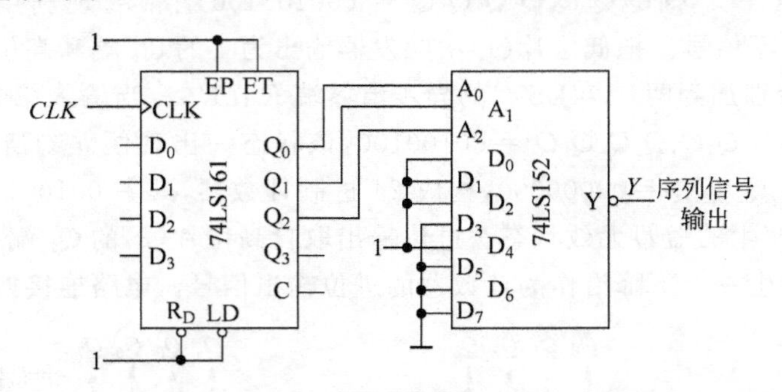


图 5.67 用计数器和信号选择器组成的序列信号发生器

当 $CLK$ 信号连续不断地加到计数器上时，$Q_2Q_1Q_0$ 的状态(也就是加到 74LS152 的地址输入代码 $A_2A_1A_0$)便按照表 5.15 所示的顺序不断循环，$D_0' \sim D_7'$ 的状态就循环不断地依次出现在 $Y'$ 端。只要令 $D_0=D_1=D_2=D_4=1$、$D_3=D_5=D_6=D_7=0$，便可在 $Y'$ 端得到不断循环的序列信号 0010111。在需要写该序列信号时，只要修改加到 $D_0 \sim D_7$ 的高、低电平即可实现，而不需对电路结构做任何改动。因此，使用这种电路既灵活又方便。

**表 5.15 图 5.67 电路的状态转换表**

| ***CLK* 顺序** | **$Q_2(A_2)$** | **$Q_1(A_1)$** | **$Q_0(A_0)$** | **$Y'$** |
|---|---|---|---|---|
| 0 | 0 | 0 | 0 | $D_0'(0)$ |
| 1 | 0 | 0 | 1 | $D_1'(0)$ |
| 2 | 0 | 1 | 0 | $D_2'(0)$ |
| 3 | 0 | 1 | 1 | $D_3'(1)$ |
| 4 | 1 | 0 | 0 | $D_4'(0)$ |
| 5 | 1 | 0 | 1 | $D_5'(1)$ |
| 6 | 1 | 1 | 0 | $D_6'(1)$ |
| 7 | 1 | 1 | 1 | $D_7'(1)$ |
| 8 | 0 | 0 | 0 | $D_0'(0)$ |

构成序列信号发生器的另一种常见方法是采用带反馈逻辑电路的移位寄存器。如果序列信号的位数为 $m$，移位寄存器的位数为 $n$，则应取 $m$。例如，若仍然要求产生 00010111 这样一组 8 位的序列号，仍可用 3 位的移位寄存器加上反馈逻辑电路构成所需的序列信号发生器，如图 5.68 所示。移位寄存器从 $Q_2$ 端输出的串行输出信号就是所要求的序列信号。

根据要求产生的序列号，即可列出移位寄存器应有的状态转换表，如表 5.16 所示。再从状态转换的要求出发，得到对移位寄存器输入端 $D_0$ 取值的要求，如表 5.16 所示。表中也同时给出了 $D_0$ 与寄存器 $Q_0$、$Q_1$、$Q_2$ 之间的函数关系。利用图 5.69 所示的卡诺图将 $D_0$ 的函数式化简，得到

$$D_0 = Q_2 Q_1' Q_0 + Q_2' Q_1 + Q_2' Q_0'$$

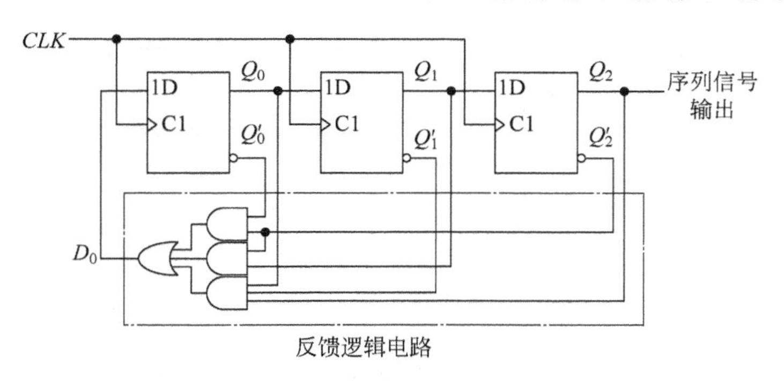


图 5.68　用移位寄存器构成的序列信号发生器

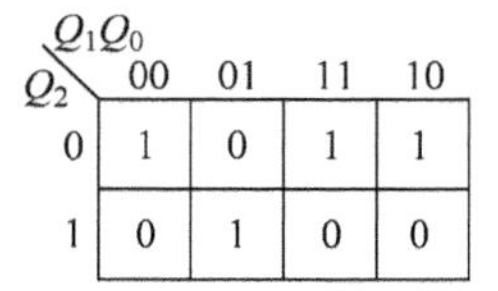


图 5.69　图 5.68 中 $D_0$ 的卡诺图

图 5.68 中的反馈逻辑电路就是按上式接成的。

**表 5.16　图 5.68 所示电路的状态转换表**

| *CLK* 顺序 | $Q_2$ | $Q_1$ | $Q_0$ | $D_0$ |
|---|---|---|---|---|
| 0 | 0 | 0 | 0 | 1 |
| 1 | 0 | 0 | 1 | 0 |
| 2 | 0 | 1 | 0 | 1 |
| 3 | 1 | 0 | 1 | 1 |
| 4 | 0 | 1 | 1 | 1 |
| 5 | 1 | 1 | 1 | 0 |
| 6 | 1 | 1 | 0 | 0 |
| 7 | 1 | 0 | 0 | 0 |
| 8 | 0 | 0 | 0 | 1 |

**例 5.12**　设计顺序脉冲发生器。

**【解】**　在一些非数字系统中，有时需要系统按照事先规定的顺序进行一系列的操作。这就要求系统的控制部分能给出一组在时间上有一定先后顺序的脉冲信号，再用这组脉冲形成所需要的各种控制信号。顺序脉冲发生器就是用来产生这样一组顺序脉冲的电路。

顺序脉冲发生器可以用移位寄存器构成。当环形计数器工作在每个状态中只有一个 1 的循环状态时，它就是一个顺序脉冲发生器。由图 5.70 可见，当 *CLK* 端不断输入系列脉冲时，$Q_0 \sim Q_3$ 端将依次输出正脉冲，并不断循环。

这种方案的优点是不必附加译码电路，结构比较简单。缺点是使用的触发器数目比较多，同时还必须采用能自启动的反馈逻辑电路。

在顺序脉冲较多时，可以采用计数器和译码器组合成顺序脉冲发生器。图 5.71(a)所示电路是有 8 个顺序脉冲输出的顺序脉冲发生器的例子。图中的 3 个触发器 $FF_0$、$FF_1$ 和 $FF_2$ 组成的 3 位二进制计数器，8 个与门组成 3 线—8 线译码器。只要在计数器的输入端

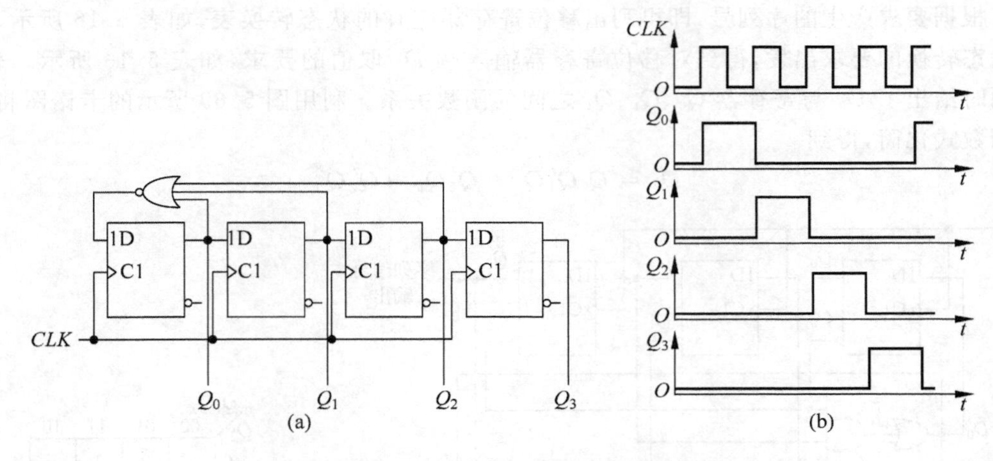


图 5.70 用环形计数器作顺序脉冲发生器

$CLK$ 加入固定频率的脉冲，便可在 $P_0 \sim P_7$ 端依次得到输出脉冲信号，如图 5.71(b)所示。

由于使用了异步计数器，在电路转换时 3 个触发器在翻转时有先有后，因此当两个以上触发器同时改变状态时将发生竞争—冒险现象，有可能在译码器的输出端出现尖峰脉冲，如图 5.71(b)所示。

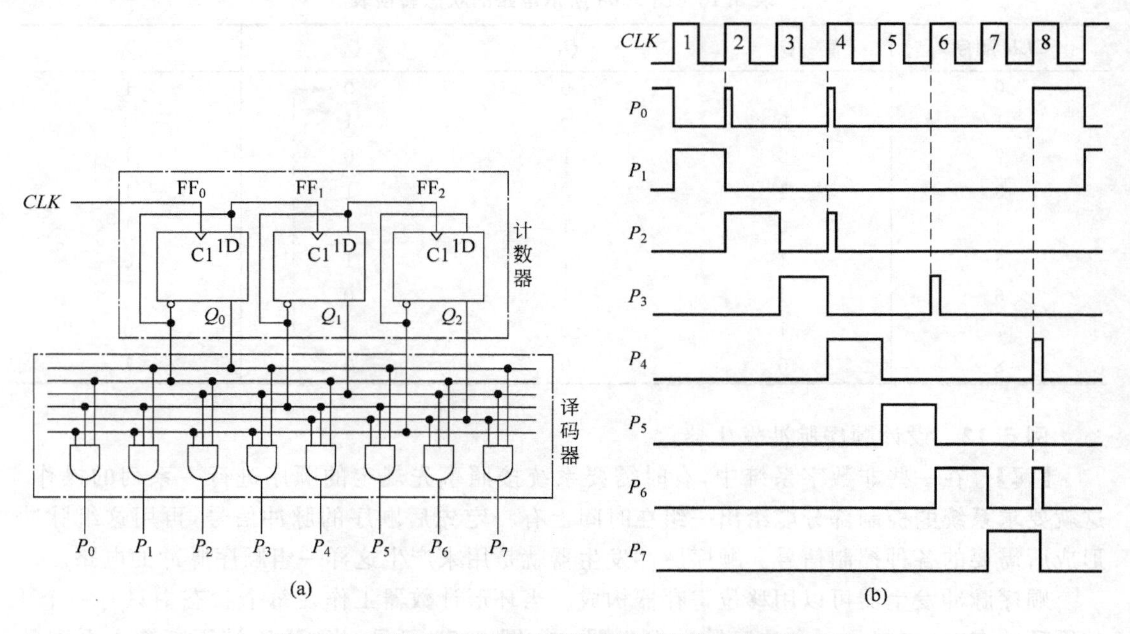


图 5.71 用计数器和译码器构成的顺序脉冲发生器波形

例如，在计数器的状态 $Q_2Q_1Q_0$ 由 001 变为 010 的过程中，因 $FF_0$ 先翻转为 0 而 $FF_1$ 后翻转为 1，因此在 $FF_0$ 已经翻转而 $FF_1$ 尚未翻转的瞬间，计数器将出现 000 状态，使 $P_0$ 端出现尖峰脉冲。其他类似的情况请读者自行分析。

# 习题

5.1　分析题图 5.1 所示时序电路的逻辑功能，写出电路的驱动方程、状态方程和输出方程，画出电路的状态转换图和时序图。

5.2　题图 5.2 所示为一个防抖动输出的开关电路。当拨动开关 S 时，由于开关触点接触瞬间发生震颤，$\bar{S}_D$ 和 $\bar{R}_D$ 的电压波形如题图 5.2 所示，试画出 $Q$、$\bar{Q}$ 端对应的电压波形。

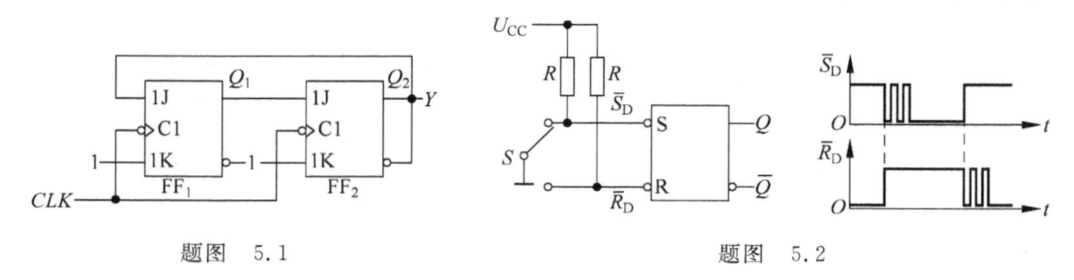


题图　5.1　　　　题图　5.2

5.3　分析题图 5.3 所示时序电路的逻辑功能，写出电路的驱动方程、状态方程和输出方程，画出电路的状态转换图，并说明该电路能否自启动。

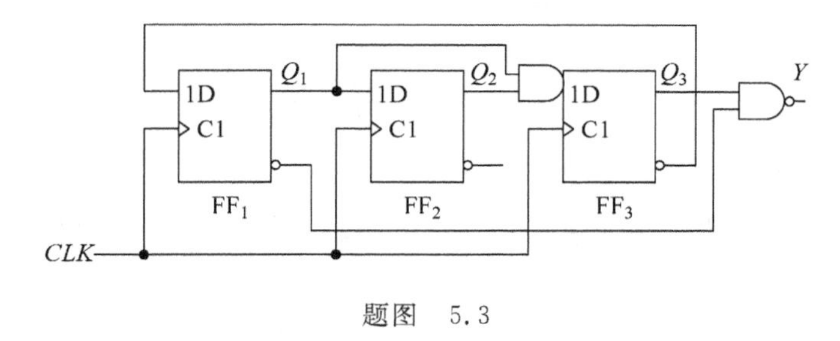


题图　5.3

5.4　JK 触发器及 $CP$、$J$、$K$、$\bar{R}_D$ 的波形分别如题图 5.4 所示，试画出 $Q$ 端的波形。设 $Q$ 的初态为 0。

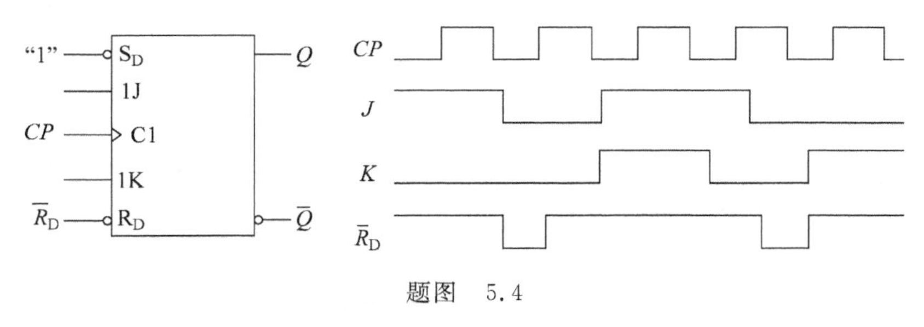


题图　5.4

5.5　试分析题图 5.5 所示时序电路的逻辑功能，写出电路的驱动方程、状态方程和输出方程，画出电路的状态转换图。$A$ 为逻辑输入逻辑变量。

5.6　D 触发器及输入信号 $CP$、$D$、$\bar{R}_D$ 的波形分别如题图 5.6 所示，试画出 $Q$ 端的波形。设 $Q$ 的初态为 0。

5.7　设题图 5.7 所示各触发器的初始状态皆为 $Q=0$，试求出在 $CP$ 信号连续作用下

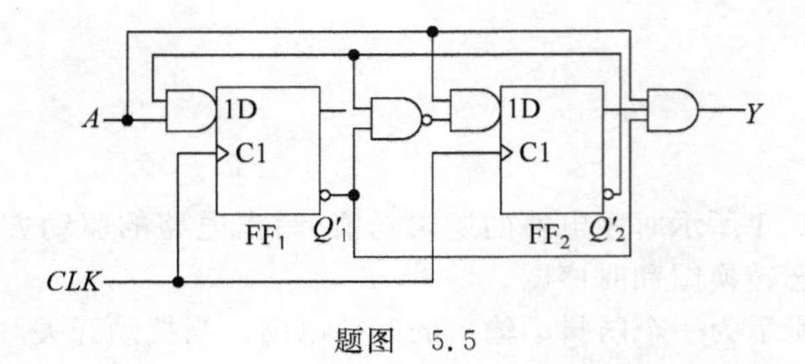


题图 5.5

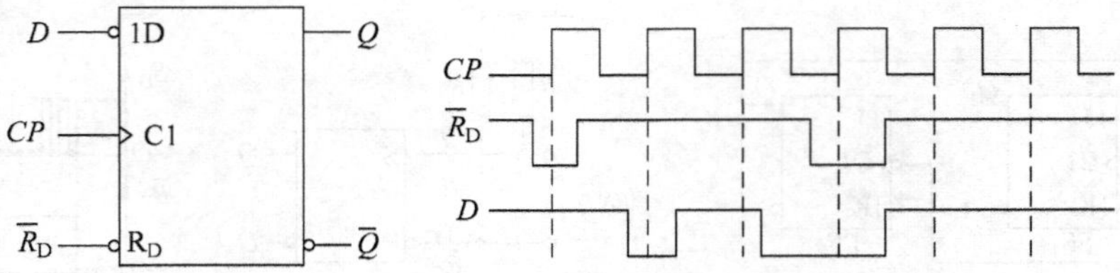

题图 5.6

各触发器的次态方程。

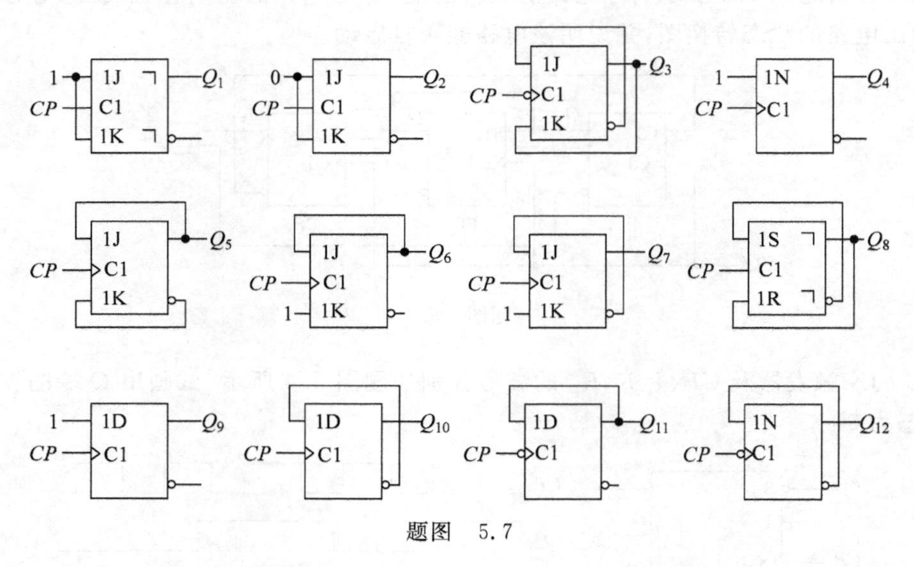


题图 5.7

5.8 分析题图 5.8 所示的时序逻辑电路,写出电路的驱动方程、状态方程和输出方程,画出电路的状态转换图,说明电路能否自启动。

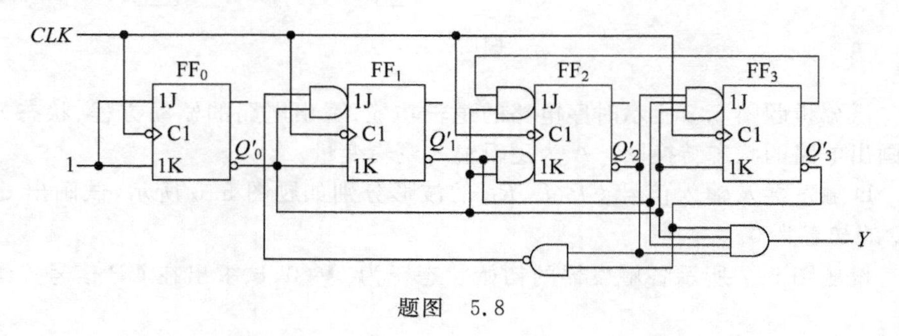


题图 5.8

5.9　分析题图 5.9 所示电路，写出电路的驱动方程、状态方程和输出方程，画出电路的状态转换图。图中的 $X$、$Y$ 分别表示输入逻辑变量和输出逻辑变量。

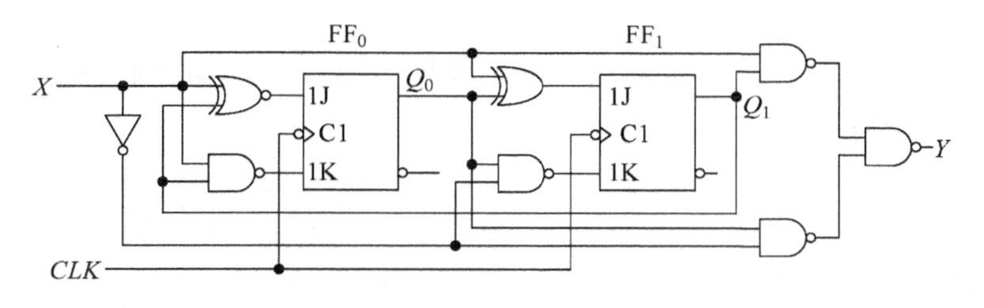


题图　5.9

5.10　分析题图 5.10 所示的计数器电路，画出电路的状态转换图，说明这是多少进制的计数器。

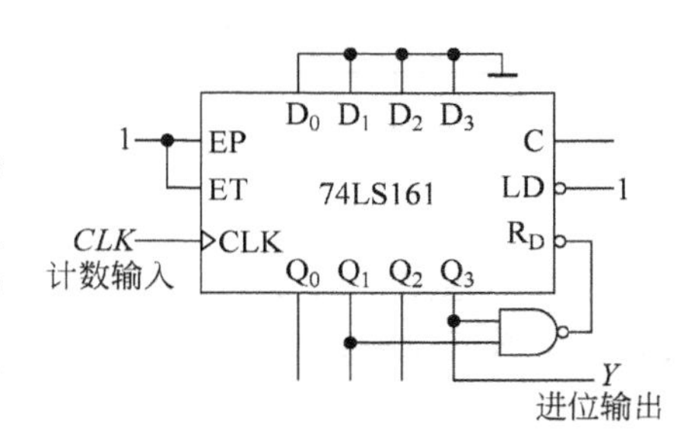


题图　5.10

5.11　在题图 5.11 所示电路中，若两个移位寄存器中的原始数据分别为 $A_3A_2A_1A_0=1001$、$B_3B_2B_1B_0=0011$，试问经过 4 个 $CP$ 信号作用后两个寄存器中的数据如何？这个电路完成的是什么功能？

5.12　试分析题图 5.12 所示电路构成的是几进制计数器，并画出其完整的状态转换图，说明电路能否自启动。

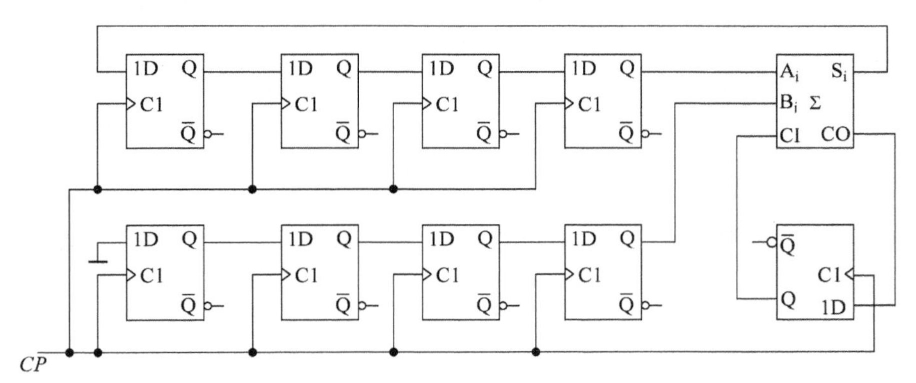


题图　5.11

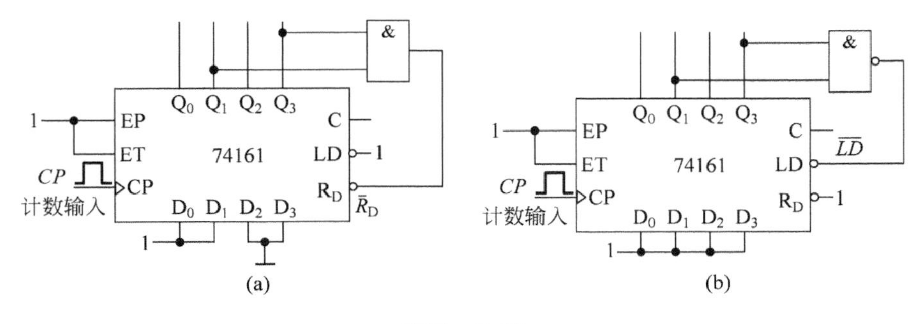


题图　5.12

5.13 试用题图 5.13 所给的 74LS161 芯片设计一个可控计数器，当输入控制变量 $M=0$ 时计数器按五进制计数，$M=1$ 时计数器按十五进制计数。要求在图中标出计数输入端和进位输出端。

5.14 题图 5.14 是一个移位寄存器型计数器，试画出它的状态转换图，说明这是几进制计数器？能否自启动？

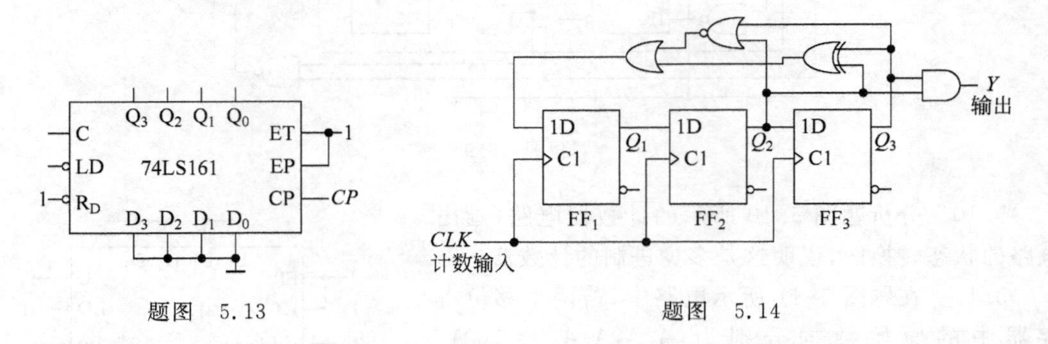


题图 5.13　　　　题图 5.14

5.15 题图 5.15 是一个移位寄存器型计数器。试画出电路的状态转换图，并说明这是几进制计数器，能否自启动。

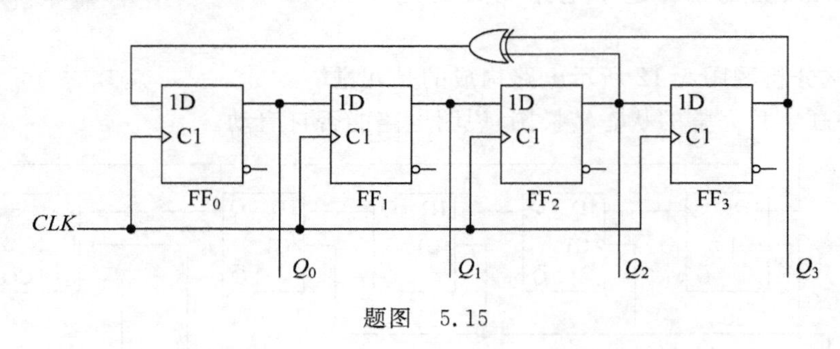


题图 5.15

5.16 设计一个序列信号发生器电路，使之在一系列 $CLK$ 信号作用下能周期性地输出 0010110111 的序列信号。

# 第6章 脉冲波形的产生和整形

本章介绍矩形脉冲波形的产生和整形电路。在脉冲整形电路中，介绍施密特触发器和单稳态触发器电路。在脉冲产生电路中，介绍对称式多谐振荡器、环形振荡器以及用施密特触发器构成的多谐振荡器等。详细介绍了555定时器以及由它构成的施密特触发器、单稳态触发器和多谐振荡器电路。

## 6.1 概述

在数字电路或系统中，时钟脉冲信号用来控制和协调整个系统的工作。获得这种矩形脉冲的方法有两种：一种是利用多谐振荡器直接产生；另一种是通过整形电路变换而成。整形电路又分为两类，即施密特触发器和单稳态触发器，它们可以使脉冲的边沿变陡峭，形成规定的矩形脉冲。

为了定量地描述矩形脉冲的特性，经常使用如图6.1所示参数来表述矩形脉冲的性能指标，即

脉冲周期 $T$：周期性重复的脉冲序列中，两个相邻脉冲间的时间间隔。有时也用频率 $f=1/T$ 表示，单位时间内脉冲重复的次数。

脉冲幅度 $U_m$：脉冲电压最大变化的幅值。

脉冲宽度 $T_w$：从脉冲前沿 $0.5U_m$ 开始，到脉冲后沿 $0.5U_m$ 截止的一段时间。

上升时间 $t_r$：脉冲从 $0.1U_m$ 上升到 $0.9U_m$ 所需的时间。

下降时间 $t_f$：脉冲从 $0.9U_m$ 下降到 $0.1U_m$ 所需的时间。

上述几个指标反映了一个矩形脉冲的基本特性。

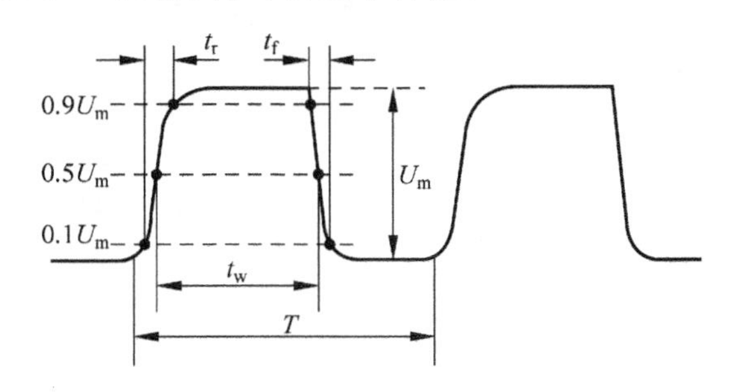


图6.1 描述矩形脉冲特性的指标

本章依次讨论施密特触发器、单稳态触发器、多谐振荡器。最后介绍555定时器及由它构成施密特触发器、单稳态触发器及多谐振荡器的方法。

## 6.2 施密特触发器

### 6.2.1 施密特结构的特点

施密特触发器指的是一种电路结构，这种结构可以存在于各种逻辑功能的电路中，如施密特与门、施密特与非门等。施密特触发器是一种重要的脉冲整形电路，主要有下述特点：

(1) 输入信号在上升和下降过程中，电路状态转换时(即高电平跳变为低电平或低电平跳变为高电平)对应的输入电平不同。

(2) 电路状态转换时伴有正反馈过程的发生，使输出波形边沿变得很陡。

图6.2给出了TTL反相器、CMOS反相器和施密特反相器的电压传输特性，通过特性对比可以看出，施密特触发器利用其特点使电路输出状态转换时对应的过渡区变窄，从而可以使边沿变化缓慢的信号波形整形为边沿陡峭的矩形波，还可以将叠加在矩形脉冲高、低电平上的噪声有效地清除。

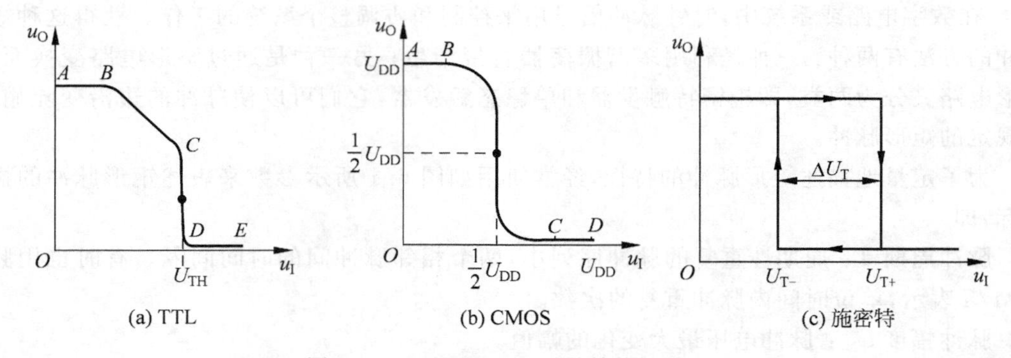


图6.2 几种反相器电压传输特性对比

### 6.2.2 门电路组成的施密特触发器

将两级反相器串接起来，同时通过分压电阻将输出端的电压反馈到输入端，就组成了图6.3(a)所示的施密特触发器电路。

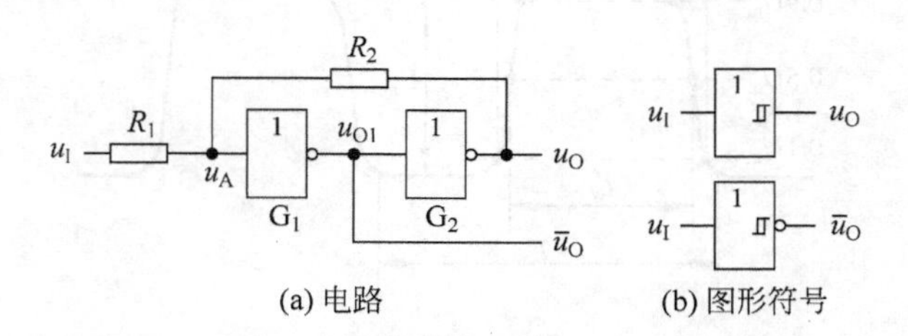


图6.3 用CMOS反相器构成的施密特触发器

假定反相器 $G_1$ 和 $G_2$ 是 CMOS 电路，它们的阈值电压为 $U_{TH} \approx \frac{1}{2}U_{DD}$，且 $R_1 < R_2$。

当 $u_I = 0$ 时，因 $G_1$ 和 $G_2$ 接成了正反馈电路，所以 $u_O = U_{OL} \approx 0$。这时 $G_1$ 的输入 $u_A \approx 0$。

当 $u_I$ 从 0 逐渐升高并达到 $u_A = U_{TH}$ 时，由于 $G_1$ 进入了电压传输特性的转折区（放大区），所以 $u_A$ 的增加将引发以下的正反馈过程，即

$$u_A\uparrow \longrightarrow u_{O1}\downarrow \longrightarrow u_O\uparrow$$

于是电路的状态迅速地转换为 $u_O = U_{OH} \approx U_{DD}$。由此便可以求出 $u_I$ 上升过程中电路状态发生转换时对应的输入电平 $U_{T+}$。因为这时有

$$u_A = U_{TH} \approx \frac{R_2}{R_1 + R_2}U_{T+}$$

所以

$$U_{T+} \approx \left(1 + \frac{R_1}{R_2}\right)U_{TH} \tag{6.1}$$

式中，$U_{T+}$ 为正向阈值电压。

当 $u_I$ 从高电平 $U_{DD}$ 逐渐下降并达到 $u_A = U_{TH}$ 时，$u_A$ 的下降会引发又一个正反馈过程，即

$$u_A\downarrow \longrightarrow u_{O1}\uparrow \longrightarrow u_O\downarrow$$

使电路的状态迅速地转换为 $u_O = U_{OL} \approx 0$。由此又可以求出 $u_I$ 下降过程中电路状态发生转换时对应的输入电平 $U_{T-}$。由于这时有

$$u_A = U_{TH} \approx U_{DD} - (U_{DD} - U_{T-})\frac{R_2}{R_1 + R_2}$$

所以

$$U_{T-} \approx \left(1 + \frac{R_1}{R_2}\right)U_{TH} - \frac{R_1}{R_2}U_{DD}$$

将 $U_{DD} = 2U_{TH}$ 代入上式后得到

$$U_{T-} \approx \left(1 - \frac{R_1}{R_2}\right)U_{TH} \tag{6.2}$$

式中，$U_{T-}$ 为负向阈值电压。

将 $U_{T+}$ 与 $U_{T-}$ 之差定义为回差电压 $\Delta U_T$，即

$$\Delta U_T = U_{T+} - U_{T-} = 2\frac{R_1}{R_2}U_{TH} \tag{6.3}$$

根据式(6.1)和式(6.2)画出的电压传输特性如图 6.4(a)所示。因为 $u_O$ 和 $u_I$ 的高、低电平是同相的，所以也将这种形式的电压传输特性称为同相输出的施密特触发特性。

如果以图 6.3(a)中的 $\bar{u}_O$ 作为输出端，则得到的电压传输特性如图 6.4(b)所示。因为 $\bar{u}_O$ 和 $u_I$ 的高、低电平是反相的，所以将这种形式的电压传输特性称为反相输出的施密特触发特性。

通过改变 $R_1$ 和 $R_2$ 的比值可以调节 $U_{T+}$、$U_{T-}$ 和 $\Delta U_T$ 的大小。但 $R_1$ 必须小于 $R_2$，否则电路将进入自锁状态，不能正常工作。其原因是：若 $R_1 > R_2$，则由式(6.1)和式(6.2)可知，

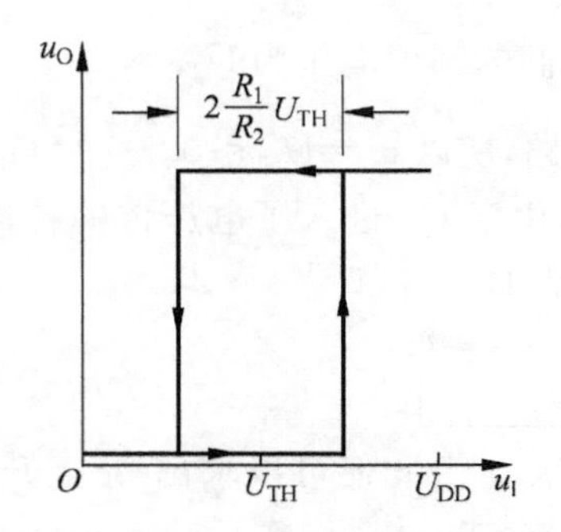


(a) 由式(6.1)、式(6.2)画出的电压传输特性

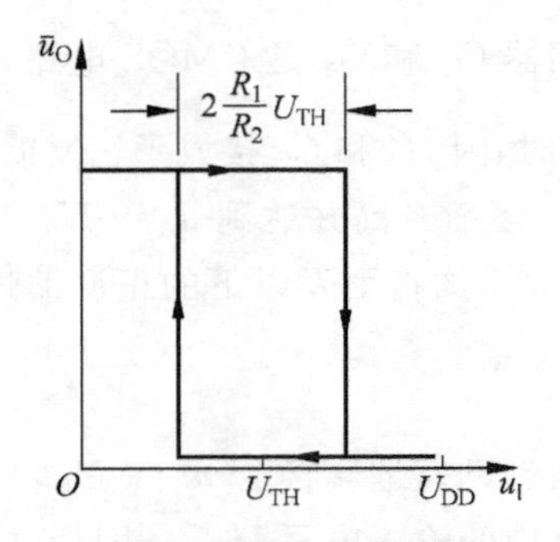


(b) 由图(a)画出的电压传输特性

图 6.4 图 6.3 电路的电压传输特性

$U_{T+}>U_{DD}$,$U_{T-}$ 为负值,而 $u_I$ 变化范围仅在 $0\sim U_{DD}$之间,即导致输入达不到阈值而使电路不能翻转。

**例 6.1** 在图 6.3(a)所示电路中,如果要求 $U_{T+}=7.5V$,$\Delta U_T=5V$,试计算 $R_1$、$R_2$ 和 $U_{DD}$的值。

**【解】** 由式(6.1)和式(6.3)得到

$$\begin{cases} U_{T+}=\left(1+\dfrac{R_1}{R_2}\right)U_{TH}=7.5V \\ \Delta U_T=2\dfrac{R_1}{R_2}U_{TH}=5V \end{cases}$$

由以上两式解出 $R_1=0.5R_2$,$U_{TH}=5V$。因此应取 $U_{DD}=10V$。

为保证反相器 $G_2$ 输出高电平时的负载电流不超过最大允许值$|I_{OH(max)}|$,应使

$$\frac{U_{OH}-U_{TH}}{R_2}<|I_{OH(max)}| \tag{6.4}$$

如果 $G_1$、$G_2$ 选用 CC4069 六反相器中的两个反相器,则有手册中查得当 $U_{DD}=10V$ 时 $|I_{OH(max)}|=1.3mA$。将$|I_{OH(max)}|$及 $U_{OH}$($U_{OH}\approx U_{DD}$)、$U_{TH}$值代入式(6.4)求得

$$R_2>\frac{10-5}{1.3}=3.85k\Omega$$

故可取 $R_2=22k\Omega$,$R_1=0.5R_2=11k\Omega$。

## 6.2.3 集成施密特触发器

由于集成施密特触发器性能一致性好,触发器阈值稳定,因此应用越来越广泛。

图 6.5 是 TTL 电路集成施密特触发器 7413 的电路图。因为在电路的输入端附加了与逻辑功能,同时在输出端附加了反相器,故该电路称为施密特与非门。在集成电路手册中将它归类于与非门系列。

该电路包括二极管与门、施密特电路、电平偏移电路及输出电路 4 部分。其中核心部分是由 $VT_1$、$VT_2$、$R_2$、$R_3$ 和 $R_4$ 组成的施密特电路。

施密特电路是通过公共射极电阻 $R_4$ 耦合的两级正反馈放大器。假定三极管发射结的导通压降和二极管的正向导通压降均为 0.7V,那么当输入端的电压使得

$$u_{B1}-u_E=u_{BE1}<0.7V$$

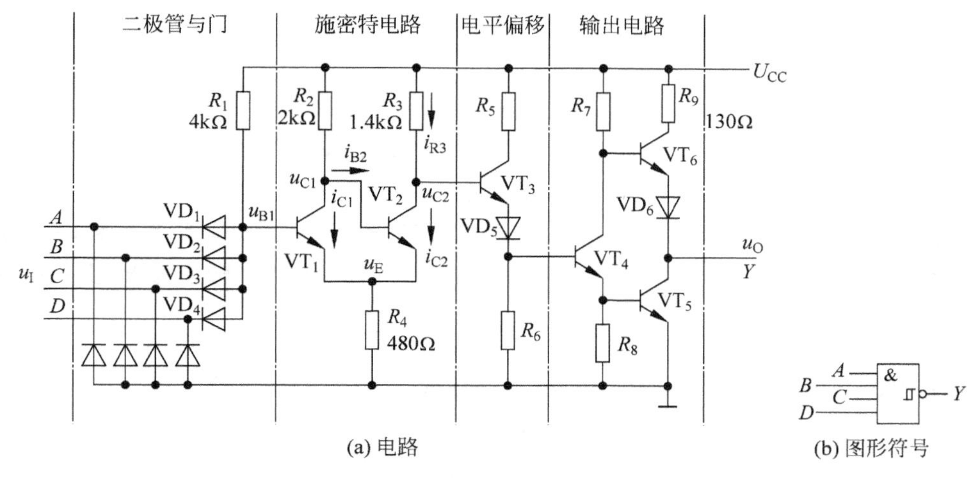


图 6.5 带与非功能的 TTL 集成施密特触发器

则 $VT_1$ 管截止而 $VT_2$ 管饱和导通。若 $u_{B1}$ 逐渐升高并使 $u_{BE1}>0.7V$ 时，$VT_1$ 进入导通状态，并有以下正反馈过程发生，即

$$u_{B1}\uparrow \to i_{C1}\uparrow \to u_{C1}\downarrow \to i_{C2}\downarrow \to u_E\downarrow \to u_{BE1}\uparrow$$

从而使电路迅速转为 $VT_1$ 管饱和导通而 $VT_2$ 管截止的状态。

若 $u_{B1}$ 从高电平逐渐下降，并且降至 $u_{BE1}$ 只有 0.7V 左右时，$i_{C1}$ 开始减小，于是又引发了另一个正反馈过程发生，即

$$u_{B1}\downarrow \to i_{C1}\downarrow \to u_{C1}\uparrow \to i_{C2}\uparrow \to u_E\uparrow \to u_{BE1}\downarrow$$

使电路迅速返回 $VT_1$ 管截止而 $VT_2$ 管饱和导通的状态。

可见，无论 $VT_2$ 管由导通变截止还是由截止变导通，都伴随有正反馈过程的发生，使输出端电压 $u_{C2}$ 的上升沿和下降沿都很陡。

同时，由于 $R_2>R_3$，所以 $VT_1$ 饱和导通时的 $u_E$ 必然低于 $VT_2$ 饱和导通时的 $u_E$ 值。因此，$VT_1$ 由截止变导通时的输入电压 $U_{B1+}$（对应输入电压的上升过程）高于 $VT_1$ 由导通变截止的输入电压 $U_{B1-}$（对应输入电压的下降过程），这样就得到了施密特触发特性。若以 $U_{T+}\to U_{B1+}$，$U_{T-}\to U_{B1-}$，则必然有 $U_{T+}>U_{T-}$。

由图 6.5 可以写出 $VT_1$ 截止、$VT_2$ 饱和导通时电路的电压方程为

$$\begin{cases} R_2 i_{B2}+U_{BE(sat)2}+R_4(i_{B2}+i_{C2})=U_{CC} \\ R_3 i_{R3}+U_{CE(sat)2}+R_4(i_{B2}+i_{C2})=U_{CC} \end{cases} \tag{6.5}$$

式中，$U_{BE(sat)2}$、$U_{CE(sat)2}$ 分别为 $VT_2$ 饱和导通时 b-e 间和 c-e 间的压降。假定 $i_{R3}\approx i_{C2}$，则可从式(6.5)求出

$$i_{C2}=\frac{R_4(U_{CC}-U_{BE(sat)2})-(R_2+R_4)(U_{CC}-U_{CE(sat)2})}{R_4^2-(R_2+R_4)(R_3+R_4)} \tag{6.6}$$

$$i_{B2}=\frac{R_4(U_{CC}-U_{CE(sat)2})-(R_2+R_4)(U_{CC}-U_{BE(sat)2})}{R_4^2-(R_2+R_4)(R_3+R_4)} \tag{6.7}$$

将图 6.5 中给定的参数代入式(6.6)和式(6.7)，并取 $U_{BE(sat)}=0.8V$，$U_{CE(sat)}=0.2V$，于

是得到

$$i_{C2} \approx 2.2\text{mA}$$

$$i_{B2} \approx 1.3\text{mA}$$

$$u_{E2} = R_4(i_{B2} + i_{C2}) \approx 1.7\text{V}$$

$$U_{B1+} = u_{E2} + 0.7\text{V} \approx 2.4\text{V}$$

另外，当 $u_{B1}$ 从高电平下降至仅比 $R_4$ 上的压降高 0.7V 以后，$VT_1$ 开始脱离饱和，$u_{CE1}$ 开始上升。直至 $u_{CE1}>0.7V$ 以后，$VT_2$ 开始导通并引起正反馈过程，因此转换为 $R_4$ 上的压降为

$$u_{E1} = (U_{CC} - u_{CE1})\frac{R_4}{R_2 + R_4} \tag{6.8}$$

将 $U_{CC}=5V$、$u_{CE1}=0.7V$、$R_2=2k\Omega$、$R_4=0.48k\Omega$ 代入式(6.8)计算后得到

$$u_{E1} \approx 0.8\text{V}$$

$$U_{B1-} = u_{E1} + 0.7\text{V} \approx 1.5\text{V}$$

因为整个电路的输入电压 $u_I$ 等于 $u_{B1}$ 减去输入端二极管的压降 $U_D$，故得

$$U_{T+} = U_{B1+} - U_D \approx 1.7\text{V}$$

$$U_{T-} = U_{B1-} - U_D \approx 0.8\text{V}$$

$$\Delta U_T = U_{T+} - U_{T-} \approx 0.9\text{V}$$

为了降低输出电阻以提高电路的驱动能力，在整个电路的输出端设置了倒相级和推拉式输出级电路。

由于 $VT_2$ 导通时施密特电路输出的低电平较高(约为 1.9V)，若直接将 $u_{C2}$ 与 $VT_4$ 的基极相连，将无法使 $VT_4$ 截止，所以必须在 $u_{C2}$ 与 $VT_4$ 的基极之间串进电平偏移电路。这样就使得 $u_{C2}\approx1.9V$ 时电平偏移电路的输出仅为 0.5V 左右，保证 $VT_4$ 能可靠地截止。

图 6.6 所示为集成施密特触发器 7413 的电压传输特性。由图可见，7413 体现出反相施密特特性。对每个具体器件而言，7413 的 $U_{T+}$、$U_{T-}$ 都是固定的，不能调节。

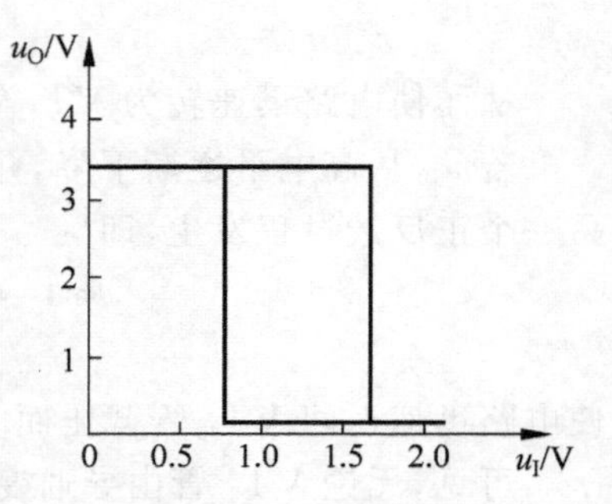


图 6.6 集成施密特触发器 7413 的电压传输特性

## 6.2.4 施密特触发器的应用

施密特触发器除了广泛用于脉冲整形外，还常用于波形变换等方面。下面举几个具体的例子。

### 1. 用于脉冲变换电路

由于施密特电路在状态转换过程中伴随着正反馈过程发生，速度转换快。因此施密特电路输出矩形的前、后沿总是很陡峭。利用这一特点，施密特电路可以把变化比较缓慢的正弦波、三角波等变换成矩形脉冲信号。

在图 6.7 所示的例子中，输入信号是由直流分量和正弦交流分量叠加而成的，只要输入信号的幅度大于 $U_{T+}$，即可在施密特触发器的输出端得到同频率的矩形脉冲信号。

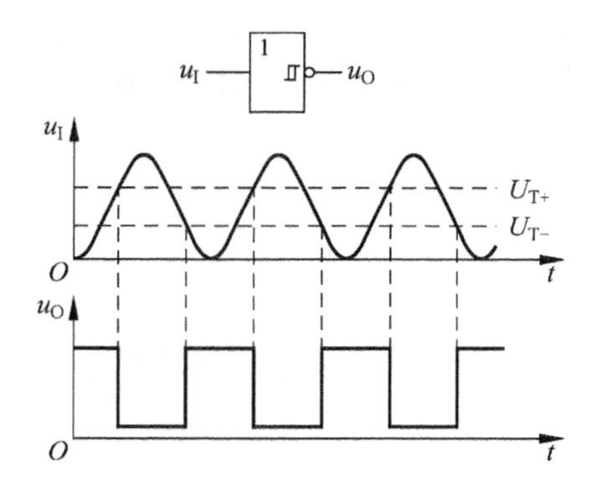


图 6.7　用施密特触发器实现波形变换

## 2. 用于脉冲整形

在数字测量和控制系统中，由传感器送来的信号边沿较差，此外，脉冲信号经过远距离传输后，往往会发生各种各样的畸变，利用施密特电路可以对这些信号进行整形。图 6.8 中给出了几种常见情况。

当传输线上电容较大时，将使波形的上升沿和下降沿明显变坏，如图 6.8(a)所示。当传输线较长且接收端阻抗与传输线阻抗不匹配时，在波形的上升沿和下降沿将产生振荡现象，如图 6.8(b)所示。当其他脉冲信号通过导线间的分布电容或公共电源线叠加到矩形脉冲信号上时，信号上将出现附加的噪声，如图 6.8(c)所示。

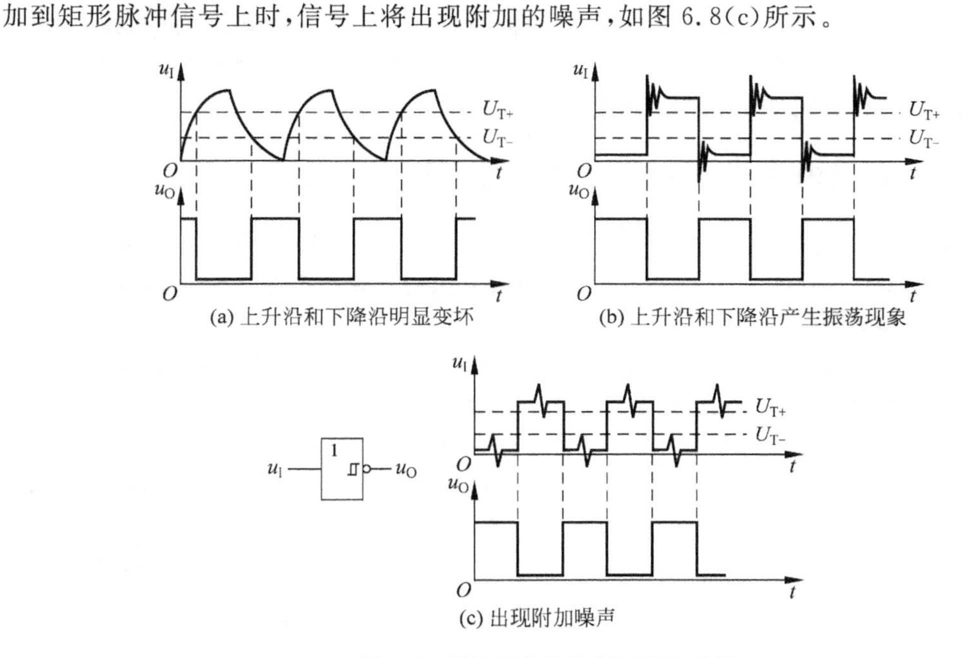


(a) 上升沿和下降沿明显变坏　(b) 上升沿和下降沿产生振荡现象　(c) 出现附加噪声

图 6.8　用施密特触发器对脉冲整形

无论出现上述哪一种情况，都可以通过施密特触发器整形来获得比较理想的矩形脉冲波形。由图 6.8 可见，只要施密特触发器的 $U_{T+}$ 和 $U_{T-}$ 设置将合适，均能收到满意的整形效果。图 6.8 所示波形都是在反相施密特触发器的作用下得到的。

## 3. 用于脉冲鉴幅

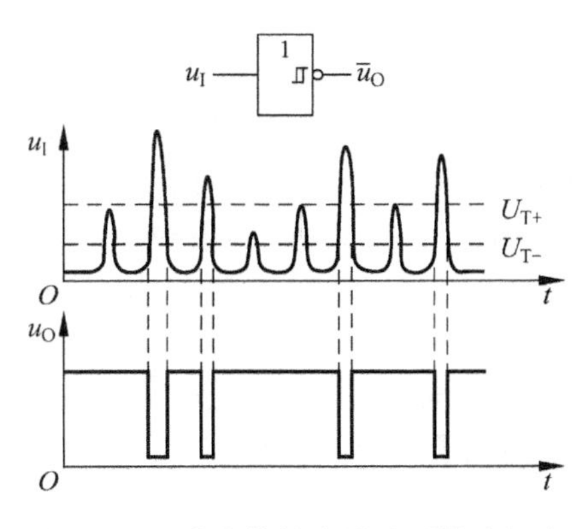


图 6.9　用施密特触发器鉴别脉冲幅度

如果在一串幅度不相等的脉冲信号中，要剔除幅度不够大的脉冲，此时可利用施密特触发器。图 6.9 示出在施密特触发器的输入端送入一串幅度不等的脉冲时响应的输出波形。此图说明，只有幅度超过上限阈值电压 $U_{T+}$ 的脉冲才能使施密特触发器翻转，同时在输出端得到一个矩形脉冲。可见，施密特触发器可用脉冲幅度鉴别电路。

# 6.3 单稳态触发器

单稳态触发器只有一个稳定状态，不同于前面介绍的双稳态触发器。其工作特性可归结为以下 3 点：

(1) 单稳态触发器有稳态和暂稳态两个不同的工作状态。

(2) 在外界触发信号作用下，能从稳态翻转到暂稳态，在暂稳态维持一段时间 $t_w$ 后自动返回稳态，并在输出端产生一个宽度为 $t_w$ 的矩形脉冲。

(3) 暂稳态维持时间的长短取决于电路内部的参数，而与触发脉冲的宽度和幅度无关。

由于具备这些特点，单稳态触发器被广泛应用于脉冲整形、延时(产生滞后于触发脉冲的输出脉冲)及定时(产生固定时间宽度的脉冲信号)等。

## 6.3.1 用门电路组成的单稳态触发器

单稳态触发器的暂稳态通常都是靠 $RC$ 电路的充、放电过程来维持的。根据 $RC$ 电路的不同接法(即接成微分电路形式或积分电路形式)，又将单稳态触发器分为微分型和积分型两种。下面讨论积分型单稳态触发器。

图 6.10 是用 TTL 与非门、反相器和 $RC$ 积分电路组成的积分型单稳态触发器。为了保证 $u_{O1}$ 为低电平时 $u_A$ 在 $U_{TH}$ 以下，$R$ 的阻值不能取得很大。该电路是用正脉冲触发的。

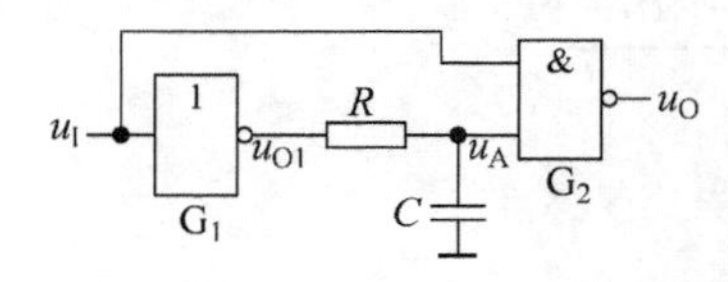


图 6.10 积分型单稳态触发器

稳态下由于 $u_I=0$，所以 $u_O=U_{OH}$，$u_A= u_{O1}=U_{OH}$。

当输入正脉冲以后，$u_{O1}$ 跳变为低电平。但由于电容 $C$ 上的电压不能突变，所以在一段时间里 $u_A$ 仍在 $U_{TH}$ 以上。因此，在这段时间里 $G_2$ 的两个输入端电压同时高于 $U_{TH}$，使 $u_O=U_{OL}$，电路进入暂稳态。同时，电容 $C$ 通过 $G_1$ 门的输出回路开始放电。

然而这种暂稳态不能长久地维持下去，随着电容 $C$ 的放电 $u_A$ 不断降低，直至 $u_A=U_{TH}$ 后，$u_O$ 回到高电平。必须注意，$u_I$ 只要是高电平，$u_{O1}$ 就为低电平，电容 $C$ 继续放电。待 $u_I$ 返回低电平以后，$u_{O1}$ 又重新变成高电平 $U_{OH}$，此时电容 $C$ 才由放电转变为充电。经过恢复时间 $t_{re}$(从 $u_I$ 回到低电平的时刻算起)以后，$u_A$ 恢复为高电平，电路达到稳态。电路中各点电压的波形如图 6.11 所示。

由图 6.11 可知，输出脉冲的宽度等于从电容 $C$ 开始放电的一刻起到 $u_A$ 下降至 $U_{TH}$ 的时间。为了计算 $t_w$，需要画出电容 $C$ 放电的等效电路，如图 6.12(a)所示。鉴于 $u_A$ 高于 $U_{TH}$ 期间 $G_2$ 的输入电流非常小，可以忽略不计，因而电容 $C$ 放电的等效电路可以简化为 $(R+R_O)$ 与 $C$ 的串联。这里的 $R_O$ 是 $G_1$ 输出为低电平时的输出电阻。

根据图 6.12(b)所示曲线给出的 $u_C(0)=U_{OH}$、$u_C(\infty)=U_{OL}$，应用三要素公式即可得到

$$t_w = (R+R_O)C\ln\frac{U_{OL}-U_{OH}}{U_{OL}-U_{TH}} \tag{6.9}$$

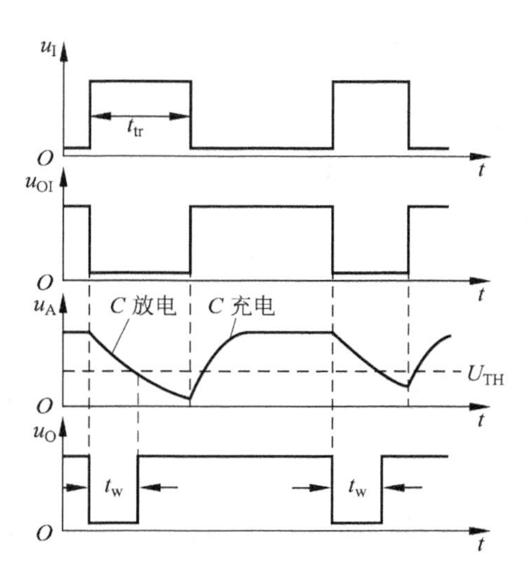


图 6.11　图 6.10 电路的电压波形

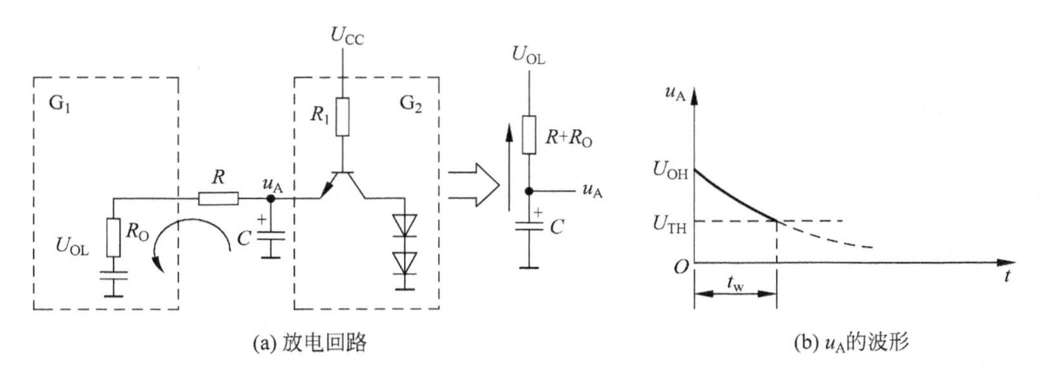


图 6.12　图 6.10 电路中电容 $C$ 的放电回路和 $u_A$ 的波形

输出脉冲的幅度为

$$U_m = U_{OH} - U_{OL} \tag{6.10}$$

恢复时间等于 $u_{O1}$ 跳变为高电平后电容 $C$ 充电至 $U_{TH}$ 所经过的时间。其电容 $C$ 充电时的等效电路如图 6.13 所示。若取充电时间常数的 3～5 倍时间为恢复时间，则得

$$t_{re} \approx (3 \sim 5)(R + R'_O)C \tag{6.11}$$

式中，$R'_O$ 为 $G_1$ 输出高电平时的输出电阻。这里为简化计算而没有计入 $G_2$ 输入电路对电容充电过程的影响，所以计算的恢复时间是偏于安全的。

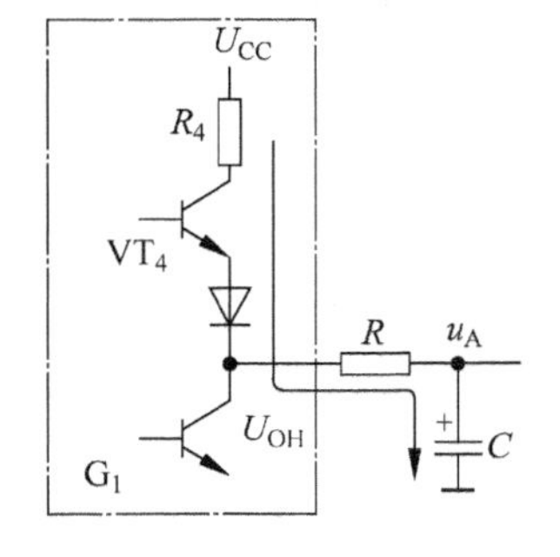


图 6.13　图 6.10 电路中电容 $C$ 的充电回路

该电路的分辨时间应为触发脉冲的宽度 $t_{tr}$ 和恢复时间之和，即

$$t_d = t_{tr} + t_{re} \tag{6.12}$$

与微分型单稳态触发器比较，积分型单稳态触发器具有抗干扰能力较强的优点。因为数字电路中的噪声多为尖

峰脉冲的形式(即幅度较大而宽度极窄的脉冲),而积分型单稳态触发器在这种噪声作用下不会输出足够宽度的脉冲。

积分型单稳态触发器的缺点是输出波形的边沿比较差,这是由于电路的状态转换过程中没有正反馈作用的缘故。此外,这种积分型单稳态触发器必须在触发脉冲的宽度大于输出脉冲宽度时方能正常工作。

如果想使如图 6.10 中的积分型单稳态电路在窄脉冲的触发下能够正常工作,可以采用如图 6.14 所示的改进电路。不难看出,这个电路是在图 6.10 中电路的基础上增加了与非门 $G_3$ 和输出至 $G_3$ 的反馈连线而形成的。该电路用负脉冲触发。

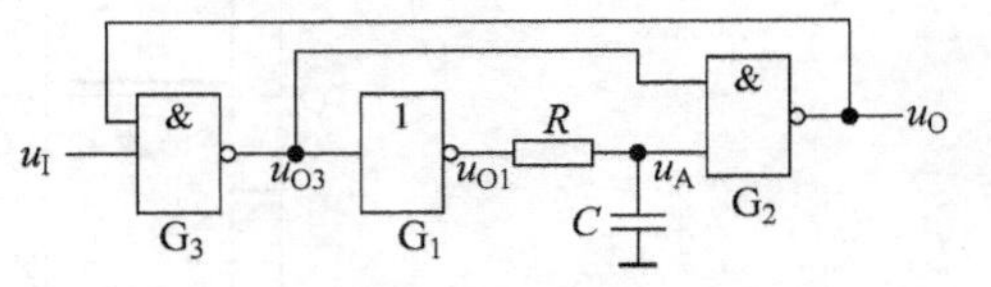


图 6.14 窄脉冲可以触发的积分型单稳态触发器

当负触发脉冲加到输入端时,使 $u_{O3}$ 变为高电平、$u_O$ 变为低电平,电路进入暂稳态。由于 $u_O$ 反馈到了输入端,所以,虽然这时负触发脉冲很快消失了,在暂稳态期间 $u_{O3}$ 的高电平也将继续维持。直到 $RC$ 电路放电到 $u_A=U_{TH}$ 以后,$u_O$ 才返回高电平,电路回到稳态。

## 6.3.2 集成单稳态触发器

由于单稳态触发器在数字系统中应用十分普遍,目前已有各种单片机集成电路。TTL 系列有 74121、74122、74123 等;CMOS 系列有 4098、4528、4538 等。这些器件只要外接很少的电阻和电容,就可构成单稳态触发电路。使用起来非常方便。

### 1. TTL 集成单稳态触发器

图 6.15 是 TTL 集成单稳态触发器 74121 简化原理性逻辑电路。它是在普通微分型单稳态触发器的基础上附加以输入控制电路和输出缓冲电路而形成的。

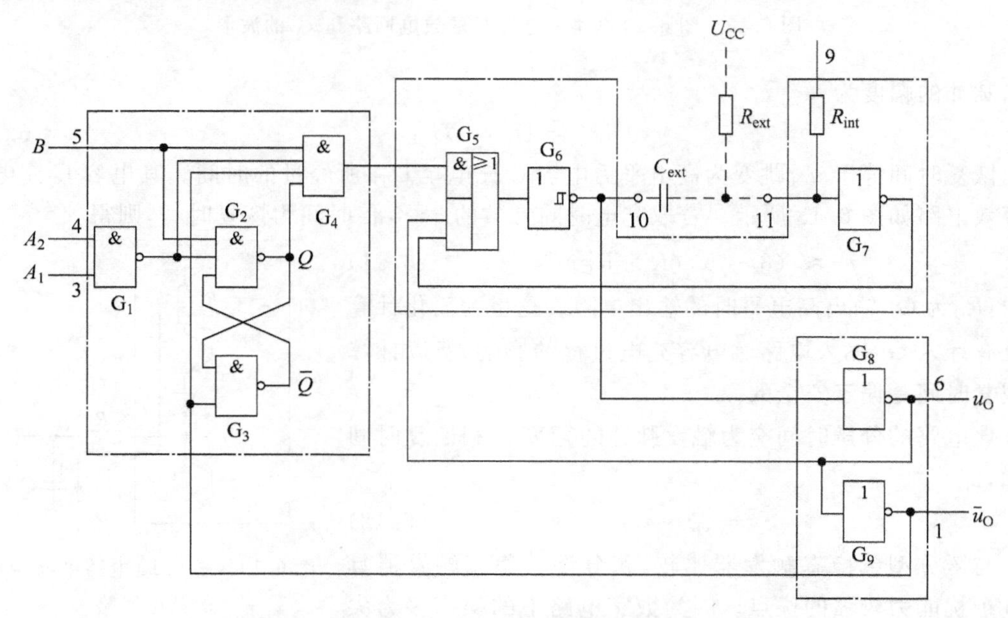


图 6.15 集成单稳态触发器 74121 简化的逻辑电路

门 $G_5$、$G_6$、$G_7$ 和外接电阻 $R_{ext}$、外接电容 $C_{ext}$组成微分型单稳态触发器。如果把 $G_5$、$G_6$ 合在一起视为具有施密特触发特性的或非门，则这个电路与图 6.2 所讨论的微分型单稳态触发器基本相同。它用门 $G_4$ 给出的正脉冲触发，而触发脉冲宽度则由 $R_{ext}$和 $C_{ext}$的大小决定。门 $G_1$～$G_4$ 组成输入控制电路，可实现上升沿触发或下降沿触发控制。

静态($A_1$、$A_2$、$B$ 处于任一稳定不变的组合状态)时，电路处于稳态：$u_O=0$、$\bar{u}_O=1$。如设电路在上电时，$C_{ext}$上的电压为 0，且 $G_8$ 输出为 1(即 $u_O=1$、$\bar{u}_O=0$)，则电源 $U_{CC}$将通过 $R_{ext}$向电容 $C_{ext}$充电(电容电压的极性为左负右正)，当 $C_{ext}$上的电压增大到门 $G_7$ 的阈值电压 $U_{TH}$时，$G_7$ 输出由 1 变 0。此时，$G_4$ 因为$\bar{u}_O=0$ 而使输出为 0，由于正反馈的结果，电路迅速回到稳态 $u_O=0$、$\bar{u}_O=1$。图 6.16 给出了图 6.15 所示电路的工作波形。

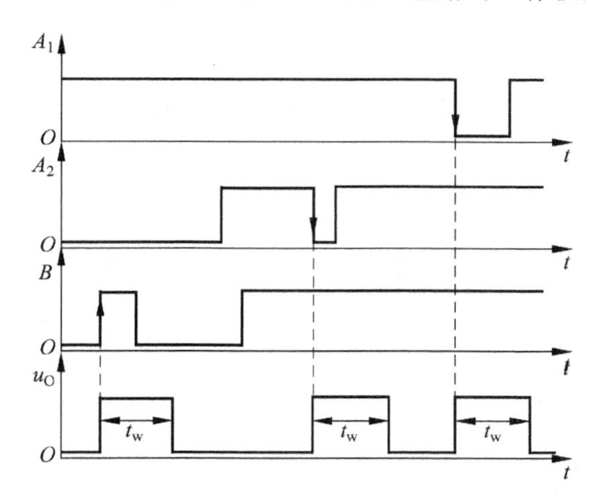


图 6.16 集成单稳态触发器 74121 的工作波形

**表 6.1 集成单稳态触发器 74121 的功能表**

| 输入 | | | 输出 |
|---|---|---|---|
| $A_1$ | $A_2$ | $B$ | $u_O$ |
| 0 | × | 1 | 0 |
| × | 0 | 1 | 0 |
| × | × | 0 | 0 |
| 1 | 1 | × | 0 |
| 1 | ↓ | 1 | ⊓ |
| ↓ | 1 | 1 | ⊓ |
| ↓ | ↓ | 1 | ⊓ |
| 0 | × | ↑ | ⊓ |
| × | 0 | ↑ | ⊓ |

74121 的功能表如表 6.1 所示。未触发时，$G_4$ 的输出为 0，电路处于稳态。正触发脉冲从 $B$ 端输入，同时 $A_1$、$A_2$ 中应至少有一个为 0 状态；负触发脉冲应该从 $A_1$ 或 $A_2$ 输入(另一个接 1 状态)，同时保持 $B$ 端状态为 1。

现以正触发脉冲为例，说明 74121 输入控制电路的作用和触发翻转过程。触发前，$B$ 为

0,$G_1$、$G_2$ 输出和$\bar{u}_O$ 都为 1；触发时,$B$ 从 0 跳变为 1,$G_4$ 输出正触发脉冲,单稳态电路翻转到 $u_O=1$、$\bar{u}_O=0$ 的暂稳态。$\bar{u}_O=0$,一方面可立即封锁 $G_4$,使它的输出回到 0；另一方面,使 $G_2$ 和 $G_3$ 组成的 RS 触发器翻转为 $Q=0$。如 $B$ 输入的触发脉宽大于 $t_w$,$\bar{u}_O$ 返回 1 后,由于 $G_2$ 仍保持低电平,门 $G_4$ 仍被封锁,直到 $B$ 输入为低电平,RS 触发器翻转,为下一次触发做好准备。

输入控制电路使 $G_4$ 输出为一窄脉冲,它的作用与前述 $RC$ 微分电路的作用相似。

输出缓冲级由 $G_8$ 和 $G_9$ 组成,用于提高电路的带负载能力。

输出脉冲宽度 $t_w$ 可由式(6.13)估算(推导过程略),即

$$t_w \approx R_{ext}C_{ext}\ln 2 = 0.69R_{ext}C_{ext} \tag{6.13}$$

通常 $R_{ext}$ 取值在 2～30kΩ。$C_{ext}$ 取值在 10pF～10μF 之间,得到的 $t_w$ 范围可达 20ns～200ms。

在 $t_w$ 较小时,可用 74121 内部电阻 $R_{int}$(2kΩ)代替 $R_{ext}$。图 6.17 给出了使用外接电阻和内部电阻时的连线。

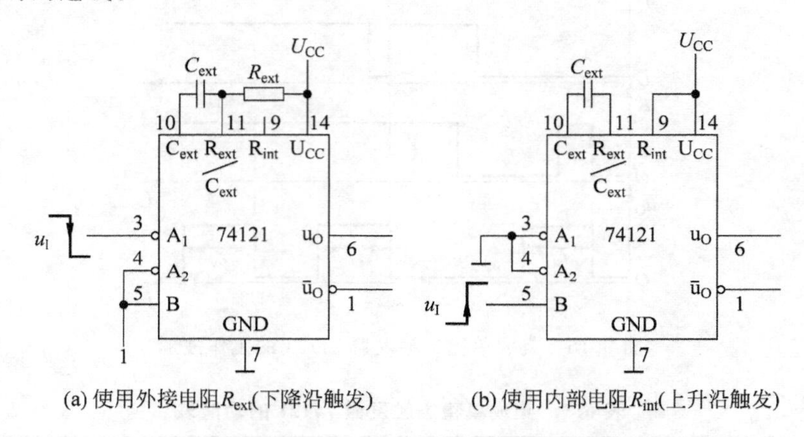


(a) 使用外接电阻$R_{ext}$(下降沿触发)　　(b) 使用内部电阻$R_{int}$(上升沿触发)

图 6.17　集成单稳态触发器 74121 的外部连线

目前使用的集成单稳态触发器有不可重复触发型和可重复触发型两种。不可重复触发型单稳态触发器一旦被触发进入暂稳态以后,再加入触发脉冲不会影响电路的工作过程,必须在暂稳态结束以后,它才能接受下一个触发脉冲而转入暂稳态,如图 6.18(a)所示。而可重复触发型单稳态触发器就不同了,在电路被触发而进入暂稳态以后,如果再次加入触发脉冲,电路将重新被触发,使输出脉冲再继续维持一个 $t_w$ 宽度,如图 6.18(b)所示。

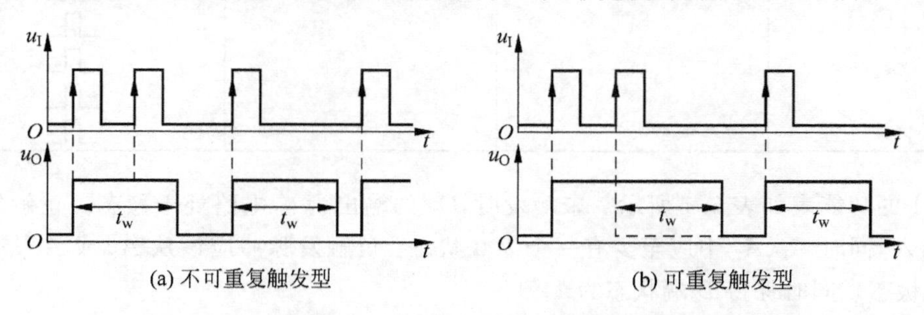


(a) 不可重复触发型　　(b) 可重复触发型

图 6.18　不可重复触发型与可重复触发型单稳态触发器的工作波形

74121、74221、74LS221 都是不可重复触发的单稳态触发器。属于可重复触发的单稳态触发器有 74122、74LS122、74123、74LS123 等。

有些集成单稳态触发器上还设置复位端(如 74221、74122、74123 等)。通过在复位端加入低电平信号能立即终止暂稳态过程,使输入端返回低电平。

### 2. CMOS 集成单稳态触发器

图 6.19 所示为 CMOS 集成单稳态触发器 CC14528 的逻辑电路。

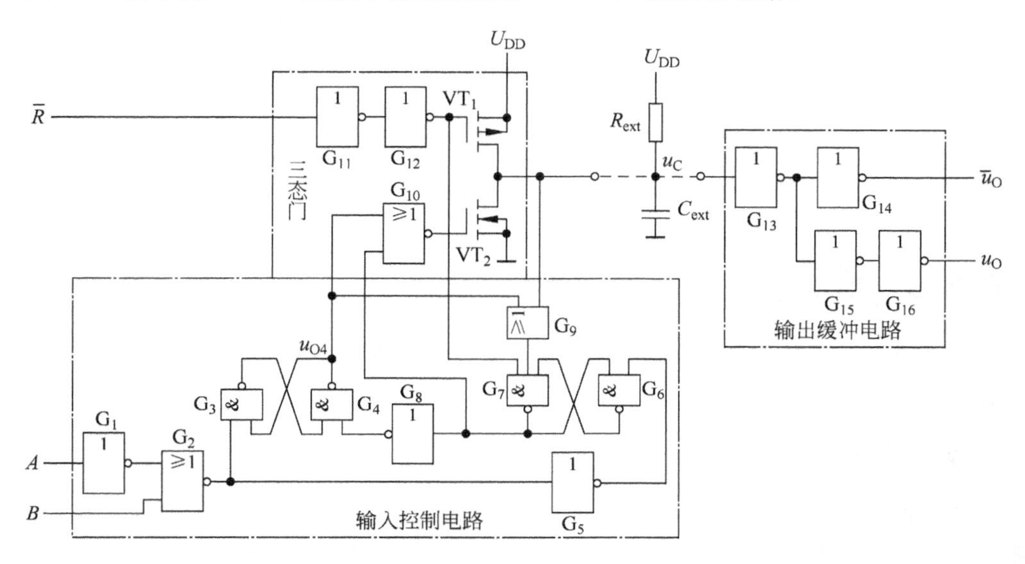


图 6.19　集成单稳态触发器 CC14528 的逻辑电路

由图 6.19 可见,除去外接电阻 $R_{ext}$ 和外接电容 $C_{ext}$ 以外,CC14528 本身还包含 3 个组成部分:门 $G_{10}$、$G_{11}$、$G_{12}$ 和 $VT_1$(P 沟道)、$VT_2$(N 沟道)组成的三态门;门 $G_1$～$G_9$ 组成的输入控制电路;门 $G_{13}$～$G_{16}$ 组成的输出缓冲电路。$A$ 为下降沿触发输入端,$B$ 为上升沿触发输入端,$\overline{R}$ 为置零输入端,$u_O$ 和 $\overline{u}_O$ 是两个互补输出端。

电路的核心部分是由积分电路($R_{ext}$ 和 $C_{ext}$)、三态门和三态门的控制电路构成的积分型单稳态触发器。

在没有触发信号时($A=1$、$B=0$)电路处于稳态,门 $G_4$ 的输出 $u_{O4}$ 停在高电平。电容 $C_{ext}$ 上有电荷,其电压 $u_C=U_{DD}$,所以输出 $u_O=0$、$\overline{u}_O=1$。

采用上升沿触发时,从 $B$ 端加入正的触发脉冲,$A$ 保持为高电平。而采用下降沿触发时,应从 $A$ 端加入负的触发脉冲,同时 $B$ 端保持为低电平。图 6.20 中给出了 $u_C$ 和 $u_O$ 在触发脉冲作用下的工作波形。图中 $U_{TH9}$、$U_{TH13}$ 分别为门 $G_9$、$G_{13}$ 的阈值电压。设计电路时,一般将 $U_{TH13}$ 设计的较高,而将 $U_{TH9}$ 设计的较低。

利用 $\overline{R}$ 端置零时,应从 $\overline{R}$ 端加入低电平信号,这时 $VT_1$ 导通、$VT_2$ 截止,$C_{ext}$ 通过 $VT_1$ 迅速充电到 $U_{DD}$,使 $u_O=0$。置零端不用时,应将 $\overline{R}$ 端置高电平。

输出脉冲宽度仍可用式(6.13)计算。

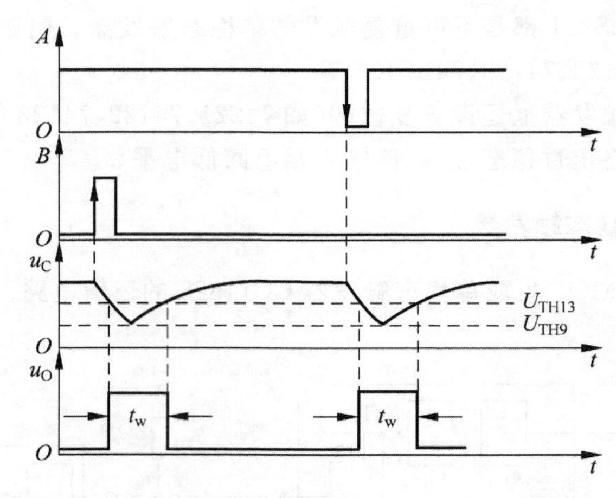


图 6.20 集成单稳态触发器 CC14528 的工作波形

## 6.3.3 单稳态触发器的应用

单稳态电路除了能对脉冲信号的宽度进行变换外，还广泛用于脉冲的整形、定时和延时等场合。

### 1. 脉冲的整形

在实际的数字系统中，由于脉冲信号的来源不同，故波形差异较大。例如，从光电检测设备送出的脉冲波形一般不太规则；脉冲信号在线路中远距离传输，常会导致波形变化或叠加上干扰；在数字测量中，被测信号的波形可能千变万化。整形电路可以将这些波形不规则的脉冲信号变换成具有一定幅度和脉宽的矩形波形。单稳态触发器就是这种整形电路。

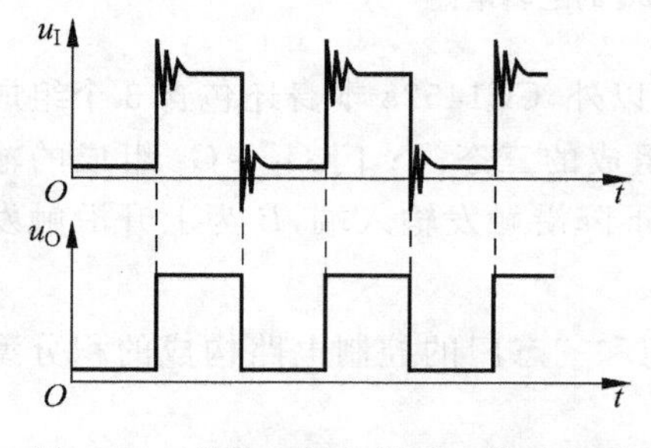


图 6.21 单稳态触发器用于脉冲整形

在图 6.21 所示电路中，将不规则的脉冲波形 $u_I$ 加到单稳态触发器电路的输入端，可在输出端得到一个规则的脉冲信号 $u_O$，输出脉冲宽度即为暂稳态持续时间，主要取决于充、放电元件 $R$ 和 $C$。

### 2. 脉冲的定时

利用单稳态触发器脉冲宽度取决于电路元件 $R$ 和 $C$，且输出脉冲宽度一定的特点，可以实现电路定时。图 6.22 所示是单稳态触发器组成的定时电路和其相应的工作波形。$u_C$ 是与门 G 开通与否的控制信号。当 $u_C$ 为高电平时，与门 G 开通，信号 $u_B$ 通过与门 G 输入；当 $u_C$ 为低电平时，与门 G 关闭，信号 $u_B$ 不能输出。通过计算在 $t_w$ 时间内与门输出脉冲的个数可得到定时时间。

### 3. 脉冲的延时

在数字控制和测量系统中，有时为了完成时序配合，要求将某个脉冲宽度为 $t_0$ 的信号

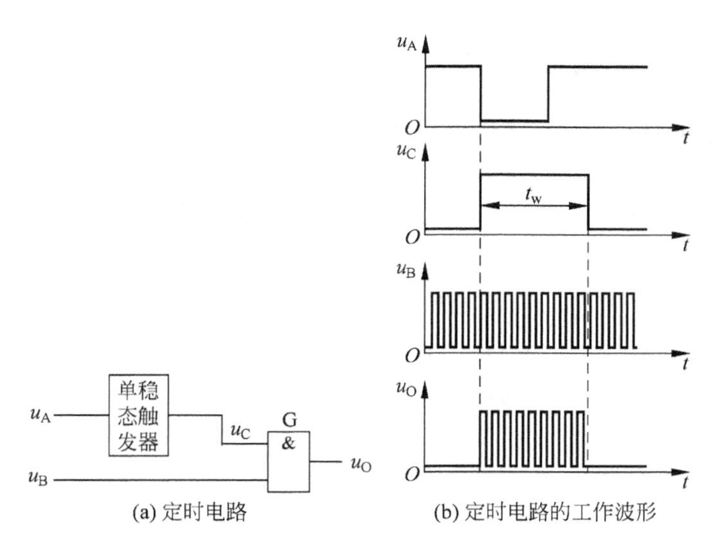

(a) 定时电路　　(b) 定时电路的工作波形

图 6.22　单稳态触发器组成定时电路

延迟一段时间 $t_1$ 后再输出。利用两个单稳态触发器可以很方便地实现这种脉冲延时控制，其电路和波形如图 6.23 所示。从波形可以看出，第二级单稳态触发器输出信号 $u_B$ 的下降沿相对输入信号 $u_I$ 的上升沿延迟了 $t_{w1}$ 时间。图 6.23 中，$t_1=t_{w1}$，$t_0=t_{w2}$。

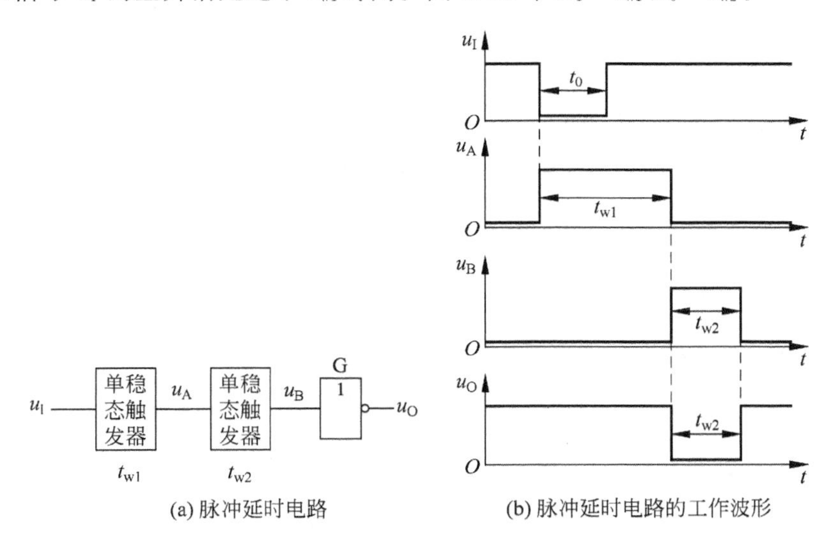

(a) 脉冲延时电路　　(b) 脉冲延时电路的工作波形

图 6.23　单稳态触发器组成脉冲延时电路

## 6.4　多谐振荡器

多谐振荡器是一种无稳态电路，它在接通电源以后，不需外加触发信号，就能自动地不断来回翻转，产生矩形脉冲。由于输出的矩形波中含有很多谐波分量，故通常将它称为多谐振荡器，又称为方波发生器。

### 6.4.1 门电路构成的多谐振荡器

图 6.24 所示电路是对称式多谐振荡器的典型电路，它是由两个反相器 $G_1$、$G_2$ 经耦合电容 $C_1$、$C_2$ 连接起来的正反馈振荡回路。

为了产生自励振荡，电路不能有稳定状态。也就是说，在静态下（电路没有振荡时）它的状态必须是不稳定的。由图 6.25 所示反相器的电压传输特性上可以看出，如果能设法使 $G_1$、$G_2$ 工作在电压传输特性的转折区或线性区，则它们将处于放大状态，即电压放大倍数 $A_u=\frac{|\Delta u_O|}{|\Delta u_I|}>1$。这时只要 $G_1$ 或 $G_2$ 的输入电压有极微小的扰动，就会被正反馈回路放大而引起振荡，因此图 6.24 所示电路的静态将是不稳定的。

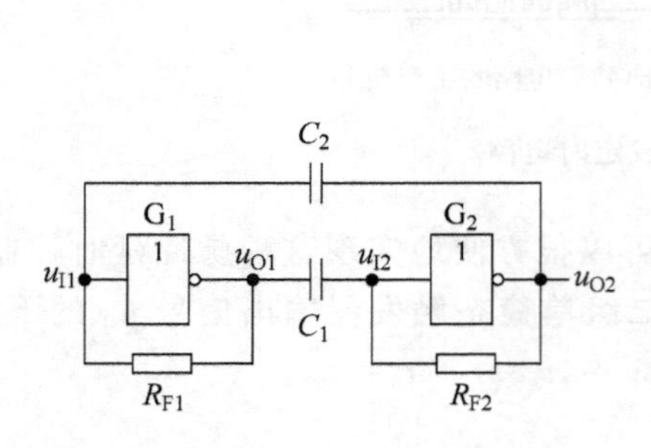


图 6.24 对称式多谐振荡器电路

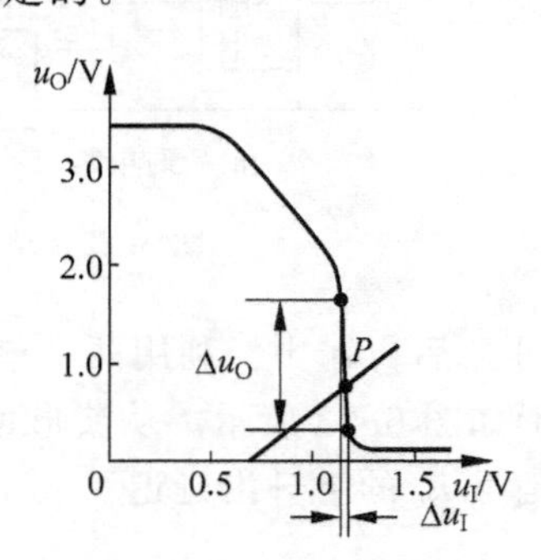


图 6.25 TTL 反相器(7404)的电压传输特性

为了使反相器静态时工作在放大区，必须给它们设置适当的偏置电压，它的数值应介于高、低电平之间。这个偏置电压可以通过在反相器的输入端与输出端之间接入反馈电阻 $R_F$ 来得到。

由图 6.24 可知，如果忽略门电路的输出电阻，则利用叠加定理可求出输入电压为

$$u_I=\frac{R_{F1}}{R_1+R_{F1}}(U_{CC}-U_{BE})+\frac{R_1}{R_1+R_{F1}}u_O \tag{6.14}$$

这就是从外电路求得的 $u_O$ 与 $u_I$ 的关系。该式表明，$u_O$ 与 $u_I$ 之间是线性关系，其斜率为

$$\frac{\Delta u_O}{\Delta u_I}=\frac{R_1+R_{F1}}{R_1}$$

而且 $u_O=0$ 时与横轴相交处的 $u_I$ 值为

$$u_I=\frac{R_{F1}}{R_1+R_{F1}}(U_{CC}-U_{BE})$$

这条直线与电压传输特性的交点就是反相器的静态工作点。只要恰当地选取 $R_{F1}$ 的值，定能使静态工作点 $P$ 位于电压传输特性的转折区，如图 6.25 所示。计算结果表明，对于 74 系列的门电路而言，$R_{F1}$ 的阻值应取在 0.5～1.9kΩ 之间。

下面具体分析图 6.24 所示电路在接通电源后的工作情况。

假定由于某种原因（如电源波动或外界干扰）使 $u_{I1}$ 有微小的正跳变，则必然会引起以下正反馈过程，即

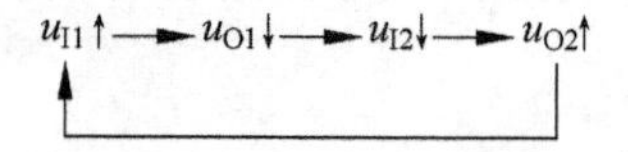

使 $u_{O1}$ 迅速跳变为低电平、$u_{O2}$ 迅速跳变为高电平，电路进入第一个暂稳态。同时，电容 $C_1$ 开始充电而 $C_2$ 开始放电。图 6.27 中画出了 $C_1$ 充电和 $C_2$ 放电的等效电路。图 6.27(a)中的 $R_{E1}$ 和 $U_{E1}$ 是根据戴维宁定理求得的等效电阻和等效电压源，它们分别为

$$R_{E1} = \frac{R_1 R_{F2}}{R_1 + R_{F2}} \tag{6.15}$$

$$U_{E1} = U_{OH} + \frac{R_{F2}}{R_1 + R_{F2}}(U_{CC} - U_{OH} - U_{BE}) \tag{6.16}$$

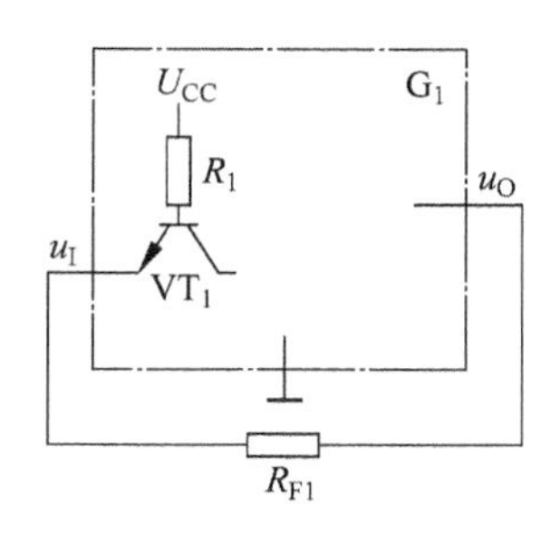


图 6.26 计算 TTL 反相器静态工作点的等效电路

因为 $C_1$ 同时经 $R_1$ 和 $R_{F2}$ 两条支路充电，所以充电速度较快，$u_{I2}$ 首先上升到 $G_2$ 的阈值电压 $U_{TH}$，并引起以下的正反馈过程，即

$$u_{I2}\uparrow \to u_{O2}\downarrow \to u_{I1}\downarrow \to u_{O1}\uparrow$$

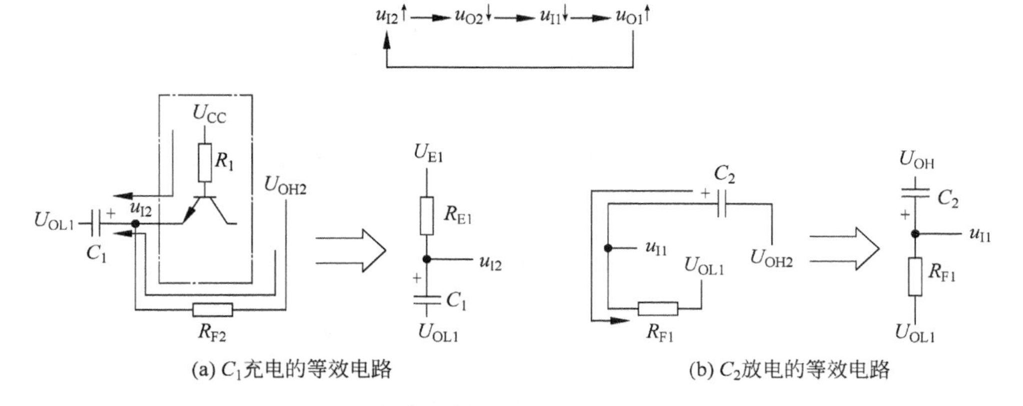


图 6.27 图 6.24 电路中电容 $C_1$ 充电、$C_2$ 放电的等效电路

从而使 $u_{O2}$ 迅速跳变为低电平、$u_{O1}$ 迅速跳变为高电平，电路进入第二个暂稳态。同时，电容 $C_2$ 开始充电而 $C_1$ 开始放电。图 6.28 中画出了 $C_2$ 充电和 $C_1$ 放电的等效电路。图 6.28(a)中的 $R_{E2}$ 和 $U_{E2}$ 同样是根据戴维宁定理求得的等效电阻和等效电压源，它们分别是将式(6.15)、式(6.16)中的 $R_{F2}$ 用 $R_{F1}$ 替换得到。由于电路的对称性，这一过程和上面所述 $C_1$ 充电、$C_2$ 放电的过程完全对应。当 $u_{I1}$ 上升到 $U_{TH}$ 时电路又将迅速地返回 $u_{O1}$ 为低电平而 $u_{O2}$ 为高电平的第一个暂稳态。因此，电路便不停地在两个暂稳态之间往复振荡，在输出端产生矩形输出脉冲。电路中各点电压的波形如图 6.29 所示。

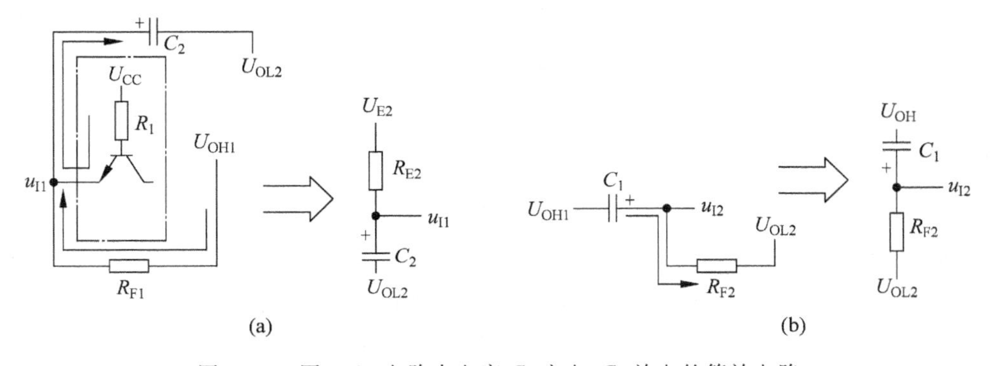


图 6.28 图 6.24 电路中电容 $C_2$ 充电、$C_1$ 放电的等效电路

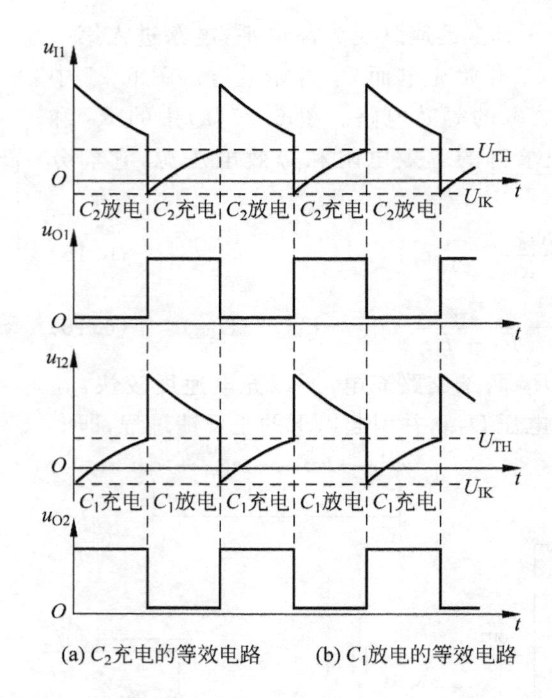


图 6.29 图 6.28 电路中各点电压的波形

从上面的分析可以看出，第一个暂稳态的持续时间 $T_1$ 等于 $u_{I2}$ 从 $C_1$ 开始充电到上升至 $U_{TH}$ 的时间。由于电路的对称性（即电路结构对称、参数对称），总的振荡周期必然等于 $T_1$ 的 2 倍。所以，只要找出 $C_1$ 充电的起始值、终了值和转换值，就可以代入式(6.17)求出 $T_1$ 值了。

考虑到 TTL 门电路输入端反向钳位二极管的影响，在 $u_{I2}$ 产生负跳变时只能下跳至输入端负的钳位电压 $U_{IK}$，所以 $C_1$ 充电的起始值为 $u_{I2}(0)=U_{IK}$。假定 $U_{OL}\approx 0$，则 $C_1$ 上的电压 $u_{C1}=u_{I2}-U_{OL1}=u_{I2}$。于是得到 $u_{C1}(0)=U_{IK}$。$u_{C1}(\infty)=U_{E1}$ 转换电压即 $U_{TH}$，故得到

$$T_1 = R_{E1}C_1\ln\frac{U_{E1}-U_{IK}}{U_{E1}-U_{TH}} \tag{6.17}$$

在 $R_{F1}=R_{F2}=R_F$、$C_1=C_2=C$ 的条件下，图 6.24 电路的振荡周期为

$$T = 2T_1 = 2R_E C\ln\frac{U_E-U_{IK}}{U_E-U_{TH}} \tag{6.18}$$

式中的 $R_E$ 和 $U_E$ 由式(6.15)和式(6.16)给出。

如果 $G_1$、$G_2$ 为 74LS 系列反相器，取 $U_{OH}=3.4V$、$U_{IK}=-1V$、$U_{TH}=1.1V$，在 $R_F\ll R_1$ 的情况下式(6.18)可近似地化简为

$$T \approx 2R_F C\ln\frac{U_{OH}-U_{IK}}{U_{OH}-U_{TH}} \approx 1.3R_F C \tag{6.19}$$

以供近似估算振荡周期时使用。

**例 6.2** 在图 6.24 所示的对称式多谐振荡器电路中，已知 $R_{F1}=R_{F2}=1k\Omega$，$C_1=C_2=0.1\mu F$。$G_1$ 和 $G_2$ 为 74LS04 中的两个反相器，它们的 $U_{OH}=3.4V$，$U_{IK}=-1V$，$U_{TH}=1.1V$，$R_1=20k\Omega$。取 $U_{CC}=5V$。试计算电路的振荡频率。

**【解】** 由式(6.15)和式(6.16)求出 $R_E$、$U_E$ 值分别为

$$R_E = \frac{R_1 R_F}{R_1 + R_F} = 0.95\text{k}\Omega$$

$$U_E = U_{OH} + \frac{R_F}{R_1 + R_F}(U_{CC} - U_{OH} - U_{BE}) = 3.44\text{V}$$

将 $R_E = 0.95\text{k}\Omega$、$U_E = 3.44\text{V}$、$C = 0.1\mu\text{F}$、$U_{IK} = -1\text{V}$、$U_{TH} = 1.1\text{V}$ 代入式(6.18)得到

$$T = 2R_E C\ln\frac{U_E - U_{IK}}{U_E - U_{TH}} = \left(2 \times 0.95 \times 10^{-4}\ln\frac{3.44 + 1}{3.44 - 1.1}\right)\text{s} = 1.22 \times 10^{-4}\text{s}$$

振荡频率为

$$f = 1/T = 8.2\text{kHz}$$

## 6.4.2 环形振荡器

利用闭合回路中的正反馈作用可以产生自励振荡。在负反馈信号足够强的前提下，利用闭合回路中的延迟负反馈作用同样也能产生自励振荡。

环形振荡器就是利用延迟负反馈产生振荡的。它是利用门电路的传输延迟时间将奇数个反相器首尾相接而构成的。

图 6.30 所示电路是一个最简单的环形振荡器，它由 3 个反相器首尾相连而组成。不难看出，这个电路没有稳定状态。因为在静态(假定没有振荡时)下任何一个反相器的输入和输出都不可能稳定在高电平或低电平上，而只能处于高、低电平之间，所以应处于放大状态。

假定由于某种原因 $u_{I1}$ 产生了微小的正跳变，则经过 $G_1$ 的传输延迟时间 $t_{pd}$ 之后 $u_{I2}$ 产生一个幅度更大的负跳变，再经过 $G_2$ 的传输延迟时间 $t_{pd}$ 使 $u_{I3}$ 得到更大的正跳变。然后又经过 $G_3$ 的传输延迟时间 $t_{pd}$ 在输出端 $u_O$ 产生一个更大的负跳变，并反馈到 $G_1$ 的输入端。因此，经过 $3t_{pd}$ 的时间以后，$u_{I1}$ 又自动跳变为低电平。可以推想，再经过 $3t_{pd}$ 以后 $u_{I1}$ 又将跳变为高电平，如此周而复始，就产生了自励振荡。

图 6.31 是根据以上分析得到的图 6.30 电路的工作波形。由图可见，振动周期为 $T = 6t_{pd}$。

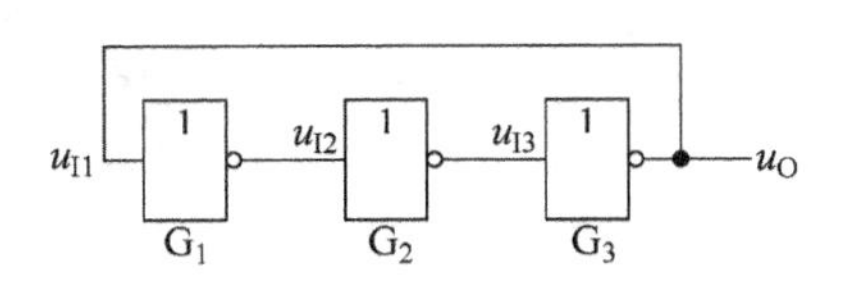


图 6.30 最简单的环形振荡器

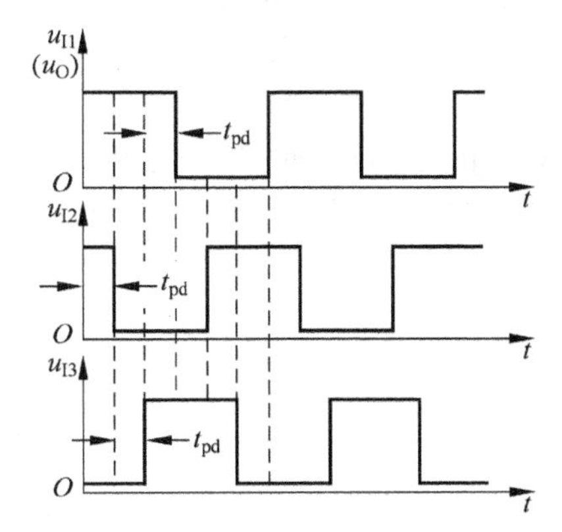


图 6.31 图 6.30 电路的工作波形

基于上述原理可知，将任何不小于 3 的奇数个反相器首尾相连地接成环形电路，都能产生自励振荡，而且振荡周期为

$$T = 2nt_{pd} \tag{6.20}$$

式中，$n$ 为串联反相器的个数。

用这种方法构成的振荡器虽然很简单，但不实用。因为门电路的传输延迟时间极短，TTL 电路只有几十纳秒，CMOS 电路也不过 100～200ns，所以想获得较低的振荡频率是很困难的，而且振荡频率不易调节。为了克服上述缺点，可以在图 6.30 所示电路的基础上附加 $RC$ 延迟环节，组成带 $RC$ 延迟电路的环形振荡器，如图 6.32(a)所示。然而，由于 $RC$ 电路每次充、放电的持续时间很短，还不能有效地增加信号从 $G_2$ 的输出端到 $G_3$ 的输入端的传输延迟时间，所以图 6.32(a)不是一个实用电路。

为了进一步加大 $RC$ 电路的充、放电时间，在实用的环形振荡器电路中一般将电容 $C$ 的接地端改接到 $G_1$ 的输出端上，如图 6.32(b)所示。

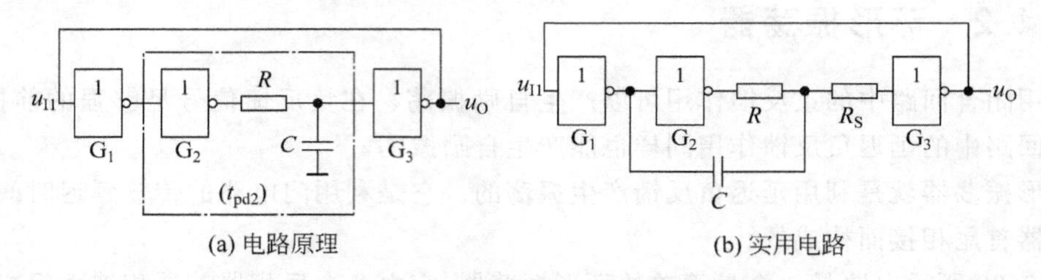


图 6.32 带 $RC$ 延迟电路的环形振荡器

## 6.4.3 施密特触发器构成的多谐振荡器

前面已经讲过，施密特触发器最突出的特点是它的电压传输特性有一个滞回区。由此可以想到，若能使它的输入电压在 $U_{T+} \sim U_{T-}$ 之间不停地往复变化，那么在输出端便可以得到一矩形脉冲波形。

实现上述设想的方法很简单，只要将施密特触发器的反相输出端经 $RC$ 积分电路接回输入端即可，如图 6.33 所示。

当接通电源以后，因为电容上的初始电压为零，所以输出为高电平，并开始经电阻 $R$ 向电容 $C$ 充电。当充到输入电压为 $u_I = U_{T+}$ 时，输出跳变为低电平，电容 $C$ 又经过电阻 $R$ 开始放电。

当放电至 $u_I = U_{T-}$ 时，输出电压又跳变为高电平，电容 $C$ 重新开始充电。如此周而复始，电路便不停地振荡。$u_I$ 和 $u_O$ 的电压波形如图 6.34 所示。

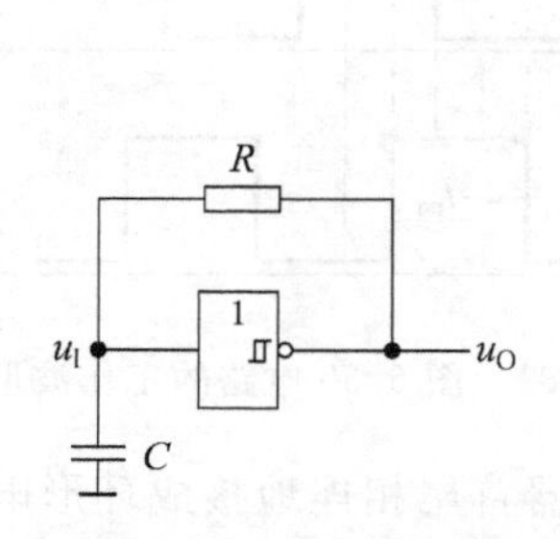


图 6.33 用施密特触发器构成的多谐振荡器

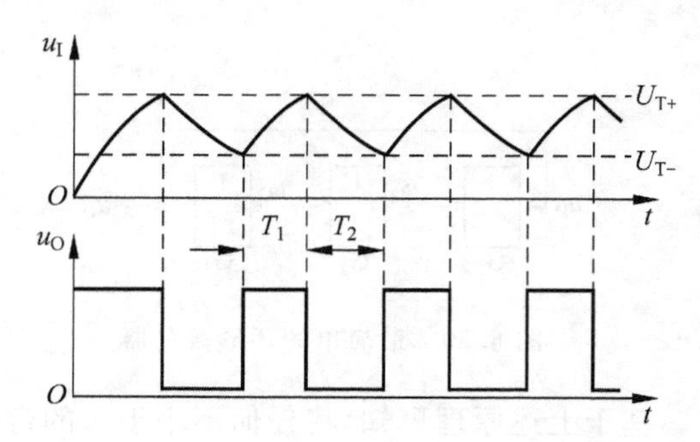


图 6.34 电压波形

若使用的是 CMOS 施密特触发器，而且 $U_{OH}\approx U_{DD}$，$U_{OL}\approx 0$，则依据图 6.34 所示的电压波形得到计算振荡周期的公式为

$$T = T_1 + T_2 = RC\ln\frac{U_{DD}-U_{T-}}{U_{DD}-U_{T+}} + RC\ln\frac{U_{T+}}{U_{T-}}$$

$$= RC\ln\left(\frac{U_{DD}-U_{T-}}{U_{DD}-U_{T+}}\cdot\frac{U_{T+}}{U_{T-}}\right) \tag{6.21}$$

通过调节 $R$ 和 $C$ 的大小，即可改变振荡周期。此外，在这个电路的基础上稍加修改就能实现对输出脉冲占空比的调节，电路的接法如图 6.35 所示。在这个电路中，因为电容的充电和放电分别经过两个电阻 $R_1$ 和 $R_2$，只要改变 $R_1$ 和 $R_2$ 的比值，就能改变占空比。

$$q = \frac{T_1}{T} = \frac{R_2C\ln\frac{U_{DD}-U_{T-}}{U_{DD}-U_{T+}}}{R_2C\ln\frac{U_{DD}-U_{T-}}{U_{DD}-U_{T+}} + R_1C\ln\frac{U_{T+}}{U_{T-}}} \tag{6.22}$$

$$= \frac{\ln\frac{U_{DD}-U_{T-}}{U_{DD}-U_{T+}}}{\ln\frac{U_{DD}-U_{T-}}{U_{DD}-U_{T+}} + \frac{R_1}{R_2}\ln\frac{U_{T+}}{U_{T-}}} \tag{6.23}$$

如果使用 TTL 施密特触发器构成多谐振荡器，在计算振荡周期时应考虑到施密特触发器输入电路对电容充、放电的影响，因此得到的计算公式要稍微复杂一些。

**例 6.3** 已知图 6.35 所示电路中的施密特触发器为 CMOS 电路 CC40106，电压传输特性如图 6.36 所示。已知 $U_{DD}=10\text{V}$，$R=10\text{k}\Omega$，$C=0.01\mu\text{F}$，试求电路的振荡周期。

**【解】** 由电压传输特性可查出，对应 $U_{DD}=10\text{V}$ 时的 $U_{T+}=6.3\text{V}$，$U_{T-}=2.7\text{V}$。将 $U_{T+}$、$U_{T-}$ 及给定的 $U_{DD}$、$R$、$C$ 数值代入式(6.21)后得到

$$T = RC\ln\left(\frac{U_{DD}-U_{T-}}{U_{DD}-U_{T+}}\cdot\frac{U_{T+}}{U_{T-}}\right)$$

$$= \left[10^4\times 10^{-8}\times\ln\left(\frac{7.3}{3.7}\times\frac{6.3}{2.7}\right)\right]\text{s} = 0.153\text{ms}$$

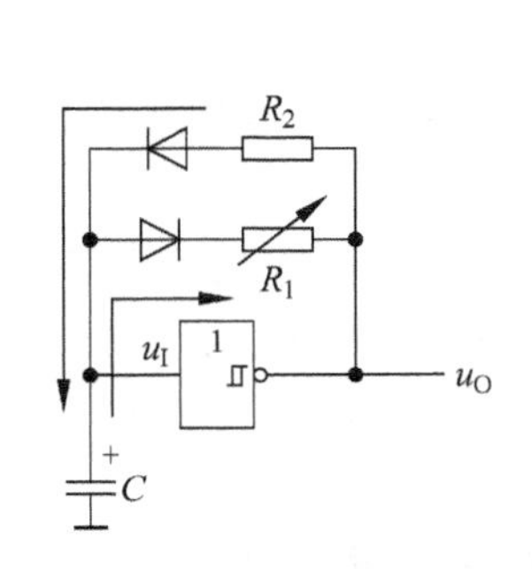


图 6.35 脉冲占空比可调的多谐振荡器

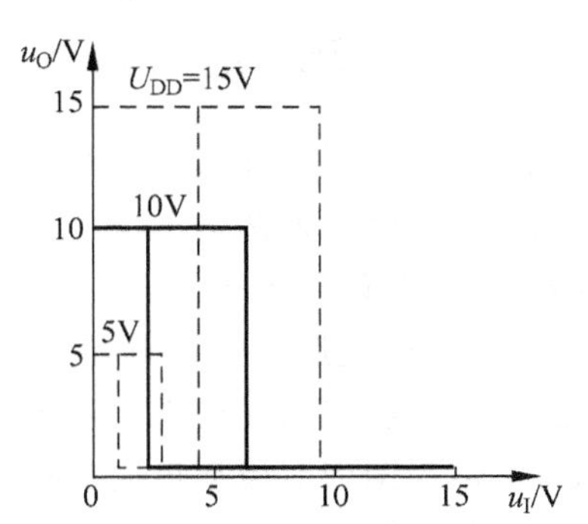


图 6.36 集成施密特触发器 CC40106 的电压传输特性

## 6.4.4 石英晶体多谐振荡器

在上述多谐振荡电路中，由于决定振荡频率的主要因素是电路的定时元件 $RC$ 以及门电路的阈值电压 $U_T$，而它们都容易受到温度的影响，所以 $RC$ 振荡器的频率稳定性更差。

因此，在对频率稳定性要求比较高的场合，普遍采用石英晶体振荡器。由阻抗频率响应可知，石英晶体的选频特性非常好，它有一个极为稳定的串联谐振频率 $f_s$，且等效品质因数 $Q$ 值很高。只有频率为 $f_s$ 的信号最容易通过，而其他频率的信号均会被晶体所衰减。图 6.37 是石英晶体的符号和电抗频率特性曲线。

图 6.38 是将石英晶体与对称式多谐振荡器中的耦合电容串联起来组成的石英晶体多谐振荡器。若取 TTL 电路 7404 用作 $G_1$ 和 $G_2$ 两个反相器，$R_F=1\text{k}\Omega$，$C=0.05\mu\text{F}$，则其工作频率可达几十兆赫。

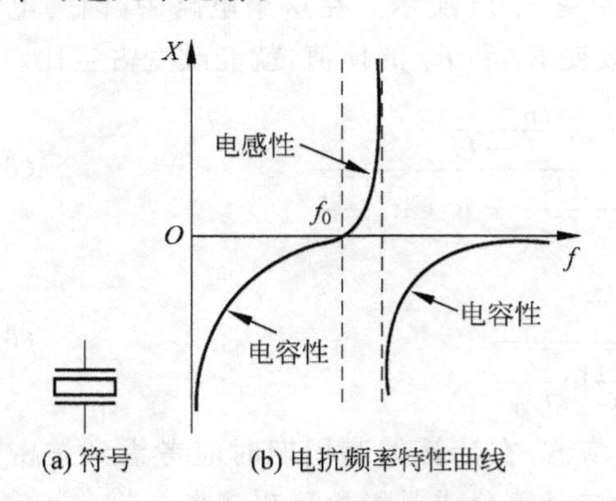


图 6.37 石英晶体的符号和电抗频率特性曲线

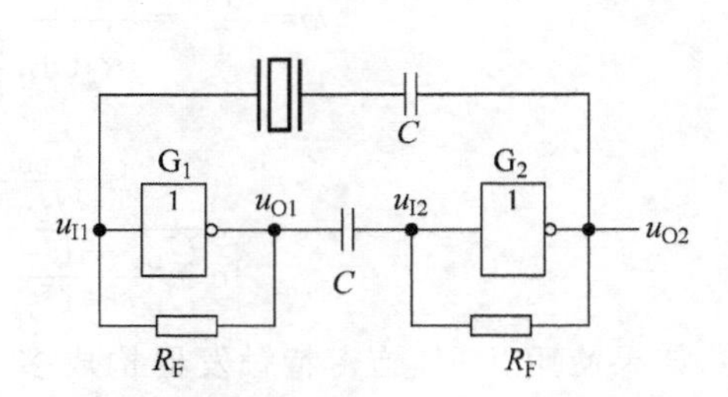


图 6.38 石英晶体多谐振荡器

在非对称式多谐振荡器电路中，也可以接入石英晶体构成石英晶体多谐振荡器，以达到稳定频率的目的。电路的振荡频率同样也等于石英晶体的固有谐振频率，与外接电阻、电容的参数无关。

## 6.5 集成 555 定时器及其应用

### 6.5.1 集成 555 定时器的电路结构与功能

555 定时器是一个中规模数/模混合集成电路，应用它可以很方便地构成施密特触发器、单稳态触发器及多谐振荡器。

555 定时器产品型号繁多，但所有双极型产品型号的最后 3 位数码都是 555，所有 CMOS 型产品型号的最后 4 位数码都是 7555。而且，它们的功能和外部引脚的排列完全相同。为了提高集成度，随后又出现了双定时器产品 556(双极型)和 7556(CMOS 型)。

图 6.39 所示为国产双极型集成定时器 CB555 的电路结构和外引线排列。它由电压比较器 $C_1$ 和 $C_2$、电阻分压器、基本 RS 锁存器、集电极开路的放电三极管 $VT_D$ 和输出缓冲级几个基本单元组成。其中，电压比较器 $C_1$ 和 $C_2$ 参考电压 $U_{R1}$ 和 $U_{R2}$ 由电源 $U_{CC}$ 经 3 个 5kΩ 电阻分压给出。

从图 6.39(b)所示的外引线排列可知，定时器具有 8 个引出端：①接地端；②触发端，即比较器 $C_2$ 的输入端；③输出端；④置零输入端；只要在该端加上低电平，输出立即被置成低电平，而不受其他输入端状态的影响，正常工作时必须使其处于高电平；⑤控制电压输入

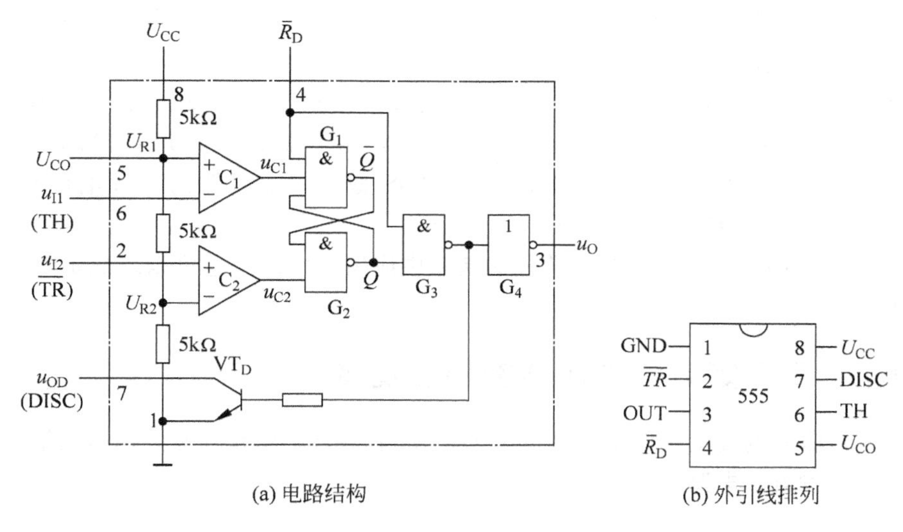


(a) 电路结构　　(b) 外引线排列

图 6.39　CB555 集成定时器

端；当该端悬空时，$U_{R1}=\frac{2}{3}U_{CC}$ $U_{R2}=\frac{1}{3}U_{CC}$。如果从该端外接电压，则 $U_{R1}=U_{CO}$ $U_{R2}=\frac{1}{2}U_{CO}$。⑥阈值端，即比较器 $C_1$ 的输入端；⑦泄放端；⑧正电源端。

由图 6.39(a)可知，当 $u_{I1}>U_{R1}$、$u_{I2}>U_{R2}$ 时，比较器 $C_1$ 的输出 $u_{C1}=0$(即低电平)、比较器 $C_2$ 的输出 $u_{C2}=1$(即高电平)，RS 锁存器被置成 0，三极管 $VT_D$ 导通，同时 $u_O$ 为低电平。

当 $u_{I1}<U_{R1}$、$u_{I2}>U_{R2}$ 时，比较器 $C_1$ 的输出 $u_{C1}=1$、比较器 $C_2$ 的输出 $u_{C2}=1$，RS 锁存器的状态保持不变，因而三极管 $VT_D$ 和输出 $u_O$ 的状态也维持不变。

当 $u_{I1}<U_{R1}$、$u_{I2}<U_{R2}$ 时，比较器 $C_1$ 的输出 $u_{C1}=1$、比较器 $C_2$ 的输出 $u_{C2}=0$，故 RS 锁存器被置成 1，三极管 $VT_D$ 截止，同时 $u_O$ 为高电平。

当 $u_{I1}>U_{R1}$、$u_{I2}<U_{R2}$ 时，比较器 $C_1$ 的输出 $u_{C1}=0$、比较器 $C_2$ 的输出 $u_{C2}=0$，故 RS 锁存器处于 $Q=\bar{Q}=1$ 的状态，三极管 $VT_D$ 截止，同时 $u_O$ 为高电平。

这样就得到了表 6.2 所示的 CB555 的功能表。

**表 6.2　CB555 的功能表**

| 输　入 | | | 输　出 | |
|---|---|---|---|---|
| $\bar{R}_D$ | $u_{I1}$ | $u_{I2}$ | $u_O$ | $VT_D$ 状态 |
| 0 | × | × | 低 | 导通 |
| 1 | $>\frac{2}{3}U_{CC}$ | $>\frac{1}{3}U_{CC}$ | 低 | 导通 |
| 1 | $<\frac{2}{3}U_{CC}$ | $>\frac{1}{3}U_{CC}$ | 不变 | 不变 |
| 1 | $<\frac{2}{3}U_{CC}$ | $<\frac{1}{3}U_{CC}$ | 高 | 截止 |
| 1 | $>\frac{2}{3}U_{CC}$ | $<\frac{1}{3}U_{CC}$ | 高 | 截止 |

555 定时器的输出缓冲级是为了提高电路的带负载能力而设置的。如果将 $VT_D$ 的集电极输出端 $u_{OD}$ 经过电阻接到电源上,那么只要该电阻的阻值足够大,$u_{OD}$ 将与 $u_O$ 具有相同的高、低电平。这一特点将在后续 555 定时器构成多谐振荡器中被利用。555 定时器能在很宽的电源电压范围内工作,并可承受较大的负载电流。双极型 555 定时器的电源电压范围为 5～16V,最大的负载电流达 200mA。CMOS 型 555 定时器的电源电压范围为 3～18V,但最大的负载电流在 4mA 以下。

555 定时器在仪器、仪表和自动化控制装置中应用很广泛。它可以组成定时、延时和脉冲调制等各种电路。

## 6.5.2 555 定时器构成施密特触发器

将 555 定时器的高电平触发端和低电平触发端连接起来,作为触发信号的输入端,就可构成施密特触发器。电路如图 6.40 所示。

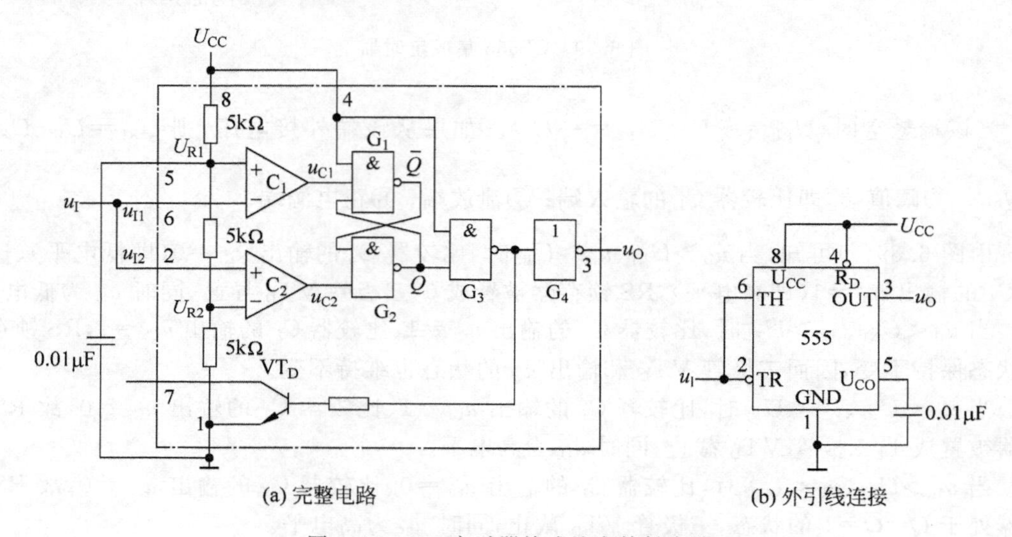


(a) 完整电路　　　　(b) 外引线连接

图 6.40　555 定时器接成施密特触发器

由于 $u_{I1}$ 和 $u_{I2}$ 是 555 定时器中电压比较器的输入端,而两个比较器的参考电压是不同的,当将 $u_{I1}$ 和 $u_{I2}$ 连接在一起时,RS 锁存器的置 0、置 1 信号必然发生在输入信号 $u_I$ 的不同电平。因此,输出电压 $u_O$ 由高电平变为低电平或由低电平变为高电平所对应的 $u_I$ 值也不相同。这样就形成了施密特触发特性。

为提高比较器参考电压 $U_{R1}$ 和 $U_{R2}$ 的稳定性,通常在 $U_{CO}$ 端接一个 0.01μF 左右的滤波电容。

下面讨论电路的工作原理,首先分析 $u_I$ 从 0 逐渐升高的过程:

当 $u_I<\frac{1}{3}U_{CC}$ 时,$u_{C1}=1$、$u_{C2}=0$,$Q=1$,故 $u_O=U_{OH}$。

当 $\frac{1}{3}U_{CC}<u_I<\frac{2}{3}U_{CC}$ 时,$u_{C1}=u_{C2}=1$,RS 锁存器保持 $Q=1$ 的状态,故 $u_O=U_{OH}$ 保持不变。

当 $u_I > \frac{2}{3}U_{CC}$ 以后，$u_{C1}=0$、$u_{C2}=1$，$Q=0$，故 $u_O=U_{OL}$。因此，$U_{T+}=\frac{2}{3}U_{CC}$。

其次，再看 $u_I$ 从高于 $\frac{2}{3}U_{CC}$ 开始下降的过程：

当 $u_I > \frac{2}{3}U_{CC}$ 时，$u_{C1}=0$、$u_{C2}=1$，$Q=0$，故 $u_O=U_{OL}$。

当 $\frac{1}{3}U_{CC} < u_I < \frac{2}{3}U_{CC}$ 时，$u_{C1}=u_{C2}=1$，RS 锁存器保持 $Q=0$ 的状态，故 $u_O=U_{OL}$ 保持不变。

当 $u_I < \frac{1}{3}U_{CC}$ 以后，$u_{C1}=1$、$u_{C2}=0$，$Q=1$，故 $u_O=U_{OH}$。因此，$U_{T-}=\frac{1}{3}U_{CC}$。

由此得到电路的回差电压为

$$\Delta U_T = U_{T+} - U_{T-} = \frac{1}{3}U_{CC}$$

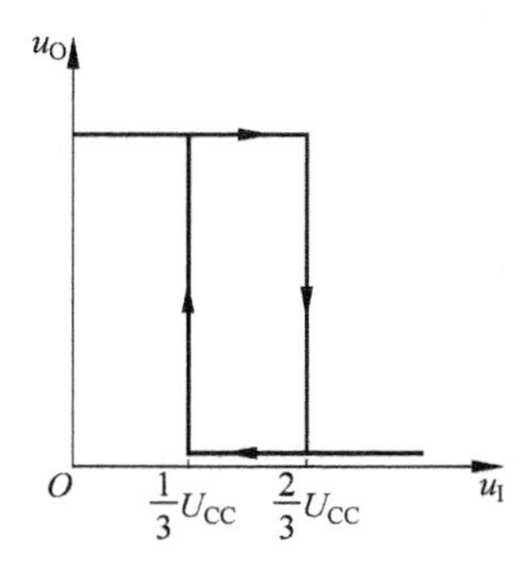


图 6.41　图 6.40 电路的电压传输特性

图 6.41 是图 6.40 所示电路的电压传输特性，它是一个典型的反相输出施密特触发特性。

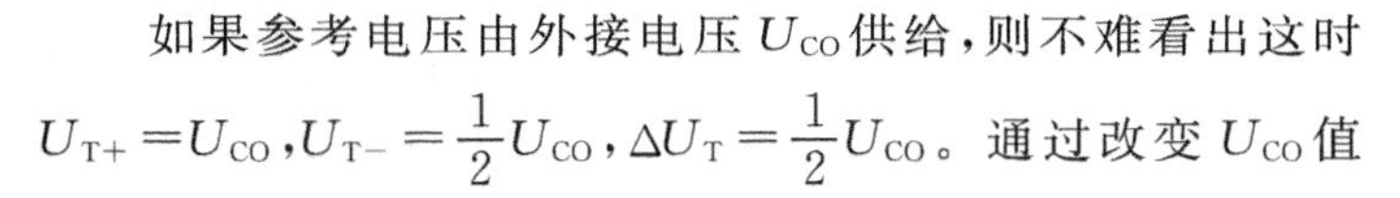

如果参考电压由外接电压 $U_{CO}$ 供给，则不难看出这时 $U_{T+}=U_{CO}$，$U_{T-}=\frac{1}{2}U_{CO}$，$\Delta U_T=\frac{1}{2}U_{CO}$。通过改变 $U_{CO}$ 值可以调节回差电压的大小。$U_{CO}$ 越大，$\Delta U_T$ 也越大。电路的抗干扰能力就越强。

## 6.5.3　555 定时器构成单稳态触发器

若以 555 定时器的 $u_{I2}$ 端作为触发信号的输入端，并将由 $VT_D$ 和 $R$ 组成的反相器输出电压 $u_{OD}$ 接至 $u_{I1}$ 端，同时在 $u_{I1}$ 对地接入电容 $C$，就构成图 6.42 所示的单稳态触发器。$R$、$C$ 为外接定时元件。

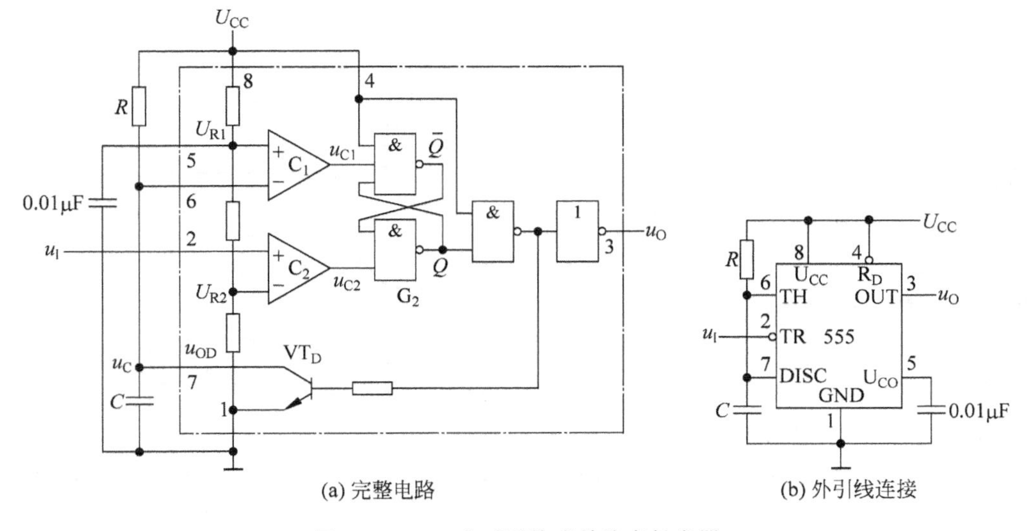


图 6.42　555 定时器接成单稳态触发器

在刚接通电源时，如果没有触发信号，$u_I$ 处于高电平，那么稳定的电路状态一定是 $u_{C1}=u_{C2}=1$，$Q=0$，$u_O=0$。假定接通电源后RS锁存器停留在 $Q=0$ 的状态，则 $VT_D$ 导通使 $u_C\approx 0$，电容 $C$ 上无电荷。故 $u_{C1}=u_{C2}=1$，RS锁存器保持 $Q=0$ 的状态，$u_O=0$ 将稳定地维持不变。

如果接通电源后RS锁存器停留在 $Q=1$ 的状态，这时 $VT_D$ 一定截止，电源 $U_{CC}$ 便经电阻 $R$ 向电容 $C$ 充电。当充至 $u_C=\frac{2}{3}U_{CC}$ 时，$u_{C1}$ 由1变为0，使RS锁存器置0。同时，$VT_D$ 导通，电容 $C$ 经 $VT_D$ 迅速放电，使 $u_C\approx 0$。此后由于 $u_{C1}=u_{C2}=1$，RS锁存器保持0状态不变，输出也相应稳定在 $u_O=0$ 的状态。

因此，通电后稳态时电路应自动地停留在 $u_O=0$ 的稳态上。

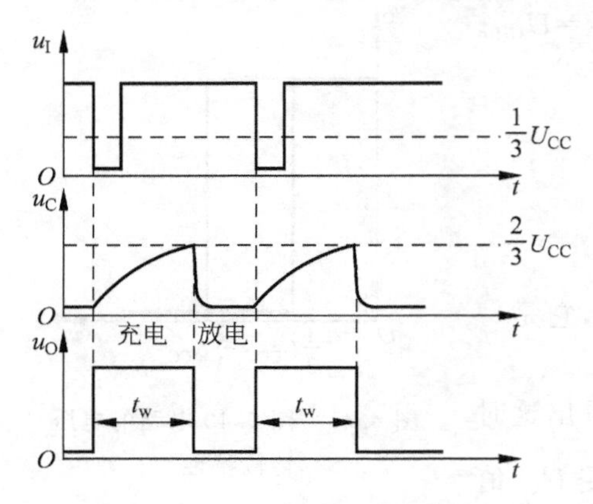


图 6.43　图 6.42 电路的电压波形

当触发脉冲的下降沿到来时，只要负脉冲的低电平值小于 $\frac{1}{3}U_{CC}$，就使 $u_{C2}=0$（此时 $u_{C1}=1$），RS锁存器被置成1，$u_O$ 跳变为高电平，电路进入暂稳态。与此同时，$VT_D$ 截止，$U_{CC}$ 经电阻 $R$ 开始向电容 $C$ 充电。

当充至 $u_C=\frac{2}{3}U_{CC}$ 时，$u_{C1}$ 变为0。如果此时输入端的触发脉冲已经消失，即 $u_I$ 回到高电平，$u_{C2}=1$，则RS锁存器被置成0，于是输出返回 $u_O=0$ 的状态。同时 $VT_D$ 又变为导通状态，电容 $C$ 经 $VT_D$ 迅速放电，直至 $u_C\approx 0$，电路恢复稳态。图6.43画出了在外加触发信号作用下 $u_C$ 和 $u_O$ 相应的波形图。

输出脉冲的宽度 $t_w$ 等于暂稳态的持续时间，而暂稳态的持续时间取决于外接电阻 $R$ 和电容 $C$ 的大小。由图6.43可知，$t_w$ 等于电容电压在充电过程中从0上升到 $\frac{2}{3}U_{CC}$ 所需要的时间，因此得到

$$t_w = RC\ln\frac{U_{CC}-0}{U_{CC}-\frac{2}{3}U_{CC}} = RC\ln 3 = 1.1RC \tag{6.24}$$

通常 $R$ 的取值范围在几百欧姆到几兆欧姆之间，电容 $C$ 的取值范围在几百皮法到几百微法之间，则 $t_w$ 的范围为几微秒到几分钟。但必须注意，随着 $t_w$ 的宽度增加它的精度和稳定度也将下降。

应当说明的是，这种单稳态触发器电路对输入脉冲宽度是有一定要求的，即触发脉冲宽度要小于暂稳态持续时间 $t_w$。在实际应用中如遇到 $u_I$ 的脉冲宽度大于 $t_w$ 时，应先经微分电路将 $u_I$ 转变成尖脉冲之后再加到电路的输入端。图6.44是触发脉冲宽度大于暂稳态持续时间对应的波形图。

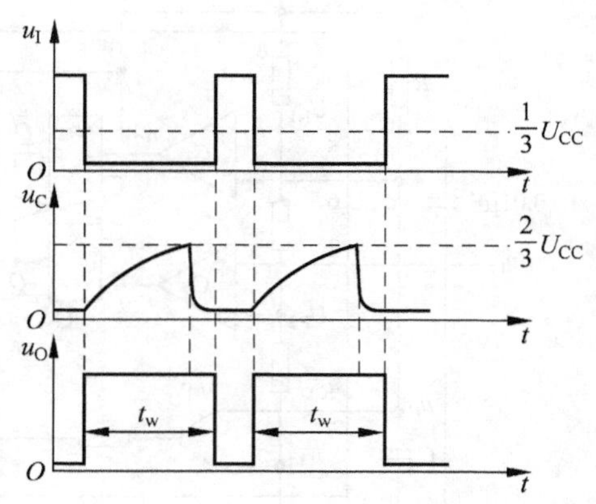


图 6.44　触发脉冲宽度大于暂稳态持续时间对应的波形

### 6.5.4 555定时器构成多谐振荡器

555定时器构成多谐振荡器是按照6.5.3小节介绍的方法，即在施密特触发器电路的基础上，只要把触发器的反相输出端经$RC$积分电路接回到它的输入端，就构成了多谐振荡器。因此，将555定时器的$u_{I1}$和$u_{I2}$连在一起接成施密特触发器，然后再将$u_O$经$RC$积分电路接回输入端就可以了。

为减轻门$G_4$的负载，在电容$C$容量较大时，不宜直接由门$G_4$提供电容的充、放电电流，为此，在图6.45所示电路中将放电三极管$VT_D$与$R_1$接成反相器，它的输出$u_{OD}$与$u_O$在高、低电平状态下完全相同，故可将$u_{OD}$经$R_2$、$C$组成的积分电路接到施密特触发器的输入端同样也能构成多谐振荡器。

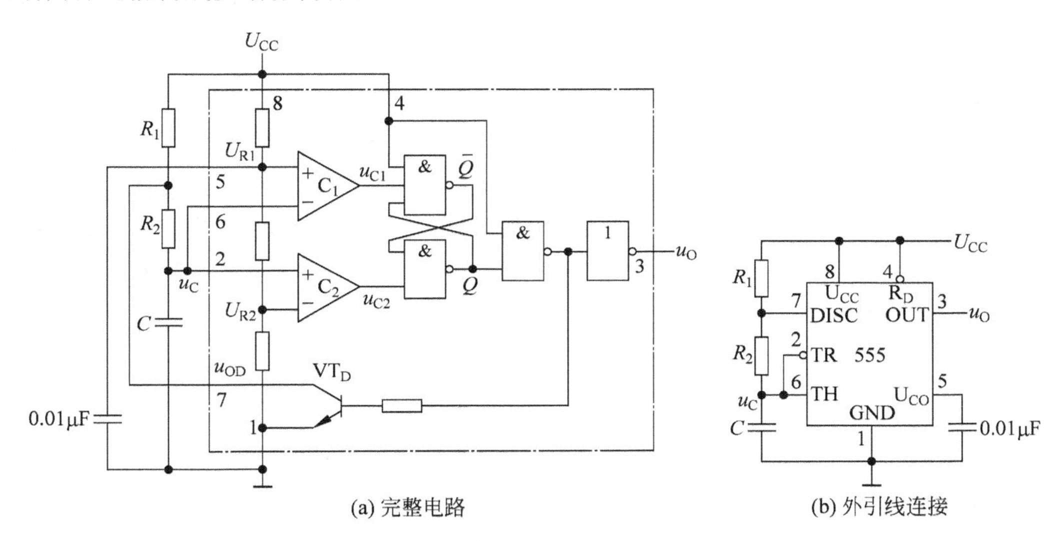


图6.45 555定时器接成多谐振荡器

当接通电源$U_{CC}$时，若电容$C$上的初始电压为0，即$u_C=0$，它使两电压比较器的输出为$u_{C1}=1$，$u_{C2}=0$，RS锁存器置1，故$u_O$为高电平。此时放电三极管$VT_D$截止，电源通过电阻$R_1$、$R_2$向电容$C$充电，当充至$u_C=\frac{2}{3}U_{CC}$时，比较器的输出$u_{C1}=0$，$u_{C2}=1$，RS锁存器置0，使$u_O$由高电平跳变为低电平。放电三极管$VT_D$导通，电容$C$通过电阻$R_2$经$VT_D$放电。当放电至$u_C=\frac{1}{3}U_{CC}$时，比较器的输出$u_{C1}=1$，$u_{C2}=0$，RS锁存器又置1，使$u_O$由低电平返回高电平。随即$VT_D$又截止，电容$C$又开始充电。如此周而复始，便在输出端得到矩形脉冲波形。根据上述分析可得到图6.46所示$u_C$和$u_O$的电压波形。

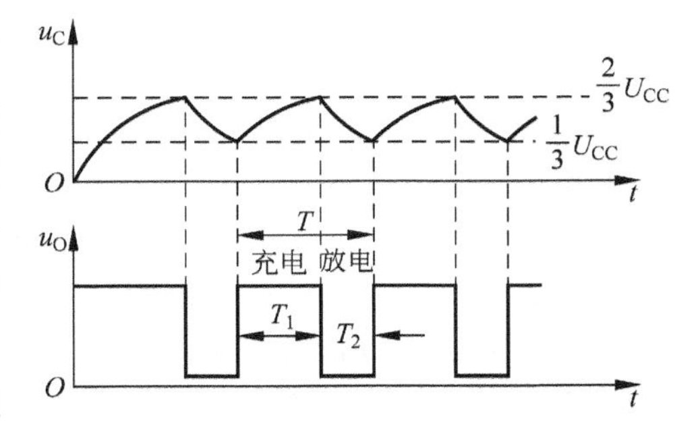


图6.46 图6.45电路的电压波形

由图6.46中$u_C$的波形可求得电容$C$的充电时间$T_1$(指电路进入稳定振荡以后对应电容

的充电时间)和放电时间 $T_2$ 各为

$$T_1 = (R_1 + R_2)C\ln\frac{U_{CC} - \frac{1}{3}U_{CC}}{U_{CC} - \frac{2}{3}U_{CC}} = (R_1 + R_2)C\ln 2$$

$$\approx 0.69(R_1 + R_2)C \tag{6.25}$$

$$T_2 = R_2 C\ln\frac{0 - \frac{2}{3}U_{CC}}{0 - \frac{1}{3}U_{CC}} = R_2 C\ln 2 \approx 0.69 R_2 C \tag{6.26}$$

故电路的振荡周期为

$$T = T_1 + T_2 = (R_1 + 2R_2)C\ln 2 \approx 0.69(R_1 + 2R_2)C \tag{6.27}$$

振荡频率为

$$f = \frac{1}{T} = \frac{1}{(R_1 + 2R_2)C\ln 2} = \frac{1.44}{(R_1 + 2R_2)C} \tag{6.28}$$

由式(6.28)可见,振荡频率主要取决于时间常数 $R$ 和 $C$,通过改变 $R$ 和 $C$ 的参数可以改变振荡频率。而振荡幅度则由电源电压 $U_{CC}$ 来决定。用 CB555 组成的多谐振荡器的最高振荡频率约为 500kHz,用 CB7555 组成的多谐振荡器的最高振荡频率也只有 1MHz。因此用 555 定时器接成的振荡器在频率范围内有较大的局限性,若要组成高频振荡器仍然需要使用高速门电路接成。

由式(6.25)和式(6.27)可求出输出脉冲的占空比为

$$q = \frac{T_1}{T} = \frac{R_1 + R_2}{R_1 + 2R_2} \tag{6.29}$$

式(6.29)说明,图 6.45 所示电路的占空比始终不大于 50%。为了得到不大于 50% 的占空比,可以采用如图 6.47 所示的改进电路。由于接入了二极管 $VD_1$ 和 $VD_2$,使电容 $C$ 的充电电流和放电电流流经不同的路径,充电电流只流经 $R_1$,放电电流只流经 $R_2$,因此电容 $C$ 的充、放电时间变为

$$T_1 = R_1 C\ln 2 \approx 0.69 R_1 C$$

$$T_2 = R_2 C\ln 2 \approx 0.69 R_2 C$$

故得输出脉冲的占空比为

$$q = \frac{T_1}{T} = \frac{R_1}{R_1 + R_2} \tag{6.30}$$

若取 $R_1 = R_2$,则 $q = 50\%$。

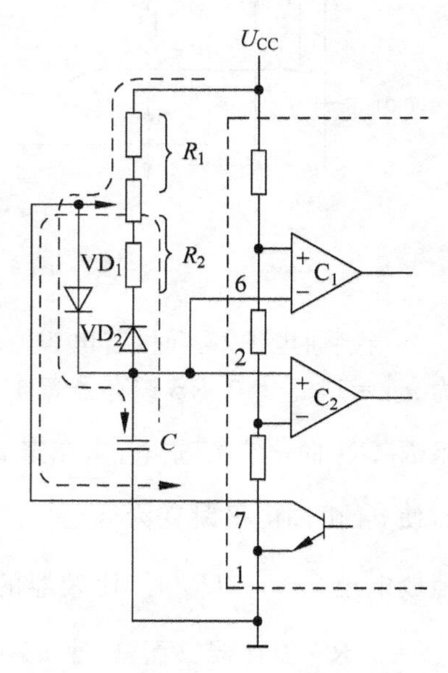

图 6.47 用 555 定时器组成的占空比可调的多谐振荡器

图 6.47 所示电路的振荡周期也相应地变为

$$T = T_1 + T_2 = (R_1 + R_2)C\ln 2 \tag{6.31}$$

**例 6.4** 试用 CB555 定时器设计一个多谐振荡器,要求振荡周期为 1s,输出脉冲幅度大于 3V 而小于 5V,输出脉冲的占空比 $q = 2/3$。

**【解】** 由 CB555 的特性参数可知,当电源电压为 5V 时,在 100mA 的输出电流下输出电压的典型值为 3.3V,所以取 $U_{CC} = 5V$ 可以满足输出脉冲幅度的要求。若采用图 6.45 所

示电路，则根据式(6.29)可知

$$q=\frac{T_1}{T}=\frac{R_1+R_2}{R_1+2R_2}=\frac{2}{3}$$

故得 $R_1=R_2$。

又由式(6.27)知

$$T\approx 0.69(R_1+2R_2)C=1\mathrm{s}$$

若取 $C=10\mu\mathrm{F}$，将其代入上式得到

$$0.69\times 3\times 10^{-5}R_1=1\mathrm{s}$$

$$R_1=\frac{1}{0.69\times 3\times 10^{-5}}\Omega=48\mathrm{k}\Omega$$

因 $R_1=R_2$，所以取两只 47kΩ 的电阻与一个 2kΩ 的电位器串联，即可得图 6.48 所示的电路设计结果。

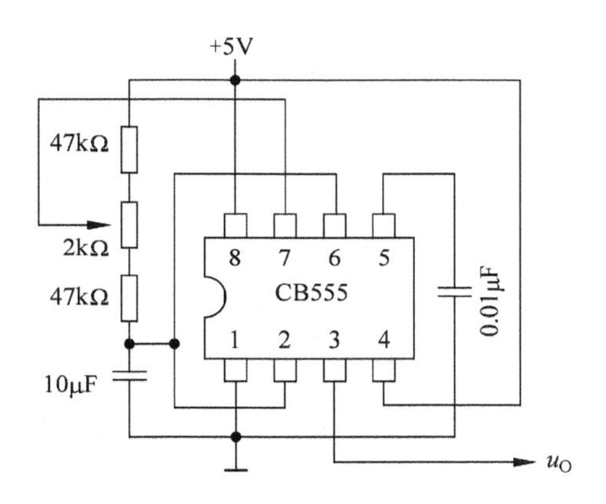


图 6.48　例 6.4 设计的多谐振荡器

## 习题

6.1　能否用施密特触发器存储一位二值代码？为什么？

6.2　在题图 6.2 所示的施密特触发器电路中，为什么要求 $R_1<R_2$？

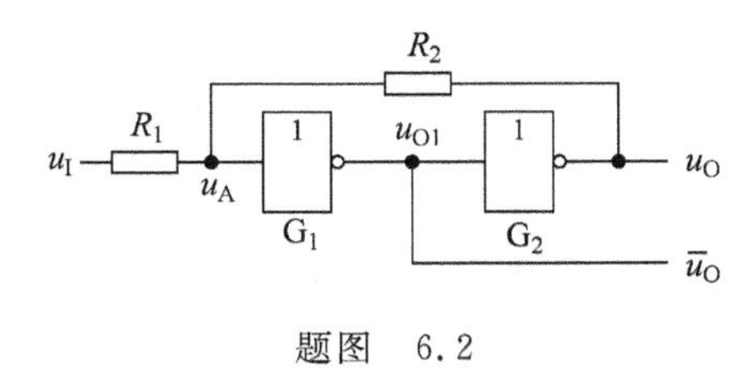


题图　6.2

6.3　反相输出的施密特触发器的电压传输特性和普通反相器的电压传输特性有什么不同？

6.4　若反相输出的施密特触发器输入信号波形如题图 6.4 所示，试画出输出信号的波形。施密特触发器的转换电平 $U_{T+}$、$U_{T-}$ 已在输入波形图上标出。

6.5　在题图 6.2 给出的由 CMOS 反相器组成的施密特触发器电路中，若 $R_1=50\mathrm{k}\Omega$，$R_2=100\mathrm{k}\Omega$，$U_{DD}=5\mathrm{V}$，$U_{TH}=U_{DD}/2$，试求电路的输入转换电平 $U_{T+}$、$U_{T-}$ 及回差电压 $\Delta U_T$。

6.6　单稳态触发器输出脉冲的宽度(即暂稳态持续时间)由哪些因素决定？与触发脉冲的宽度和幅度有无关系？

6.7　题图 6.7 是用两个集成单稳态触发器 74121 所组成的脉冲变换电路，外接电阻和

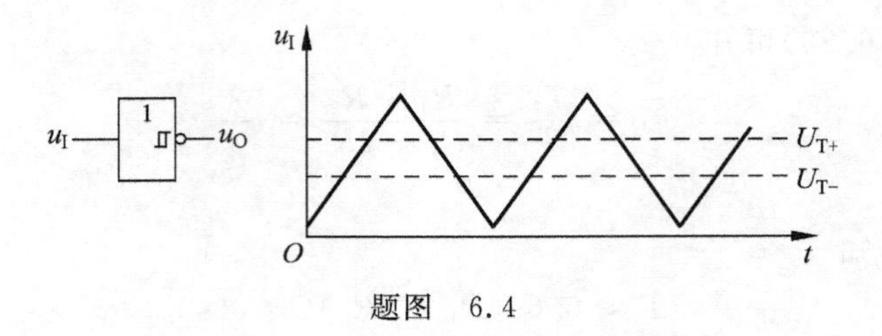


题图 6.4

电容参数如图中所示。试计算在输入触发信号 $u_I$ 作用下 $u_{O1}$、$u_{O2}$ 输出脉冲的宽度，并画出与 $u_I$ 波形相对应的 $u_{O1}$、$u_{O2}$ 的电压波形。$u_I$ 的波形如图中所示。

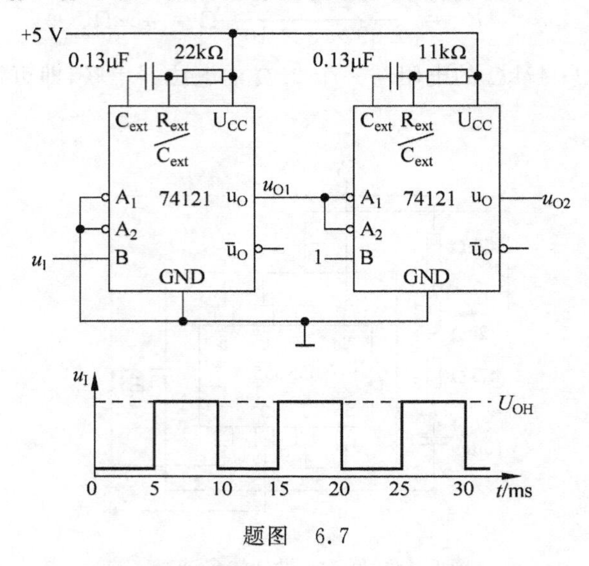


题图 6.7

6.8 在什么条件下电路中的正反馈会使电路产生振荡？在什么条件下电路中的负反馈会使电路产生振荡？

6.9 在题图 6.9 给出的对称式多谐振荡器电路中，若 $R_{F1}=R_{F2}=1\text{k}\Omega$，$C_1=C_2=0.1\mu\text{F}$，$G_1$ 和 $G_2$ 为 74LS04(六反相器)中的两个反相器，$G_1$ 和 $G_2$ 的 $U_{OH}=3.4\text{V}$，$U_{TH}=1.1\text{V}$，$U_{IK}=-1.5\text{V}$，$R_1=20\text{k}\Omega$，求电路的振荡频率。

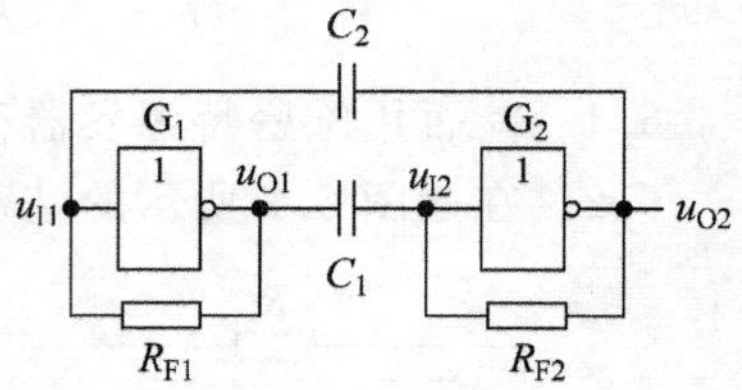

题图 6.9

6.10 在题图 6.9 给出的对称式多谐振荡器电路中，试判断为提高振荡频率所采取的下列措施哪些是对的，哪些是错的。如果是对的，在(　　)内打√；如果是错的，在(　　)内打×：

(1) 加大电容 $C(C_1=C_2=C)$ 的电容量(　　)。

(2) 减小电阻 $R(R_{F1}=R_{F2}=R)$ 的阻值(　　)。

(3) 提高电源电压(　　)。

6.11 题图 6.11 是由 5 个同样的与非门接成的环形振荡器。今测得输出信号的重复频率为 10MHz，试求每个门的平均传输延迟时间。假定所有与非门的传输延迟时间相同，而且 $t_{PHL}=t_{PLH}=t_{pd}$。

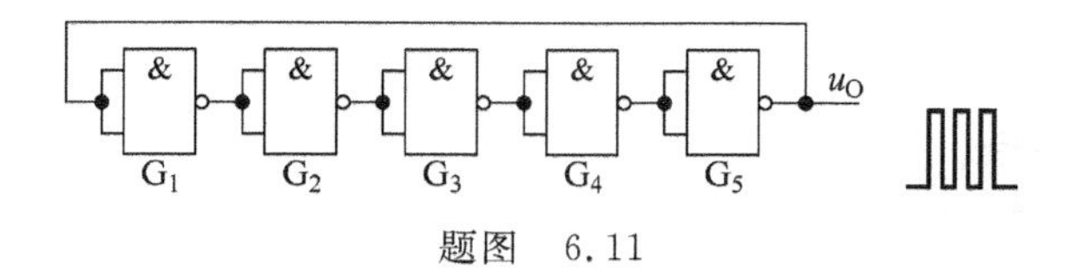


题图　6.11

6.12　在题图 6.12 给出的脉冲占空比可调的多谐振荡器电路中，已知 CMOS 集成施密特触发器的电源电压 $U_{DD}=15V$，$U_{T+}=9V$，$U_{T-}=4V$，试问：

(1) 为了得到占空比为 $q=50\%$ 的输出脉冲，$R_1$ 与 $R_2$ 的比值应取多少？

(2) 若给定 $R_1=3k\Omega$，$R_2=8.2k\Omega$，$C=0.05\mu F$，电路的振荡频率为多少？输出脉冲的占空比又是多少？

6.13　为什么石英晶体能稳定振荡器的振荡频率？

6.14　在 555 定时器电路中，改变控制电压输入端 $U_{CO}$ 的电压，可以改变下列几条中的哪条？

① 阈值端 $TH$、触发端 $\overline{TR}$ 的电平。

② 555 定时器电路输出的高、低电平。

③ 放电三极管 $VT_D$ 的导通与截止电平。

④ 置零输入端 $\bar{R}_D$ 的置零电平。

6.15　在题图 6.15 中用 555 定时器接成的施密特触发器电路中，采用什么方法能调节回差电压的大小？

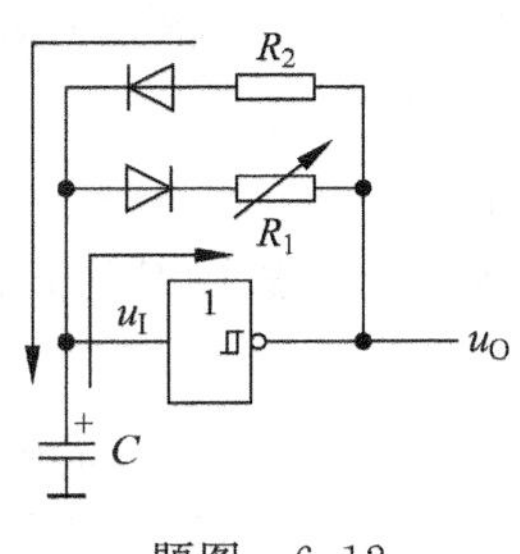


题图　6.12

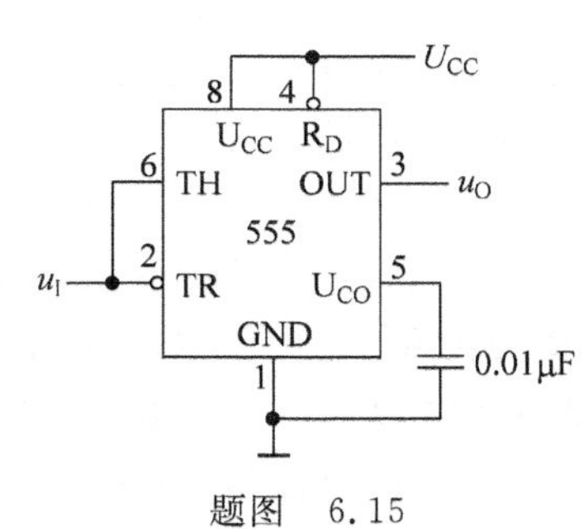


题图　6.15

6.16　在题图 6.16 中用 555 定时器接成的单稳态触发器电路中，若触发脉冲宽度大于单稳态持续时间，电路能否正常工作？如果不能，则电路应做何修改？

6.17　在题图 6.17 所示由 555 定时器构成的多谐振荡器中，若 $R_1=R_2=1.1k\Omega$，$C=0.01\mu F$，$U_{CC}=15V$。试求脉冲宽度 $t_w$、振荡周期 $T$、振荡频率 $f$ 和占空比 $q$。

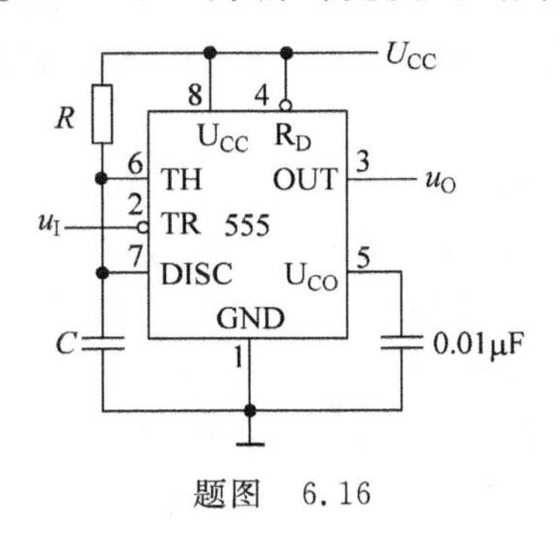


题图　6.16

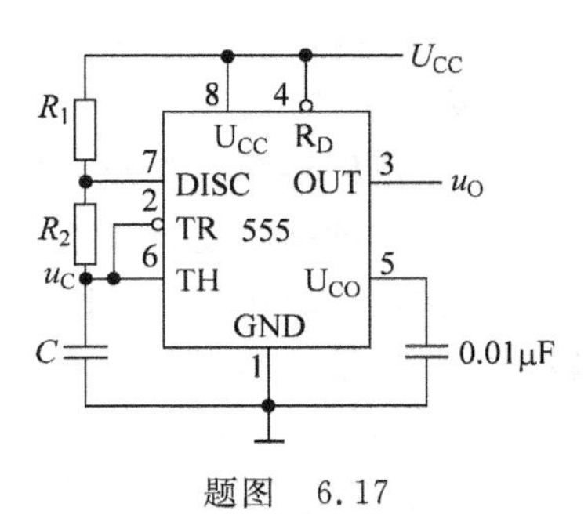


题图　6.17

# 第7章 半导体存储器与可编程逻辑器件

半导体存储器作为一种能存储大量数据或信息的半导体器件,数字系统中,存储器是一个必不可少的重用组成部分。可编程逻辑器件是按照用户对器件编程来确定的。本章将系统地介绍各种半导体存储器的工作原理和使用方法。同时介绍各种类型的可编程逻辑器件的结构特点、工作原理和使用方法。

## 7.1 概述

在数字系统和计算机中,都有大量的数据需要存储。半导体存储器就是一种能够存放二值数据的集成电路。它是各种数字系统和计算机中不可缺少的组成部分。半导体存储器具有集成度高、功耗少、存储速度快等优点。它可分为随机存储器(Random Access Memory,RAM)和只读存储器(Read-Only Memory,ROM)两大类。

ROM 的优点是电路结构简单,而且在断电以后数据不会丢失。它的缺点是只适用于存储那些固定数据的场合。只读存储器中又有掩膜 ROM、可编程 ROM(简称 PROM)、可擦除的可编程 ROM(简称 EPROM)几种不同类型。

随机存储器 RAM 既能读出数据,又能写入数据。按照存储单元的结果类型,RAM 可分为静态 RAM(Static RAM,SRAM)和动态 RAM(Dynamic RAM,DRAM)。SRAM 的存储单元结构较复杂,集成度较低,但读写速度快;而 DRAM 的存储单元结构简单,集成度高,价格便宜,广泛应用于计算机中。

目前,DRAM 向大容量、高集成度和高速专用化方向发展。2000 年国外首次开发出了 512M DRAM,2001 年年底开发出了 1G DRAM。近几年高速 DRAM 发展迅速,已经从过去的扩展数据输出 DRAM(EDODRAM)向同步 DRAM(SDRAM)转移。高速缓冲存储是 SRAM 的主要应用领域,一般要求存取时间小于 30ns。1999 年便开发出存取时间仅为 0.55ns 的超高速缓存 SRAM。

从制造工艺上又可以将存储器分为双极型和 MOS 型。鉴于 MOS 电路(尤其是 CMOS 电路)具有功耗低、集成度高的优点,所以目前大容量的存储器都是采用 MOS 工艺制作的。

可编程逻辑器件(Programmable Logical Device,PLD)是一种半定制器件,可以由编程来确定其编辑功能。在设计和制作电子系统中使用 PLD,可以获得较大的灵活性和较短的研制周期。只读存储器是一种早期的 PLD,由于其结构的限制,它更适合于存储数据。随后,出现了专门用于实现逻辑函数的可编程逻辑序列(Programmable Logic Array,PLA)芯片，它由可编程与和或阵列组成，因此可以实现任意逻辑函数。20 世纪 70 年代末期，又出现了另一种结构较灵活的可编程阵列逻辑（Programmable Array Logic，PAL）芯片。在 PAL 的基础上又发现了一种通用阵列逻辑（Genetic Array Logic，GAL）芯片，它采用了 $E^2$CMOS 工艺，实现了电可改写，由于其输出结构是可编程的逻辑宏单元，因此给逻辑设计带来很大的灵活性。

低密度 PLD 通常只有几百门的集成规模，由于结构简单，所以它们仅能实现较小规模的逻辑电路。随着集成电路工艺的发展，又出现了新一代的高密度 PLD（High Density PLD，HDPLD）。这类器件的集成密度一般可达数千门，甚至上万门，具有在系统可编程或现场可编程特性，可用于实现较大规模的逻辑电路。HDPLD 一般具有很多通用逻辑块，每块的集成密度相当于 GAL，可编程内部连线可以把这些连接在一起。HDPLD 的主要优点是集成度高、速度快。

本章将介绍 ROM、RAM 及常用的 PLD 器件。

## 7.2 只读存储器

### 7.2.1 只读存储器概述

#### 1. 掩膜只读存储器

在采用掩膜工艺制作只读存储器（ROM）时，其中存储的数据是由制作过程中使用的掩膜板决定的。这种掩膜板是按照用户的要求而专门设计的。因此，掩膜 ROM 在出厂时内部存储的数据就已经“固化”在里边了。

ROM 的电路结构包含存储矩阵、地址译码器和输出缓冲器 3 个部分，如图 7.1 所示。存储矩阵由许多存储单元排列而成。存储单元可以用二极管构成，也可以用双极型三极管或 MOS 管构成。每个单元只能存放一位二值代码（0 或 1）。每一个或一组存储单元有一个对应的地址代码。

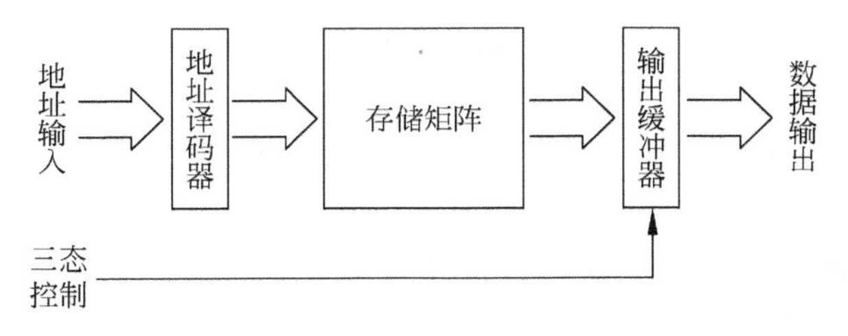


图 7.1 ROM 的电路结构框图

地址译码器的作用是将输入的地址代码译成相应的控制信号，利用这个控制信号从存储矩阵中将指定的单元选出，并把其中的数据送到输出缓冲器。

输出缓冲器的作用有两个，一个是能提高存储器的带负载能力，另一个是实现对输出状态的三态控制，以便与系统的总线连接。

图 7.2 是具有 2 位地址输入码和 4 位数据输出的 ROM 电路，它的存储单元由二极管

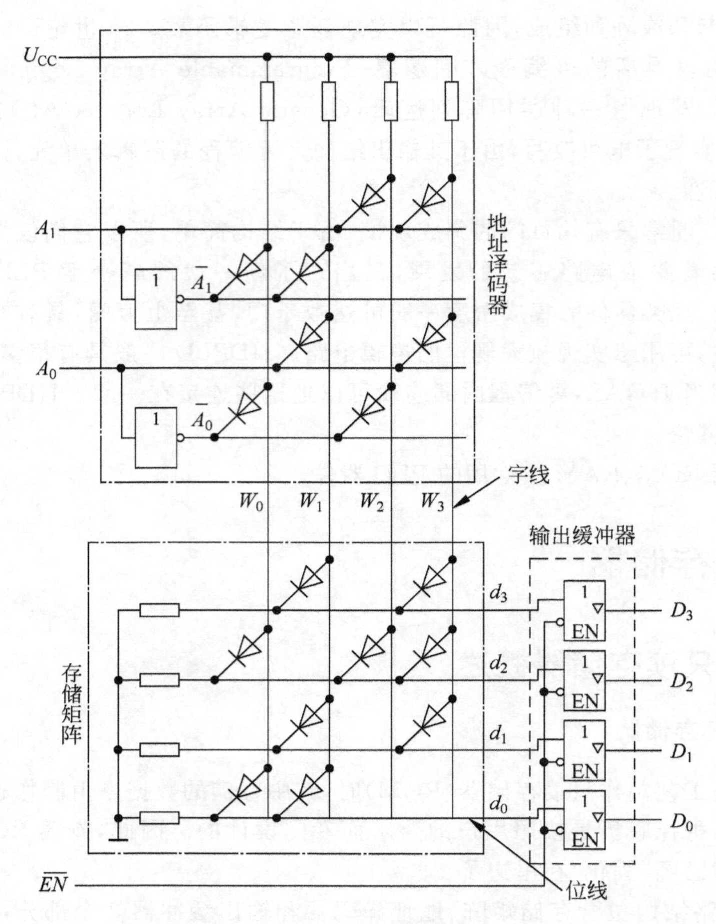


图 7.2　二极管 ROM 的电路结构

构成。它的地址译码器由 4 个二极管与门组成。2 位地址代码 $A_1A_0$ 能给出 4 个不同的地址。地址译码器将这 4 个地址代码分别译成 $W_0 \sim W_3$ 这 4 根线上的高电平信号。存储矩阵实际上是由 4 个二极管或门组成的编码器，当 $W_0 \sim W_3$ 每根线上给出高电平信号时，都会在 $d_3 \sim d_0$ 这 4 根线上输出一个 4 位二值代码。通常将每个输出代码称为一个"字"，并将 $W_0 \sim W_3$ 称为字线，将 $d_0 \sim d_3$ 称为位线(或数据线)，而 $A_1$、$A_0$ 称为地址线。输出端的缓冲器用来提高带负载能力，并将输出的高、低电平变换为标准的逻辑电平。同时，通过给定 $\overline{EN}$ 信号实现对输出的三态控制。所以，通过对图 7.2 所示电路结构的分析，可以用图 7.3所示框图来表示其逻辑关系。

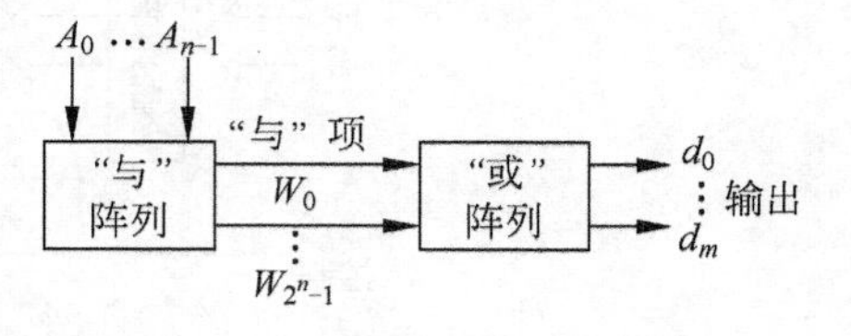


图 7.3　ROM 电路的逻辑关系框图

在读取数据时，只要输入指定了地址码并令 $\overline{EN}=0$，则指定地址内各存储单元所存的数据便会出现在输出数据线上。例如，$A_1A_0=10$ 时，$W_2=1$，而其他字线均为低电平。由于只有 $d_2$ 一根线与 $W_2$ 间接有二极管，所以这个二极管导通后使 $d_2$ 为高电平，而 $d_0$、$d_1$ 和 $d_3$ 为低电平。于是在数据输出端得到 $D_3D_2D_1D_0=0100$。全部 4 个地址内的存储内容列于表 7.1 中。

表 7.1　图 7.2 ROM 中的数据表

| 地址 | | 数据 | | | |
|---|---|---|---|---|---|
| $A_1$ | $A_2$ | $D_3$ | $D_2$ | $D_1$ | $D_0$ |
| 0 | 0 | 0 | 1 | 0 | 1 |
| 0 | 1 | 1 | 0 | 1 | 1 |
| 1 | 0 | 0 | 1 | 0 | 0 |
| 1 | 1 | 1 | 1 | 1 | 0 |

不难看出，字线和位线的每个交叉点都是一个存储单元。交点处接有二极管时相当于存 1，没有接二极管时相当于存 0。交叉点的数目也就是存储单元的数目。习惯上用存储单元的数目表示存储器的存储量(或称容量)，并写成"(字数)×(位数)"的形式。例如，图 7.2 中 ROM 的存储量应表示成"4×4 位"。

在图 7.2 中还可以看到，ROM 的电路结构很简单，所以集成度可以做得很高，而且一般都是批量生产，价格便宜。

采用 MOS 工艺制作 ROM 时，译码器、存储矩阵和输出缓冲器全用 MOS 管组成。图 7.4 给出了 MOS 管存储矩阵的原理。在大规模集成电路中 MOS 管多做成对称结构，同时也为了画图的方便，一般都采用图中所用的简化画法。

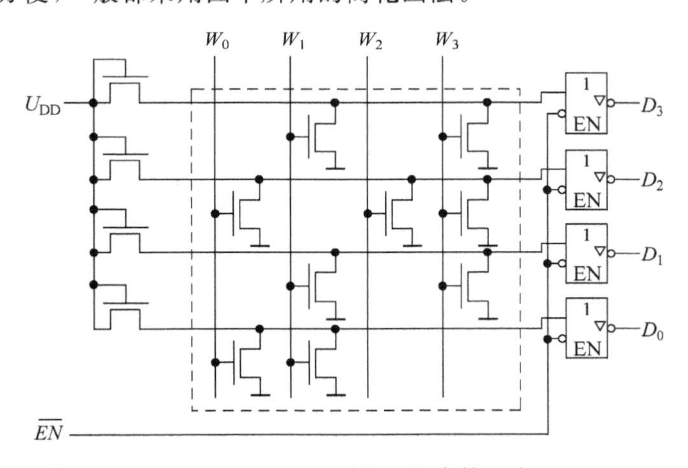


图 7.4　用 MOS 管构成的存储矩阵

图 7.4 中以 N 沟道增强型 MOS 管代替了图 7.2 中的二极管。字线与位线的交叉点上接有 MOS 管时相当于存 1，没有接 MOS 管时相当于存 0。但必须注意，位线输出要经输出缓冲器反相后，在数据输出端输出。故图 7.4 中的输出缓冲器与图 7.2 中的缓冲器是有差异的。

当给定地址代码后，经译码器译成 $W_0 \sim W_3$ 中某一根字线上的高电平，使接在这根字线上的 MOS 管导通，并使与这些 MOS 管漏极相连的位线为低电平，经输出缓冲器反相后，在数据输出端得到高电平，输出为 1。图 7.4 所示存储矩阵中所存的数据与表 7.1 的数据相同。

### 2. 可编程只读存储器

在开发数字电路新产品的过程中，设计人员经常需要按照自己的设想迅速得到存有所需内容的 ROM。这时可以通过将所需内容自行写入可编程只读存储器(PROM)而得到要求的 ROM。

PROM 的总体结构与掩膜 ROM 一样,同样由地址译码器、存储矩阵和输出电路组成。地址译码器仍是一个固定的"与"阵列,而存储矩阵此时对应一个可编程"或"阵列,即在出厂时已经在存储矩阵的所有交叉点上全部制作了存储元件,也就是在所有存储单元中都存入了 1。

由图 7.5(a)所示的熔丝型 PROM 存储单元可见,它由一只三极管和串接在发射极的快速熔断丝组成。三极管的 be 结相当于接在字线与位线之间的二极管。熔丝采用很细的低熔点合金丝或多晶硅导线制成。在写入数据时只要设法将需要存入 0 的那些存储单元上的熔丝烧断即可。因为这种熔丝在集成电路中所占的面积较大,所以后来又出现了"反熔丝结构"的 PROM,图 7.5(b)所示的反熔丝型 PROM 存储单元。反熔丝结构 PROM 中的可编程连接点上不是熔丝,而是一个绝缘连接件(通常采用特殊的绝缘材料或两个反向串联的肖特基势垒二极管)。未编程时所有的连接件均不导通,即出厂时 PROM 的存储单元全为 0。若要使某存储单元改写为 1,只需在连接件上施加编程电压以后,绝缘被永久性击穿,连接点 A、B 被接通。

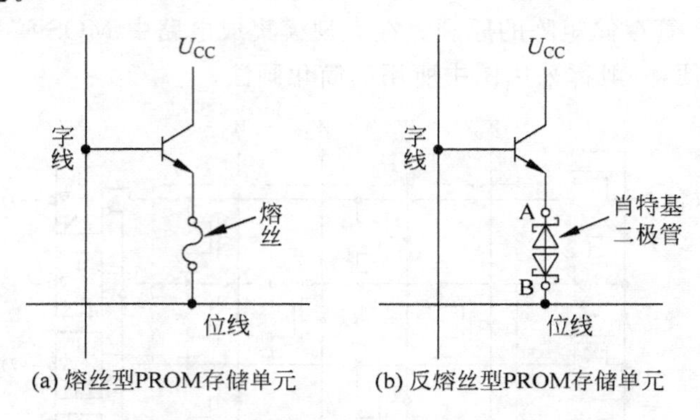


图 7.5 PROM 存储单元的原理

图 7.6 是一个 16×8 位的 PROM 的结构原理。编程时首先应输入地址代码,找出要写入 0 的单元地址。然后使 $U_{CC}$ 和选中的字线提高到编程所要求的高电平,同时在编程单元的位线上加入编程脉冲(幅度约 20V,持续时间约几十微秒)。这时写入缓冲放大器 $A_W$ 的输出为低电平、低内阻状态,有较大的脉冲电流流过熔丝,将其熔断。正常工作时读出缓冲放大器 $A_R$ 输出的高电平不足以使稳压管 $VD_Z$ 处于稳压状态,即处于反偏截止状态,写入缓冲放大器 $A_W$ 不工作。

可见,PROM 的内容一经写入就不可修改了,所以它只能写入一次。因此,PROM 仍不能满足研制过程中经常修改存储内容的需要。这就要求生产一种可以擦除重写的 ROM。

### 3. 可擦除的可编程只读存储器

由于可擦除的可编程 ROM(EPROM)中存储的数据可以擦除重写,因而在需要经常修改 ROM 中内容的场合它便成为一种比较理想的器件。

EPROM 与前面所介绍的 PROM 的总体结构形式上没有多大区别,只是采用了不同的存储单元。EPROM 中采用叠栅注入 MOS 管(简称 SIMOS 管)制作的存储单元。

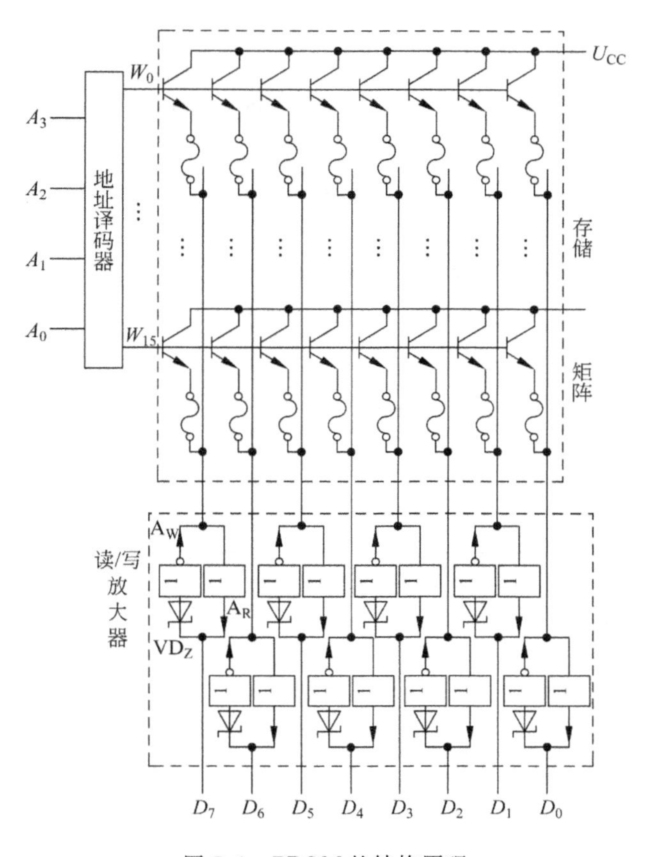


图 7.6　PROM 的结构原理

图 7.7 是 SIMOS 管的结构原理和符号。它是一个 N 沟道增强型的 MOS 管，有两个重叠的栅极——控制栅 $G_c$ 和浮置栅 $G_f$。控制栅 $G_c$ 用于控制读出和写入，浮置栅 $G_f$ 用于长期保存注入电荷。

浮置栅上未注入电荷以前，在控制栅上加入正常的高电平能够使漏—源之间产生导电沟道，SIMOS 管导通；反之，在浮置栅上注入了负电荷以后，必须在控制栅上加入更高的电压才能抵消注入电荷的影响而形成导电沟道，因此在栅极加上正常的高电平信号时 SIMOS 管将不会导通。

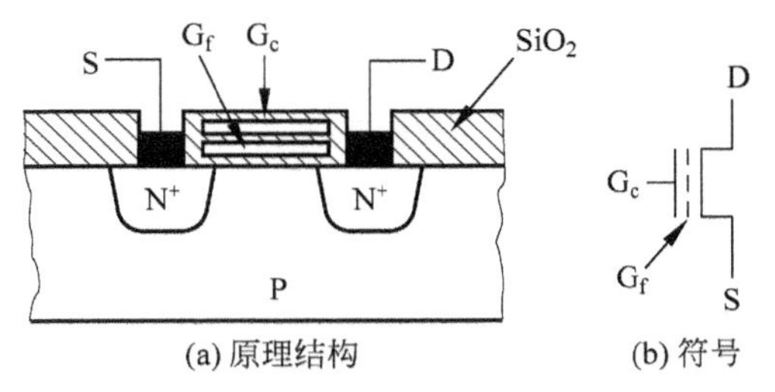


图 7.7　SIMOS 管的结构原理和符号

当漏—源间加以较高的电压（+20～+25V）时，将发生雪崩击穿现象。如果同时在控制栅上加以高压脉冲（幅度约+25V，宽度约 50ms），则在栅极电场的作用下，一些速度较高的电子便穿越 $SiO_2$ 层到达浮置栅，被浮置栅俘获而形成注入电荷。浮置栅上注入了电荷的 SIMOS 管相当于存入了 1，未注入电荷的相当于存入了 0。漏极和源极间的高电压去掉以后，由于浮置栅被 $SiO_2$ 绝缘层包围，注入浮置栅上的电荷没有放电通路，所以能长久保存下来。在+125℃的环境温度下，70%以上的电荷能保存 10 年以上。

如果用一定波长的紫外线或 X 射线照射 SIMOS 管的栅极氧化层，则 $SiO_2$ 层中将产生电子—空穴对，为浮置栅上的电荷提供泄放通道，使之放电，这个过程称为擦除。擦除时间需 20～30min。为了便于擦除操作，在器件外壳上装有透明的石英盖板。在写好数据以后应使用不透明的胶带将石英盖板遮蔽，以防止数据丢失。

图 7.8 是用 SIMOS 管组成的 EPROM，写入数据时漏极和控制栅极的控制电路没有画出。这是一个 256×1bit 的 EPROM，256 个存储单元排列成 16×16 矩阵。输入地址的高 4 位加到行地址译码器上，从 16 行存储单元中选出要读的一行。输入地址的低 4 位加到列地址译码器上，再从选中的一行存储单元中选出要读的一位。如果这时 $\overline{EN}=0$，则这一位数据便出现在输出端上。

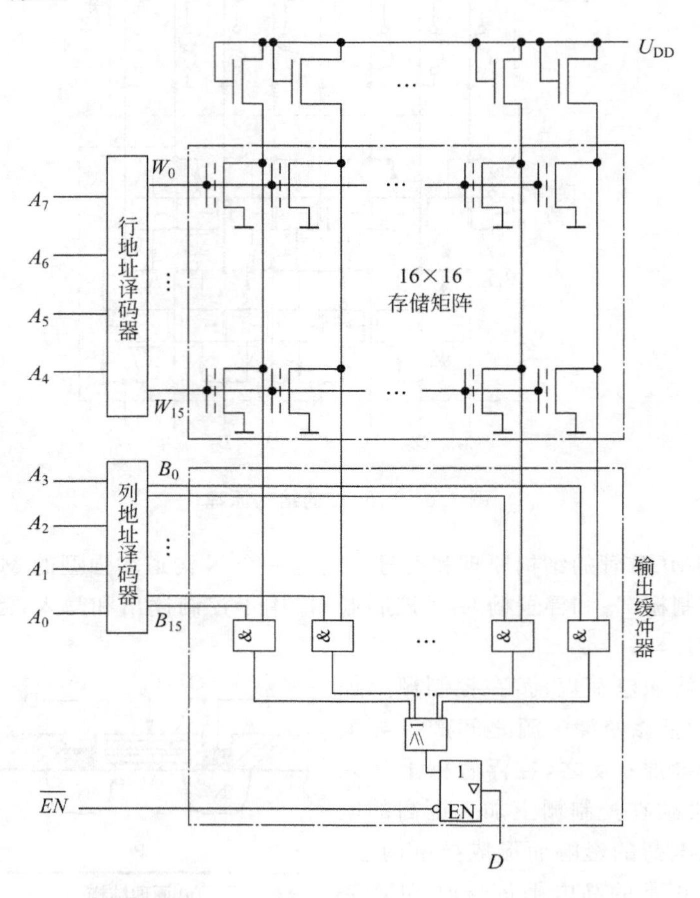


图 7.8 使用 SIMOS 管的 256×1bit EPROM

EPROM 的编程(写入)需要使用编程器完成。编程器是用于产生 EPROM 编程所需要的高压脉冲信号的装置。编程时将 EPROM 插到编程器上，并将准备写入 EPROM 的数据表装入编程器的随机存储器中，然后启动编程程序，编程器便将数据逐行地写入 EPROM 中。

27 系列 EPROM 是美国 Intel 公司采用高速 N 沟道硅栅工艺生产的。它们是目前采用最多的 EPROM。型号从 2716、2732、2764 一直到 27C040。典型的 EPROM 存储器芯片的型号、容量、引脚数如表 7.2 所示。下面以 27512 为例介绍其结构和工作原理。

表 7.2 典型的 EPROM 存储器芯片

| 型　号 | 2716 | 2732 | 2764 | 27128 | 27256 | 27512 | 27010 |
|---|---|---|---|---|---|---|---|
| 容量 | 2K×8 | 4K×8 | 8K×8 | 16K×8 | 32K×8 | 64K×8 | 128K×8 |
| 引脚数 | 24 | 24 | 28 | 28 | 28 | 28 | 32 |

1）结构与引脚功能

27512 是 NMOS 集成电路，电路封装在标准的 28 引脚双列直插式管壳内，管壳上装有一个可接收紫外线照射的石英玻璃窗。其外部引脚排列如图 7.9 所示。图中 $A_0 \sim A_{15}$ 是地址输入端；$D_0 \sim D_7$ 是数据输出端，采用三态输出；$\overline{CS}$是片选控制输入端；$\overline{OE}$是输出使能和编程电压共用端；$U_{CC}$是电源电压输入端，一般为单电源＋5V，它使芯片的所有输入、输出信号均与 TTL 兼容；GND 是信号地。

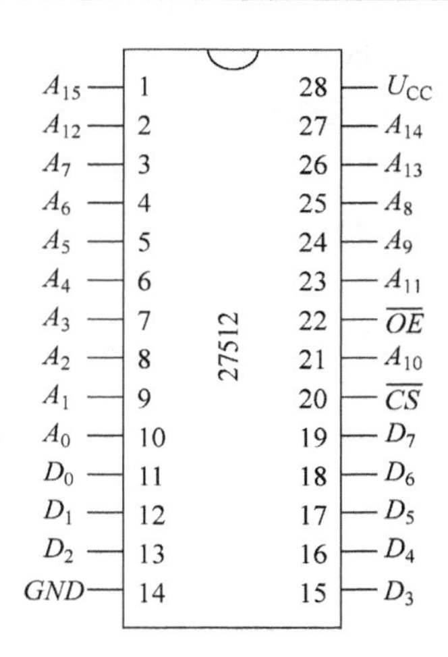

图 7.9 27512 的引脚排列

2）工作方式

27512 的常用工作方式有 6 种，如表 7.3 所示。这里只是对常用的工作方式作简单介绍。

表 7.3 27512 的工作方式

| 工作方式＼引脚 | $\overline{CS}$(20) | $\overline{OE}$(22) | 输出(11～13)(15～19) |
|---|---|---|---|
| 读出 | 低电平 | 低电平 | 输出数据 |
| 禁止输出 | × | 高电平 | 高阻态 |
| 编程 | 编程脉冲 | 编程电压 $U_{PP}$ | 输入数据 |
| 编程校验 | 低电平 | 低电平 | 输出数据 |
| 禁止编程 | 高电平 | $U_{PP}$ | 高阻态 |
| 待机 | 高电平 | × | 高阻态 |

(1) 读出。EPROM 工作在读出方式时，首先将要读的存储单元的地址码送到芯片的地址输入端，使片选$\overline{CS}$处于低电平，选中该芯片后，输出使能端$\overline{OE}$为低电平，$\overline{CS}$和$\overline{OE}$保持一段有效时间后，就可以进行数据读出。

(2) 禁止输出。输出使能端$\overline{OE}$为高电平时，所有数据输出端为高阻态。

(3) 编程。未编程时，EPROM 所有的存储单元均为 1 状态。编程时，将 12.5V 的编程 $U_{PP}$电压加到$\overline{OE}$端，在$\overline{CS}$端加入的编程脉冲作用下，即可将编程的数据逐次写入指定的存储单元。

(4) 编程校验。$\overline{CS}$为低电平，当$\overline{OE}$为低电平输出时，根据数据输出可对编程数据进行校验。

(5) 禁止编程。禁止编程与编程方式的不同之处在于片选输入端$\overline{CS}$的状态不同，此时$\overline{CS}$应为高电平，$\overline{OE}$端仍然加编程电压 $U_{PP}$，则 EPROM 处于禁止编程状态，即高阻态。

(6) 待机(低功耗)。在两次读取数据之间的等待，即为待机。此时片选输入端$\overline{CS}$为高电平，输出呈高阻态，电路工作在低功耗方式下，静态功耗减少60%。

### 7.2.2 用只读存储器实现组合逻辑函数

ROM除了用作存储器外，还可以用来实现组合逻辑函数，其基本原理可以从“存储器”和“与—或逻辑网络”两个角度来理解。

从存储器的角度看，只要将逻辑函数的真值表事先存入ROM，便可用ROM实现该函数。例如，在表7.4所列的ROM数据表中如果将输入地址$A_1$、$A_0$看成两个输入逻辑变量，而将数据输出$D_3$、$D_2$、$D_1$、$D_0$看成一组输出逻辑变量，则$D_3$、$D_2$、$D_1$、$D_0$就是$A_1$、$A_0$的一组逻辑函数，表7.4就是这组多输出组合逻辑函数的真值表，因此该ROM可以实现表7.4中的4个函数($D_3$、$D_2$、$D_1$、$D_0$)，其表达式为

$$\begin{aligned} D_3 &= \overline{A}_1\overline{A}_0 + A_1\overline{A}_0 \\ D_2 &= \overline{A}_1A_0 + A_1\overline{A}_0 + A_1A_0 \\ D_1 &= \overline{A}_1A_0 + A_1\overline{A}_0 \\ D_0 &= \overline{A}_1\overline{A}_0 + \overline{A}_1A_0 + A_1A_0 \end{aligned} \tag{7.1}$$

可见，用ROM实现组合逻辑函数时，具体做法就是将逻辑函数的输入变量作为ROM的地址输入，将每一组输入对应的函数值作为数据写入相应的存储单元中即可。这样按地址读出的数据，便是相应的函数值。

**表7.4 图7.10所示的ROM中的数据表**

| 地址 | | 数据 | | | |
|---|---|---|---|---|---|
| $A_1$ | $A_0$ | $D_3$ | $D_2$ | $D_1$ | $D_0$ |
| 0 | 0 | 1 | 0 | 0 | 1 |
| 0 | 1 | 0 | 1 | 1 | 1 |
| 1 | 0 | 1 | 1 | 1 | 0 |
| 1 | 1 | 0 | 1 | 0 | 1 |

从组合逻辑结构来看，*ROM*中的地址译码器形成了输入变量的所有最小项，即每一根字线对应输入地址变量的一个最小项。在图7.10中，$W_0=\overline{A}_1\overline{A}_0$、$W_1=\overline{A}_1A_0$、$W_2=A_1\overline{A}_0$、$W_3=A_1A_0$，因此式(7.1)又可以写成

$$\begin{aligned} D_3 &= W_0 + W_2 \\ D_2 &= W_1 + W_2 + W_3 \\ D_1 &= W_1 + W_2 \\ D_0 &= W_0 + W_1 + W_3 \end{aligned} \tag{7.2}$$

可见，地址译码器实现了地址输入变量的“与”运算，而每一位数据输出对应一个逻辑函数式，又都是若干个最小项之和，是依靠存储矩阵实现的字线间的“或”运算来完成的。因此，从“与—或逻辑网络”角度来看，*ROM*实际上是由与阵列和或阵列构成的组合逻辑电路。与阵列相当于地址译码器，或阵列相当于存储矩阵。为了便于描述*ROM*的与、或阵列，通常用点阵列图(简称点阵图)来表示。图7.11是与图7.10所示结构对应的点阵图。

图中与阵列中的垂直线 $W_i$ 代表与逻辑，交叉圆点代表与逻辑的输入变量；或阵列中的水平线 $D_i$ 代表或逻辑，交叉圆点代表字线输入 W。

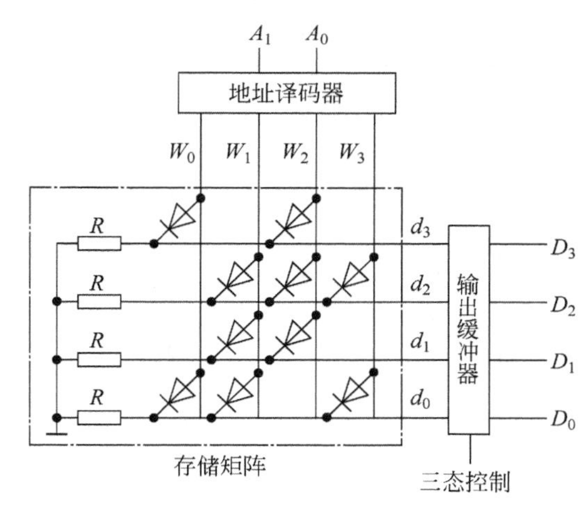


图 7.10　二极管 ROM 结构

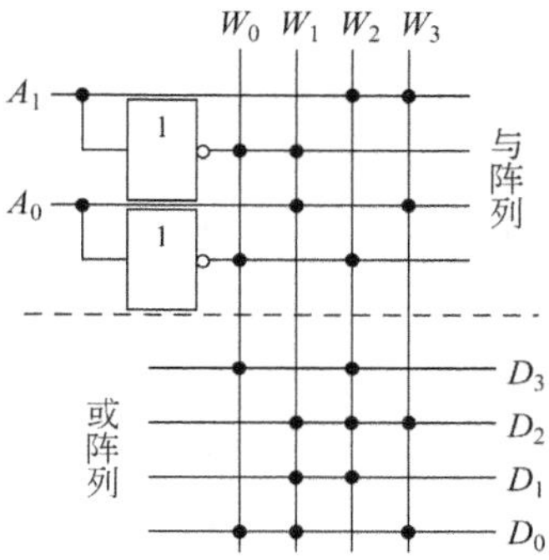

图 7.11　图 7.10 所示 ROM 的点阵列图

不难推出，用具有 n 位输入地址、m 位数据输出的 *ROM* 可以获得一组(最多为 m 个)任何形式的 n 变量的组合逻辑函数。只要根据函数的形式向 *ROM* 中写入相应的数据即可。这个原理同样也适用于 *RAM*。

用 *ROM* 实现组合逻辑函数一般按以下步骤进行：

(1) 根据逻辑函数的输入、输出变量数目，确定 *ROM* 的容量，选择合适的 *ROM*。

(2) 确定函数的输入变量与 *ROM* 地址输入变量间的对应关系，以及输出变量与 *ROM* 数据输出端各位的对应关系。

(3) 写出逻辑函数的最小项表达式，画出 *ROM* 的点阵列图。

(4) 根据点阵图对 *ROM* 进行编程。

**例 7.1**　用 ROM 设计一个 4 位二进制码转换为格雷码的代码转换电路。

**【解】**　(1) 输入是 4 位自然二进制码 $B_3 \sim B_0$，输出是 4 位格雷码 $G_3 \sim G_0$，故选地址输入为 4 位、输出数据为 4 位的(16×4 位)ROM 来实现这个代码转换电路。

(2) 以地址输入端 $A_3 \sim A_0$ 对应二进制码 $B_3 \sim B_0$，以数据输出端 $D_3 \sim D_0$ 对应格雷码 $G_3 \sim G_0$。

(3) 4 位二进制码转换为格雷码的真值表，即 ROM 的编程数据表如表 7.5 所示。由此可写出输出函数的最小项之和表达式为

$$G_3 = \sum m(8,9,10,11,12,13,14,15)$$

$$G_2 = \sum m(4,5,6,7,8,9,10,11)$$

$$G_1 = \sum m(2,3,4,5,10,11,12,13)$$

$$G_0 = \sum m(1,2,5,6,9,10,13,14)$$

(4) 画出用 ROM 实现码组转换的点阵图，如图 7.12 所示。

表 7.5 二进制码转换为格雷码的真值表

| 字 | 二进制码 | | | | 格雷码 | | | |
|---|---|---|---|---|---|---|---|---|
| | $B_3$ | $B_2$ | $B_1$ | $B_0$ | $G_3$ | $G_2$ | $G_1$ | $G_0$ |
| $W_0$ | 0 | 0 | 0 | 0 | 0 | 0 | 0 | 0 |
| $W_1$ | 0 | 0 | 0 | 1 | 0 | 0 | 0 | 1 |
| $W_2$ | 0 | 0 | 1 | 0 | 0 | 0 | 1 | 1 |
| $W_3$ | 0 | 0 | 1 | 1 | 0 | 0 | 1 | 0 |
| $W_4$ | 0 | 1 | 0 | 0 | 0 | 1 | 1 | 0 |
| $W_5$ | 0 | 1 | 0 | 1 | 0 | 1 | 1 | 1 |
| $W_6$ | 0 | 1 | 1 | 0 | 0 | 1 | 0 | 1 |
| $W_7$ | 0 | 1 | 1 | 1 | 0 | 1 | 0 | 0 |
| $W_8$ | 1 | 0 | 0 | 0 | 1 | 1 | 0 | 0 |
| $W_9$ | 1 | 0 | 0 | 1 | 1 | 1 | 0 | 1 |
| $W_{10}$ | 1 | 0 | 1 | 0 | 1 | 1 | 1 | 1 |
| $W_{11}$ | 1 | 0 | 1 | 1 | 1 | 1 | 1 | 0 |
| $W_{12}$ | 1 | 1 | 0 | 0 | 1 | 0 | 1 | 0 |
| $W_{13}$ | 1 | 1 | 0 | 1 | 1 | 0 | 1 | 1 |
| $W_{14}$ | 1 | 1 | 1 | 0 | 1 | 0 | 0 | 1 |
| $W_{15}$ | 1 | 1 | 1 | 1 | 1 | 0 | 0 | 0 |

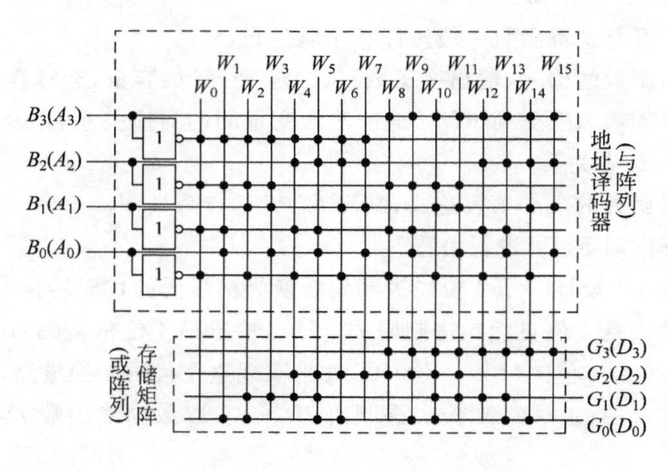


图 7.12 例 7.1 的 ROM 点阵图

**例 7.2** 试用 ROM 实现两个 2 位二进制数的乘法运算。

**【解】** (1) 输入是两个 2 位二进制数 $A_1$、$A_0$ 和 $B_1$、$B_0$，输出积为 $L_3 \sim L_0$，故选地址输入为 4 位、输出数据为 4 位的(16×4 位)ROM 来实现这个乘法运算电路。

(2) 以地址输入端 $A_3$、$A_2$、$A_1$、$A_0$ 分别对应 $A_1$、$A_0$、$B_1$、$B_0$，以数据输出端 $D_3$、$D_2$、$D_1$、$D_0$ 分别对应 $L_3$、$L_2$、$L_1$、$L_0$。

(3) 两个 2 位二进制数乘法运算的真值表，即 ROM 的编程数据表如表 7.6 所示。由此可写出输出函数的最小项之和表达式为

$$L_3 = \sum m(15)$$

$$L_2 = \sum m(10,11,14)$$

$$L_1 = \sum m(6,7,9,11,13,14)$$

$$L_0 = \sum m(5,7,13,15)$$

（4）画出用 ROM 实现乘法运算的点阵图，如图 7.13 所示。

**表 7.6　两位二进制数的乘法运算真值表**

| 字 | 两个 2 位二进制数 | | | | 积 | | | |
|---|---|---|---|---|---|---|---|---|
| | $A_1$ | $A_0$ | $B_1$ | $B_0$ | $L_3$ | $L_2$ | $L_1$ | $L_0$ |
| $W_0$ | 0 | 0 | 0 | 0 | 0 | 0 | 0 | 0 |
| $W_1$ | 0 | 0 | 0 | 1 | 0 | 0 | 0 | 0 |
| $W_2$ | 0 | 0 | 1 | 0 | 0 | 0 | 0 | 0 |
| $W_3$ | 0 | 0 | 1 | 1 | 0 | 0 | 0 | 0 |
| $W_4$ | 0 | 1 | 0 | 0 | 0 | 0 | 0 | 0 |
| $W_5$ | 0 | 1 | 0 | 1 | 0 | 0 | 0 | 1 |
| $W_6$ | 0 | 1 | 1 | 0 | 0 | 0 | 1 | 0 |
| $W_7$ | 0 | 1 | 1 | 1 | 0 | 0 | 1 | 1 |
| $W_8$ | 1 | 0 | 0 | 0 | 0 | 0 | 0 | 0 |
| $W_9$ | 1 | 0 | 0 | 1 | 0 | 0 | 1 | 0 |
| $W_{10}$ | 1 | 0 | 1 | 0 | 0 | 1 | 0 | 0 |
| $W_{11}$ | 1 | 0 | 1 | 1 | 0 | 1 | 1 | 0 |
| $W_{12}$ | 1 | 1 | 0 | 0 | 0 | 0 | 0 | 0 |
| $W_{13}$ | 1 | 1 | 0 | 1 | 0 | 0 | 1 | 1 |
| $W_{14}$ | 1 | 1 | 1 | 0 | 0 | 1 | 1 | 0 |
| $W_{15}$ | 1 | 1 | 1 | 1 | 1 | 0 | 0 | 1 |

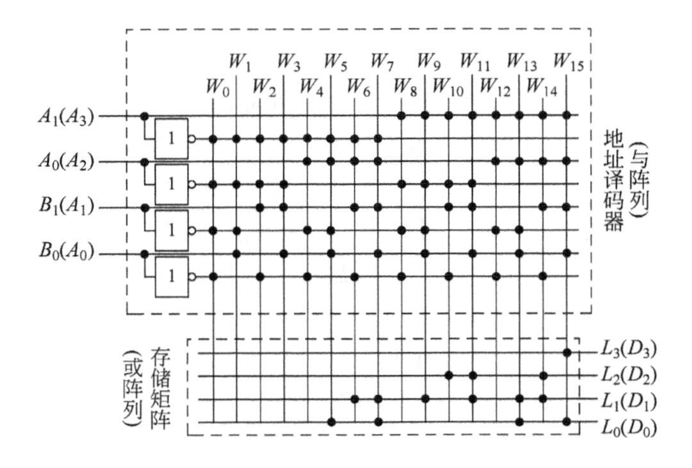


图 7.13　例 7.2 的 ROM 点阵图

# 7.3 随机存储器

随机存储器(RAM)也称随机读/写存储器。当 RAM 工作时,必须以外加电源作为支持,才可以随时从任何一个指定地址读出数据,也可以随时将数据写入任何一个指定的存储单元中。它的最大优点是读、写方便,使用灵活。但是,它也存在数据易丢失的缺点(因为 RAM 中的存储单元是由触发器构成的,故一旦断电,所存储的数据将随之丢失)。

根据存储单元工作原理的不同,可将 RAM 分为静态随机存储器(SRAM)和动态随机存储器(DRAM)两大类。

## 7.3.1 RAM 概述

RAM 电路的一般框图如图 7.14 所示,它由存储矩阵、地址译码器和读/写控制电路三部分组成。

### 1. 存储矩阵

存储矩阵由大量的存储单元排列组成,每个存储单元可以存储一位二值数据(0或1)。为了存取方便,RAM 存储矩阵中的存储单元按字和位构成矩阵形式。在读/写控制信号的作用下,可以随时指定地址读取存储单元的数据或向存储单元写入数据。

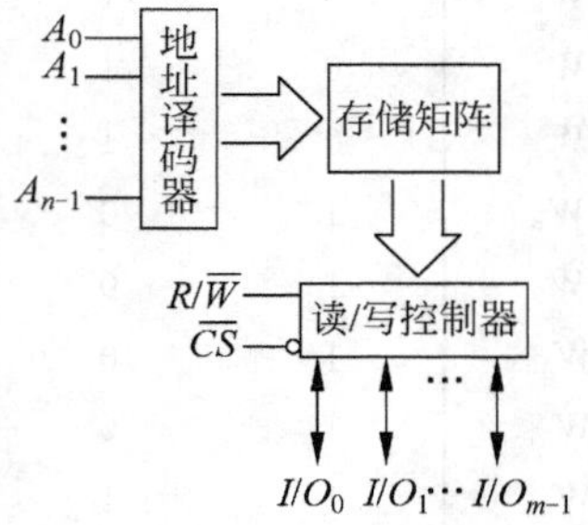

图 7.14 RAM 电路的一般框图

### 2. 地址译码器

地址译码器将输入的地址代码译成相应的地址控制信号,在这一信号作用下使相应地址对应的存储单元与读/写控制电路接通,实现读出或写入操作。

存储矩阵中存储单元的编址方法有两种:一种是单译码编址方式,适用于小容量的存储器;另一种是双译码编址方式,适用于大容量的存储器。

单译码编址方式中,RAM 内部字线 $W_i$ 选择一个字的所有位,由于 $n$ 个地址输入的 RAM 具有 $2^n$ 个字,所以它有 $2^n$ 根字线。图 7.15 是一个 32×8 的单译码编址方式存储器的结构。存储矩阵排列成 32 行 8 列,每一行对应一个字,每一列对应 32 个字的同一位。32 个字需要 5 个地址输入,即 $A_0 \sim A_4$。当给出一个地址信号时,便可选中存储矩阵中相应字的所有存储单元。例如,地址输入信号为 $A_4A_3A_2A_1A_0=00000$ 时,选中第 0 号字线($W_0$),可对(0,0)~(0,7)的 8 个基本存储单元同时进行读/写操作。然后,各列位线经过读/写控制器与外部的数据线 $I/O_0 \sim I/O_7$ 相连。

双译码编址方式中,地址译码器分成 $X$ 和 $Y$ 两个。图 7.16 所示为一个 256 字的存储器,它共有 8 个地址输入,分为 $A_0 \sim A_3$ 和 $A_4 \sim A_7$ 两组。$A_0 \sim A_3$ 送入 $X$ 地址译码器,产生 16 个 $X$ 地址线;$A_4 \sim A_7$ 送入 $Y$ 地址译码器,产生 16 个 $Y$ 地址线。存储矩阵中的每个字能否被选择,由 $X$ 地址线和 $Y$ 地址线共同作用的结果来决定。例如,当 8 位地址输入为

$A_7A_6A_5A_4A_3A_2A_1A_0=00001111$ 时，$Y_0$ 和 $X_{15}$ 地址线均为高电平，字线 $W_{15}$ 的存储单元被选中。

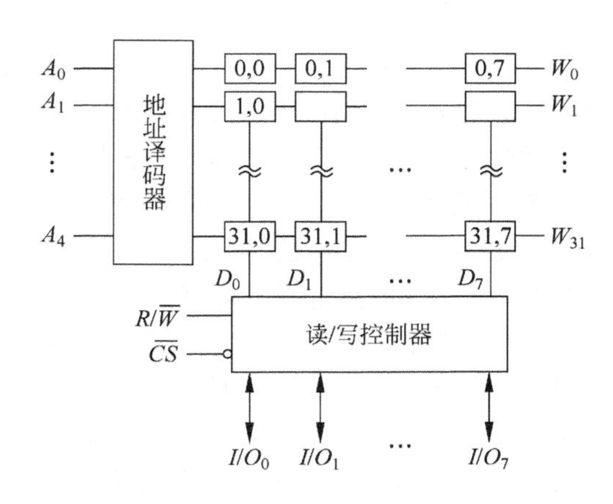


图 7.15 单译码编址方式存储器的结构

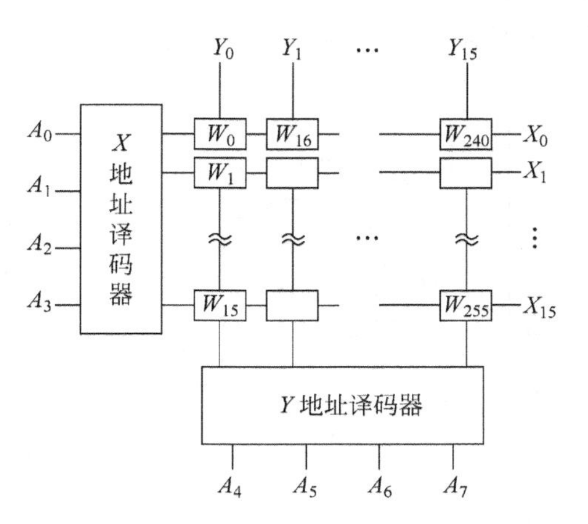


图 7.16 双译码编址方式存储器的结构

采用双译码编址方式可以减少内部地址译码线的数目，如本例中的 32 根地址线便可确定 256 个字线，而采用单译码编址方式则需要 256 根地址线来确定 256 个字线。

由于 DRAM 集成度高，芯片的容量大，需要较多的地址输入，一般采用双译码编址方式且行和列分时送入的方式。所以，DRAM 需要有行选通和列选通两个选通信号。

### 3. 读/写控制器

存储矩阵中的基本存储单元通过地址译码器被选中后，它的输出端 $Q$ 和 $\overline{Q}$ 与 RAM 内部数据线 $D$ 和 $\overline{D}$ 直接相连。而这时基本存储单元的信息能否被读出，或者外部的信息能否写到该基本存储单元中，还取决于读/写控制器。

图 7.17 所示为读/写控制器的逻辑电路。其中 $I/O$ 为存储器的数据输入/输出端，$D$ 和 $\overline{D}$ 为 RAM 的内部数据线，$\overline{CS}$ 为片选控制输入，$R/\overline{W}$ 为读/写控制输入端。

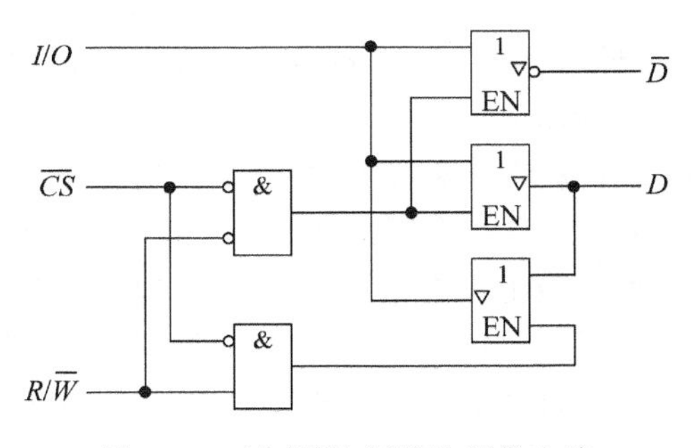


图 7.17 读/写控制器的逻辑电路

片选控制输入 $\overline{CS}$ 控制 RAM 芯片能否工作。当 $\overline{CS}=1$ 时，写入和读出驱动器都处于高阻态，这时 RAM 的信号既不能读出也不能写入。当 $\overline{CS}=0$、$R/\overline{W}=1$ 时，读出驱动器使能，$I/O=D$，RAM 存储器中的信息被读出；而当 $\overline{CS}=0$、$R/\overline{W}=0$ 时，写入驱动器使能，输入数据经过写入驱动器，以互补的形式加在内部数据线 $D$ 和 $\overline{D}$ 上，$D=I/O$，$\overline{D}=\overline{I/O}$，这样便把数据写入 RAM 中被选中的存储单元内。

1) RAM 的存储单元——静态存储单元(SRAM)

静态存储单元是在 RS 锁存器的基础上附加开关控制管而构成的。因此，它是依靠锁存器的保持功能存储数据的。

图 7.18 是用 6 只 N 沟道增强型 MOS 管组成的静态存储单元。其中 $VT_1$、$VT_2$ 和 $VT_3$、$VT_4$ 分别组成有源负载 NMOS 反相器，两个反相器的输出与输入交叉连接构成基本 RS 锁存器，用于存储一位二值代码。

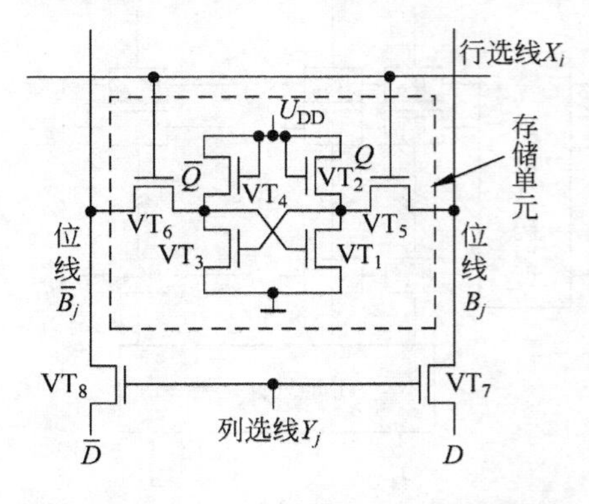


图 7.18　6 管 NMOS 静态存储单元

当 $Q=1$ 时，$VT_3$ 管导通，使 $\bar{Q}=0$、$VT_1$ 管截止，从而保证 $Q$ 为高电平不变。这时，即使加到 $Q$ 端的高电平撤除，触发器也能保持 $Q=1$ 的状态，相当于向该存储单元写入 1 并保持。同理，当 $\bar{Q}$ 端为高电平时，$\bar{Q}=1$ 使 $VT_1$ 管导通，导致 $Q=0$ 使 $VT_3$ 管截止。此时，若 $\bar{Q}$ 端的高电平撤除，触发器仍能保持 $Q=0$ 的状态，相当于向该存储单元写入 0 并保持。由此可知，该触发器可以写入数据 0 或 1 并能保存。每次写入触发器的 0 或 1 状态只要电源电压不变，数据就能保持，因此称之为静态存储单元。

$VT_5$、$VT_6$ 管是受地址译码输出的行选择线 $X_i$ 控制的开关管，用于控制基本 RS 锁存器输出端 $Q$、$\bar{Q}$ 与位线 $B_j$、$\bar{B}_j$ 之间的连接。当行选择线 $X_i=1$ 时，$VT_5$、$VT_6$ 管导通，使 $Q$ 和 $\bar{Q}$ 分别与位线 $B_j$ 和 $\bar{B}_j$ 接通；当行选择线 $X_i=0$ 时，$VT_5$、$VT_6$ 管截止，使 $Q$ 和 $\bar{Q}$ 分别与位线 $B_j$ 和 $\bar{B}_j$ 的连接切断。

$VT_7$、$VT_8$ 管是受地址译码输出的列选择线 $Y_j$ 控制的开关管，用于控制位线 $B_j$、$\bar{B}_j$ 与内部数据线 $D$、$\bar{D}$ 之间的连接。当列选择线 $Y_j=1$ 时，$VT_7$、$VT_8$ 管导通，使 $B_j$ 和 $\bar{B}_j$ 分别与内部数据线 $D$ 和 $\bar{D}$ 接通；当列选择线 $Y_j=0$ 时，$VT_7$、$VT_8$ 管截止，使 $B_j$ 和 $\bar{B}_j$ 分别与内部数据线 $D$ 和 $\bar{D}$ 的连接切断。

由于 CMOS 电路具有微功耗的特点，尽管它的制造工艺比 NMOS 电路复杂，但在大容量的静态存储器中几乎都采用 CMOS 存储单元。图 7.19 是 CMOS 静态存储单元电路，它的结构形式和工作原理与图 7.18 相仿，所不同的是 CMOS 静态存储单元中，两个反相器的负载管 $VT_2$ 和 $VT_4$ 改用 P 沟道增强型 MOS 管。图中用栅极上的小圆圈表示 $VT_2$、$VT_4$ 为 P 沟道 MOS 管，而栅极上没有小圆圈表示 N 沟道 MOS 管。

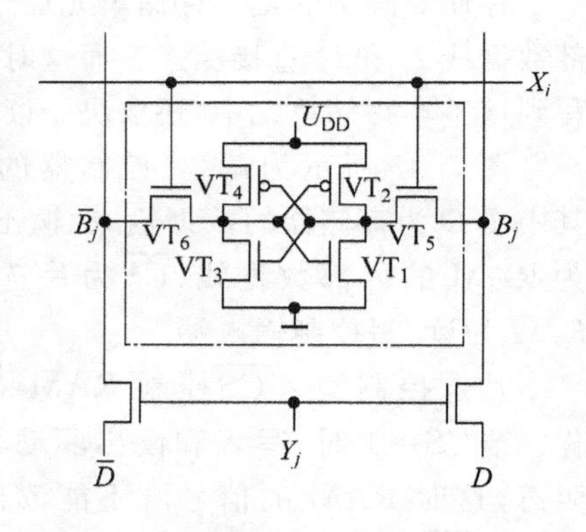


图 7.19　6 管 CMOS 静态存储单元

采用 CMOS 工艺的 SRAM 不仅正常工作时功耗很低，而且还能在降低电源电压的状态下保存数据，因此它可以在交流供电系统断电后用电池供电以继续保持存储器中的数据不致丢失，用这种方法弥补半导体随机存储器数据易丢失的缺点。例如，Intel 公司生产的超低功耗 CMOS 工艺的 SRAM 5101L 用＋5V 电源供电，静态功耗仅 1～2$\mu$W。如果将电源电压降至＋2V 使之处于低压保持状态，则功耗可降至 0.28$\mu$W。

2) RAM 的存储单元——动态存储单元(DRAM)

动态 RAM 的存储矩阵由动态 MOS 管存储单元组成。该存储单元是利用 MOS 管的栅极电容可以存储电荷的原理制成的，但由于栅极电容的容量很小，而漏电流又不可能绝对等于 0，所以电荷保存的时间有限。为了避免存储信息的丢失，必须定时地给电容补充漏掉的电荷，通常把这种操作称为刷新或再生。因此，DRAM内部需要有刷新控制电路，同时也使操作复杂化了。尽管如此，由于DRAM存储单元的结构能做得非常简单，所用元器件少、功耗低，所以目前已成为大容量RAM(4K、16K位甚至64K位等)的主流产品。

早期采用的动态存储单元为4管电路或3管电路。这两种电路的优点是不需要另外加刷新控制电路，在读取数据的过程中能自动刷新，使外围控制电路比较简单，读出信号比较大，一般容量在4K位以下的RAM多采用这种电路。缺点是存储单元所用管子较多，占用的硅芯片面积较大，不利于提高集成度。单管动态存储单元是所有存储单元中电路结构最简单的一种。虽然它的外围控制电路比较复杂，但由于在提高集成度上所具有的优势，使它成为目前所有大容量DRAM首选的存储单元。图7.20是单管动态MOS存储单元的电路结构。其存储单元由一只N沟道增强型MOS管VT和一个电容$C_S$组成，电容$C_B$为位线上的分布电容。

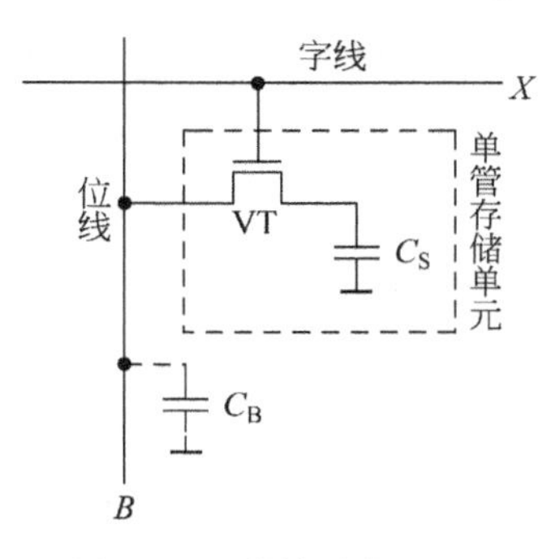


图7.20　单管动态MOS存储单元

单管动态RAM的信息依靠电容$C_S$存储电荷来存储，即信息存放于电容$C_S$中。VT为开关控制管，通过控制VT的导通与截止，可以把信息从存储单元送到位线上或将位线上的信息写入存储单元。当进行写操作时，输入地址后，使字线$X=1$，VT导通，位线上的数据通过VT被存入电容$C_S$上；当进行读操作时，同样输入地址后，使字线$X=1$，VT导通，此时电容$C_S$经VT向$C_B$提供电荷，使位线获得读出的信号电平。设$C_S$上原来存有正电荷，电压$u_{C_S}$为高电平，而位线电位$u_B=0$，则执行读操作以后位线电平将上升为

$$u_B = \frac{C_S}{C_S + C_B} u_{C_S} \tag{7.3}$$

实际中为了节省芯片面积，存储单元的电容$C_S$不能做得很大，而由于接在位线上的存储单元较多，使分布电容$C_B \gg C_S$，因此$u_B \approx \frac{C_S}{C_B} u_{C_S}$，即位线上读出的电压信号很小。

例如，读出操作以前$u_{C_S}=5\text{V}$，$\frac{C_S}{C_B}=\frac{1}{50}$，则位线上的读出电压信号将仅有0.1V。而且在读出以后$C_S$上的电压也将只剩0.1V，所以这是一种破坏性读出。因此，需要在DRAM中设置高灵敏度的读出放大器，它一方面可以将读出信号加以放大；另一方面还可将存储单元里原来的存储信号恢复。正因为此，使得单管动态MOS存储单元的外围控制电路变复杂了。

总之，动态存储单元的结构比静态存储单元的结构简单、集成度高、容量大、功耗低、价格便宜，但由于需要读出放大器和刷新电路等外围控制电路，使用时不如静态存储器方便，存取速度也较慢。

## 7.3.2　典型的RAM集成芯片介绍

典型的静态RAM存储器集成芯片的型号、容量、引脚数如表7.7所示。

表 7.7 典型的静态 RAM 存储器集成芯片

| 型号 | 6116 | 6264 | 62256 | 62010 |
|---|---|---|---|---|
| 容量 | 2K×8 | 8K×8 | 32K×8 | 128K×8 |
| 引脚数 | 24 | 28 | 28 | 32 |

**1. 结构与引脚功能**

目前使用较广泛的 RAM 芯片 6116 是 CMOS 静态 RAM 电路。电路封装在 24 引脚双列直插式管壳内，外部引脚排列如图 7.21 所示。图中 $A_0 \sim A_{10}$ 是地址输入端；$D_0 \sim D_7$ 是数据输出端，采用三态输出；$\overline{CS}$是片选控制输入端；$\overline{OE}$是输出使能控制端；$R/\overline{W}$ 是读/写控制端；$U_{CC}$ 是电源电压输入端，一般为单电源+5V，它使芯片的所有输入、输出信号均与 TTL 兼容；$GND$ 是信号地。

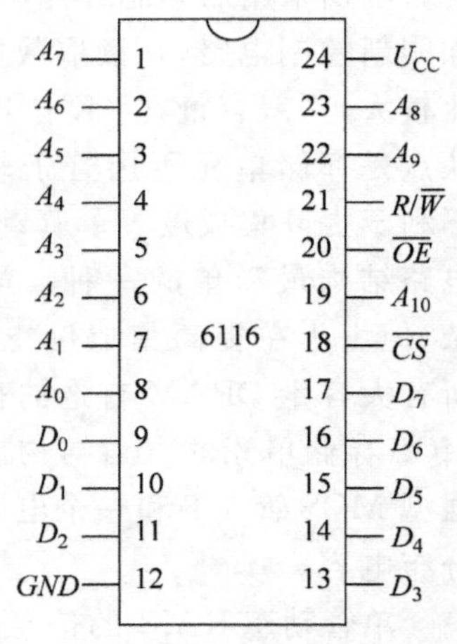

图 7.21 6116 的引脚排列

**2. 工作方式**

6116 的常用工作方式有 3 种，如表 7.8 所示。

表 7.8 6116 的工作方式

| 工作方式 \ 引脚 | $\overline{CS}$(18) | $R/\overline{W}$(21) | $\overline{OE}$(20) | 输出(9～11)(13～17) |
|---|---|---|---|---|
| 写入数据 | 低电平 | 低电平 | 高电平 | 输入数据 |
| 读出数据 | 低电平 | 高电平 | 低电平 | 输出数据 |
| 等待 | 高电平 | × | × | 高阻态 |

1）写入数据

电路在写入数据时，片选控制输入端$\overline{CS}$应处于低电平，同时要使读/写控制端 $R/\overline{W}$ 也为低电平。此时，输出使能控制端$\overline{OE}$为高电平，可将 $D_0 \sim D_7$ 数据线的内容写入被 $A_0 \sim A_{10}$ 地址选中的存储单元中。

2）读出数据

电路在读出数据时，片选控制输入端$\overline{CS}$仍应处于低电平，同时要使读/写控制端 $R/\overline{W}$ 处于高电平。此时，输出使能控制端$\overline{OE}$为低电平，可将被 $A_0 \sim A_{10}$ 地址线选中的存储单元中的数据输出到 $D_0 \sim D_7$ 数据线上。

3）待机

电路在待机时，片选控制输入端$\overline{CS}$应处于高电平。此时，$D_0 \sim D_7$ 数据输出端呈高阻态，电路进入低功耗维持状态。在维持状态下，只需向芯片提供 20μA 左右的电流就可以保证 RAM 中的数据不会丢失。若电路一旦断电，可用电池供电起"断电保护"作用。

## 7.3.3 用 RAM 存储器容量的扩展

在设计一个数字系统时，如果一片 RAM 满足不了系统对存储容量的要求，可以把几片

RAM 组合在一起构成较大容量的存储器，这就是 RAM 的扩展连接。扩展可分为位数扩展和字数扩展两种情况。

### 1. 位数的扩展方式

位数扩展就是用位数少的 RAM 芯片组成位数较多的存储器。

位扩展可以利用芯片的并联方式实现，图 7.22 是用 8 片 1024×1 位的 RAM 扩展为 1024×8 位的 RAM 的接线。图中 8 片 RAM 的所有地址线、$R/\overline{W}$、$\overline{CS}$分别对应并接在一起，而每一片的 $I/O$ 端作为整个 RAM 输入/输出数据端的一位。所以，总的存储容量为每一片存储容量的 8 倍。

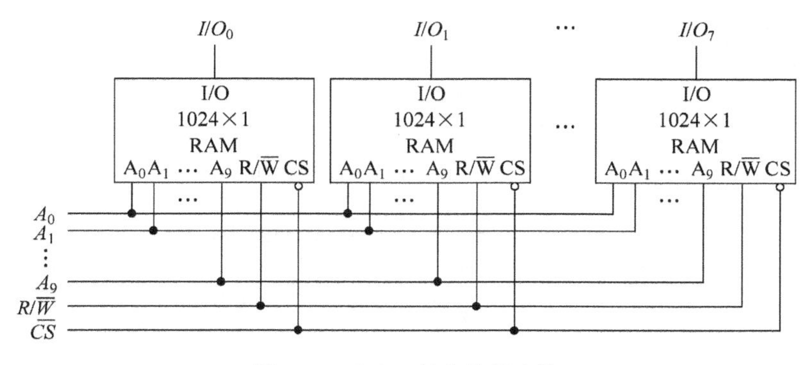


图 7.22 RAM 的位扩展连接

ROM 芯片上没有读/写控制端 $R/\overline{W}$，在进行位扩展时其余引出端的连接方法与 RAM 完全相同。

### 2. 字数的扩展方式

字数扩展就是用数字相同的 RAM 芯片组成字数更多的存储器。

字数的扩展可以利用外加译码器控制存储器芯片的片选($\overline{CS}$)输入端来实现。图 7.23 是用字扩展方式将 4 片 256×8 位的 RAM 扩展为 1024×8 位的 RAM 的接线。由于字数由 256 扩展到 1024，所以必须有 1024 个不同地址与之对应。故地址输入端将由 8 位($A_0$～$A_7$)增加到 10 位($A_0$～$A_9$)，而所增加的高两位地址代码 $A_8$、$A_9$ 可以用来作为控制各片 RAM 的片选信号。如果取第一片的高两位地址代码 $A_9A_8=00$，第二片为 $A_9A_8=01$，第三片为 $A_9A_8=10$，第 4 片为 $A_9A_8=11$，那么 4 片的地址分配将如表 7.9 所示。

由表 7.9 可见，4 片 RAM 的低 8 位地址是相同的，所以接线时将它们分别并联起来即可。由于每片 RAM 上只有 8 个地址输入端，故 $A_8$、$A_9$ 的输入端只好借用$\overline{CS}$端。图 7.23 中使用 2 线—4 线译码器将 $A_9$ $A_8$ 的 4 种编码 00、01、10、11 分别译成$\overline{Y}_0$、$\overline{Y}_1$、$\overline{Y}_2$、$\overline{Y}_3$ 4 个低电平输出信号，然后用它们分别去控制 4 片 RAM 的$\overline{CS}$端。

此外，由于每一片 RAM 的数据端 $I/O_0$～ $I/O_7$ 都设置了由$\overline{CS}$控制的三态输出缓冲器，而现在它们的$\overline{CS}$任何时候只有一个处于低电平，即任何时候只有一片 RAM 的数据端有信息输入/输出，故可将它们的数据端并联起来，作为整个 RAM 的 8 位数据输入/输出端。

上述字扩展接法同样也适用于 ROM 电路。

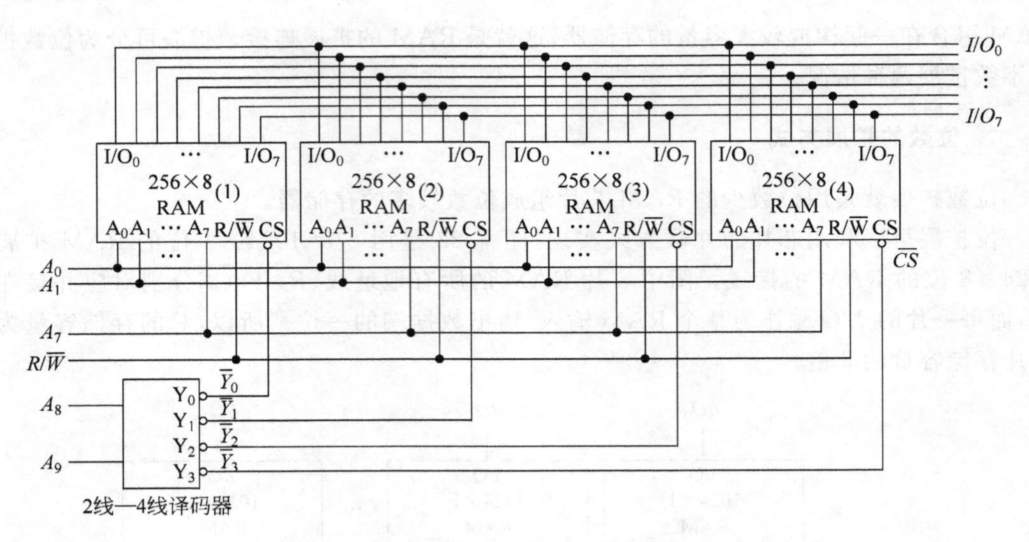


图 7.23　RAM 的字扩展连接

**表 7.9　图 7.23 中各片 RAM 电路的地址分配**

| 器件编号 | $A_9$　$A_8$ | $\overline{Y_0}$ $\overline{Y_1}$ $\overline{Y_2}$ $\overline{Y_3}$ | 地址范围 $A_9$ $A_8$ $A_7$ $A_6$ $A_5$ $A_4$ $A_3$ $A_2$ $A_1$ $A_0$（等效十进制数） |
|---|---|---|---|
| RAM(1) | 0　0 | 0　1　1　1 | 00　00000000 ～ 00　11111111<br>(0)　(255) |
| RAM(2) | 0　1 | 1　0　1　1 | 01　00000000 ～ 01　11111111<br>(256)　(511) |
| RAM(3) | 1　0 | 1　1　0　1 | 10　00000000 ～ 10　11111111<br>(512)　(767) |
| RAM(4) | 1　1 | 1　1　1　0 | 11　00000000 ～ 11　11111111<br>(768)　(1023) |

如果一片 ROM 或 RAM 的位数和字数都不够用，就需要同时采用位扩展和字扩展的方法，由多片器件组成一个大的存储器系统，以满足对存储器容量的要求。

## 7.4　PLD 的基本电路结构和电路表示方法

逻辑器件可分类两大类，即固定逻辑器件和可编程逻辑器件。固定逻辑器件中的电路是永久性的，它们完成一种或一组功能，一旦制造完成，就无法改变。对于固定逻辑器件，根据器件复杂性的不同，从设计、原型到最终生产所需要的时间可从数月至一年多不等。而且，如果器件工作不合适，或者如果应用要求发生了变化，那么就必须开发全新的设计。固定逻辑设计经常更适合大批量应用，因为它们可更为经济地大批量生产。对有些需要极高性能的应用，固定逻辑也可能是最佳的选择。一般数字芯片在出厂前就已经决定其内部电路，无法在出厂后再次改变，一般的模拟芯片、模数混合芯片也都是一样，在出厂后就无法再对其内部电路进行调修。

对于可编程逻辑器件，设计人员可利用价格低廉的软件工具快速开发、仿真和验证其设计。然后可快速将设计编程到器件中，并立即在实际运行的电路中对设计进行测试。采用PLD的另一个优点是在设计阶段中，可根据需要修改电路，直到对设计结果感到满意为止。

在发展各种类型的PLD的同时，设计手段的自动化的程度也日益提高。用于PLD编程的开发系统由硬件和软件两部分组成。硬件部分包括计算机和专门的编程器，软件部分有各种编程软件。这些编程软件都有较强的功能，操作也很简单，而且一般都可以在PC上运行。利用这些开发系统几小时内就可能完成PLD的编程工作，这就大大提高了设计工作的效率。

PLD内部电路的连接十分庞大，所以对其进行描述时采用了一种与传统方法不相同的简化方法来表示电路的连接，如图7.24所示的逻辑图形符号是目前国内外通行的画法。其中，图7.24(a)表示多输入端与门，图7.24(b)是与门输出恒等于0时的简化画法，图7.24(c)表示多输入端或门，图7.24(d)是互补输出的缓冲器，图7.24(e)是三态输出缓冲器。

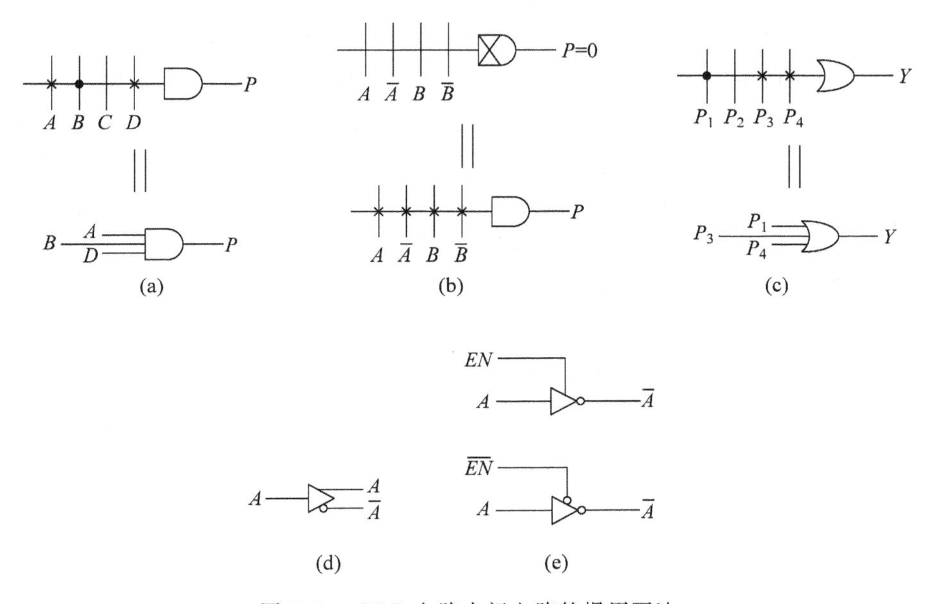


图7.24　PLD电路中门电路的惯用画法

由图7.24(a)、(b)、(c)可见，输入线通常画成行(横)线，门的所有输入变量称为输入项，并画成与行线垂直的列线以表示门的输入。列线与行线相交的交叉处若有"·"，表示有一个耦合元件固定连接；"×"表示编程连接；交叉处若无标记则表示不连接(被擦除)。

PLD的电路主体是由门构成的"与阵列"和"或阵列"以及相应的输入电路、输出电路，可以用来实现组合逻辑函数。输入电路由缓冲器组成，可以使输入信号具有足够的驱动能力，并产生互补输入信号。输出电路可以提供不同的输出结构，如直接输出(组合方式)或通过寄存器输出(时序方式)。此外，输出端口通常有三态门，可通过三态门控制数据直接输出或反馈到输入端。通常PLD电路中只有部分电路可以编程或组态，PROM、FPLA、PAL和GAL这4种PLD由于编程情况和输出结构不同，因而电路结构也不相同。表7.10列出了4种PLD电路的结构特点。

表 7.10　4 种 PLD 电路的结构特点

| 类　型 | 阵　列 | | 输 出 方 式 |
|---|---|---|---|
| | 与 | 或 | |
| PROM | 固定 | 可编程 | TS、OC |
| FPLA | 可编程 | 可编程 | TS、OC、H、L |
| PAL | 可编程 | 固定 | TS、I/O、寄存器 |
| GAL | 可编程 | 固定 | 用户定义 |

# 7.5　现场可编程逻辑阵列

现场可编程逻辑阵列(FPLA)是 20 世纪 70 年代中期在 PROM 基础上发展起来的 PLD,它的与阵列和或阵列均可编程。采用 FPLA 实现逻辑函数时只需要运用化简后的与或式,由与阵列产生与项,再由或阵列完成与项相或的运算后便得到输出函数。

图 7.25 所示的 FPLA 电路中不包含触发器,故这种结构的 FPLA 只能用来设计组合逻辑电路,这种类型的 FPLA 也称为组合逻辑型 FPLA。它是由可编程的与逻辑阵列和可编程的或逻辑阵列及输出缓冲器组成,图 7.25(a)所示为组合逻辑型 FPLA 的结构框图,图 7.25(b)所示为组合逻辑型 FPLA 的基本电路结构。在图 7.25(b)中的与逻辑阵列最多可以产生 8 个可编程的乘积项,或逻辑阵列最多能产生 4 个组合逻辑函数。如果编程后的电路连接情况如图 7.25 所示的那样,在$\overline{OE}=0$ 时可得到

$$Y_3 = ABCD + \overline{A}\,\overline{B}\,\overline{C}\,\overline{D}$$

$$Y_2 = AC + BD$$

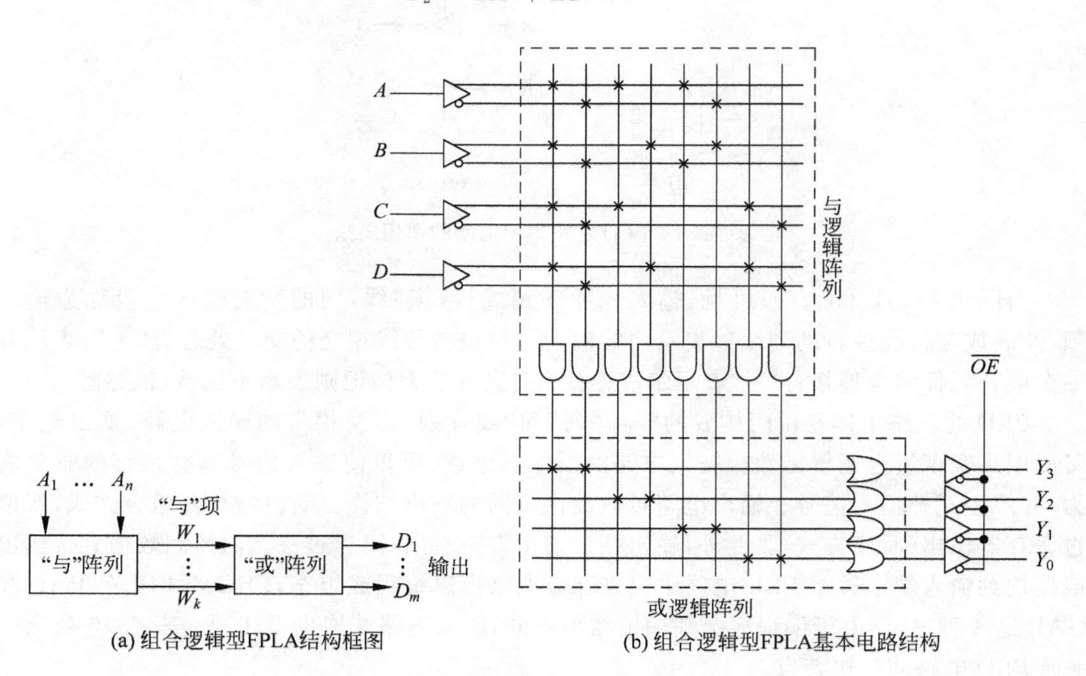

(a) 组合逻辑型FPLA结构框图　(b) 组合逻辑型FPLA基本电路结构

图 7.25　组合逻辑型 FPLA 电路结构原理

$$Y_1 = A \oplus B$$
$$Y_0 = C \odot D$$

FPLA 的规格用输入变量数、与逻辑阵列的输出端数、或逻辑阵列的输出端数三者的乘积表示。例如，82S100 是一个双极型、熔丝编程单元的 FPLA，它的规格为 16×48×8，这就表示它有 16 个变量输入端，与逻辑阵列能产生 48 个乘积项，或逻辑阵列有 8 个输出端。

FPLA 的编程单元有熔丝型和叠栅注入式 MOS 管两种，它们的单元结构和 PROM、UVEPROM 中的存储单元一样，编程的原理和方法也一样。FPLA 的输出缓冲器的结构形式除了三态输出以外，也有做成集电极开路(OC)结构的。还有一些 FPLA 器件在或逻辑阵列输出端与输入缓冲器之间设置了可编程的异或门，以便于对输出的极性进行控制。

组合逻辑型 FPLA 不包含触发器，仅能用于设计组合逻辑电路，如果用它设计时序逻辑电路，则必须另外增加含有触发器的芯片。

为了便于设计时序逻辑电路，在有些 FPLA 芯片内部增加了由若干触发器组成的寄存器。这种含有内部寄存器的 FPLA 称为时序逻辑型 FPLA，也称为可编程逻辑时序器(Programmable Logic Sequencer，PLS)。

图 7.26 是时序逻辑型 FPLA 的电路结构原理。其中，图 7.26(a)所示为时序逻辑型 FPLA 的结构框图，由图可见，此时与阵列的输入包括两部分：外输入 $A_1,\cdots,A_n$ 和由触发器反馈回来的内部状态 $Q_1,\cdots,Q_l$。或阵列则产生两组输出：外输出 $D_1,\cdots,D_m$ 和触发器的激励 $W_1,\cdots,W_k$。因此它是一个完整的同步时序系统。而图 7.26(b)所示为时序逻辑型 FPLA 的基本电路结构。由图 7.26(b)可见，所有触发器的输入端均由与—或逻辑阵列的输出控制，同时触发器的状态 $Q_1 \sim Q_4$ 又反馈到与—或逻辑阵列上，这样就可以很方便地构成时序逻辑电路了。因为这个电路中有 4 个触发器的状态 $Q_1 \sim Q_4$ 反馈到与—或逻辑阵列上，所以用这个 FPLA 可以设计成状态数不大于 16 的时序逻辑电路。$Q_5$、$Q_6$ 只作为组合逻辑电路(与—或逻辑阵列)的输出端(经寄存器输出)。

此外，在图 7.26 所示的 FPLA 电路中还设置了 $PR/\overline{OE}$控制端。当可编程接地端接通时 $M=0$，门 $G_8$ 输出高电平，使输出端的三态缓冲器处于工作状态，这时 $PR/\overline{OE}$作为内部寄存器的异步置零输入端使用。只要令 $PR/\overline{OE}=1$，门 $G_7$ 便立刻输出高电平，将所有触发器置零。当可编程接地端断开时(即熔丝熔断以后)，门 $G_7$ 的输出始终为低电平，不会给出置零信号，$PR/\overline{OE}$作为输出缓冲器的状态控制端使用。$PR/\overline{OE}=0$ 时，$G_8$ 输出高电平，输出缓冲器 $G_1 \sim G_6$ 为工作态；$PR/\overline{OE}=1$ 时，$G_8$ 输出低电平，输出缓冲器 $G_1 \sim G_6$ 为高阻态(或称禁止态)。

**例 7.3**　试用 FPLA 和 JK 触发器实现模 4 可逆计数器。当 $X=0$ 时进行加法计数；当 $X=1$ 时进行减法计数。

**【解】**　由给定的功能可画出模 4 可逆计数器的状态转换图如图 7.27(a)所示。其中 $Z$ 表示进位/借位输出。

根据状态转换图可求得时序逻辑电路的驱动方程和输出方程为

$$\begin{cases} J_1 = K_1 = 1 \\ J_2 = K_2 = X\overline{Q}_1 + \overline{X}Q_1 \end{cases}$$

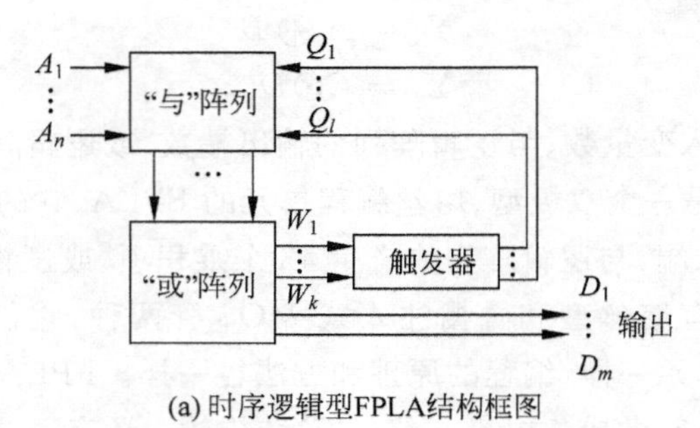

(a) 时序逻辑型FPLA结构框图

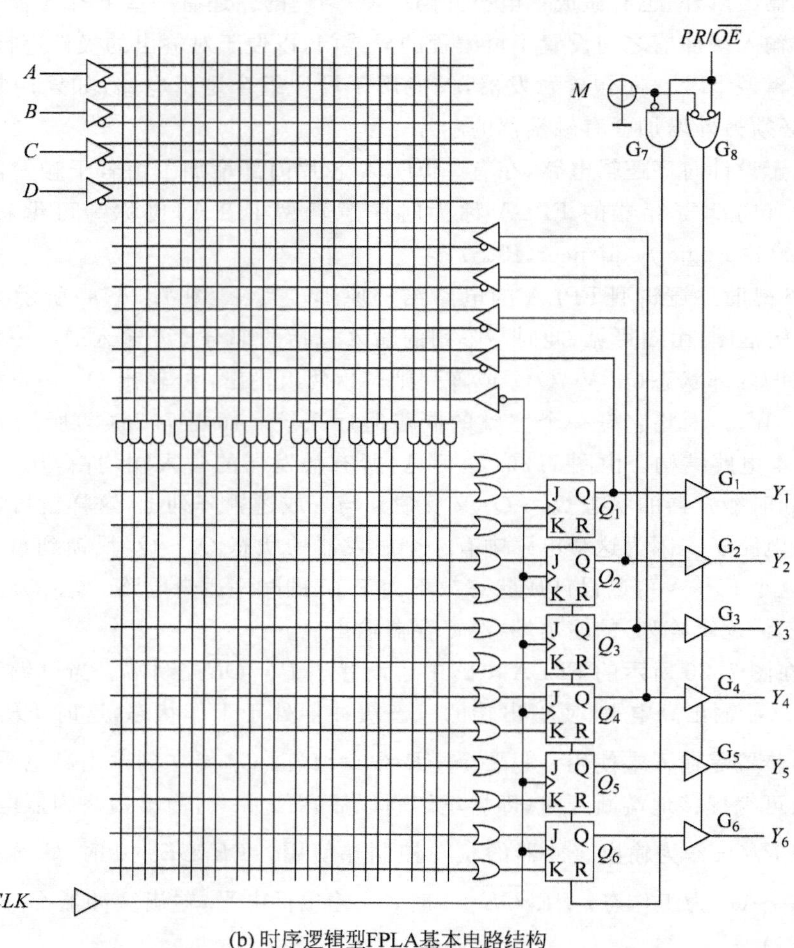

(b) 时序逻辑型FPLA基本电路结构

图 7.26 时序逻辑型 FPLA 的电路结构原理

$$Z = X\overline{Q}_2\overline{Q}_1 + \overline{X}Q_2Q_1$$

根据以上表达式画出时序逻辑 FPLA 的阵列图如图 7.27(b)所示。

由于 FPLA 的两个阵列均可编程，所以使设计工作变得容易很多，当输出函数很相似，可以充分利用共享的乘积项时，采用 FPLA 结构十分有利。但 FPLA 存在两个缺点：一是可编程的阵列为两个，编程较复杂；二是支持 FPLA 的开发软件有一定难度，因而它没有像 PAL 和 GAL 那样得到广泛的应用。

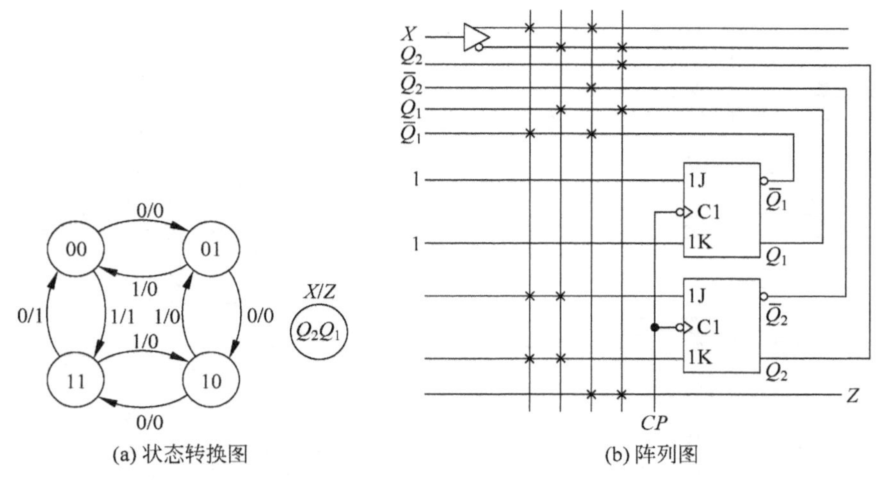

(a) 状态转换图　(b) 阵列图

图 7.27　例 7.3 模 4 可逆计数器

# 7.6 可编程阵列逻辑

可编程阵列逻辑(Programmable Array Logic,PAL)也是在 PROM 基础上发展起来的一种可编程逻辑器件,它是 20 世纪 70 年代末期由美国单片存储器 MMI 公司率先推出的。PAL 采用了双极型工艺制作,熔丝编程方式,因而器件工作速度很高(可达十几 ns)。PAL 器件由可编程的与逻辑阵列、固定的或逻辑阵列和输出电路三部分组成。通过对与逻辑阵列编程可以获得不同形式的组合逻辑函数。而它的输出电路结构很多,如在有些型号的 PAL 器件中,输出电路中设置有触发器和从触发器输出到与逻辑阵列的反馈线,所以利用这种 PAL 器件可以很方便地构成各种时序逻辑电路。这给逻辑设计带来了很大的灵活性。

图 7.28 所示电路是 PAL 器件中最简单的一种电路结构形式,它仅包含一个可编程的与逻辑阵列和一个固定的或逻辑阵列,没有其他附加的输出电路。

在尚未编程之前,与逻辑阵列的所有交叉点上均有熔丝接通。而 PAL 的编程过程就是根据具体的逻辑功能将有用的熔丝保留,将无用的熔丝熔断,这样就得到了所需的逻辑电路。图 7.29 是经过编程后的一个 PAL 器件的结构,其产生的逻辑函数是

$$Y_1 = I_1 I_2 I_3 + I_2 I_3 I_4 + I_1 I_3 I_4 + I_1 I_2 I_4$$

$$Y_2 = \bar{I}_1 \bar{I}_2 + \bar{I}_2 \bar{I}_3 + \bar{I}_3 \bar{I}_4 + \bar{I}_1 \bar{I}_4$$

$$Y_3 = I_1 \bar{I}_2 + \bar{I}_1 I_2$$

$$Y_4 = I_1 I_2 + \bar{I}_1 \bar{I}_2$$

在目前常用的 PAL 器件中,输入变量最多的可达 20 个,与逻辑阵列乘积项最多的有 80 个,或逻辑阵列输出端最多的有 10 个,每个或门输入端最多的达 16 个。

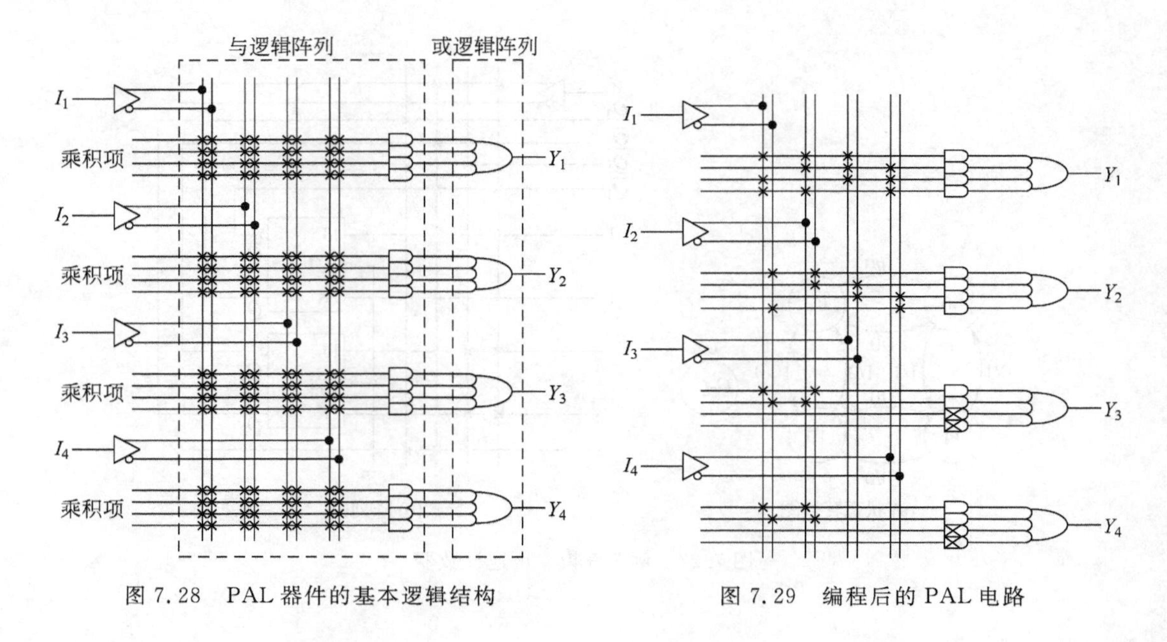


图 7.28 PAL 器件的基本逻辑结构　　图 7.29 编程后的 PAL 电路

## 7.7 通用阵列逻辑

LATTICE公司于1985年首先推出了一种新型的可编程逻辑器件——通用阵列逻辑(Generic Array Logic,GAL)。GAL是在PAL基础上发展起来的新一代可编程逻辑器件,它采用了能长期保持数据的CMOSM $E^2$PROM工艺,提供了电子标签、宏单元和结构字等新技术,从而使GAL实现了电可擦除、可重编程等性能,大大增强了电路设计的灵活性。GAL器件的上述特点使其获得了广泛应用,从而成为低密度可编程器件的代表。

GAL器件的阵列与PAL一样,是由一个可编程的与阵列驱动一个固定的或阵列。但输出部分的结构不同,它的每一个输出引脚上都集成了一个输出逻辑宏单元。下面以普通型GAL16V8为例,介绍GAL器件的一般电路结构形式和工作原理。

GAL16V8的电路结构如图7.30所示。它有一个32×64位的与逻辑阵列可编程单元;8个输入缓冲器和8个输出反馈/输入缓冲器;8个输出逻辑宏单元OLMC,8个三态输出缓冲器,每个OLMC对应一个I/O引脚;系统时钟*CLK*和三态输出选通信号*OE*的输入缓冲器。

与逻辑阵列的每个交叉点上设有$E^2$CMOS编程单元,这种编程单元的结构和工作原理与第6章中所讲的$E^2$PROM的存储单元相同。图7.31是用3个编程单元构成的与门。组成或逻辑阵列的8个或门分别包含于8个OLMC中,它们和与逻辑阵列的连接是固定的。

OLMC由或门、异或门、D触发器和4个数据选择器MUX组成,其内部结构如图7.32虚线框中所示。每个OLMC包含或门阵列中一个或门。一个或门有8个输入端,和来自与逻辑阵列的8个乘积项相对应。其中7个直接相连,第一乘积项(图中最上边的一项)经PTMUX相连,或门的输出为有关乘积项之和,能产生不超过8项的与—或逻辑函数。

异或门的作用是选择输出信号的极性。当$XOR(n)=0$时,异或门的输出和或门的输出同相;当$XOR(n)=1$时,异或门的输出和或门的输出反相。

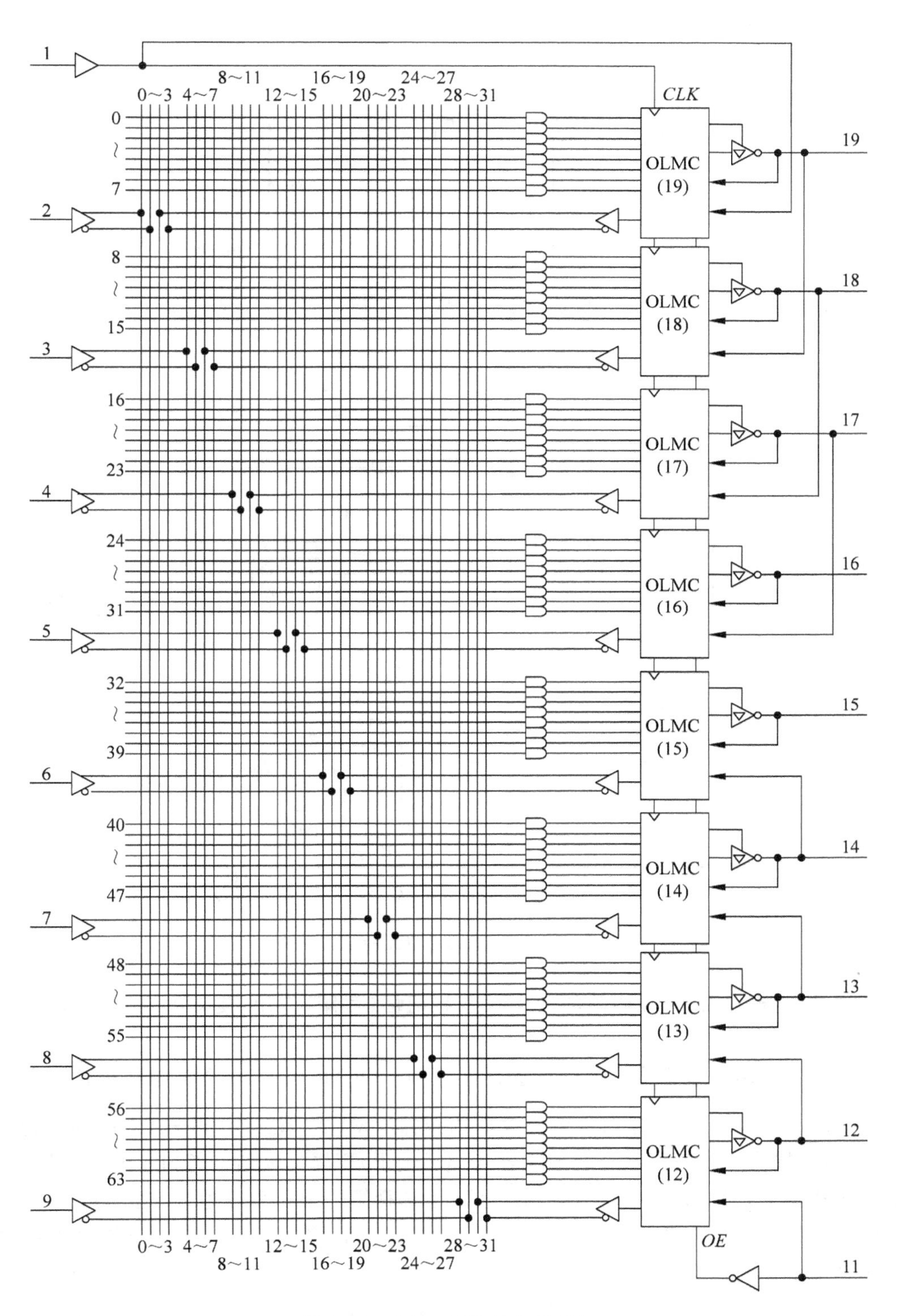


图 7.30　GAL16V8 的电路结构

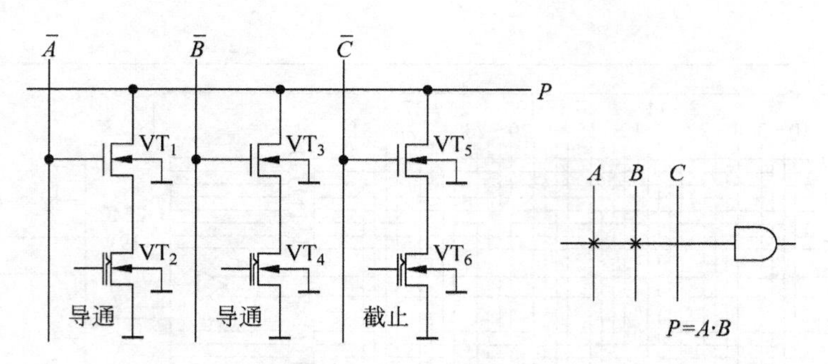


图 7.31 由 3 个编程单元构成的与门

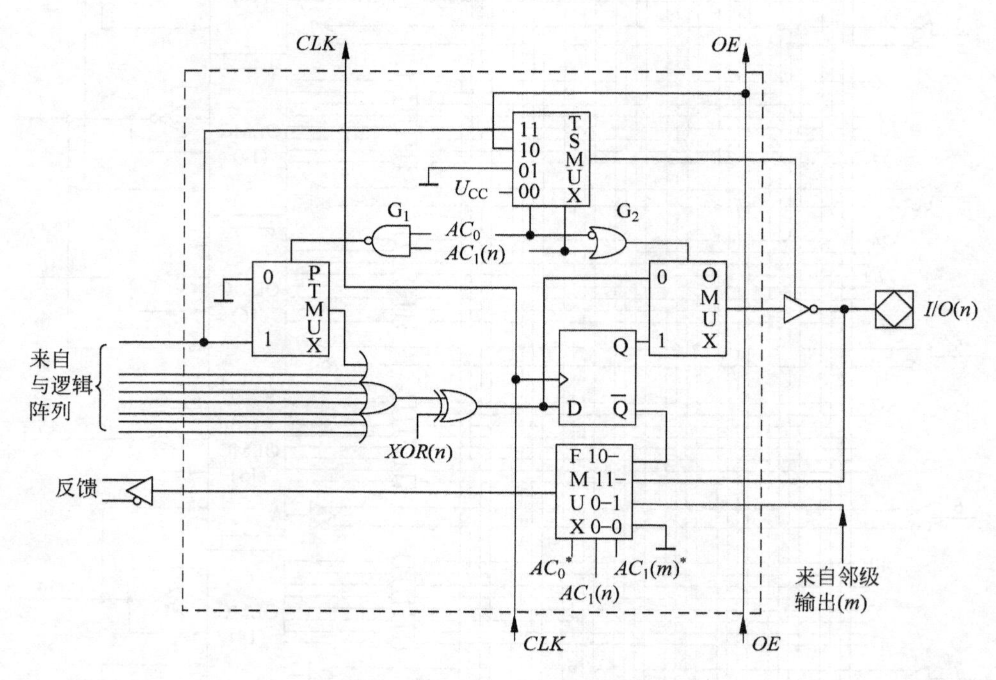


图 7.32 输出逻辑宏单元的结构框图

D 触发器(寄存器)对异或门的输出状态起记忆(存储)作用，使 GAL 适用于时序逻辑电路。

输出电路的结构形式受 4 个数据选择器控制。OLMC 中的 4 个多路数据选择器受信号 $AC_0$ 和 $AC_1(n)$ 的控制，分别是输出数据选择器 OMUX，在 $\overline{AC_1(n)+\overline{AC_0}}$ 控制下选择组合型(异或门输出)或寄存型(经 D 触发器存储后输出)逻辑运算结果送到输出缓冲器；乘积项数据选择器 PTMUX，在 $\overline{AC_1(n)+AC_0}$ 控制下选择第一乘积项或地(0)送至或门输入端；三态缓冲器使能数据选择器 TSMUX，在 $AC_0$ 和 $AC_1(n)$ 控制下从 $U_{CC}$、地、$OE$ 或第一乘积项中选择一个作为输出缓冲器的使能信号；反馈源数据选择器 FMUX，在 $AC_0$ 和 $AC_1(n)$ 控制下选择 D 触发器 的 $\bar{Q}$、本级 OLMC 输出、邻级 OLMC 输出或地电平作为反馈源送回与逻辑阵列作为输入信号。

OLMC 的工作模式有 5 种：专用输入模式；专用组合输出模式；带反馈的组合输出

模式；时序逻辑的组合输出模式；寄存器输出模式。OLMC 的 5 种工作模式归纳在表 7.11 中。

**表 7.11　OLMC 的 5 种工作模式**

| *SYN* | *AC*0 | *AC*1(*n*) | *XOR*(*n*) | 工作模式 | 输出极性 | 备　注 |
|---|---|---|---|---|---|---|
| 1 | 0 | 1 | / | 专用输入 | — | 1 和 11 引脚为数据输入，三态门禁止 |
| 1 | 0 | 0 | 0 | 专用组合输出 | 低电平有效 | 1 和 11 引脚为数据输入，三态门被选通 |
| | | | 1 | | 高电平有效 | |
| 1 | 1 | 1 | 0 | 反馈组合输出 | 低电平有效 | 1 和 11 引脚为数据输入，三态门选通信号是第一乘积项，反馈信号取自 *I/O* 端 |
| | | | 1 | | 高电平有效 | |
| 0 | 1 | 1 | 0 | 时序电路中的组合输出 | 低电平有效 | 1 引脚接 $CLK$，11 引脚接$\overline{OE}$，至少另有一个 OLMC 为寄存器输出模式 |
| | | | 1 | | 高电平有效 | |
| 0 | 1 | 0 | 0 | 寄存器输出 | 低电平有效 | 1 引脚接 $CLK$，11 引脚接$\overline{OE}$ |
| | | | 1 | | 高电平有效 | |

只要给 GAL 器件写入不同的结构控制字，就可以得到不同类型的输出电路结构，这些电路结构完全可以取代 PAL 器件的各种输出电路结构。

## 7.8　现场可编程门阵列

FPGA(Field-Programmable Gate Array，现场可编程门阵列)是 20 世纪 80 年代由 Xilinx 公司首家推出的，是基于 PAL、GAL、CPLD 等可编程器件基础上进一步发展的产物。它作为专用集成电路(ASIC)领域中的一种半定制电路而出现，既解决了定制电路的不足，又克服了原有可编程器件门电路数有限的缺点。在前面讲的几种 PLD 电路中，都采用了与—或逻辑阵列加上输出逻辑单元的结构形式。而 FPGA 的电路结构形式则完全不同，它由若干独立的可编程逻辑模块组成。用户可以通过编程将这些模块连接成所需要的数字系统。因为这些模块的排列形式和门阵列(GA)中单元的排列形式相似，所以采用了门阵列这个名称。FPGA 属于高密度 PLD，其集成度可达 3 万门/片以上。

FPGA 采用了逻辑单元阵列(Logic Cell Array，LCA)这样一个概念，内部包括可配置逻辑模块(Configurable Logic Block，CLB)、输入/输出模块(Input Output Block，IOB)和互联资源(Interconnect Resource，IR)3 个部分。现场可编程门阵列是可编程器件，与传统逻辑电路和门阵列(如 PAL、GAL 及 CPLD 器件)相比，FPGA 具有不同的结构，FPGA 利用小型查找表来实现组合逻辑，每个查找表连接到一个 D 触发器的输入端，触发器再来驱动其他逻辑电路或驱动 *I/O*，由此构成了既可实现组合逻辑功能又可实现时序逻辑功能的基本逻辑单元模块，这些模块间利用金属连线互相连接或连接到 *I/O* 模块。FPGA 的逻辑是通过向内部静态存储单元加载编程数据来实现的，存储在存储器单元中的值决定了逻辑单元的逻辑功能以及各模块之间或模块与 *I/O* 间的连接方式，并最终决定了 FPGA 所能实现的功能。图 7.33 是 FPGA 基本结构形式的示意图。

目前主流的 FPGA 仍是基于查找表技术的，已经远远超出了先前版本的基本性能，并且整合了常用功能(如 RAM、时钟管理和 DSP 等)的硬核(ASIC 型)模块。

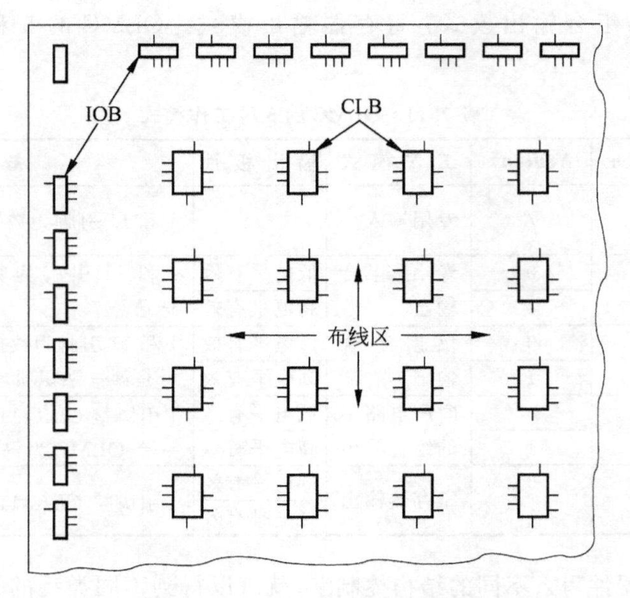


图 7.33 FPGA 的基本结构框图

## 习题

7.1 半导体存储器的电路结构包含______、______和______ 3 个组成部分。

7.2 若存储器的容量为 512K×8 位，则地址代码应取______位。

7.3 ROM 和 RAM 的主要区别为______。

7.4 根据存储单元电路结构和工作原理的不同，将 RAM 分为______和______。

7.5 EPROM 的与阵列是______。

A. 全译码可编程阵列　　　　B. 全译码不可编程阵列

C. 非全译码可编程阵列　　　D. 非全译码不可编程阵列

7.6 ROM 的每个与项都是最小项，这样说对吗？

7.7 可用 ROM 完成先进后出的堆栈存储器功能吗？

7.8 一个容量为 256×4 位的 RAM 有多少个基本存储单元？

7.9 欲将容量为 256×8 的 RAM 扩展为 1024×8 的 RAM，则需要控制各片选端的辅助译码器的输出端个数为______。

7.10 为了构成 4096×4 的 RAM，需要______片 1024×1 的 RAM。

7.11 某一 ROM 电路如题图 7.11 所示。

(1) 填写 ROM 真值表。

(2) 分别写出 $D_1$、$D_2$、$D_3$、$D_4$ 对于 $A_1$、$A_0$ 的逻辑表达式。

7.12 试分析题图 7.12 所示的与—或逻辑阵列，写出 $Y_1$、$Y_2$ 与 $A$、$B$、$C$、$D$ 之间的逻辑关系式。

7.13 存储器容量的位扩展方式和字扩展方式分别是什么？

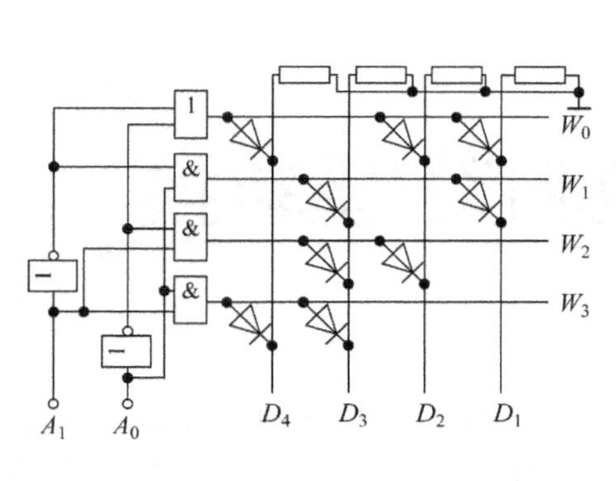


题图　7.11

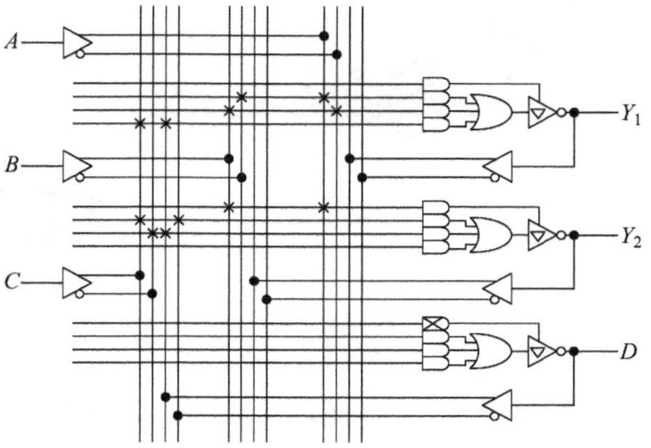

题图　7.12

7.14　试说明在下列应用场合下选用________类型的 PLD 最为合适。

A. 小批量定型产品中的中规模逻辑电路

B. 产品研制过程中需要不断修改的中、小规模逻辑电路

C. 少量的定型产品中需要的规模较大的逻辑电路

D. 需要经常改变其逻辑功能的规模较大的逻辑电路

E. 要求能以遥控方式改变其逻辑功能的逻辑电路

7.15　试用 2 片 1024×8 位的 ROM 组成 1024×16 位的存储器。

7.16　试用 4 片 4K×8 位的 RAM 组成 16K×8 位的存储器。

7.17　用 ROM 设计一个组合逻辑电路，用来产生下列一组逻辑函数。

$$\begin{cases} Y_1 = \bar{A}\bar{B}\bar{C}\bar{D} + \bar{A}B\bar{C}D + A\bar{B}C\bar{D} + ABCD \\ Y_2 = \bar{A}\bar{B}C\bar{D} + \bar{A}BCD + A\bar{B}\bar{C}\bar{D} + AB\bar{C}D \\ Y_3 = \bar{A}BD + \bar{B}C\bar{D} \\ Y_4 = BD + \bar{B}\bar{D} \end{cases}$$

7.18　用一片 256×8 位的 ROM 产生以下组合逻辑函数，列出 ROM 的数据表，画出电路的连线图，并在图中标明各输入变量和输出函数对应的接线端。

$$\begin{cases} Y_1 = AB + BC + CD + DA \\ Y_2 = \bar{A}\bar{B} + \bar{B}\bar{C} + \bar{C}\bar{D} + \bar{D}\bar{A} \\ Y_3 = ABC + BCD + ABD + ACD \\ Y_4 = \bar{A}\bar{B}\bar{C} + \bar{B}\bar{C}\bar{D} + \bar{A}\bar{B}\bar{D} + \bar{A}\bar{C}\bar{D} \\ Y_5 = ABCD \\ Y_6 = \bar{A}\bar{B}\bar{C}\bar{D} \end{cases}$$

7.19　可编程逻辑器件有哪些种类？它们的共同特点是什么？

# 第8章 模/数和数/模转换

在现代控制、通信及检测领域中，对信号的处理广泛采用了数字计算机技术，而系统的实际处理对象往往都是一些模拟量(如温度、压力、位移、图像等)。要将所获得的模拟信号送至数字系统进行处理、计算、变换以得到期望的结果，就需要一种能在模拟信号与数字信号之间起桥梁作用的电路——模/数转换电路和数/模转换电路。本章详细介绍模/数转换电路和数/模转换电路的电路结构、工作原理及应用。

## 8.1 概述

能将模拟信号转换成数字信号的电路，称为模/数转换器(简称 A/D 转换器)；而能将数字信号转换成模拟信号的电路，称为数/模转换器(简称 D/A 转换器)，A/D 转换器和 D/A转换器已经成为计算机系统中不可缺少的接口电路，在现今的电路系统和电子设备中得到了广泛的应用。

本章将介绍几种常用 A/D 与 D/A 转换器的电路结构、工作原理及其应用。

## 8.2 D/A 转换器

在第 1 章中曾讲到，一个 $n$ 位二进制数 $M$ 可以用下面形式表示，即

$$[M]_2 = K_{n-1} \times 2^{n-1} + K_{n-2} \times 2^{n-2} + \cdots + K_1 \times 2^1 + K_0 \times 2^0 = \sum_{i=0}^{n-1} K_i \times 2^i$$

二进制 D/A 转换器就是把二进制数 $M$ 转换成与它成比例的电压量(或电流量)的电路。

图 8.1 所示是 D/A 转换器的输入、输出关系框图，$D_0 \sim D_{n-1}$ 是输入的 $n$ 位二进制数，$u_O$ 是与输入二进制数成比例的输出电压。一个 $n$ 位二进制数经过 $n$ 位二进制数寄存器输入到 D/A 转换器的输入端，这时 D/A 转换器的输出电压 $u_O$ 为

$$u_O = k \cdot M$$

式中，$k$ 为比例系数。

图 8.2 所示为一个当输入为 3 位二进制数时 D/A 转换器的转换特性，它具体而形象地反映了 D/A 转换器的基本功能。

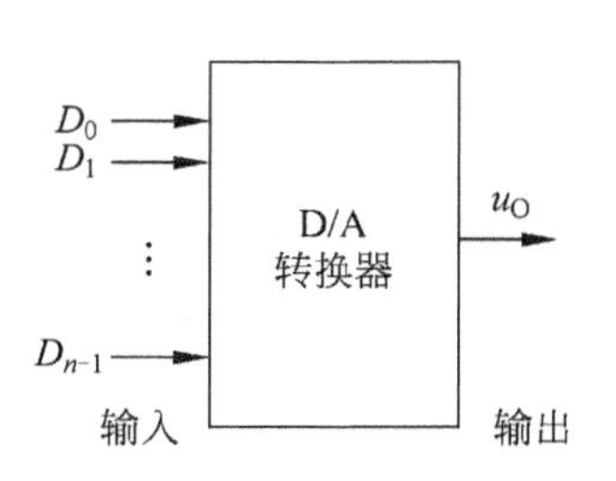


图 8.1　D/A 转换器的输入、输出关系框图

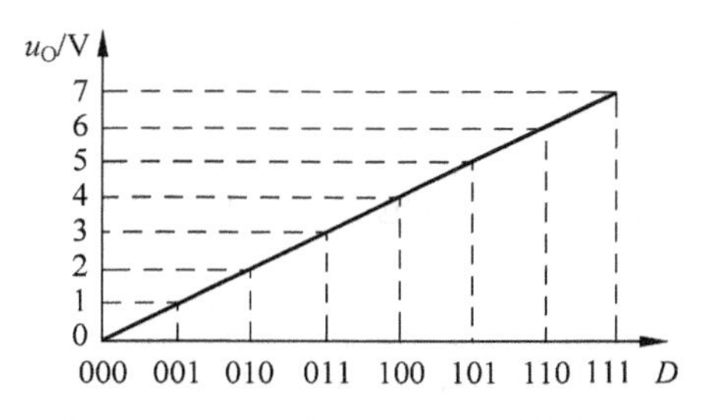


图 8.2　3 位 D/A 转换器的转换特性

## 8.2.1　权电阻网络 D/A 转换器

图 8.3 是 4 位权电阻网络 D/A 转换器的原理图，它由权电阻网络（也称电阻解码网络）、4 个模拟开关和一个求和放大器组成。

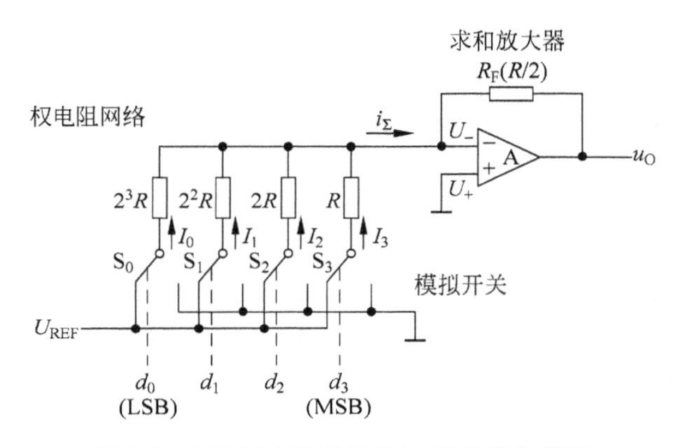


图 8.3　4 位权电阻网络 D/A 转换器的原理

$S_3$、$S_2$、$S_1$ 和 $S_0$ 是 4 个电子开关，它们的状态分别受输入代码 $d_3$、$d_2$、$d_1$ 和 $d_0$ 的取值控制，当代码为 1 时，开关接到参考电压 $U_{REF}$ 上；而当代码为 0 时，开关接地。故 $d_i=1$ 时有支路电流 $I_i$ 流向求和放大器，$d_i=0$ 时支路电流为零。

求和放大器是一个接成负反馈的运算放大器。为了简化分析运算，可以把运算放大器近似看成是理想放大器，即它的开环增益为无穷大、输入电流为零（输入电阻为无穷大）、输出电阻为零。当同相输入端 $U_+$ 的电位高于反相输入端 $U_-$ 的电位时，输出端对地的电压 $u_O$ 为正；当 $U_-$ 高于 $U_+$ 时，$u_O$ 为负。

当参考电压经电阻网络加到 $U_-$ 时，只要 $U_-$ 稍高于 $U_+$，便在 $u_O$ 产生很负的输出电压。$u_O$ 经 $R_F$ 反馈到 $U_-$ 端使 $U_-$ 降低，其结果必然使 $U_-\approx U_+=0$，即满足虚短。

在认为运算放大器输入电流为零的条件下可以得到

$$u_O=-R_F i_\Sigma=-R_F(I_3+I_2+I_1+I_0) \tag{8.1}$$

由于 $U_-\approx 0$，而各支路电流分别为

$$I_3=\frac{U_{REF}}{R}d_3 \qquad \left(d_3=1\text{ 时 }I_3=\frac{U_{REF}}{R},d_3=0\text{ 时 }I_3=0\right)$$

$$I_2=\frac{U_{REF}}{2R}d_2 \qquad I_1=\frac{U_{REF}}{2^2R}d_1 \qquad I_0=\frac{U_{REF}}{2^3R}d_0$$

将它们代入式(8.1)，并取 $R_F=R/2$，则得到

$$u_O=-R_F i_\Sigma=-\frac{U_{REF}}{2^4}(d_3 2^3+d_2 2^2+d_1 2^1+d_0 2^0) \tag{8.2}$$

对于 $n$ 位的权电阻网络 D/A 转换器，当反馈电阻取 $R/2$ 时，输出电压的计算公式可写成

$$u_O=-\frac{U_{REF}}{2^n}(d_{n-1}2^{n-1}+d_{n-2}2^{n-2}+\cdots+d_1 2^1+d_0 2^0)=-\frac{U_{REF}}{2^n}D_n \tag{8.3}$$

式(8.3)表明，输出的模拟电压正比于输入的数字量 $D_n$，从而实现了从数字量到模拟量的转换。

当 $D_n=0$ 时 $u_O=0$，当 $D_n=11\cdots11$ 时 $u_O=-\frac{2^n-1}{2^n}U_{REF}$，故 $u_O$ 的最大变化范围是 0～$-\frac{2^n-1}{2^n}U_{REF}$。

从式(8.3)中还可以看到，在 $U_{REF}$ 为正电压时输出电压 $u_O$ 始终为负值。要想得到正的输出电压，可以将 $U_{REF}$ 取为负值。

**例 8.1** 已知一个 4 位权电阻输入的 4 位二进制数码为 $d_3d_2d_1d_0=1011$，参考电源 $U_{REF}=-8\text{V}$，转换比例系数为 1，求转换后的模拟信号的电压 $u_O$。

**【解】** 根据式(8.3)可求出

$$u_O=-\frac{8}{2^4}(1\times2^3+0\times2^2+1\times2^1+1\times2^0)=5.5(\text{V})$$

图 8.3 所示权电阻网络的点是结构比较简单，所用的电阻元件数很少。它的缺点是各个电阻的阻值相差较大，尤其在输入信号的位数较多时，这个问题就更加突出了。例如，当输入信号增加到 8 位时，如果取权电阻网络中最小的电阻为 $R=10\text{k}\Omega$，那么最大的电阻阻值将达到 $2^7R=1.28\text{M}\Omega$，两者相差 128 倍之多。要想在极为宽广的阻值范围内保证每个电阻都有很高的精度是十分困难的，尤其对制作集成电路更加不利。

## 8.2.2 权电流网络 D/A 转换器

前面分析的权电阻网络 D/A 转换器，把模拟开关当作理想开关处理，没有考虑它们的导通电阻和导通压降，而实际上这些开关总有一定的导通电阻和导通压降，而且每个开关的情况又不一定完全相同。它们的存在无疑将引起转换误差，影响转换精度。为了进一步提高 D/A 转换器的精度，可采用权电流网络 D/A 转换器。4 位权电流网络 D/A 转换器原理电路如图 8.4 所示。

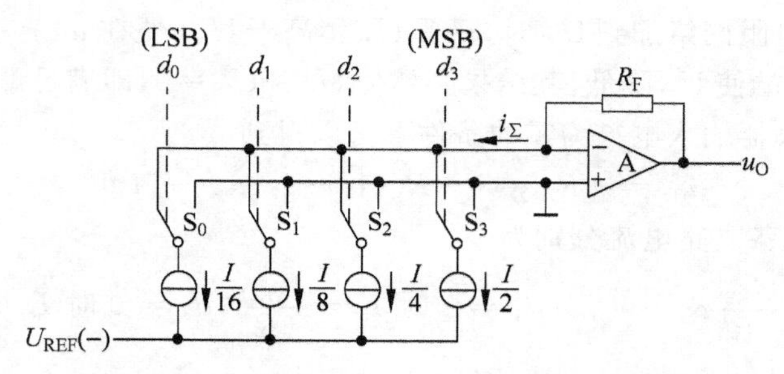


图 8.4 权电流型 D/A 转换器的原理电路

在权电流网络 D/A 转换器中，有一组恒流源。这组恒流源从高位到低位电流的大小依次为 $I/2$、$I/4$、$I/8$、$I/16$，和输入的二进制数对应位的“权”成正比。由于采用了恒流源，每个支路电流的大小不再受开关的内阻和压降的影响，从而降低了对开关电路的要求。

当输入数字量的某一位代码 $d_i=1$ 时，相应的开关 $S_i$ 将恒流源接至运算放大器的反相输入端；当 $d_i=0$ 时，对应的开关 $S_i$ 接地。分析该电路可得输出电压为

$$u_O=i_\Sigma R_F=R_F\left(\frac{I}{2}d_3+\frac{I}{4}d_2+\frac{I}{8}d_1+\frac{I}{16}d_0\right)$$

$$=\frac{I}{2^4}\cdot R_F(d_3\cdot 2^3+d_2\cdot 2^2+d_1\cdot 2^1+d_0\cdot 2^0) \tag{8.4}$$

从式(8.4)可以看出，输出 $u_O$ 正比于输入的数字量。

## 8.2.3 倒 T 形电阻网络 D/A 转换器

图 8.5 所示为 4 位二进制代码倒 T 形电阻网络数/模转换器。由图可见，它是由倒 T 形电阻网络、模拟开关和一个加法器组成。电阻网络中只有 $R$、$2R$ 两种阻值的电阻，这不仅克服了电阻阻值相差太大的缺点，而且还给集成电路的设计和制作带来了很大的方便。

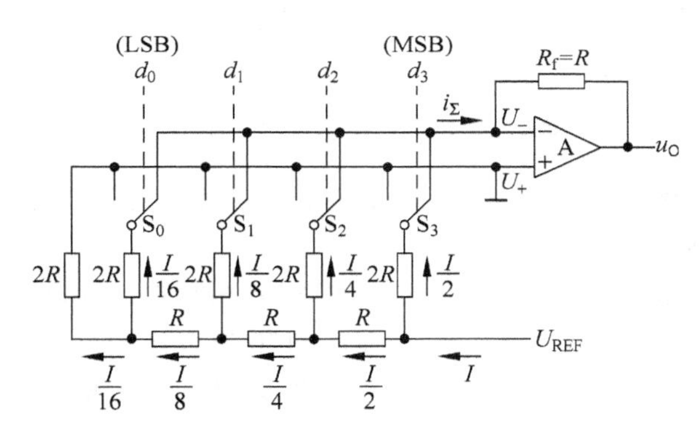

图 8.5 4 位倒 T 形电阻网络 D/A 转换器

$S_0\sim S_3$ 为模拟开关，$R$—$2R$ 电阻解码网络呈倒 T 形，运算放大器 A 构成求和电路。$S_i$ 由输入数码 $d_i$ 控制，当 $d_i=1$ 时，$S_i$ 接运放反相输入端(为虚地端)，$I_i$ 流入求和电路；当 $d_i=0$ 时，$S_i$ 将电阻 $2R$ 接地。

所以无论模拟开关 $S_i$ 处于何种位置，与 $S_i$ 相连的 $2R$ 电阻均等效接“地”(地或虚地)。这样流经 $2R$ 电阻的电流与开关位置无关，为一个定值。

在计算倒 T 形电阻网络中各支路的电流时，可以将电阻网络等效地画成图 8.6 所示的电路。分析 $R$—$2R$ 电阻解码网络不难发现，从 AA′、BB′、CC′、DD′每个端口向左看的二端网络等效电阻均为 $R$，因此从参考电源流入倒 T 形电阻网络的总电流为 $I=U_{REF}/R$，则流过每个 $2R$ 电阻的电流从高位到低位按 2 的整倍数递减。故流过各开关支路(从右到左)的电流分别为 $I/2$、$I/4$、$I/8$ 和 $I/16$。

由于 $d_i=1$ 时，$S_i$ 接运放反相输入端，$I_i$ 流入求和电路；当 $d_i=0$ 时，$S_i$ 将电阻 $2R$ 接地。于是可得总电流为

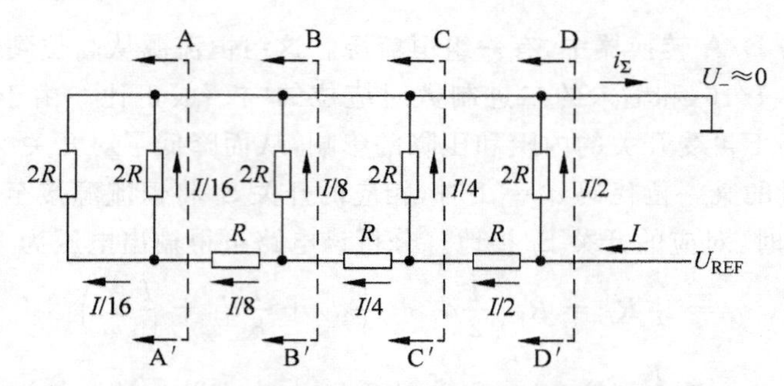


图 8.6 计算倒 T 形电阻网络支路电流的等效电路

$$i_\Sigma=\frac{U_{REF}}{R}\left(\frac{d_0}{2^4}+\frac{d_1}{2^3}+\frac{d_2}{2^2}+\frac{d_3}{2^1}\right)=\frac{U_{REF}}{2^4\times R}(d_3 2^3+d_2 2^2+d_1 2^1+d_0 2^0) \tag{8.5}$$

输出电压为

$$\begin{aligned}u_O&=-i_\Sigma R_f=-\frac{R_f}{R}\cdot\frac{U_{REF}}{2^4}(d_3 2^3+d_2 2^2+d_1 2^1+d_0 2^0)\\&=-\frac{U_{REF}}{2^4}(d_3 2^3+d_2 2^2+d_1 2^1+d_0 2^0)\end{aligned} \tag{8.6}$$

当输入数字量扩展到 $n$ 位时，可得到倒 T 形电阻网络 D/A 转换器输出模拟量与输入数字量之间的一般关系式为

$$u_O=-\frac{R_f}{R}\cdot\frac{U_{REF}}{2^n}(d_{n-1}2^{n-1}+d_{n-2}2^{n-2}+\cdots+d_1 2^1+d_0 2^0) \tag{8.7}$$

在倒 T 形电阻网络数/模转换器中，各支路电流直接流入运算放大器输入端，它们之间不存在传输时间差，所以转换精度高。

倒 T 形电阻网络数/模转换器的主要集成电路产品有 AD7520(10 位)、DAC1210(12 位)和 AK7546(16 位高精度)等。图 8.7 采用倒 T 形电阻网络的单片集成 D/A 转换器 AD7520 的电路原理。它的输入为 10 位二进制数，采用 CMOS 电路构成的模拟开关。由于 AD7520 内部反馈电阻 $R_f=R$，所以转换关系为

$$u_O=-\frac{U_{REF}}{2^{10}}(d_9 2^9+d_8 2^8+\cdots+d_1 2^1+d_0 2^0)$$

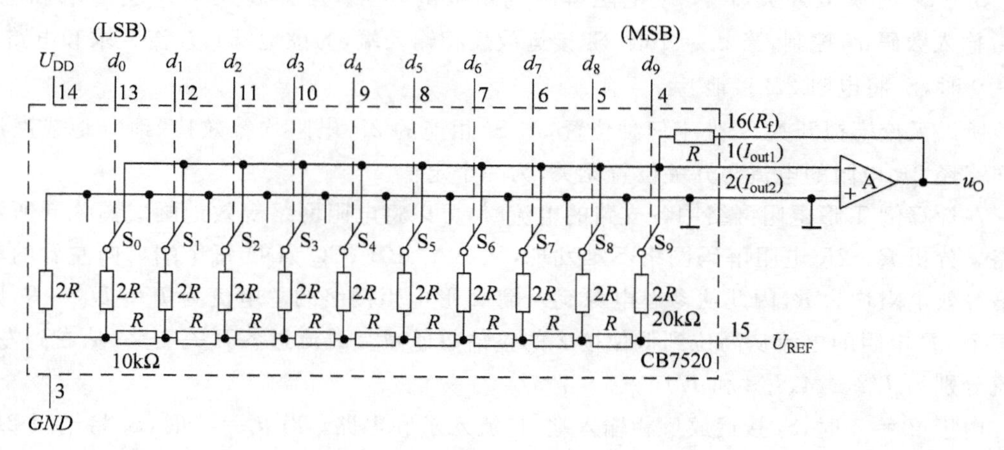


图 8.7 CB7520(AD7520)的电路原理

### 8.2.4 具有双极性输出的 D/A 转换器

因为在二进制算术运算中通常都把带符号的数值表示为补码的形式，所以希望 D/A 转换器能够把以补码形式输入的正、负数分别转换成正、负极性的模拟电压。现以输入为 3 位的二进制补码的情况为例，说明转换的原理。3 位二进制补码可以表示＋3～－4 之间的任何整数，它们与十进制数的对应关系以及希望得到的输出模拟电压如表 8.1 所示。

表 8.1 输入为 3 位二进制补码时要求 D/A 转换器的输出

| 补码输入 | | | 对应的十进制 | 要求的输出电压 |
|---|---|---|---|---|
| $d_2$ | $d_1$ | $d_0$ | | |
| 0 | 1 | 1 | ＋3 | ＋3V |
| 0 | 1 | 0 | ＋2 | ＋2V |
| 0 | 0 | 1 | ＋1 | ＋1V |
| 0 | 0 | 0 | 0 | 0V |
| 1 | 1 | 1 | －1 | －1V |
| 1 | 1 | 0 | －2 | －2V |
| 1 | 0 | 1 | －3 | －3V |
| 1 | 0 | 0 | －4 | －4V |

在图 8.8 所示的 D/A 转换电路中，如果没有接入反相器 G 和偏移电阻 $R_B$，它就是一个普通的 3 位倒 T 形电阻网络 D/A 转换器。在这种情况下，如果把输入的 3 位代码看作无符号的 3 位二进制数（即全都是正数），并且取 $U_{REF}=-8V$，则输入代码为 111 时，输出电压 $u_O=7V$，而输入代码为 000 时，输出电压 $u_O=0V$，如表 8.2 所示。

表 8.2 具有偏移的 D/A 转换器的输出

| 原码输入 | | | 无偏移时的输出 | 偏移－4V 后的输出 |
|---|---|---|---|---|
| $d_2$ | $d_1$ | $d_0$ | | |
| 1 | 1 | 1 | ＋7V | ＋3V |
| 1 | 1 | 0 | ＋6V | ＋2V |
| 1 | 0 | 1 | ＋5V | ＋1V |
| 1 | 0 | 0 | ＋4V | 0V |
| 0 | 1 | 1 | ＋3V | －1V |
| 0 | 1 | 0 | ＋2V | －2V |
| 0 | 0 | 1 | ＋1V | －3V |
| 0 | 0 | 0 | 0V | －4V |

将表 8.1 和表 8.2 比较可以发现，如果把表 8.2 中间一列的输出电压偏移－4V，则偏移后的输出电压恰好同表 8.1 所要求得到的输出电压相符。

然而，在前面讲过的 D/A 转换电路输出电压都是单极性的，得不到正、负极性的输出电压，为此在图 8.8 所示的 D/A 转换电路中增设了 $R_B$ 和 $U_B$ 组成的偏移电路。为了使输入代码为 100 的输出电压等于零，只要使 $I_B$ 与此时的 $i_{\Sigma}$ 大小相等即可，故应该取

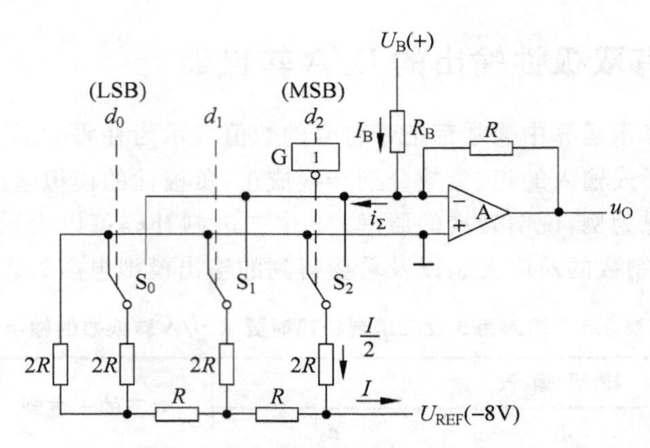


图 8.8 具有双极性输出电压的 D/A 转换器

$$\frac{|U_B|}{R_B}=\frac{I}{2}=\frac{|U_{REF}|}{2R} \tag{8.8}$$

图 8.8 中所标示的 $I_B$、$i_\Sigma$ 和 $I$ 的方向都是电流的实际方向。

假设再将表 8.1 和表 8.2 最左边一列代码对照一下还可以发现，只要把表 8.1 中补码的符号位求反，再加到偏移后的 D/A 转换器上，就可以得到表 8.1 所需要得到的输入与输出关系了。为此，在图 8.8 中是将符号位经反相器 G 反相后才加到 D/A 转换电路上去的。

通过上面的例子不难总结出构成双极性输出 D/A 转换器的一般方法：只要在求和放大器的输入端接入一个偏移电流，使输入最高位为 1 而其他各位输入为 0 时的输出 $u_O=0$，同时将输入的符号位反相后接到一般的 D/A 转换器的输入端，就得到了双极性输出的 D/A 转换器。

## 8.2.5 D/A 转换器的主要技术指标

D/A 转换器的主要技术指标有转换精度、转换速度和温度系数等。

### 1. D/A 转换器的转换精度

在 D/A 转换器中通常用分辨率和转换误差来描述转换精度。

分辨率是指 D/A 转换器模拟输出电压可能被分离的等级数。输入数字量位数越多，输出电压可分离的等级越多，即分辨率越高。在实际应用中，往往用输入数字量的位数表示 D/A 转换器的分辨率。此外，D/A 转换器也可以用能分辨的最小输出电压（此时输入的数字代码只有最低有效位为 1，其余各位都是 0）与最大输出电压（此时输入的数字代码各有效位全为 1）之比给出。$n$ 位 D/A 转换器的分辨率可表示为 $\frac{1}{2^n-1}$。它表示 D/A 转换器在理论上可以达到的精度，如 10 位 D/A 转换器的分辨率为 $\frac{1}{2^{10}-1}=\frac{1}{1023}\approx 0.001$。

由于 D/A 转换器中各元件参数值存在误差、基准电压不够稳定和运算放大器的零漂等各种因素的影响，使得 D/A 转换器实际精度还与一些转换误差有关，如比例系数误差、失调误差和非线性误差等。转换误差表示实际的 D/A 转换特性和理想转换特性之间的最大偏差。

比例系数误差,是指由于 D/A 转换器实际的比例系数与理想的比例系数之间存在偏差,而引起的输出模拟信号的误差,也称为增益误差或斜率误差,图 8.9 所示为 3 位 D/A 转换器的比例系数误差。这种误差使得 D/A 转换器的每一个模拟输出值都与相应的理论值相差同一百分比,即输入的数字量越大,输出模拟信号的误差也就越大。

失调误差,也称为零点误差或平移误差,它是指当输入数字量的所有位都为 0 时,D/A 转换器的输出电压与理想情况下的输出电压(应为 0)之差。造成这种误差的原因是运算放大器的零点漂移,它与输入的数字量无关。这种误差使得 D/A 转换器实际的转换特性曲线相对于理想的转换特性曲线发生了平移(向上或向下),如图 8.10 所示。

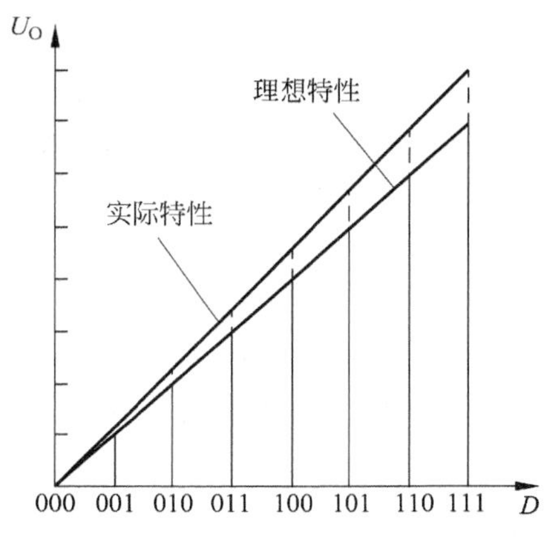


图 8.9 3 位 D/A 转换器的比例系数误差

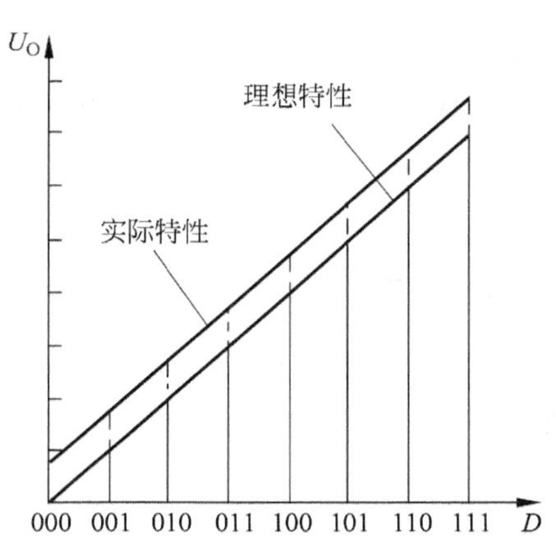


图 8.10 3 位 D/A 转换器的失调误差

非线性误差,是指一种没有一定变化规律的误差,它既不是常数也不与输入数字量成比例,通常用偏离理想转换特性的最大值来表示。这种误差使得 D/A 转换器理想的线性转换特性变为非线性,如图 8.11 所示。造成这种误差的原因有很多,如模拟开关的导通电阻和导通压降不可能绝对为零,而且各个模拟开关的导通电阻也未必相同;再如电阻网络中的电阻阻值存在偏差,各个电阻支路的电阻偏差以及对输出电压的影响也不一定相同等,这些都会导致输出模拟电压的非线性误差。

### 2. 转换速度

建立时间($t_{set}$)是指输入数字量各位由全 0 变为全 1 或由全 1 变为全 0 时,输出电压达到某一规定值所需要的时间。D/A 转换器的建立时间较快,单片集成 D/A 转换器建立时间最短可达 0.1$\mu$s。

转换速率(SR)是指输入数字量各位由全 0 变为全 1 或由全 1 变为全 0 时,输出电压的变化率。

### 3. 温度系数

温度系数是指在输入不变的情况下,输出模拟电压随温度变化产生的变化量。一般用满刻度输出

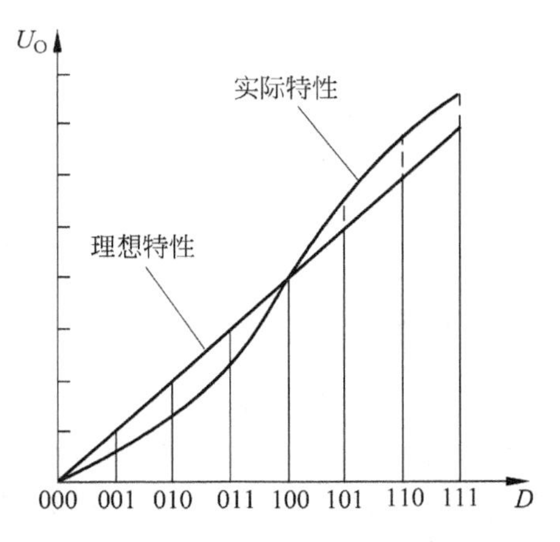


图 8.11 3 位 D/A 转换器的非线性误差

条件下温度每升高1℃，输出电压变化的百分数作为温度系数。

# 8.3 A/D 转换器

## 8.3.1 A/D 转换的工作过程

在A/D转换器中，因为输入的模拟信号在时间上是连续量，而输出的数字信号代码则是离散量，所以进行转换时必须在一系列选定的瞬间对输入的模拟信号采样，然后再把这些取样值转换为输出的数字量。因此，一般的A/D转换过程是通过取样、保持、量化和编码这4个步骤完成的。有些工作过程是利用同一个电路连续进行的。例如，取样、保持就选用同一个电路完成；量化和编码也是在转换过程中同时实现的，而且占用的时间是保持时间的一部分。

### 1. 取样定理

如图8.12所示，为了能正确无误地用采样信号 $u_S$ 表示模拟信号 $u_I$，取样信号必须有足够高的频率。可以证明，为了保证能从取样信号 $u_S$ 将原来的被取样模拟信号 $u_I$ 恢复，必须满足

$$f_s \geqslant 2f_{imax} \tag{8.9}$$

式中，$f_s$ 为取样频率；$f_{imax}$ 为输入信号 $u_I$ 的最高频率分量的频率。式(8.9)就是取样定理。

在满足式(8.9)的取样定理的条件下，可以用一个低通滤波器将信号 $u_S$ 还原为 $u_I$，这个低通滤波器的电压传输系数 $|A(f)|$ 在低于 $f_{imax}$ 的范围内应保持不变，而在 $f_s - f_{imax}$ 以前应迅速下降为0，如图8.13所示。

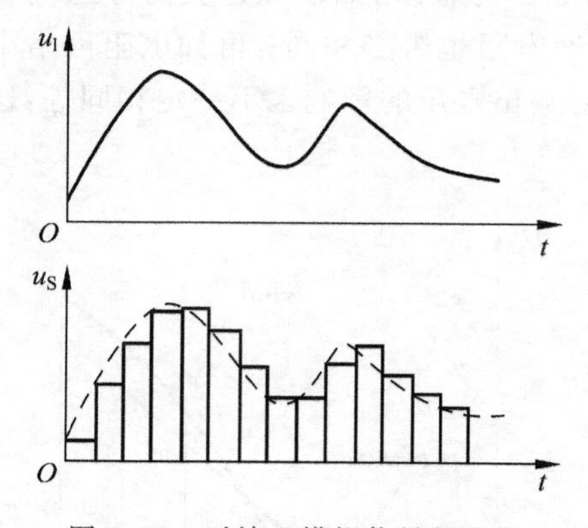


图8.12　对输入模拟信号的取样

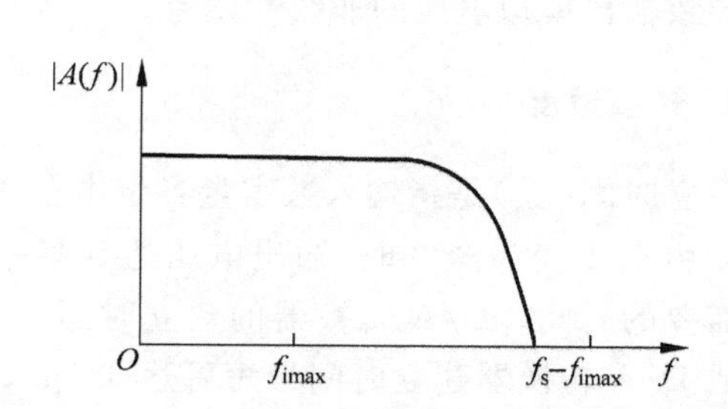


图8.13　还原取样信号所用滤波器的频率特性

因此，A/D转换器工作时的取样频率必须高于式(8.9)所规定的频率。取样频率提高以后，留给每次进行转换的时间也相应地缩短了，这就要求转换电路必须具备更快的工作速度。因此，不能无限制地提高取样频率，通常取 $f_s=(3\sim5)f_{imax}$ 已经能够满足要求了。

因为每次把取样电压转换为相应的数字量都需要一定的时间，所以在每次取样以后，必须把取样电压保持一段时间。可见，进行A/D转换时所用的输入电压，实际上是每次取样

结束时的 $u_I$ 值。

## 2. 取样保持电路

取样—保持电路的基本形式如图 8.14 所示。图中 VT 为 N 沟道增强型 MOS 管，作为模拟开关使用。

当取样控制信号 $u_L$ 为高电平时，VT 导通，输入信号 $u_I$ 经电阻 $R_i$ 和 VT 向电容 $C_h$ 充电。若取 $R_i=R_f$，且 $X_{Ch}\gg R_f$，并忽略运算放大器的输入电流，则放大器实际构成了一个反相器，充电结束后 $u_O=-u_I=u_C$，这里 $u_C$ 为电容 $C_h$ 上的电压。

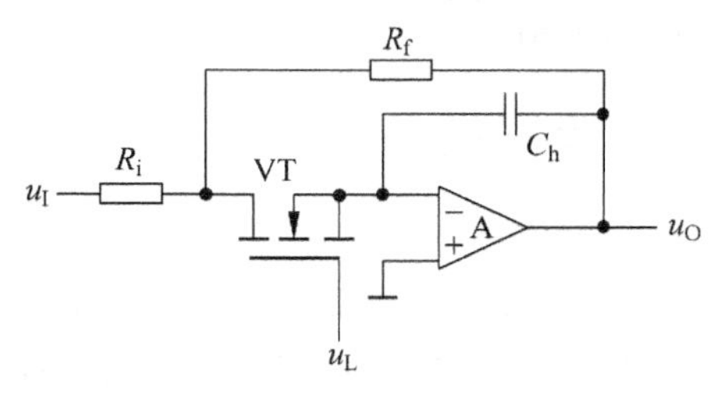


图 8.14 取样—保持电路的基本形式

当控制信号 $u_L$ 返回低电平，VT 截止。由于 $C_h$ 无放电回路，所以 $C_h$ 上的电压在相当长一段时间内基本保持不变，所以 $u_O$ 也保持不变，取样结果被保存下来。$C_h$ 的漏电越小，运算放大器的输入阻抗越大，$u_O$ 保持的时间就越长。

而图 8.14 所示电路是很不完善的，其缺点是取样过程中需要通过 $R_i$ 和 VT 向 $C_h$ 充电，所以就使取样速度受到了限制。同时，$R_i$ 的数值又不允许取得很小；否则会降低取样电路的输入阻抗。

解决这一矛盾的一种可行方法是在电路输入端增加一级隔离放大器。图 8.15 是单片集成取样—保持电路 LF398 的电路原理图及典型接法，它是一个经过改进的取样—保持电路。图中 $A_1$、$A_2$ 是两个运算放大器，S 是模拟开关，L 是控制开关 S 状态的逻辑单元。$u_L$ 和 $U_{REF}$ 是逻辑单元的两个输入电压信号，若取 $U_{REF}=0$，且设 $u_L$ 为 TTL 逻辑电平，则当逻辑输入 $u_L$ 为 1，即高电平时，S 闭合；$u_L$ 为 0，即低电平时，S 断开。

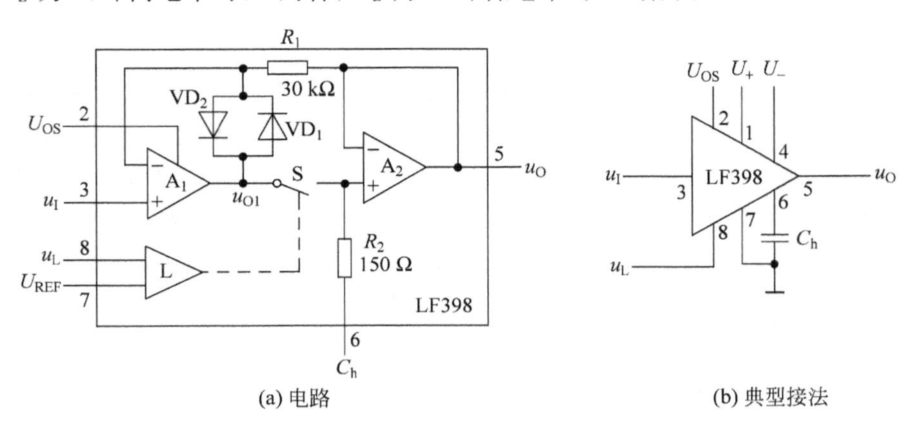


图 8.15 单片集成取样—保持电路 LF398 的电路原理图及典型接法

当 $u_L$ 为 1 时电路处于取样工作状态，此时 S 闭合，$A_1$、$A_2$ 均工作在单位增益的电压跟随器状态，所以 $u_O=u_{O1}=u_I$。如果将电容 $C_h$ 接到 $R_2$ 的引出端和地之间，则电容上的电压也等于 $u_I$。当取样结束 $u_L$ 返回低电平以后，电路进入保持状态。这时虽然 S 断开了，但由于 $C_h$ 上的电压不变，所以输出电压 $u_O$ 的数值得以保持下来。

在图 8.15(a)中，还有一个由二极管 $VD_1$、$VD_2$ 组成的保护电路。在没有 $VD_1$、$VD_2$ 的情况下，如果在 S 再次闭合以前的这段时间里，运放 $A_1$ 实际处于开环状态，故 $u_I$ 发生变化，则 $u_{O1}$ 可能变化会非常大，即 $A_1$ 的输出进入饱和，它将使开关电路承受过高的电压，因此增加 $VD_1$、$VD_2$ 构成的保护电路。当 $u_{O1}$ 比 $u_O$ 所保持的电压高（或低）出一个二极管的压降（两个二极管的导通压降用 $U_{D1}$、$U_{D2}$ 表示）时，$VD_1$（或 $VD_2$）导通，从而将 $u_{O1}$ 钳位于 $u_I+U_{D1}$（或 $u_I-U_{D2}$）以内。而在开关 S 闭合的情况下，$u_{O1}=u_O$，故 $VD_1$ 和 $VD_2$ 均不导通，保护电路不起作用。

### 3. 量化和编码

数字信号不仅在时间上是离散的，而且在数值上的变化也不是连续的。这就是说，任何一个数字量的大小，都是以某个规定的最小数量单位的整倍数来表示的。因此，在用数字量表示取样电压时，必须把它化成这个最小数量单位的整倍数，这个转化过程就叫做量化。所规定的最小数量单位叫做量化单位，用 $\Delta$ 表示。显然，数字信号最低有效位中的 1 表示的数量大小就等于 $\Delta$。把量化的数值用二进制代码表示，称为编码。这个二进制代码就是 A/D 转换的输出信号。

既然模拟电压是连续的，那么它就不一定能被 $\Delta$ 整除，因而不可避免地会引入误差，通常把这种误差称为量化误差。将模拟信号划分为不同的量化等级时，用不同的划分方法，其量化误差也不相同。通常在划分量化等级时有两种方法。

一种是只舍不入法，其量化单位 $\Delta$ 为

$$\Delta=\frac{1}{2^n}U_{REF} \tag{8.10}$$

式中，$U_{REF}$ 通常等于输入模拟电压的最大值；$n$ 为输出数字的位数。

另一种方法是四舍五入法，其量化单位 $\Delta$ 为

$$\Delta=\frac{2}{2^{n+1}-1}U_{REF} \tag{8.11}$$

图 8.16(a)是将 0～1V 的模拟电压信号转换成 3 位二进制代码的示意图，其量化单位 $\Delta$ 根据公式(8.10)可得 $\Delta=(1/8)$V，并规定凡数值在 0～(1/8)V 之间的模拟电压都当作 $0\times\Delta$ 看待，用二进制的 000 表示；凡数值在(1/8)～(2/8)V 之间的模拟电压都当作 $1\times\Delta$ 看待，用二进制的 001 表示……不难看出，这种量化方式的最大量化为 $\Delta$，即 1/8。

(a)

| 模拟电平 | 二进制代码 | 代表的模拟电平 |
|---|---|---|
| 1V | | |
| | 111 | 7Δ=(7/8)V |
| 7/8 | | |
| | 110 | 6Δ=6/8 |
| 6/8 | | |
| | 101 | 5Δ=5/8 |
| 5/8 | | |
| | 100 | 4Δ=4/8 |
| 4/8 | | |
| | 011 | 3Δ=3/8 |
| 3/8 | | |
| | 010 | 2Δ=2/8 |
| 2/8 | | |
| | 001 | 1Δ=1/8 |
| 1/8 | | |
| | 000 | 0Δ=0 |
| 0 | | |

(b)

| 模拟电平 | 二进制代码 | 代表的模拟电平 |
|---|---|---|
| 1V | | |
| | 111 | 7Δ=(14/15)V |
| 13/15 | | |
| | 110 | 6Δ=12/15 |
| 11/15 | | |
| | 101 | 5Δ=10/15 |
| 9/15 | | |
| | 100 | 4Δ=8/15 |
| 7/15 | | |
| | 011 | 3Δ=6/15 |
| 5/15 | | |
| | 010 | 2Δ=4/15 |
| 3/15 | | |
| | 001 | 1Δ=2/15 |
| 1/15 | | |
| | 000 | 0Δ=0 |
| 0 | | |

图 8.16 划分量化电平的两种方法

图 8.16(b)所示为将 0～1V 的模拟电压信号转换成 3 位二进制代码的示意图，其量化单位 Δ 根据公式(8.11)可得 Δ=(2/15)V，从图 8.16(b)中可看出，凡数值在 0～(1/15)V 之间的模拟电压都当作 0×Δ 看待，用二进制的 000 表示；凡数值在(1/15)～(3/15)V 之间的模拟电压都当作 1×Δ 看待，用二进制的 001 表示……不难看出，这种量化方式的最大量化为 Δ/2，即 1/15。

## 8.3.2 直接 A/D 转换器

直接 A/D 转换器能把输入的模拟电压直接转换成输出的数字量而不需要经过中间变量。这里首先介绍直接 A/D 转换器，常用的电路有并联比较型、计数型和逐次渐近型。

### 1. 并联比较型 A/D 转换器

在所有的 A/D 转换器中，并行比较型 A/D 转换器的转换速度最快，其转换几乎是在瞬间完成的，所以它是高速 A/D 转换器。3 位并联比较型 A/D 转换电路的结构如图 8.17 所示，它由电压比较器、寄存器和代码转换器三部分组成。输入为 0～$U_{REF}$ 间的模拟电压，输出为 3 位二进制代码 $d_2d_1d_0$。这里略去了取样—保持电路，假定输入的模拟电压 $u_I$ 已经是取样—保持电路的输出电压了。

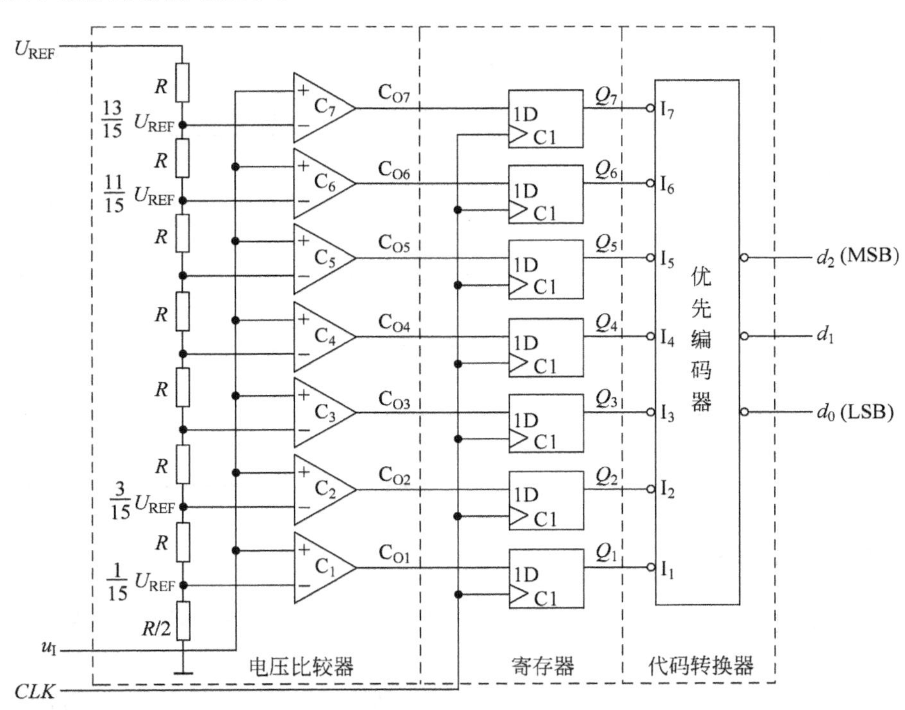


图 8.17 并联比较型 A/D 转换器

电压比较器中量化电平的划分采用图 8.16(b)所示的方式，图中的 8 个电阻将参考电压 $U_{REF}$ 分成 8 个等级，其中 7 个等级的电压分别作为 7 个比较器 $C_1$～$C_7$ 的参考电压，其数值是从 $\frac{1}{15}U_{REF}$ 到 $\frac{13}{15}U_{REF}$ 之间 7 个比较电平。同时将输入的模拟电压同时加到每个比较器的另一个输入端上，与这 7 个比较基准进行比较。

若 $u_I < \frac{1}{15}U_{REF}$，则所有比较器的输出全是低电平，$CLK$ 上升沿到来后寄存器中所有触发器的输出（$Q_1 \sim Q_7$）都被置成 0 状态。

若 $\frac{1}{15}U_{REF} \leqslant u_I < \frac{3}{15}U_{REF}$，则只有 $C_{O1}$ 输出为高电平，$CLK$ 上升沿到来后 $Q_1$ 被置 1，其余触发器的输出都被置成 0 状态。

依此类推，便可列出 $u_I$ 为不同电压时寄存器的状态，如表 8.3 所示。不过寄存器输出的是一组 7 位的二值代码，还不是所要求的二进制数，因此必须进行代码转换，可用一个优先编码器实现。

**表 8.3　3 位并联 A/D 转换器输入与输出转换关系对照表**

| 输入模拟电压 $u_I$ | 寄存器状态（代码转换器输入） | | | | | | | 数字量输出（代码转换器输出） | | |
|---|---|---|---|---|---|---|---|---|---|---|
| | $Q_7$ | $Q_6$ | $Q_5$ | $Q_4$ | $Q_3$ | $Q_2$ | $Q_1$ | $d_2$ | $d_1$ | $d_0$ |
| $\left(0 \sim \frac{1}{15}\right)U_{REF}$ | 0 | 0 | 0 | 0 | 0 | 0 | 0 | 0 | 0 | 0 |
| $\left(\frac{1}{15} \sim \frac{3}{15}\right)U_{REF}$ | 0 | 0 | 0 | 0 | 0 | 0 | 1 | 0 | 0 | 1 |
| $\left(\frac{3}{15} \sim \frac{5}{15}\right)U_{REF}$ | 0 | 0 | 0 | 0 | 0 | 1 | 1 | 0 | 1 | 0 |
| $\left(\frac{5}{15} \sim \frac{7}{15}\right)U_{REF}$ | 0 | 0 | 0 | 0 | 1 | 1 | 1 | 0 | 1 | 1 |
| $\left(\frac{7}{15} \sim \frac{9}{15}\right)U_{REF}$ | 0 | 0 | 0 | 1 | 1 | 1 | 1 | 1 | 0 | 0 |
| $\left(\frac{9}{15} \sim \frac{11}{15}\right)U_{REF}$ | 0 | 0 | 1 | 1 | 1 | 1 | 1 | 1 | 0 | 1 |
| $\left(\frac{11}{15} \sim \frac{13}{15}\right)U_{REF}$ | 0 | 1 | 1 | 1 | 1 | 1 | 1 | 1 | 1 | 0 |
| $\left(\frac{13}{15} \sim 1\right)U_{REF}$ | 1 | 1 | 1 | 1 | 1 | 1 | 1 | 1 | 1 | 1 |

### 2. 计数型 A/D 转换器

图 8.18 所示为计数型 A/D 转换器原理框图。转换电路由比较器 C、D/A 转换器、计数器、脉冲源、控制门 G 及输出寄存器等几部分组成。

转换开始前先用复位信号将计数器置零，而且转换信号应停留在 $u_L=0$ 的状态，这时门 G 被封锁，计数器不工作。计数器加给 D/A 转换器的是全 0 数字信号，所以 D/A 转换器输出的模拟电压 $u_O=0$。如果 $u_I$ 为正电压信号，比较器的输出电压为 1。

当 $u_L$ 变成高电平时开始转换，脉冲源发出的脉冲经过门 G 加到计数器的时钟信号输入端 $CLK$，计数器开始做加法计数。随着计数的进行，D/A 转换器输出的模拟电压 $u_O$ 也不断增加。当 $u_O$ 增至 $u_O=u_I$ 时，比较器的输出电压变成 $u_B=0$，将门 G 封锁，计数器停止

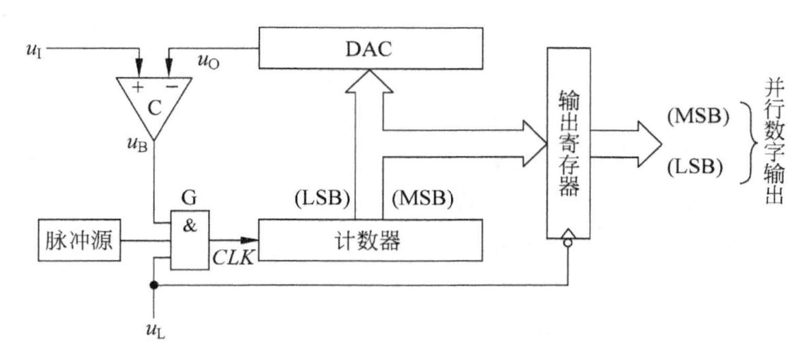


图 8.18 计数型 A/D 转换器

计数。这时计数器中所存的数字就是所求的输出数字信号。其工作波形如图 8.19 所示。

因为在转换过程中计数器中的数字不停地变化,所以不宜将计数器的状态直接作为输出信号。为此,在输出端设置了输出寄存器,在每次转换完成以后,用转换控制信号的下降沿将计数器输出的数字置入输出寄存器中,而以寄存器的状态作为最终的输出信号。

这个方案的明显问题是转换时间长,当输出为 $n$ 位二进制数码时,最长的转换时间可达到 $2^n-1$ 倍的时钟信号周期,因此,这种方法只能用在对转换速度要求不高的场合。然而由于它的电路非常简单,所以在对转换速度没有严格要求时仍是一种可取的方案。

为了提高转换速度,在计数型 A/D 转换器的基础上又产生了逐次比较型 A/D 转换器。虽然它也是反馈比较型的 A/D 转换器,但是在 D/A 转换器部分输入数字量的给出方式有所改变。

### 3. 逐次渐近型 A/D 转换器

逐次渐近型 A/D 转换器的转换过程类似用天平秤称量物体重量的过程。天平的一端放着被称的物体,另一端加砝码,各砝码的重量按二进制关系设置,一个比一个重量小一半。称重时将砝码从大到小逐一放在天平上加以试探,经天平比较加以取舍,直到天平基本平衡为止。这样就以一系列砝码重量之和表示被称物体的重量。

逐次渐近型 A/D 转换器的工作原理如图 8.20 所示。这种转换电路包含比较器 C、D/A 转换器、寄存器、脉冲源和控制逻辑 5 个组成部分。

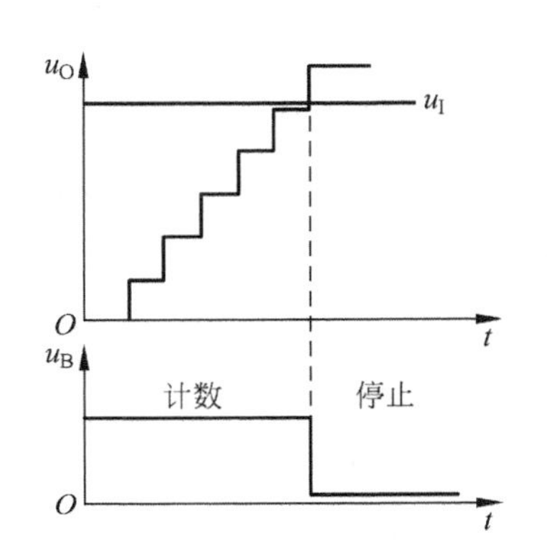


图 8.19 计数型 A/D 转换器的工作波形

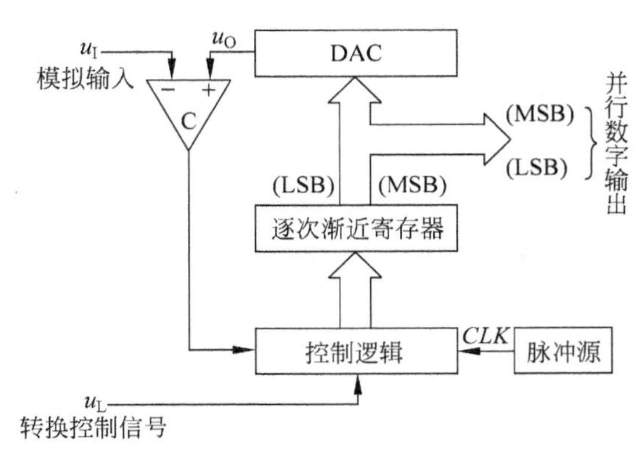


图 8.20 逐次渐近型 A/D 转换器的电路结构框图

转换开始前先将所有寄存器清零。开始转换以后，时钟脉冲首先将寄存器最高位置成1，使输出数字为100…0。这个数码被D/A转换器转换成相应的模拟电压$u_O$，送到比较器中与$u_I$进行比较。若$u_I<u_O$，说明数字过大了，故将最高位的1清除；若$u_I>u_O$，说明数字还不够大，最高位的这个1应予以保留。然后，再按同样的方式将次高位置成1，并且经过比较以后确定这个1是否应该保留。这样逐位比较下去，一直到最低位为止。比较完毕后，寄存器中的状态就是所要求的数字量输出。

上述分析表明，比较是逐位进行的，首先从高位进行比较，用比较结果来确定该位是1还是0，一直比较到最低位。如果转换输出为$n$位数字量，完成一次转换至少需要$n+2$个时钟信号周期才能完成，位数越多转换的时间越长。在输出位数较多时，逐次渐近型A/D转换器的电路规模要比并联比较型小得多。因此，逐次渐近型A/D转换器是目前集成A/D转换器产品中用得最多的一种电路。常用的集成逐次渐近型A/D转换器有ADC0808/0809系列(8)位、AD575(10位)、AD574A(12位)等。

**例8.2** 8位逐次渐近型A/D转换器的原理如图8.20所示。

(1) 若已知8位D/A转换器的模拟输出电压的满刻度电压为$u_{Omax}=9.945V$，时钟脉冲频率$f=100kHz$，当A/D转换器的模拟输入电压为$u_I=6.436V$，求其输出的数字量，并画出D/A转换器转换的波形图$u_O$。

(2) 完成这次转换的时间是多少？

(3) 8位A/D转换器的模拟输入电压$u_I$、8位D/A转换器的输出参考电压$u_O$如图8.21所示，试写出8位A/D转换器的输出数字量。

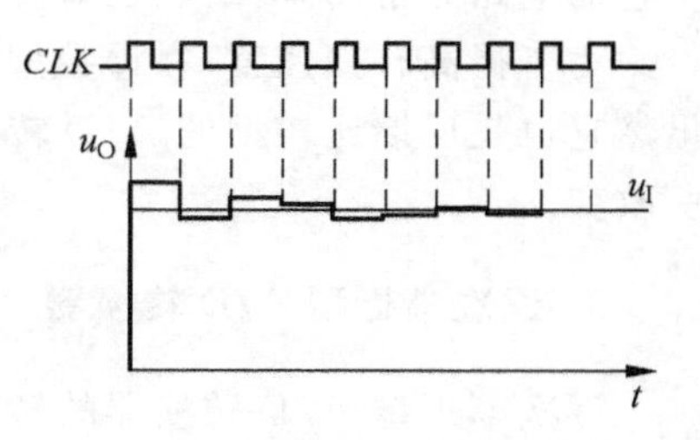

图8.21 例8.2(3)的波形

**【解】** (1) 8位D/A转换器的最大模拟输出电压为$u_{Omax}=9.945V$，则输入数字量的最低位$d_0=1$时所对应的输出电压为

$$u_{LSB}=\frac{u_{Omax}}{2^8-1}=\frac{9.945}{255}=0.039(V)$$

当$u_I=6.436V$时，因为$\frac{u_I}{u_{LSB}}=\frac{6.436}{0.039}=(165.0256)_{10}\approx(165)_{10}=(10100101)_2$，所以，A/D转换器输出的数字量为10100101。

若A/D转换器转换的绝对误差为0.001V，相对误差为0.016%。

根据逐次渐近型A/D转换器的工作原理，可画出A/D转换器在对$u_I=6.436V$转换过程中，启动脉冲、时钟脉冲$CLK$、数据寄存器中的数据、D/A转换器输出电压的波形。如图8.22所示。当输入第9个$CLK$脉冲时，A/D转换器输出的数字量为10100101。

(2) 转换时间。A/D转换器完成一次转换所需的时间为

$$T=(n+2)\cdot T_{CLK}=(8+2)\cdot\frac{1}{100\times10^3}=10(\mu s)$$

(3) 由图8.22所示的$u_I$和$u_O$的波形可知，当第一个时钟脉冲$CLK$作用时，$u_O>u_I$，故数据寄存器最高位的1应清除而为0；当第二个时钟脉冲$CLK$作用时，$u_O<u_I$，故数据寄存器次高位的1应保留。依次分析，可得A/D转换器的输出为01001101。

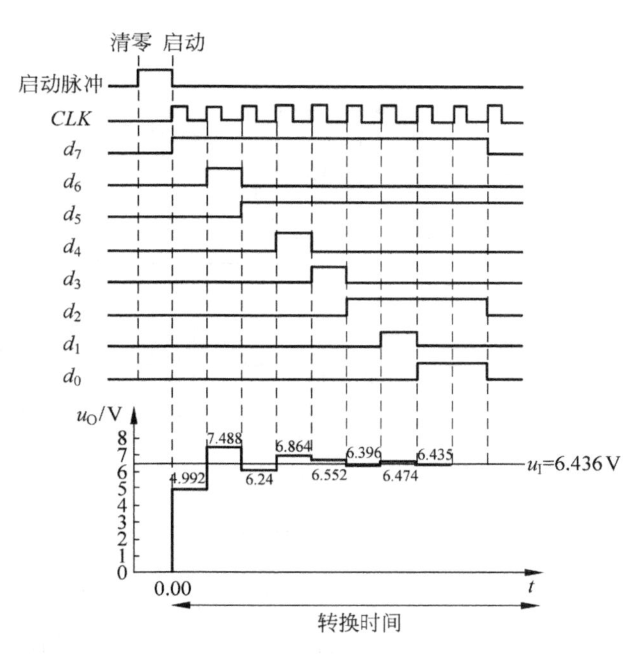


图 8.22　例 8.2 中 A/D 转换器的工作波形

## 8.3.3　间接 A/D 转换器

间接 A/D 转换器则在转换时需先将输入的模拟电压转换成某种中间变量(如时间、频率等),然后再将这个中间变量转换成输出的数字量。目前使用的间接 A/D 转换器多半都属于电压-时间变换型(简称 U-T 变换型)和电压—频率变换型(U-F 变换型)两类。

### 1. U-T 变换型 A/D 转换器

在 U-T 变换型 A/D 转换器中,首先把输入的模拟电压信号转换成与之成正比的时间宽度信号,然后在这个时间宽度里对固定频率的时钟脉冲计数,计数的结果就是正比于输入模拟电压的数字信号。U-T 变换型 A/D 转换器中用得最多的是双积分型 A/D 转换器。图 8.23 是双积分型 A/D 转换器的结构框图,它包含积分器、比较器、计数器、控制逻辑和时钟信号源几个部分。

在双积分变换前,逻辑控制电路使计数器清零,$S_0$ 开关先合上使积分电容 $C$ 完全放电。放电结束后,即 $u_L=1$ 时,使开关 $S_0$ 断开,开始转换。整个转换过程分两个阶段进行。

第一阶段,令开关 $S_1$ 合到输入信号电压 $u_I$ 一侧,积分器对 $u_I$ 进行固定时间 $T_1$ 的积分。积分结束时积分器输出电压为

$$u_O=\frac{1}{C}\int_0^{T_1}-\frac{u_I}{R}\mathrm{d}t=-\frac{T_1}{RC}u_I \tag{8.12}$$

式(8.12)说明,在 $T_1$ 固定的条件下积分器的输出电压 $u_O$ 与输入电压 $u_I$ 成正比关系。这一过程称为转换电路对输入模拟电压的采样过程。在采样开始时,逻辑控制电路将计数门打开,计数器计数。当计数器达到满量程 $N$ 时,计数器由全“1”复“0”,这个时间正好等于固定的积分时间 $T_1$。计数器复“0”时,同时给出一个溢出脉冲(即进位脉冲),使控制逻辑电路发

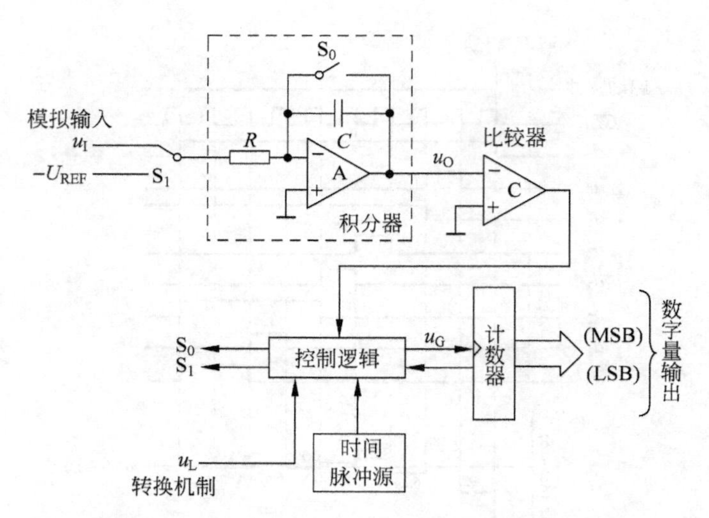


图 8.23 双积分型 A/D 转换器的结构框图

出信号，令开关 $S_1$ 转换至参考电压 $-U_{REF}$ 一侧，采样阶段结束。

第二阶段称为定速率积分过程，将 $u_O$ 转换为成比例的时间间隔。采样阶段结束时，一方面因参考电压 $-U_{REF}$ 的极性与 $u_I$ 相反，积分器向相反方向积分。计数器由 0 开始计数，经过 $T_2$ 时间，积分器输出电压回升为零，过零比较器输出低电平，关闭计数门，计数器停止计数，同时通过逻辑控制电路使开关 $S_1$ 与 $u_I$ 相接，重复第一步。其输出电压表达式为

$$u_O = \frac{1}{C}\int_0^{T_2} \frac{U_{REF}}{R}\mathrm{d}t - \frac{u_I}{RC}T_1 = 0$$

$$\frac{U_{REF}}{RC}T_2 = \frac{u_I}{RC}T_1$$

故得到

$$T_2 = \frac{T_1}{U_{REF}}u_I \tag{8.13}$$

可见，反向积分到 $u_O=0$ 的这段时间 $T_2$ 与输入信号 $u_I$ 成正比。令计数器在 $T_2$ 这段时间里对固定频率为 $f_c\left(f_c=\frac{1}{T_c}\right)$ 的时钟脉冲 $CLK$ 计数，则计数结果也一定与 $u_I$ 成正比，则

$$D = T_2 f_c = \frac{T_1}{T_c U_{REF}}u_I \tag{8.14}$$

式中，$D$ 为计数结果的数字量。

若取 $T_1$ 为 $T_c$ 的整数倍，即 $T_1 = NT_c$，则式(8.14)可化为

$$D = \frac{N}{U_{REF}}u_I \tag{8.15}$$

计数器中的数值就是 A/D 转换器转换后数字量，至此即完成了 $U$-$T$ 转换。若输入电压 $U_{I2}<U_{I1}$，$U_{O2}<U_{O1}$，则 $T_2'<T_2$，它们之间都满足固定的比例关系，如图 8.24 所示。

双积分型 A/D 转换器若与逐次逼近型 A/D 转换器相比较，因有积分器的存在，积分器的输出只对输入信号的平均值有所响应，所以，它突出的优点是工作性能比较稳定且抗干扰能力强；由以上分析可以看出，只要两次积分过程中积分器的时间常数相等，计数器的计数

结果与 $RC$ 无关，所以，该电路对 $RC$ 精度的要求不高，而且电路的结构也比较简单。双积分型 A/D 转换器属于低速型 A/D 转换器，一次转换时间在 1～2ms，而逐次比较型 A/D 转换器可达到 1μs。不过在工业控制系统中的许多场合，毫秒级的转换时间已经足够，双积分型 A/D 转换器的优点正好有了用武之地。

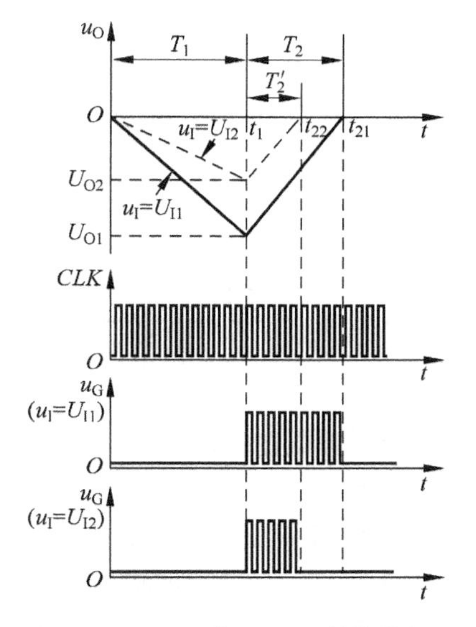


图 8.24　双积分型 A/D 转换器的电压波形

**例 8.3**　双积分型 A/D 转换器的电路结构框图如图 8.23 所示，试回答下列问题：

(1) 若被测电压的最大值 $u_{Imax}=2V$，要求分辨率不大于 0.1mV，则二进制计数器的计数总容量 $N$ 应大于多少？

(2) 需要用多少位二进制计数器？

(3) 若时钟脉冲的频率 $f_{CLK}=200kHz$，则采样保持时间为多少？

(4) 若 $f_{CLK}=200kHz$，则转换 $|u_I|<|U_{REF}|=2V$，积分器输出电压的最大值 $u_{Omax}=5V$，问积分时间常数 $RC$ 为多少毫秒？

**【解】**　(1) 二进制计数器的计数总容量 $N$ 应大于 $\left(\frac{2\times10^3\text{mV}}{0.1\text{mV}}+1\right)=20\,001$。

(2) 由于 $2^{15-1}<N<2^{15}$，故需 15 位二进制计数器；如果包括附加计数器，则需 16 位二进制计数器。

(3) 采样/保持时间

$$T\geqslant 2^n\times T_{CLK}=2^{15}\times\frac{1}{200\text{kHz}}=163.84\text{ms}$$

(4) 由于 $u_{Omax}=\frac{|U_{REF}|\cdot 2^n\cdot T_{CLK}}{RC}$，而 $T_{CLK}=\frac{1}{f_{CLK}}=\frac{1}{200\text{kHz}}=0.005\text{ms}$。

所以 $RC=\frac{|U_{REF}|\cdot 2^n\cdot T_{CLK}}{u_{Omax}}=\frac{2\times2^{15}\times0.5\times10^{-5}}{5}=0.065\,536\text{s}=65.536\text{ms}$。

### 2. U-F 变换型 A/D 转换器

在 U-F 变换型 A/D 转换器中，则首先把输入的模拟电压信号转换成与之成正比的频率信号，然后在一个固定的时间间隔里对得到的频率信号计数，所得到的结果就是正比于输入模拟电压的数字量。

U-F 变换型 A/D 转换器的电路结构框图如图 8.25 所示。它由 U-F 变换器（也称为压控振荡器，Voltage Controlled Oscillator，VCO）、计数器及其时钟信号控制闸门、寄存器、单稳态触发器等几部分组成。

转换过程通过闸门信号 $u_G$ 控制。当 $u_G$ 变成高电平后转换开始，U-F 变换器的输出脉冲通过闸门 G 给计数器计数。由于 $u_G$ 是固定宽度 $T_G$ 的脉冲信号，而 U-F 变换器的输出脉冲的频率 $f_{out}$ 与输入的模拟电压成正比，所以每个 $T_G$ 周期期间计数器所记录的脉冲数目也与输入的模拟电压成正比。

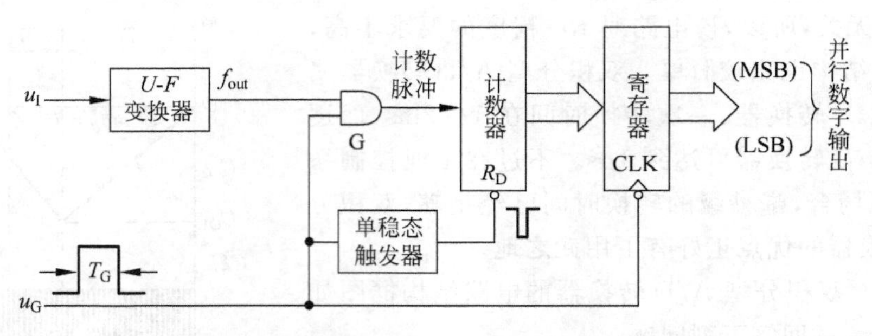


图 8.25 U-F 变换型 A/D 转换器的电路结构框图

为了避免在转换过程中输出的数字跳动，通常在电路的输出端设有输出寄存器。每当转换结束时，用 $u_G$ 的下降沿将计数器的状态置入寄存器中。同时，用 $u_G$ 的下降沿触发单稳态触发器，用单稳态触发器的输出脉冲将计数器零。

因为 *U-F* 变换器的输出信号是一种调频信号，而这种调频信号不仅易于传输和检出，还有很强的抗干扰能力，所以 *U-F* 变换型 A/D 转换器非常适于在遥测、遥控系统中应用。在需要远距离传送模拟信号并完成 A/D 转换的情况下，一般是将 *U-F* 变换器设置在信号发送端，而将计数器及其时钟闸门、寄存器等设置在接收端。

*U-F* 变换型 A/D 转换器的转换精度首先取决于 *U-F* 变换器的精度。其次，转换精度还受计数器计数容量的影响，计数器容量越大转换误差越小。

## 8.3.4 A/D 转换器的主要技术参数

### 1. 转换精度

单片集成 A/D 转换器的转换精度是用分辨率和转换误差来描述的。

1）分辨率

分辨率是指 A/D 转换器能够分辨输入信号的最小变化量，它说明 A/D 转换器对输入信号的分辨能力。A/D 转换器的分辨率以输出二进制(或十进制)数的位数表示。从理论上讲，$n$ 位二进制数字输出的 A/D 转换器能区分输入模拟电压的 $2^n$ 个不同等级大小，能区分输入电压的最小差异为满量程输入的 $1/2^n$。

例如，输出为 10 位二进制数的 A/D 转换器，最大输出信号为 5V，则该转换器可分辨出 $5V/2^{10}=4.9mV$ 的输入信号变化。

2）转换误差

转换误差常用最低有效位的倍数表示。它表示 A/D 转换器实际输出的数字量和理论上应有的输出数字量之间的差别。例如，给出相对误差在 ±LSB/2 内，这就表明实际输出的数字量和理论上应得到的输出数字量之间的误差小于最低有效位的半个字。

转换误差主要包括量化误差、偏移误差、增益误差等，其中量化误差是 A/D 转换器本身固有的一种误差，而其他几种误差则是由于电路内部各元器件及单元电路偏差产生的。

### 2. 转换时间

转换时间是指 A/D 转换器完成一次从模拟量到数字量所需的时间。不同类型的转换器转换速度相差甚远。其中并行比较型 A/D 转换器转换速度最高，8 位二进制输出的单片集成 A/D 转换器转换时间可缩短至 50ns 以内。逐次渐近型 A/D 转换器次之，多数产品转换时间在 10～100μs 之间，也有达几百纳秒的。间接型 A/D 转换器的速度最慢，如双积分型 A/D 转换器的转换时间大都在几十毫秒至几百毫秒之间。在实际应用中，应从系统数据总的位数、精度要求、输入模拟信号的范围及输入信号极性等方面综合考虑 A/D 转换器的选用。

## 8.4 常见 A/D 转换器与 D/A 转换器的应用

### 1. A/D 转换器及其应用

1）8 位集成 ADC0809

ADC0809 是采用 CMOS 工艺制成的 8 位 8 通道 A/D 转换器，采用 28 引脚的双列直插式封装，其电原理框图和引脚排列如图 8.26 和图 8.27 所示。

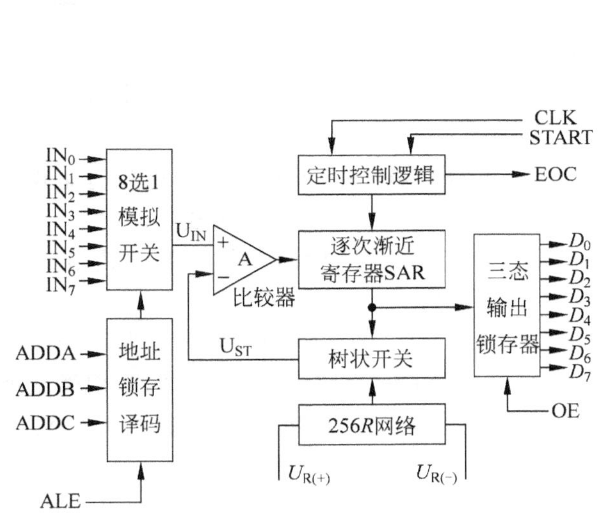


图 8.26 ADC0809 的电原理框图

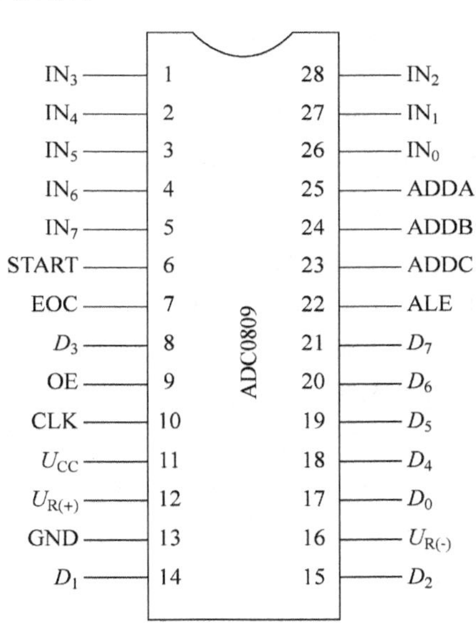


图 8.27 ADC0809 的引脚排列

ADC0809 的引脚功能如下：

① $IN_0$～$IN_7$：模拟输入。

② $U_{R(+)}$和 $U_{R(-)}$：基准电压的正端和负端，由此施加基准电压，基准电压的中心点应在 $U_{CC}/2$ 附近，其偏差不应超过±0.1V。

③ ADDC、ADDB、ADDA：模拟输入端选通地址输入。

④ ALE：地址锁存允许信号输入，高电平有效。

⑤ $D_0$～$D_7$：数字量的输出。

⑥ OE：输出允许信号，高电平有效。即当 OE＝0 时，打开输出锁存器的三态门，将数据送出。

⑦ CLK：时钟脉冲输入端。一般在此端加 500kHz 的时钟信号。

⑧ START：启动信号。为了启动 A/D 转换过程，应在此引脚加一个正脉冲，脉冲的上升沿将内部寄存器全部清零，在其下降沿开始 A/D 转换过程。

⑨ EOC：转换结束输出信号。在 START 信号上升沿之后 1～8 个时钟周期内，EOC 信号变为低电平。当转换结束后，转换后的数据可以读出时，EOC 信号变为高电平。

ADC0809 芯片内部包括一个 8 路模拟开关、模拟开关的地址锁存与译码电路、比较器、256$R$ 电阻网络、树状开关、逐次渐近寄存器 SAR、三态输出锁存器和定时控制逻辑。

① 8 路模拟开关及地址的锁存和译码。ADC0809 通过 $IN_0$～$IN_7$ 可输入 8 路单端模拟电压。ALE 将 3 位地址线 ADDC、ADDB 和 ADDA 进行锁存，然后由译码电路选通 8 路模拟输入中的某一路进行 A/D 转换，地址译码与选通输入的关系如表 8.4 所示。

**表 8.4　地址译码选通表**

| 通道号 | | 0 | 1 | 2 | 3 | 4 | 5 | 6 | 7 |
|---|---|---|---|---|---|---|---|---|---|
| 地址 | ADDC | 0 | 0 | 0 | 0 | 1 | 1 | 1 | 1 |
| | ADDB | 0 | 0 | 1 | 1 | 0 | 0 | 1 | 1 |
| | ADDA | 0 | 1 | 0 | 1 | 0 | 1 | 0 | 1 |

② 8 位 D/A 转换器。ADC0809 内部由树状开关和 256$R$ 电阻网络构成的 8 位 D/A 转换器，其输入为逐次渐近寄存器 SAR 的 8 位二进制数据，输出为 $U_{ST}$，变换器的参考电压为 $U_{R(+)}$ 和 $U_{R(-)}$。

③ 逐次渐近寄存器 SAR 和比较器。逐次渐近寄存器 SAR 和比较器进行数值比较的过程同前边所介绍的逐次渐近型 A/D 转换器的工作原理一样。这里不再赘述。

④ 三态输出锁存器。转换结束后，SAR 的数字将送至三态输出锁存器，以供读出。

2）ADC0809 的典型应用

下面以数据采集系统为例介绍 ADC0809 的典型应用。在现代过程控制及各种智能仪器和仪表中，为采集被控对象数据以达到由计算机进行实时控制、检测的目的，常用微处理器和 A/D 转换器组成数据采集系统。单通道微机化数据采集系统的示意图如图 8.28 所示。

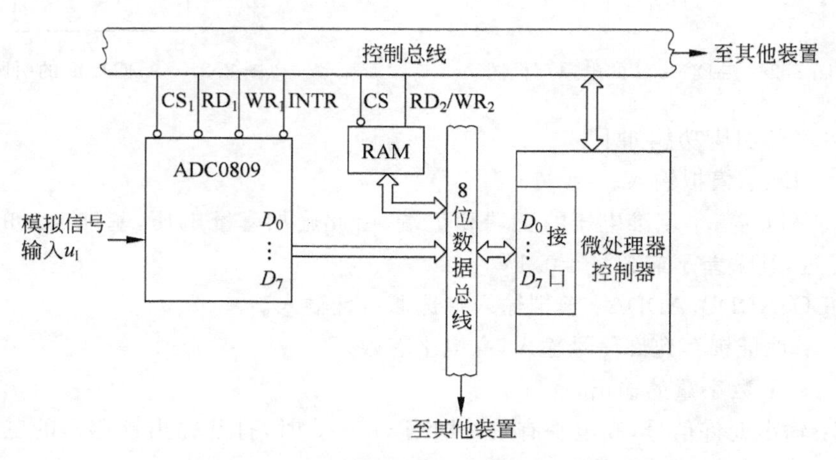


图 8.28　单通道微机化数据采集系统的示意图

系统由微处理器、存储器和 A/D 转换器组成，它们之间通过数据总线和控制总线连接，系统信号采用总线传送方式。

现以程序查询方式为例，说明 ADC0809 在数据采集系统中的应用。采集数据时，首先微处理器执行一条传送指令，在该指令执行过程中，微处理器在控制总线的同时产生 $CS_1$、$WR_1$ 低电平信号，启动 A/D 转换器工作，ADC0809 经 100$\mu$s 后将输入模拟信号转换为数字信号存于输出锁存器，并在 INTR 端产生低电平表示转换结束，并通知微处理器可以来取数。当微处理器通过总线查询到 INTR 为低电平时，立即执行输入指令，以产生 CS、$RD_2$ 低电平信号到 ADC0809 相应引脚，将数据取出并存入存储器中。整个数据采集过程中，由微处理器有序地执行若干指令完成。

## 2. D/A 转换器及其应用

1) DAC0832 D/A 转换器

DAC0832 是采用 CMOS 工艺制成的单片直流输出型 8 位数/模转换器。如图 8.29 所示，它由倒 T 形 $R$-$2R$ 电阻网络、模拟开关、运算放大器和参考电压 $U_{REF}$ 四大部分组成。

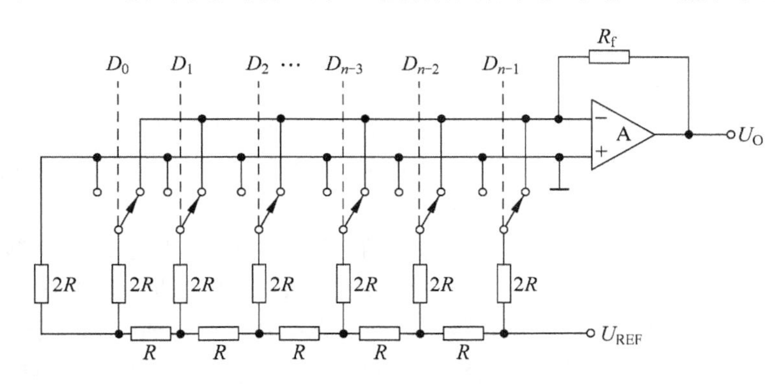


图 8.29 DAC0832 内部电路

DAC0832 采用 20 只引脚双列直插式封装，其原理框图和引脚排列如图 8.30 和图 8.31 所示。

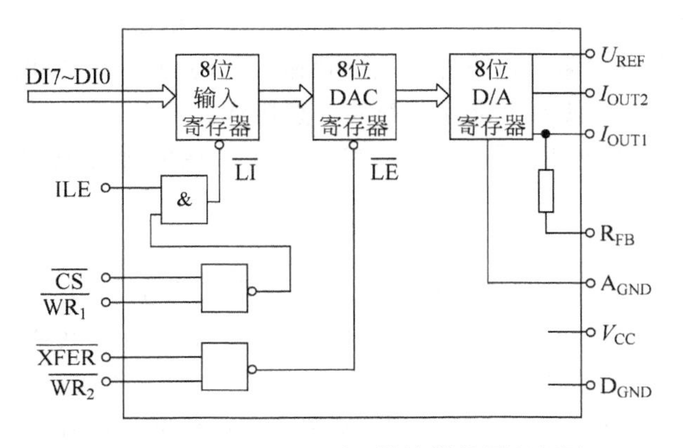


图 8.30 DAC0832 D/A 转换器的原理框图

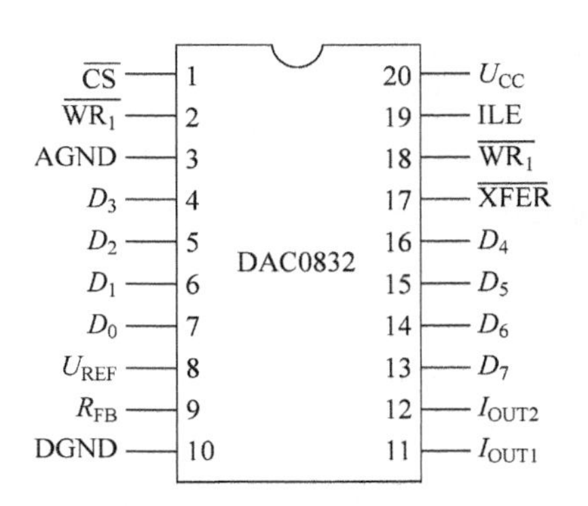


图 8.31 DAC0832 D/A 转换器的引脚排列

DAC0832 各引脚功能说明如下：

① $D_0 \sim D_7$：8 位数据输入端，$D_0$ 为最低位，$D_7$ 为最高位。

② ILE：输入寄存器锁存信号，高电平有效。

③ CS：输入寄存器选通信号，低电平有效。

④ $WR_1$：输入寄存器写信号，低电平有效。在 CS 与 ILE 均有效时，若 $WR_1$ 为低，则 LI 为高，将数据装入输入寄存器；当 $WR_1$ 为高或是 ILE 为低时数据锁存。

⑤ XFER：传输数据控制信号，低电平有效，用来控制 $WR_2$ 选通 DAC 寄存器。

⑥ $WR_2$：DAC 寄存器写信号，低电平有效。当 $WR_2$、XFER 同时有效时，LE 为高，将输入寄存器的数据装入 DAC 寄存器，LE 负跳变锁存装入的数据。

⑦ $I_{OUT1}$：电流输出端 1，其值随 DAC 寄存器的内容线性变化。

⑧ $I_{OUT2}$：电流输出端 2，$I_{OUT2}+I_{OUT1}=$常数。

⑨ $R_{FB}$：反馈电阻，为外部运算放大器提供的一个反馈电阻，改变 $R_{FB}$ 端外接电阻值可调整转换满量程精度。

⑩ $U_{CC}$：电源输入端，$U_{CC}$ 的范围为 +5～+15V。

⑪ $U_{REF}$：基准电压输入，$U_{REF}$ 的范围为 −10～+10V。

⑫ $A_{GND}$：模拟信号地。

⑬ $D_{GND}$：数字信号地。

在图 8.29 中 8 位 D/A 转换器的工作原理已在前面做过介绍。输入数字量在控制信号的控制下，经过输入寄存器和 DAC 寄存器送到 D/A 转换器，并将转换成的模拟电流从 $I_{OUT1}$ 和 $I_{OUT2}$ 输出。具体工作方式介绍如下。

① 双缓冲工作方式。DAC0832 内部包含两个数据寄存器，即输入寄存器和 DAC 寄存器，因而称为双缓冲。这是它不同于其他 D/A 转换器的显著特点。数据在进入 $R$-$2R$ 倒 T 形网络转换器之前，必须通过两个相互独立控制的寄存器进行传递。在一个系统中，任何一个 D/A 转换器都可以同时保留两组数据。在 D/A 转换寄存器中保存即将转换的数据，而在输入寄存器中保存下一组数据。

② 单缓冲与直通工作方式。在不需要双缓冲的应用场合，为了提高数据通过率，可把寄存器之一接成直通。例如，$\overline{CS}$、$\overline{WR_2}$ 和 $\overline{XFFR}$ 接地，ILE 高电平，这样 DAC 寄存器就处于"透明"状态。当 $\overline{WR_1}=0$ 时，D/A 转换器模拟输入更新。当 $\overline{WR_1}=1$ 时，数据锁存，模拟输出不再变，称为单缓冲工作方式。如果要求模拟输出快速连续地反映输入数码的变化，则可以把 $\overline{CS}$、$\overline{WR_1}$、$\overline{WR_2}$、$\overline{XFFR}$ 接地，ILE 接高电平，使两个寄存器都处于直通状态。

DAC0832 输出的是电流，一般要求输出是电压，所以还必须经过一个外接的运算放大器转换成电压。实验线路如图 8.32 所示。

2) 集成 D/A 转换器应用举例

D/A 转换器在实际电路中应用很广泛，它不仅常作为接口电路用于微机系统，而且还可以利用其电路结构特征和输入、输出电量之间的关系构成数控电流源、电压源数字式可编程增益控制电路等。下面以数字式可编程增益控制电路为例说明它的应用。

数字式可编程增益控制电路如图 8.33 所示。电路中运算放大器接成普通的反向比例放大形式，DAC0832 内部的反馈电阻 $R_f$ 为运算放大器的输入电阻，而有数字量控制的倒 T 形电阻网络为其反馈电阻。当输入数字量变化时，倒 T 形电阻网络的等效电阻便随之改

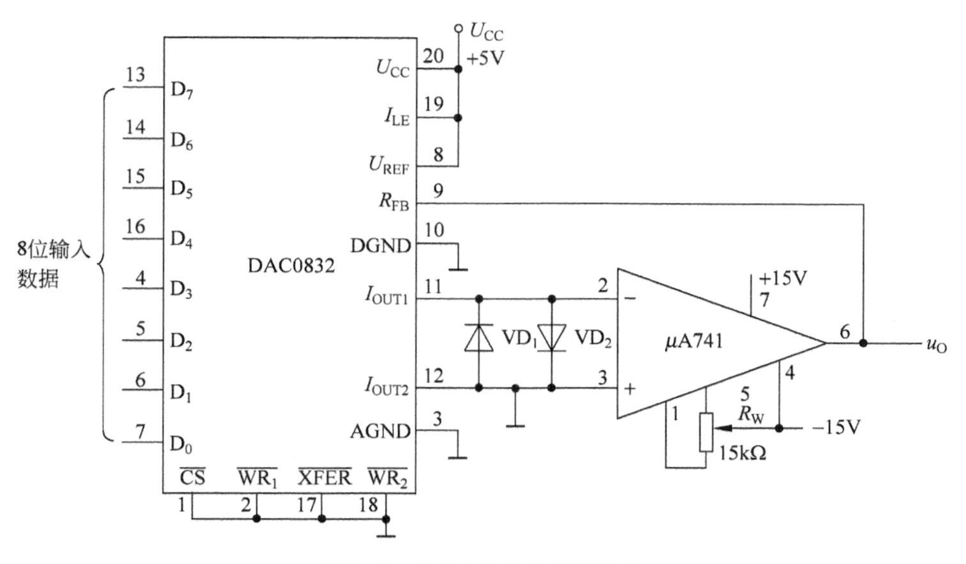


图 8.32　DAC0832 的试验线路

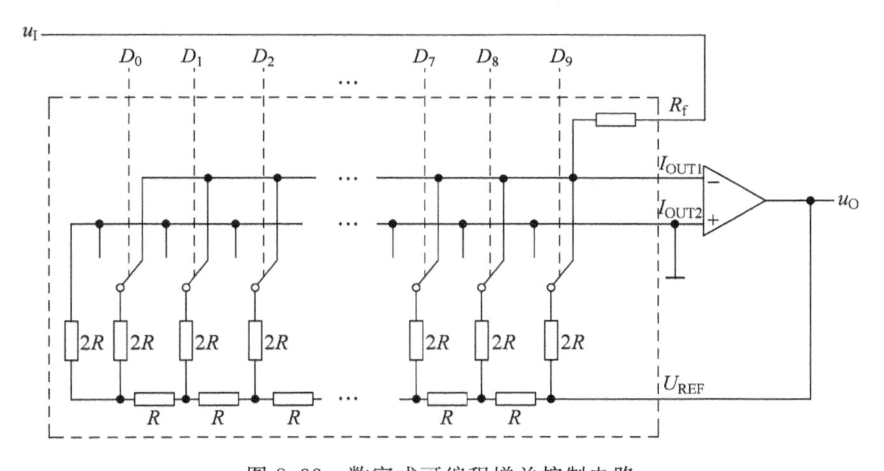


图 8.33　数字式可编程增益控制电路

变。这样反比例放大器在其输入电阻一定的情况下便可以得到不同的增益。

根据运算放大器虚地原理，可以得到

$$\frac{u_I}{R}=\frac{-u_O}{2^{10}\cdot R}(D_0 2^0+D_1 2^1+\cdots+D_9 2^9)$$

所以

$$A_u=\frac{u_O}{u_I}=\frac{-2^{10}}{D_0 2^0+D_1 2^1+\cdots+D_9 2^9}$$

如果将 DAC0832 芯片中的反馈电阻作为反相运算放大器的反馈电阻，数控 DAC0832 的倒 T 形电阻网络连接成运算放大器的输入电阻，读者不难推断出电路为数字式可编程衰减器。

# 习题

8.1 $n$ 位权电阻 D/A 转换器如题图 8.1 所示。

(1) 试推导输出电压 $u_O$ 与输入数字量之间的关系式。

(2) 如 $n=8$, $U_{REF}=10V$，当 $R_f=\frac{1}{2^8}R$ 时，如输入数字量为(20)H，试求输出电压值。

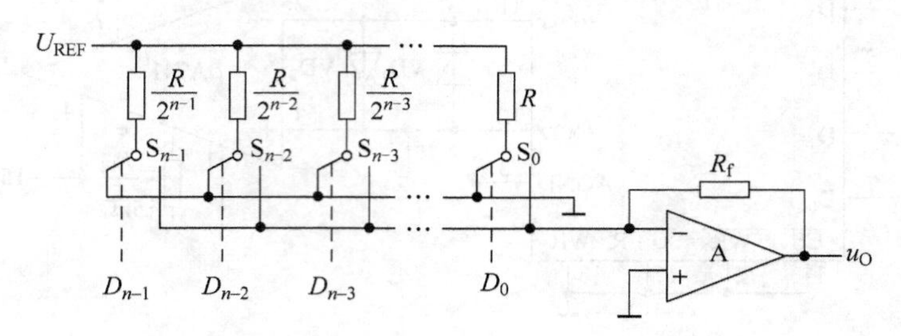


题图 8.1

8.2 4 位二进制权电阻网络 D/A 转换器如题图 8.2 所示，设基准电压 $U_{REF}=-8V$，$R_F=R/2$，试求输入二进制数 $d_3d_2d_1d_0=1001$ 时的输出电压值。

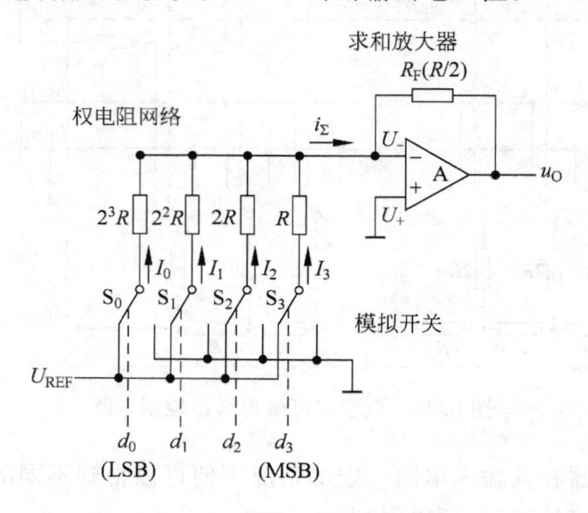


题图 8.2

8.3 在题图 8.3 所示的倒 T 形电阻网络 D/A 转换器中，已知 $R=10k\Omega$, $U_{REF}=10V$；当某位数为 0，开关接地，为 1 时，接运放反相端。试求：

(1) $u_O$ 的输出范围。

(2) 当 $d_3d_2d_1d_0=0110$ 时，$u_O$ 为多少？

8.4 在题图 8.4 所示的倒 T 形电阻网络 D/A 转换器中，给定 $U_{REF}=5V$，试计算：

(1) 输入数字量的 $d_9\sim d_0$ 每一位为 1 时在输出端所产生的模拟电压值。

(2) 输入为全 1、全 0 和 1000000000 时对应的输出电压值。

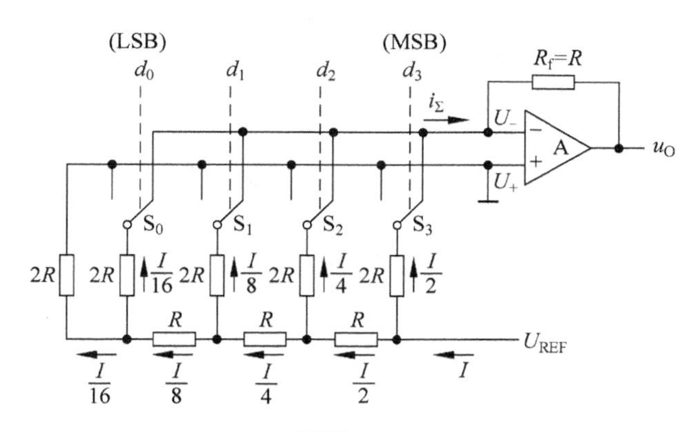


题图 8.3

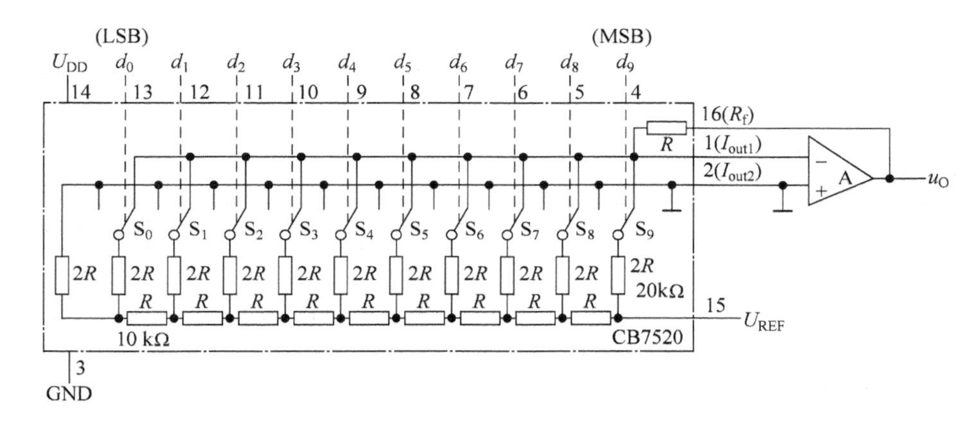


题图 8.4

8.5 一个8位T形电阻网络D/A转换器，当输入数字量为00000001时，输出电压值为0.02V，若输入电压为10010101时，输出电压 $u_O$ 为多少？

8.6 某一倒T形电阻网络D/A转换器中，若 $n=10$，$d_9=d_7=1$，其余位为0，在输出端测得电压 $u_O=3.125\text{V}$，问该D/A转换器的基准电压 $U_{REF}$ 为多少？

8.7 某10位倒T形电阻网络D/A转换器如题图8.7所示，当 $R=R_f$ 时：

(1) 试求输出电压的取值范围。

(2) 若要求电路输入数字量为 $(200)_H$ 时输出电压 $u_O=5\text{V}$，试问 $U_{REF}$ 应取何值？

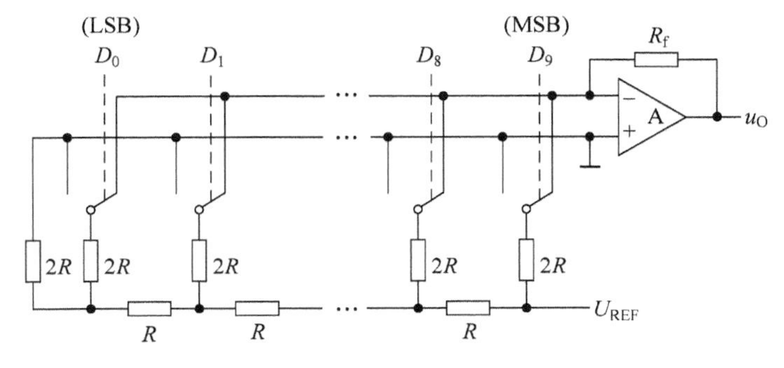


题图 8.7

8.8 某一 D/A 转换器，其最小分辨电压 $U_{LSB}=5mV$，最大满刻度输出模拟电压 $U_{FSR}=10V$，求该转换器输入二进制数字量的位数。

8.9 对于一个 8 位 D/A 转换器：

(1) 若最小输出电压增量 $U_{LSB}$ 为 0.02V，试问当输入代码为 01001101 时，输出电压 $u_O$ 为多少伏？

(2) 假设 D/A 转换器的转换误差为 1/2LSB，若某一系统中要求 D/A 转换器的精度小于 0.25%，试问这一 D/A 转换器能否应用？

8.10 已知 D/A 转换器满刻度输出电压为 10V，试问要求 1mV 的分辨率，其输入数字量的位数 $n$ 至少是多少？

8.11 某 8 位 A/D 转换器的输入模拟电压满量程为 5V，当输入电压为 1.96V 时，求对应的输出数字量是什么？

8.12 A/D 转换器中取量化单位为 $\Delta$，把 0～10V 的模拟电压信号转换为 3 位二进制代码，若最大量化误差为 $\Delta$，要求列表表示模拟电平与二进制代码的关系(题表 8.12)，并指出 $\Delta$ 的值。

**题表 8.12**

| 模拟电平 | 二进制代码 | 模拟电平 | 二进制代码 |
|---|---|---|---|
| | 000 | | 001 |
| | 010 | | 011 |
| | 100 | | 101 |
| | 110 | | 111 |

8.13 如果将并联比较型 A/D 转换器输出的数字量增加至 8 位，并采用四舍五入的量化电平方法，试问最大的量化误差是多少？在保证 $U_{REF}$ 变化时引起的误差不大于 $\frac{1}{2}$LSB 的条件下，$U_{REF}$ 的相对稳定度($\Delta U_{REF}/U_{REF}$)应为多少？

8.14 在计数型 A/D 转换器中，若输出的数字量为 10 位二进制数，时钟信号频率为 1MHz，则完成一次转换的最长时间是多少？如果要求转换时间不得大于 100μs，那么时钟信号频率应选多少？

8.15 如题图 8.15(a)所示为一 4 位逐次逼近型 A/D 转换器，其 4 位 D/A 输出波形 $u_O$ 与输入电压 $u_I$ 分别如题图 8.15(b)和图 8.15(c)所示。

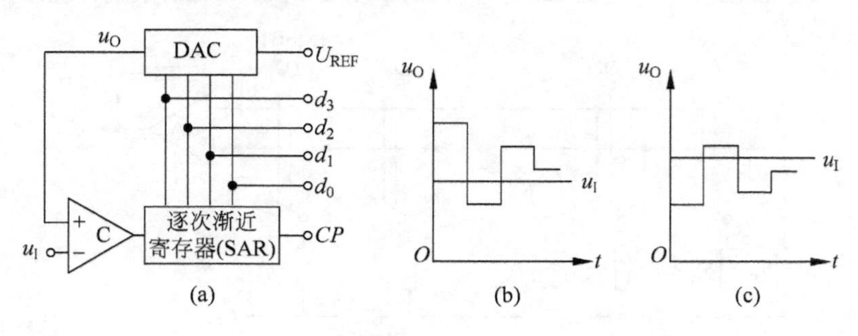


题图 8.15

(1) 转换结束时,题图 8.15(b)、(c)的输出数字量各为多少?

(2) 若 4 位 A/D 转换器的输入满量程电压 $u_{Omax}=5V$,估计两种情况下的输入电压范围各为多少?

8.16　在双积分型 A/D 转换器中,若计数器为 10 位二进制,时钟信号频率为 1MHz,试计算转换器的最大转换时间是多少?

8.17　在双积分型 A/D 转换器中,若计数器为 8 位二进制计数器,$CP$ 脉冲的频率 $f=10kHz$,$-U_{REF}=-10V$。

(1) 计算第一次积分的时间。

(2) 计算 $u_I=3.75V$ 时,转换完成后,计数器的状态。

(3) 计算 $u_I=2.5V$ 时,转换完成后,计数器的状态。

8.18　双积分型 A/D 转换器的电路结构框图如题图 8.15 所示,试回答下列问题:

(1) 若被测电压的最大值 $u_{Imax}=1V$,要求分辨率不大于 0.1mV,则二进制计数器的计数总容量 $N$ 应大于多少?

(2) 需要用多少位二进制计数器?

(3) 若时钟脉冲的频率 $f_{CLK}=100kHz$,$|u_I|<|U_{REF}|$,已知 $|U_{REF}|=2V$,积分器输出电压的最大值 $u_{Omax}=5V$,问积分时间常数 $RC$ 为多少毫秒?

(4) 若 $|u_I|>|U_{REF}|$,则转换过程会出现什么现象?

8.19　某双积分型 A/D 转换器电路中的计数器由 4 片十进制计数器组成,它的最大计数容量 $N_1=(5000)_{10}$。计数脉冲的频率 $f_c=25kHz$,积分器的 $R=100k\Omega$,$C=1\mu F$,输入电压 $u_I=0\sim5V$。试求:

(1) 第一次积分的时间 $T_1$。

(2) 积分器的最大输出电压 $|U_{Omax}|$。

(3) 当 $U_{REF}=\pm10V$,若计数器的计数值 $N_2=(1740)_{10}$时,表示输入电压 $u_I$ 为多大?

8.20　如题图 8.20 所示电路为由 AD7520 和计数器 74LS161 组成的波形发生电路。已知 $U_{REF}=-10V$,试画出输出电压 $u_O$ 的波形,并标出波形图上各点电压的幅度。

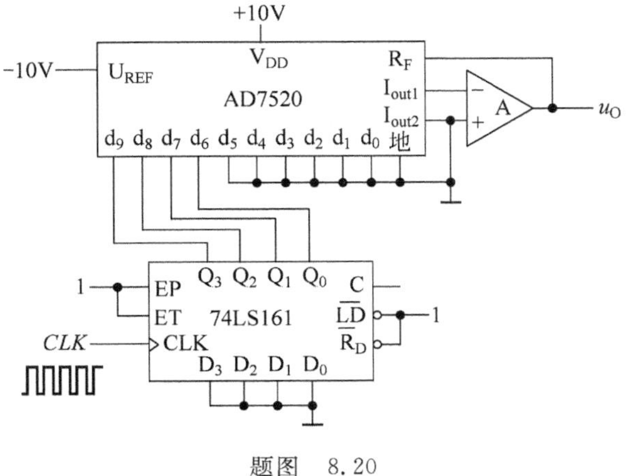


题图　8.20

# 参考文献


[1] 阎石. 数字电子技术基础. 北京：高等教育出版社，2006.

[2] 房晔，周亚滨. 电子技术基础(数字部分). 北京：中国电力出版社，2013.

[3] 王楚，沈伯弘. 数字逻辑电路. 北京：高等教育出版社，1999.

[4] 张锡赓. 数字电子技术重点难点及典型题精解. 西安：西安交通大学出版社，2002.

[5] 白中英. 数字逻辑与数字系统. 北京：科学出版社，2002.

[6] 余孟尝. 数字电子技术基础简明教程. 北京：高等教育出版社，2006.